U0293935

Supported by Key Project for the Development of State Facilities and Information Infrastructure for Science and Technology: National Specimen Information Infrastructure (2005DKA21401)
The Thirteenth Five-Year Plan for National Important Books Publication Project
国家科技基础条件平台：标本资源共享平台建设项目（2005DKA21401）资助
"十三五"国家重点图书出版规划项目

Type Specimens in China National Herbarium (PE)

The supplement 2

中国国家植物标本馆（PE）模式标本集

补编 2

Institute of Botany, Chinese Academy of Sciences Edit
The editors of this volume LIN Qi and TIAN Yelin

中国科学院植物研究所　编
本卷主编　林　祁　田晔林

河南科学技术出版社
Henan Science and Technology Press
· 郑州 ·
· Zheng Zhou ·

图书在版编目（CIP）数据

中国国家植物标本馆（PE）模式标本集：补编2 / 中国科学院植物研究所编；林祁，田晔林本卷主编. —郑州：河南科学技术出版社，2019.1

ISBN 978-7-5349-9422-7

Ⅰ.①中… Ⅱ.①中… ②林… ③田… Ⅲ.①植物—标本—中国—图集 Ⅳ.①Q94-34

中国版本图书馆CIP数据核字（2019）第002998号

The editors of this volume LIN Qi and TIAN Yelin

Edited by BAN Qin,CHEN Yali,DU Qing,GAO Dai,HE Dongdong,HE Shanshan,JIANG Huiqiang,JING Xuan,LI Qianyun,LIN Qi,LIN Yun,LIU Wenqun,SONG Li,TIAN Yelin,WANG Mingqiong,WANG Xiaoyu,WU Huibing,XU Dongxian,XUE Jiahui,YANG Zhirong,YUN Yingxia,ZHANG Xiaobing,ZHAO Huijuan

(Names are arranged in alphabetical order)

本卷主编 林 祁 田晔林

编 著 者（以姓氏拼音为序）

班 勤 陈雅丽 杜 青 高 玳 何东东 何珊珊 姜会强 敬 璇 李倩云 林祁
林 云 刘文群 宋 莉 田晔林 王明琼 王晓瑜 吴慧冰 许东先 薛佳会 杨志荣
云映霞 张小冰 赵慧娟

生物中国总策划：周本庆

出版发行：河南科学技术出版社
地址：郑州市郑东新区祥盛街27号 邮编：450016
电话：（0371）65737028 65788613
网址：www.hnstp.cn
策划编辑：周本庆 杨秀芳
责任编辑：杨秀芳
责任校对：丁秀荣
整体设计：张 伟
责任印制：张艳芳
印 刷：北京盛通印刷股份有限公司
经 销：全国新华书店
幅面尺寸：240 mm × 345 mm 印张：75 字数：350千字
版 次：2019年1月第1版 2019年1月第1次印刷
定 价：1 500.00元

Introduction

Predecessors of China National Herbarium (abbreviated code PE), Institute of Botany, Chinese Academy of Sciences are the Herbarium, Department of Botany, the Fan Memorial Institute of Biology, Peiping (1928), as well as the Herbarium, Institute of Botany, the National Academy of Peiping (1929). Now PE has developed into the largest herbarium in Asia. The current collections contain more than 2,680,000 specimens in the herbarium, including mosses, ferns, seed plants, seed collections and plant fossil samples. Among them, there are about 22,000 type specimens (holotype, isotype, lectotype, isolectotype, neotype, isoneotype, epitype, isoepitype, syntype, isosyntype, paratype, isoparatype).

Type specimens in this book were produced by selecting the most important type specimen deposited at PE under the same scientific name (species, subspecies, variety and form), and then they were also reviewed and scanned. The taxa are arranged by family according to the system of ***Flora Bryophytorum Sinicorum*** and ***Flora Reipublicae Popularis Sinicae***. Infra-family taxa are alphabetized by genera, species, subspecies, varieties and forms. The explanation of each taxon is listed in the figure caption with Chinese name, scientific name, original publication, nature of specimen (holotype/ isotype/ lectotype/ isolectotype/ neotype/ isoneotype/ epitype/ isoepitype/ syntype/ isosyntype/ paratype/ isoparatype), type locality (country/ province/ county/ mountain if present), altitude, collection date, collector and collection number. The collector and type locality in this book follow ***Index Herbariorum Sinicorum*** (L. K. Fu, 1993) and ***Gazetteer of China—An Index to the Atlas of the People's Republic of China*** (Chinese Academy of Surveying & Mapping, 1997) respectively.

The supplement 2 of ***Type Specimens in China National Herbarium (PE)*** includes 495 type specimens from vascular plants newly publicated and preserved at PE, types through gifts or exchanges from institutes both within and outside of China, types returned to PE recently, as well as types found out from the general specimen cabinets. This book consists of 402 holotypes, 76 isotypes, 1 syntype, 3 isosyntypes and 13 paratypes, and belonging to 77 families, 213 genera, 358 species, 9 subspecies, 105 varieties and 23 forms.

This book is a very important work for researching and identifying Chinese plants. It could also be used as a reference by plant taxonomists and people from botanic research institutions, educational institutions and production departments at home and abroad.

LIN Qi

September 2017

前　言

中国科学院植物研究所国家植物标本馆（缩写代号 PE）的前身是 1928 年成立的北平静生生物调查所植物标本室和 1929 年成立的北平研究院植物研究所标本室，现已发展为亚洲最大的植物标本馆，目前馆藏植物标本 268 万余份，包括苔藓植物标本、蕨类植物标本、种子植物标本、种子标本和植物化石标本，其中模式标本 2.2 万份（含主模式、等模式、后选模式、等后选模式、新模式、等新模式、附加模式、等附加模式、合模式、等合模式、副模式、等副模式）。

书中所收录的模式标本是在同一学名下（种、亚种、变种、变型）遴选出一份最重要的馆藏模式标本，经整理并扫描后完成。书中各科依据《中国苔藓志》及《中国植物志》系统排列，属、种、亚种、变种、变型的名称按字母顺序排列。每张扫描模式标本相片的图注解释均标注中名、拉丁学名、原始文献、模式类型（主模式、等模式、后选模式、等后选模式、新模式、等新模式、附加模式、等附加模式、合模式、等合模式、副模式、等副模式）、采集地点（国名、省名、县名、山名）、海拔、采集时间（年、月、日）、采集人和采集号。书中的采集人根据《中国植物标本馆索引》(傅立国，1993）书写，采集地根据《中国地名录——中华人民共和国地图集地名索引》（国家测绘局地名研究所 , 1997）书写。

补编 2 包括维管束植物中近年发表新类群而保存在 PE 的模式标本、国内外近年赠送或交换给 PE 的模式标本、国内外近年归还 PE 的模式标本、在 PE 普通标本柜中近年查找出的模式标本，共 495 份，含 402 份主模式、76 份等模式、1 份合模式、3 份等合模式和 13 份副模式，隶属于 77 科、213 属、358 种、9 亚种、105 变种和 23 变型。

本书是一部研究与鉴定中国植物的重要著作，可供国内外植物分类学者及有关植物学科研、教学和生产部门人员参考。

林　祁

2017 年 9 月

Contents
目　录

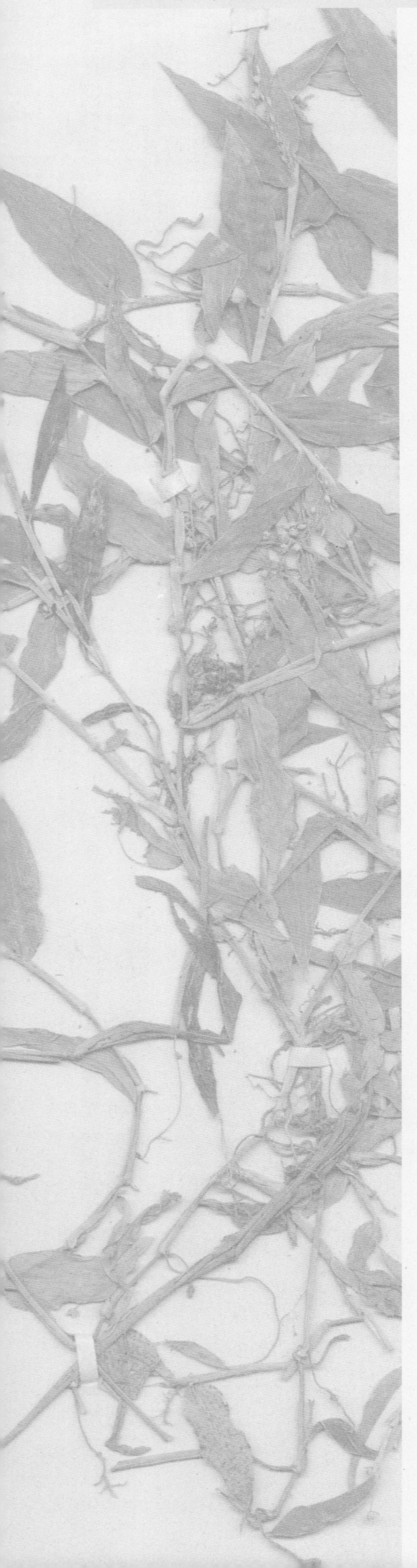

Pseudocycl

Pteridophyta

蕨类植物门

Angiopteridaceae

观音座莲科

Guanyinzuolian Ke

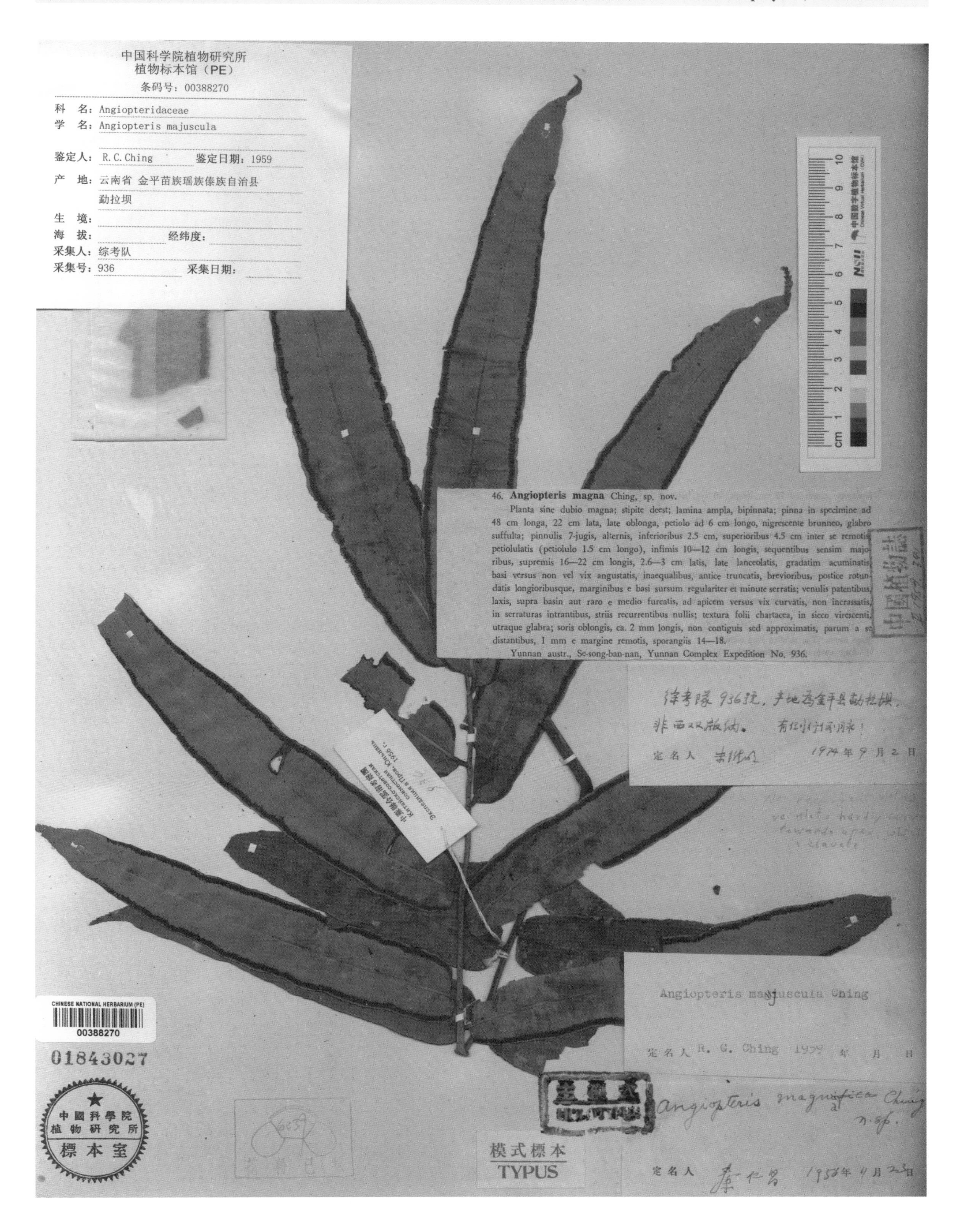

大观音座莲 ***Angiopteris magna*** Ching, Fl. Reip. Pop. Sin. 2: 341. 1959. **Holotype:** China. Yunnan: Jinping, Yunnan Comp. Exped. 936.

边生观音座莲 ***Angiopteris neglecta*** Ching & C. H. Wang in Acta Phytotax. Sin. 8(2): 159, pl. 17: 5. 1959. **Holotype:** China. Hainan: Ya Xian (=Sanya), 1935-05-(04-24), S. K. Lau 6247.

Hymenophyllaceae

膜蕨科

Mojue Ke

工布蕗蕨 ***Mecodium gongboense*** Ching, Fl. Xizang. 1: 47. 1983. **Holotype:** China. Xizang: Kongbo Molo (=Nyingchi), alt. 3 660 m, 1938-05-21, F. Ludlow, G. Sherriff & G. Taylor 4371.

Dennstaedtiaceae

姬蕨科

Jijue Ke

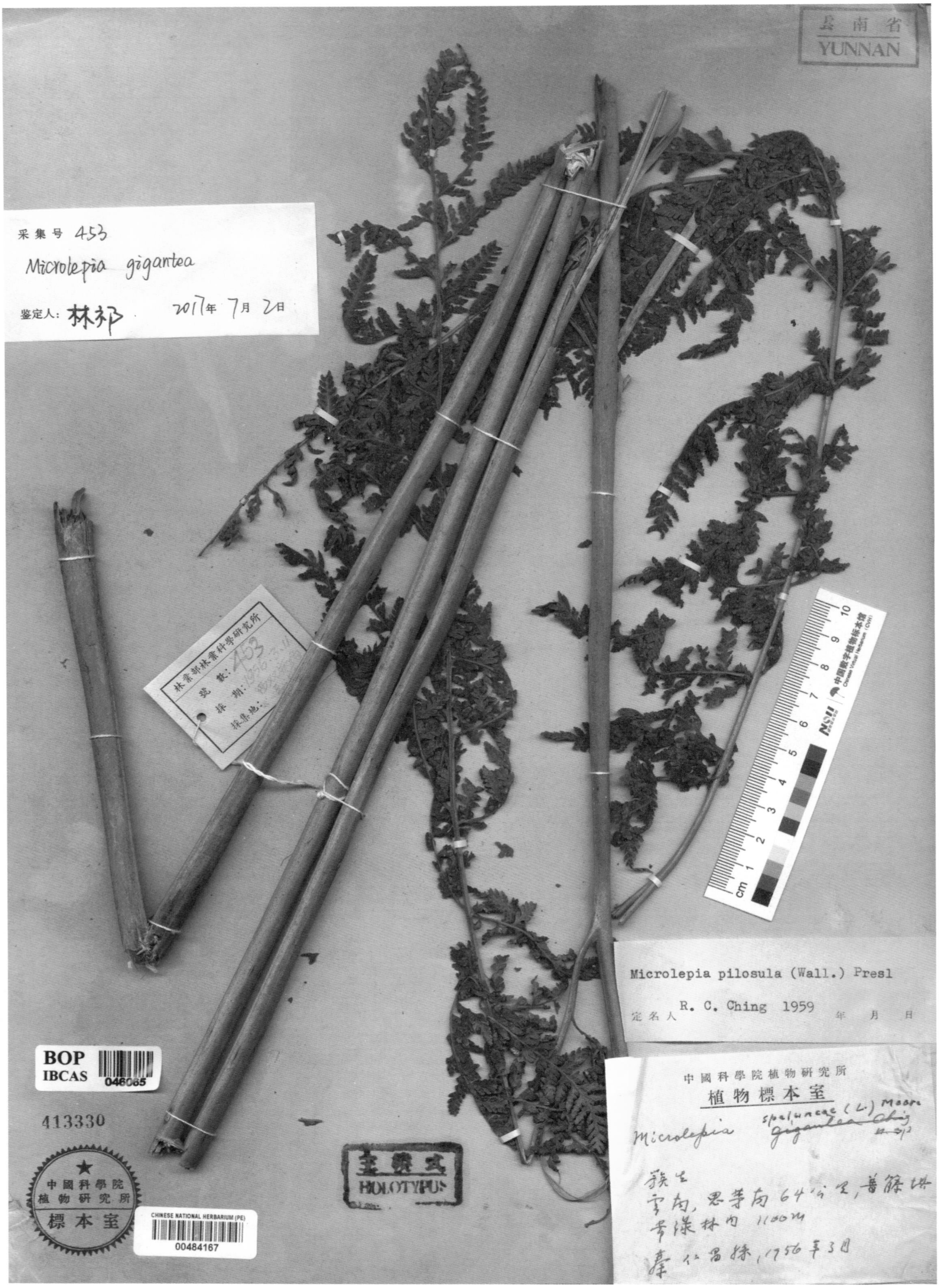

乔大鳞盖蕨 ***Microlepia gigantea*** Ching, Fl. Reip. Pop. Sin. 2: 369. 1959. **Holotype:** China. Yunnan: Simao, alt. 1 100 m, 1956-03-11, R. C. Ching 453.

尖山鳞盖蕨 ***Microlepia subtrichosticha*** Ching, Fl. Reip. Pop. Sin. 2: 368. 1959. **Holotype:** China. Hainan: Lingshui, 1932-05-(04-20), F. A. McClure 20153.

膜叶鳞盖蕨 ***Microlepia tenella*** Ching, Fl. Reip. Pop. Sin. 2: 365. 1959. **Holotype:** China. Guangxi: Lu-chen (=Luocheng), alt. 396 m, 1928-05-02, R. C. Ching 5567.

云南鳞盖蕨 ***Microlepia yunnanensis*** Ching, Fl. Reip. Pop. Sin. 2: 366. 1959. **Holotype:** China. Yunnan: Mengzi, 1954-02-15, Chu & Lee 73.

Monachosoraceae

稀子蕨科

Xizijue Ke

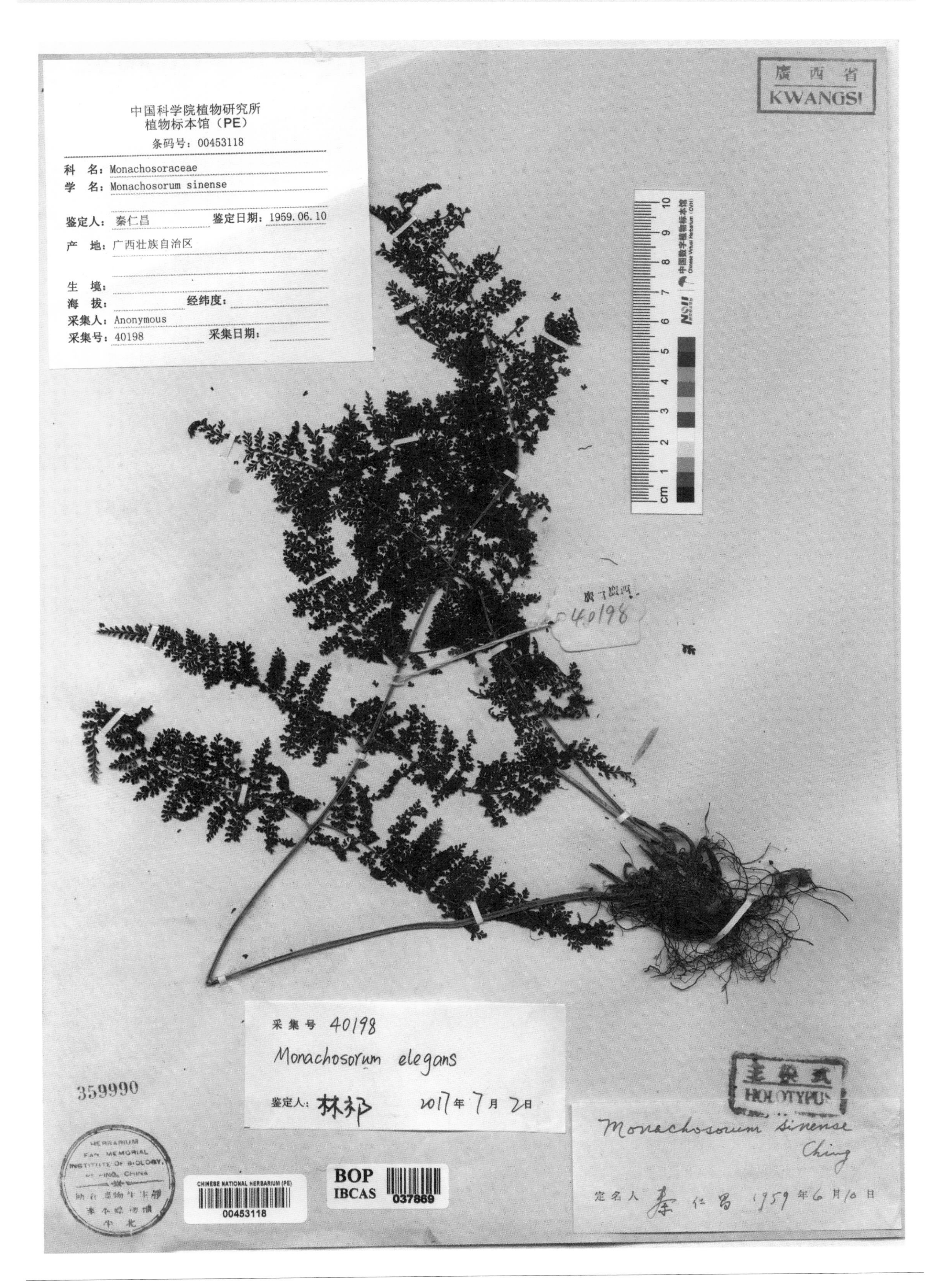

瑶山稀子蕨 ***Monachosorum elegans*** Ching, Fl. Reip. Pop. Sin. 2: 371. 1959. **Holotype:** China. Guangxi: Yaoshan, 1936-11-16, C. Wang 40198.

Hemionitidaceae

裸子蕨科

Luozijue Ke

锐尖凤丫蕨 ***Coniogramme argutiserrata*** Ching & K. H. Shing ex Ching & Z. Y. Liu in Bull. Bot. Res., Harbin 4(3): 3, photo. 3. 1984. **Holotype:** China. Chongqing: Nanchuan, alt. 750 m, 1983-04-07, Z. Y. Liu 3982.

峨眉凤丫蕨 ***Coniogramme emeiensis*** Ching & K. H. Shing in Acta Bot. Yunnan. 3(2): 223. 1981. **Holotype:** China. Sichuan: Emei, Emeishan, alt. 1 700 m, 1956-03- ??, R. C. Ching 125.

贵州凤丫蕨 ***Coniogramme guizhouensis*** Ching & K. H. Shing in Acta Bot. Yunnan. 3(2): 231. 1981. **Holotype:** China. Guizhou: Qingzhen, alt. 1 450 m, 1956-10-12, Sichuan-Guizhou Exped. 1770.

Vittariaceae

书带蕨科

Shudaijue Ke

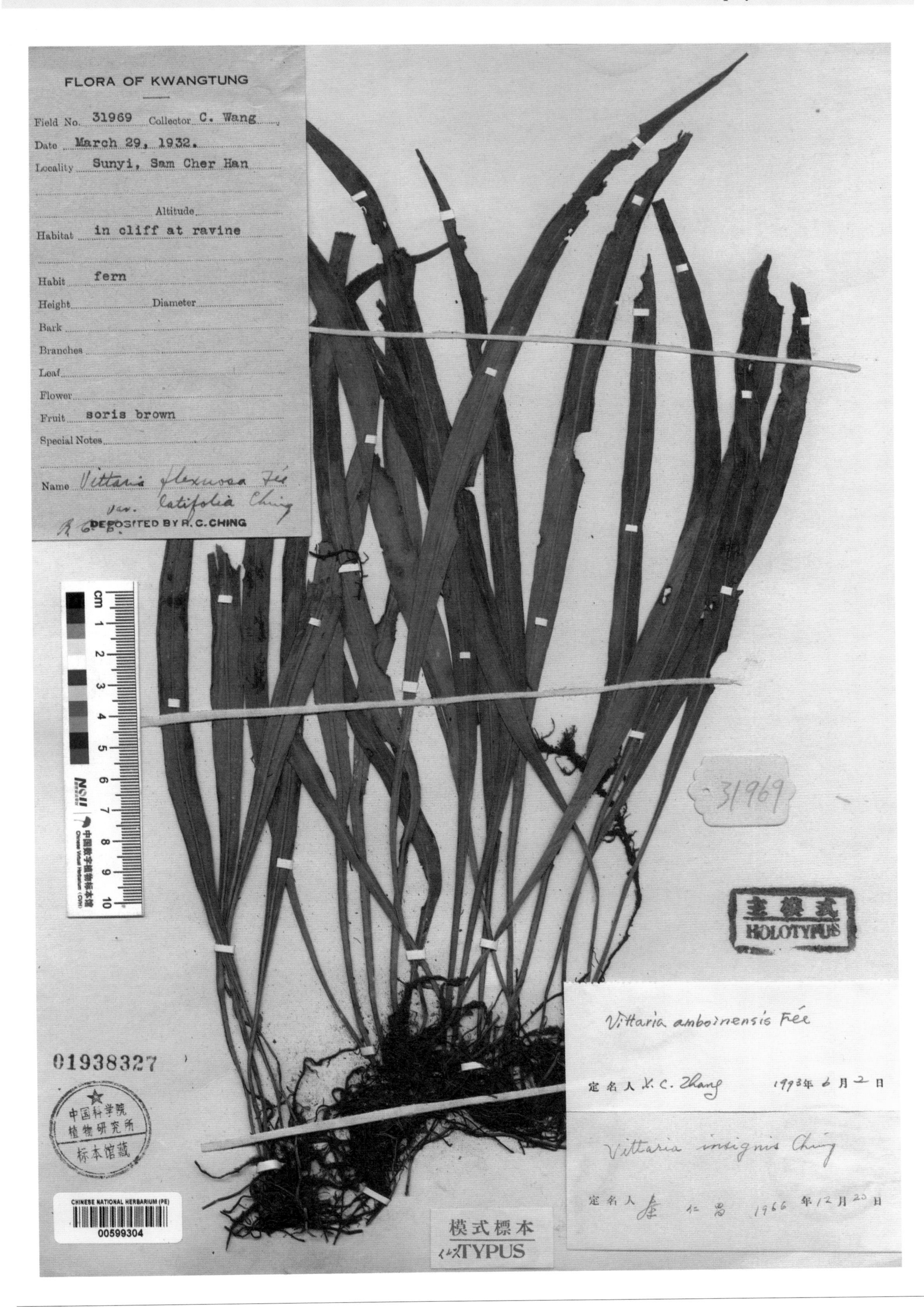

宽叶书带蕨 ***Vittaria latifolia*** Ching in Acta Phytotax. Sin. 8(2): 171, 156, pl. 24: 32. 1959. **Hototype:** China. Guangdong: Xinyi, 1932-03-29, C. Wang 31969.

Athyriaceae

蹄盖蕨科

Tigaijue Ke

黑鳞鳞轴短肠蕨 ***Allantodia hirtipes*** (Christ) Ching f. ***nigropaleacea*** Ching ex W. M. Chu & Z. R. He in Acta Phytotax. Sin. 36(4): 379. 1998. **Holotype:** China. Guizhou: Rongjiang, 1959-08-04, S. Guizhou Exped. 3206.

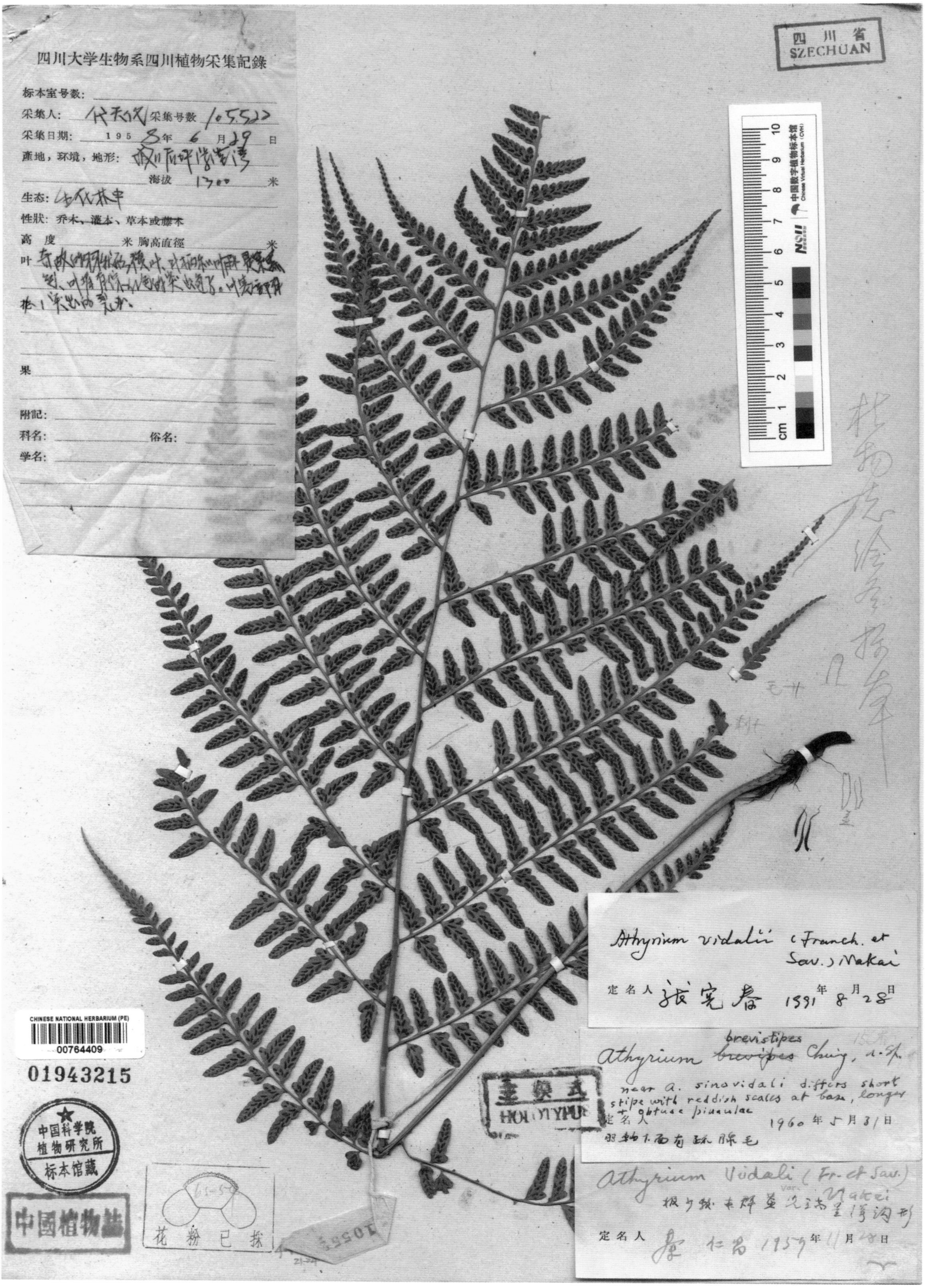

短柄蹄盖蕨 ***Athyrium brevistipes*** Ching in Acta Bot. Bor.-Occ. Sin. 6(1): 12. 1986. **Holotype:** China. Chongqing: Nanchuan, alt. 1 300 m, 1958-06-29, T. L. Dai 105522.

秦氏蹄盖蕨 ***Athyrium chingianum*** Z. R. Wang & X. C. Zhang ex X. C. Zhang in Bull. Bot. Res., Harbin 11(3) : 12, f. 3 : 1-3. 1991. **Holotype:** China. Yunnan: Gongshan, alt. 3 150 m , 1988-09-12, W. M. Chu & al. 22431.

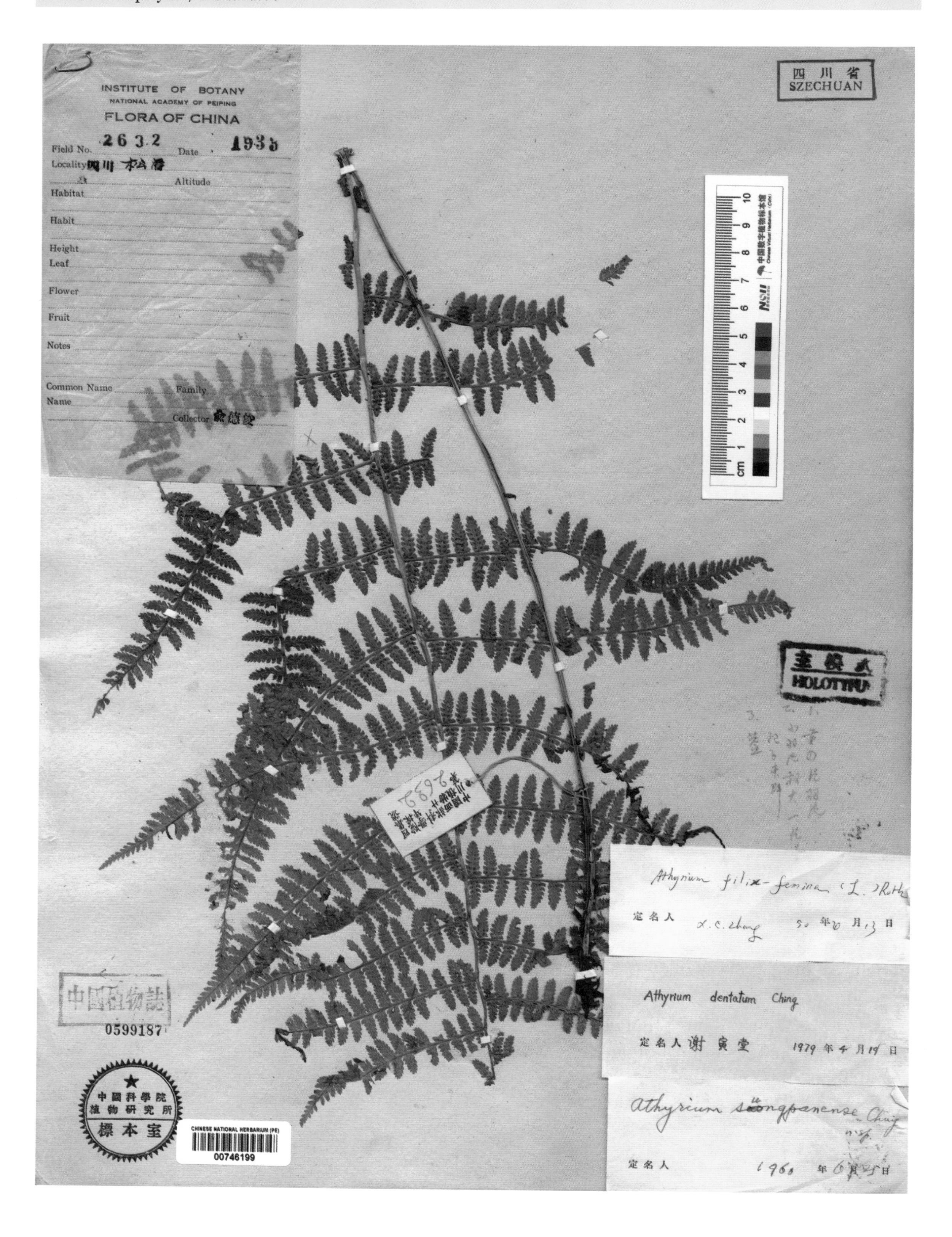

松潘蹄盖蕨 ***Athyrium dentatum*** Ching in Acta Bot. Bor.-Occ. Sin. 6(3): 150. 1986. **Holotype:** China. Sichuan: Songpan, 1933-??-??, T. T. Yu 2632.

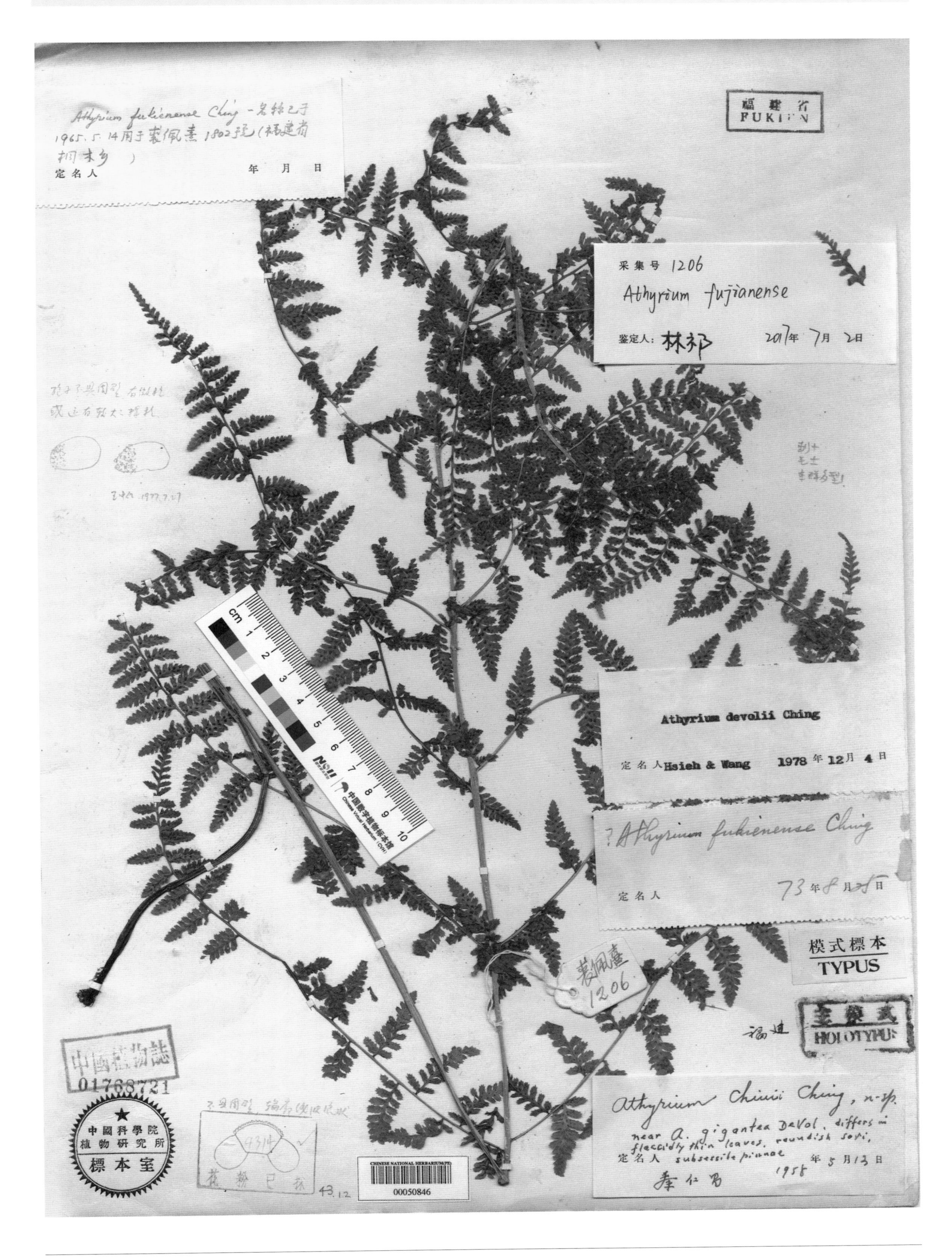

福建蹄盖蕨 ***Athyrium fujianense*** Ching, Fl. Fujian. 1: 597. 1982. **Holotype:** China. Fujian: Wuyishan, 1957-09-??, P. S. Chiu 1206.

异孢蹄盖蕨 ***Athyrium heterosporum*** Y. T. Hsieh & Z. R. Wang in Acta Phytotax. Sin. 27(2): 156, pl. 2. 1989. **Holotype:** China. Yunnan: Dali, 1946-10-05, T. N. Liou 21173.

墨脱蹄盖蕨 ***Athyrium medogense*** X. C. Zhang in Bull. Bot. Res., Harbin 11(3) 11, f. 2: 1-3. 1991. **Holotype:** China. Xizang: Mêdog, alt. 2 200 m, 1980-06-28, W. L. Chen 10747.

禾秆色蹄盖蕨 ***Athyrium sinovidalii*** Ching & Z. Y. Liu in Bull. Bot. Res., Harbin 4(3): 8, photo. 10. 1984. **Holotype:** China. Chongqing: Nanchuan, alt. 2 100 m, 1981-06-26, Z. Y. Liu 1851.

狭叶蹄盖蕨 ***Athyrium tenuifolium*** Y. T. Hsieh & Z. R. Wang, Fl. Xizang. 1: 141. 1983. **Holotype:** China. Xizang: Nyalam, alt. 3 700 m, 1975-06-30, Qinghai-Xizang Exped. 6157.

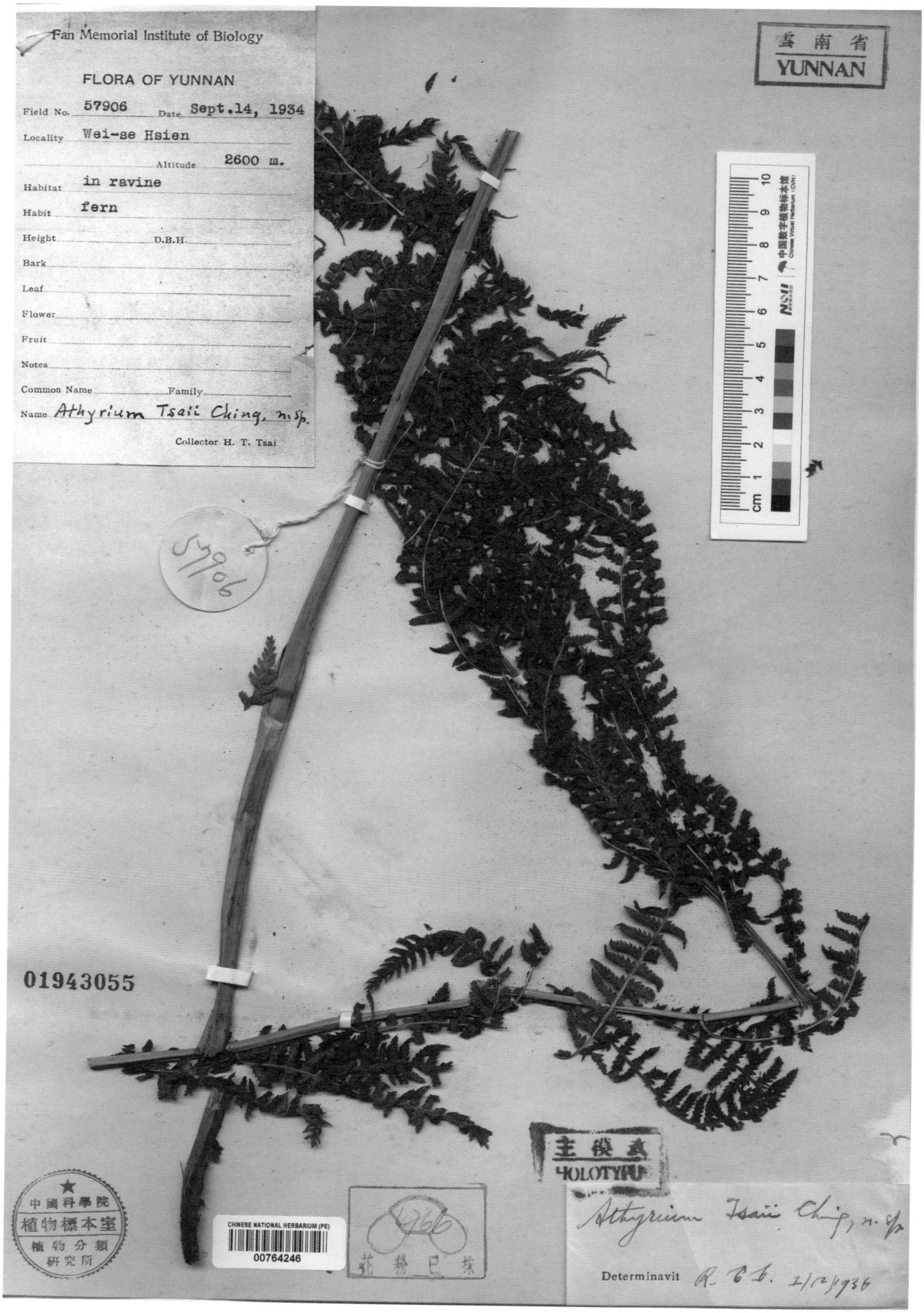

希陶蹄盖蕨 ***Athyrium tsaii*** Ching in Acta Bot. Bor.-Occ. Sin. 6(1): 19. 1986. **Holotype:** China. Yunnan: Weixi, alt. 2 600 m, 1934-09-14, H. T. Tsai 57906.

变异蹄盖蕨 ***Athyrium varians*** Ching & Z. Y. Liu in Bull. Bot. Res., Harbin 4(3): 9, photo. 11. 1984. **Holotype:** China. Chongqing: Nanchuan, alt. 1 900 m, 1983-06-17, Z. Y. Liu & J. L. Zhang 4211.

贞丰蹄盖蕨 ***Athyrium zhenfengense*** Ching in Acta Bot. Bor.-Occ. Sin. 6(3): 151. 1986. **Holotype:** China. Guizhou: Zhenfeng, 1930-10-19, Y. Tsiang 4758.

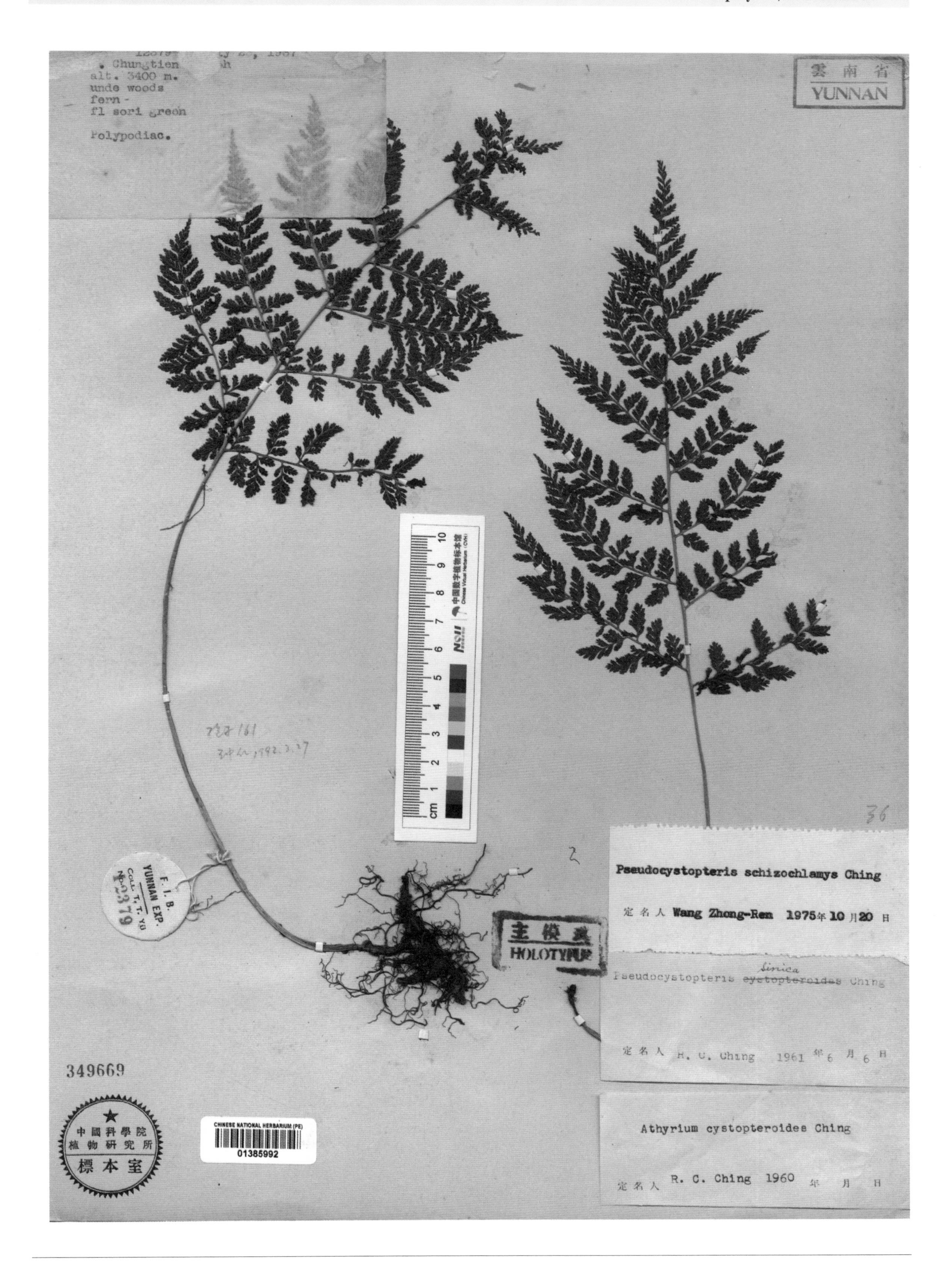

中国假冷蕨 ***Pseudocystopteris sinica*** Ching in Acta Phytotax. Sin. 9(1): 81. 1964. **Holotype:** China. Yunnan: Zhongdian (=Shangri-La), alt. 3 400 m, 1937-07-23, T. T. Yu 12379.

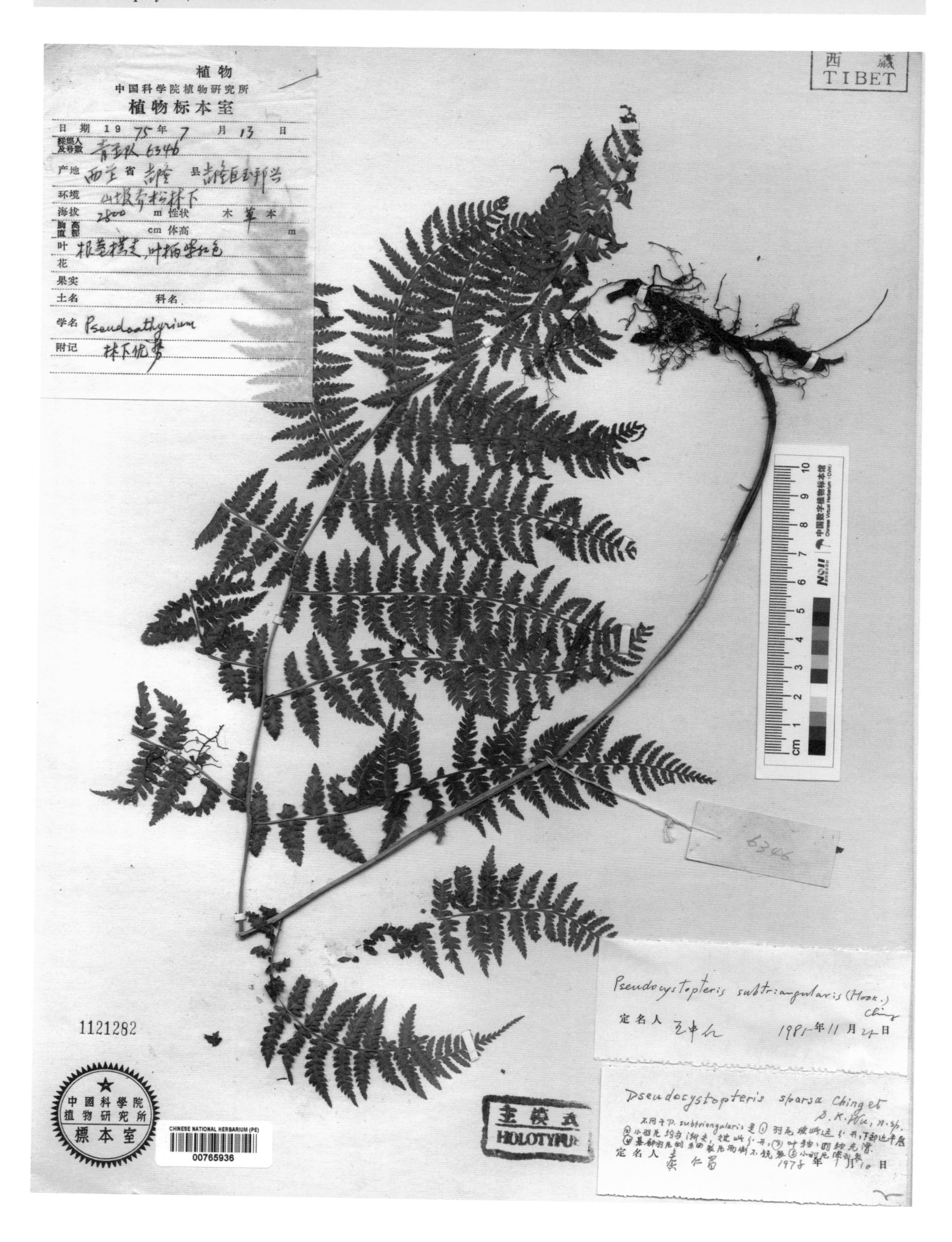

疏羽假冷蕨 ***Pseudocystopteris sparsa*** Ching & S. K. Wu, Fl. Xizang. 1: 124, f. 31. 1983. **Holotype:** China. Xizang: Gyirong, alt. 2 800 m, 1975-07-13, Qinghai-Xizang Exped. 6346.

Thelypteridaceae

金星蕨科

Jinxingjue Ke

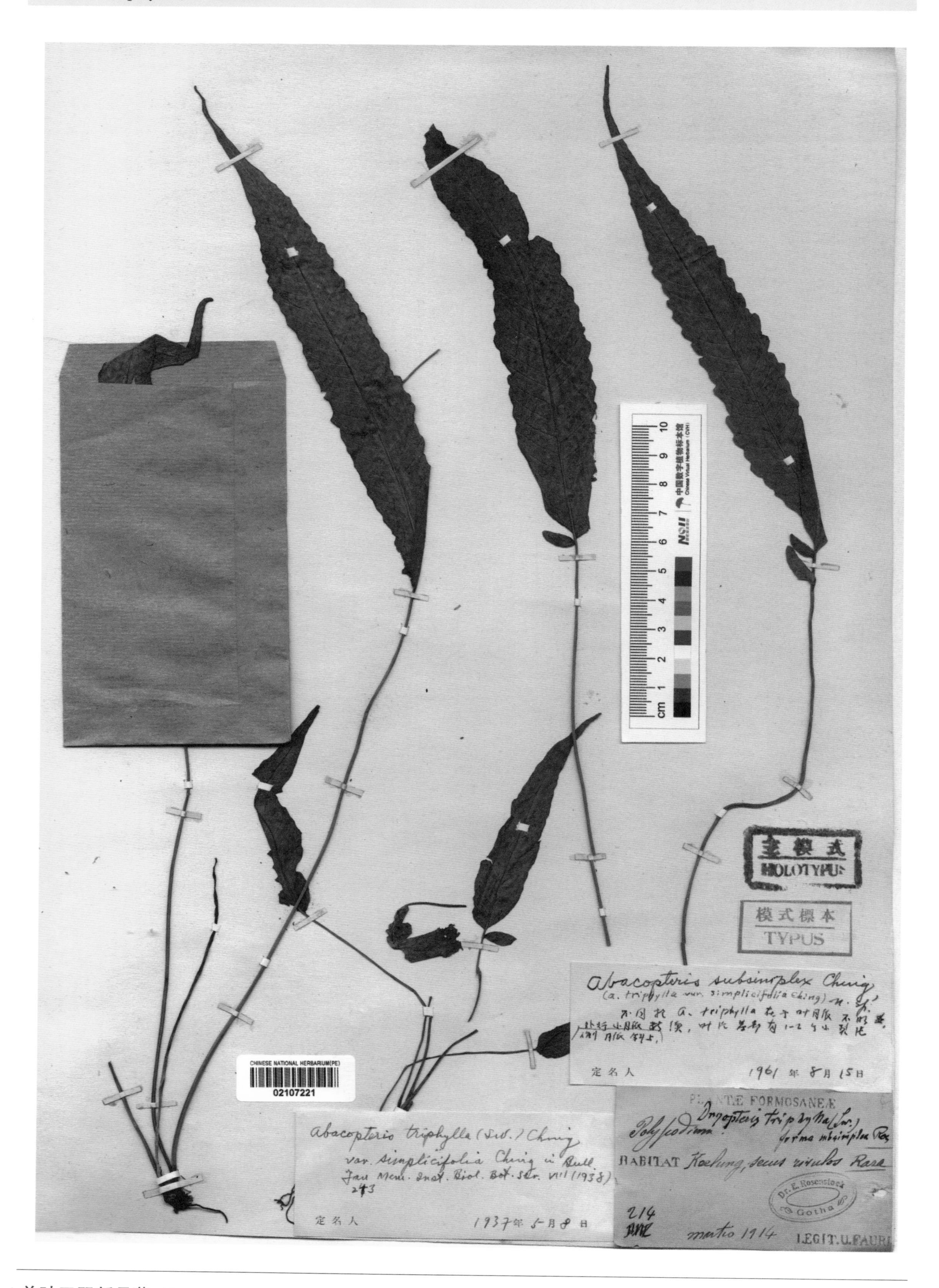

单叶三羽新月蕨 ***Abacpoteris triphylla*** (Swartz) Ching var. ***simplicifolia*** Ching in Bull. Fan Mem. Inst. Biol., Bot. Ser. 8(4): 243. 1938. **Holotype:** China. Taiwan: Kelung, 1914-03-??, T. U. Faurie 214.

马关钩毛蕨 ***Cyclogramma maguanensis*** Ching ex K. H. Shing, Fl. Reip. Pop. Sin. 4(1): 322. 1999. **Holotype:** China. Yunnan: Maguan, alt. 1 000 m, 1978-01-27, Z. R. Wang 808.

锐片毛蕨 ***Cyclosorus acutilobus*** Ching ex K. H. Shing, Fl. Reip. Pop. Sin. 4(1): 335, pl. 35: 8-11. 1999. **Holotype:** China. Yunnan: Hekou, alt. 220 m, 1953-05-08, K. H. Cai 931.

下延毛蕨 ***Cyclosorus attenuatus*** Ching ex K. H. Shing, Fl. Reip. Pop. Sin. 4(1): 341, pl. 42: 1-4. 1999. **Holotype:** China. Yunnan: Hekou, alt. 380 m, 1953-05-01, K. H. Cai 753.

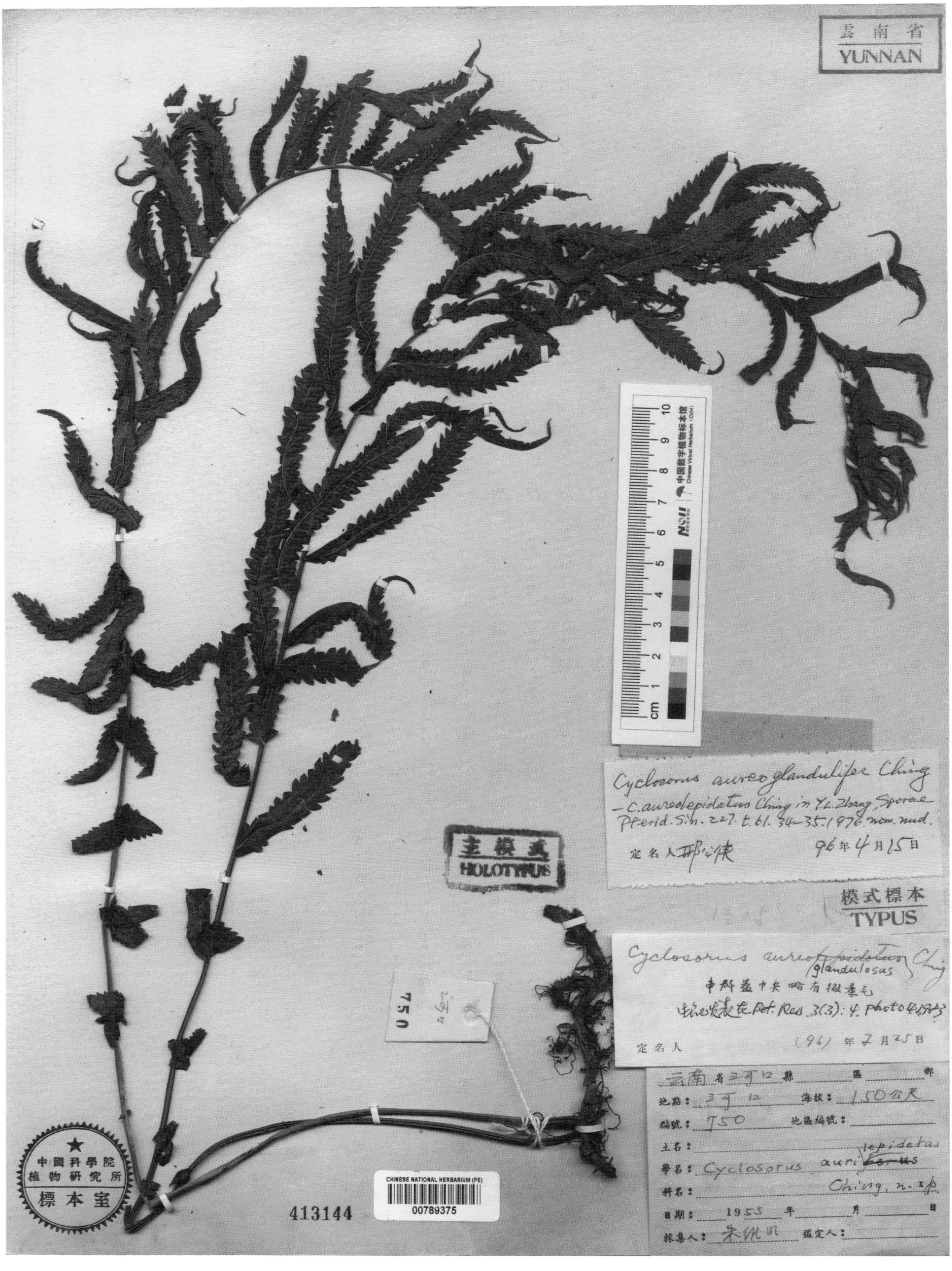

腺饰毛蕨 ***Cyclosorus aureoglandulifer*** Ching ex K. H. Shing, Fl. Reip. Pop. Sin. 4(1): 345, pl. 44: 1-3. 1999. **Holotype:** China. Yunnan: Hekou, alt. 150 m, 1955-??-??, W. M. Chu 750.

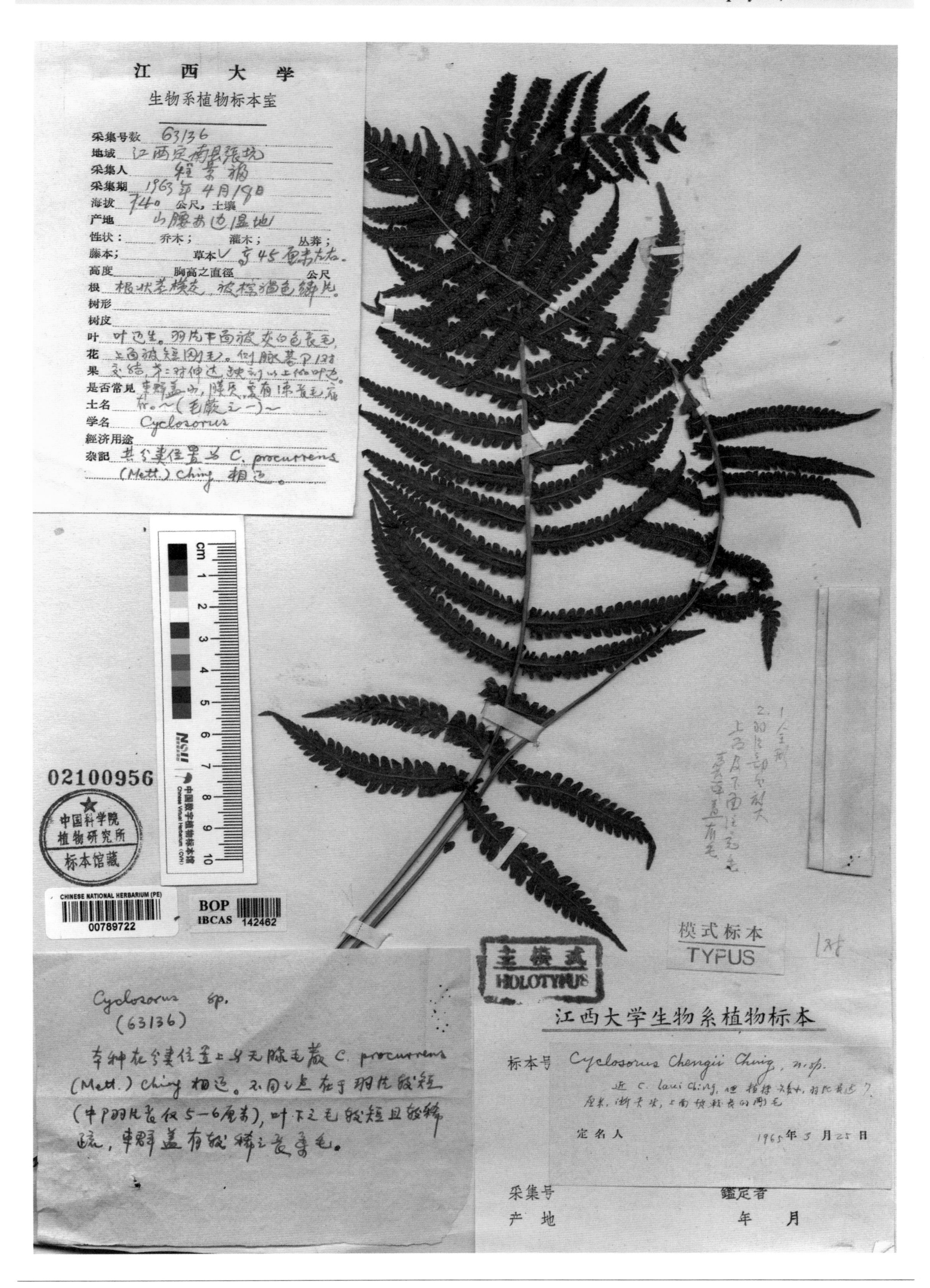

程氏毛蕨 ***Cyclosorus chengii*** Ching ex K. H. Shing & J. F. Cheng in Jiangxi Sci. 8(3): 44. 1990. **Holotype:** China. Jiangxi: Dingnan, alt.740 m, 1963-04-18, J. F. Cheng 63136.

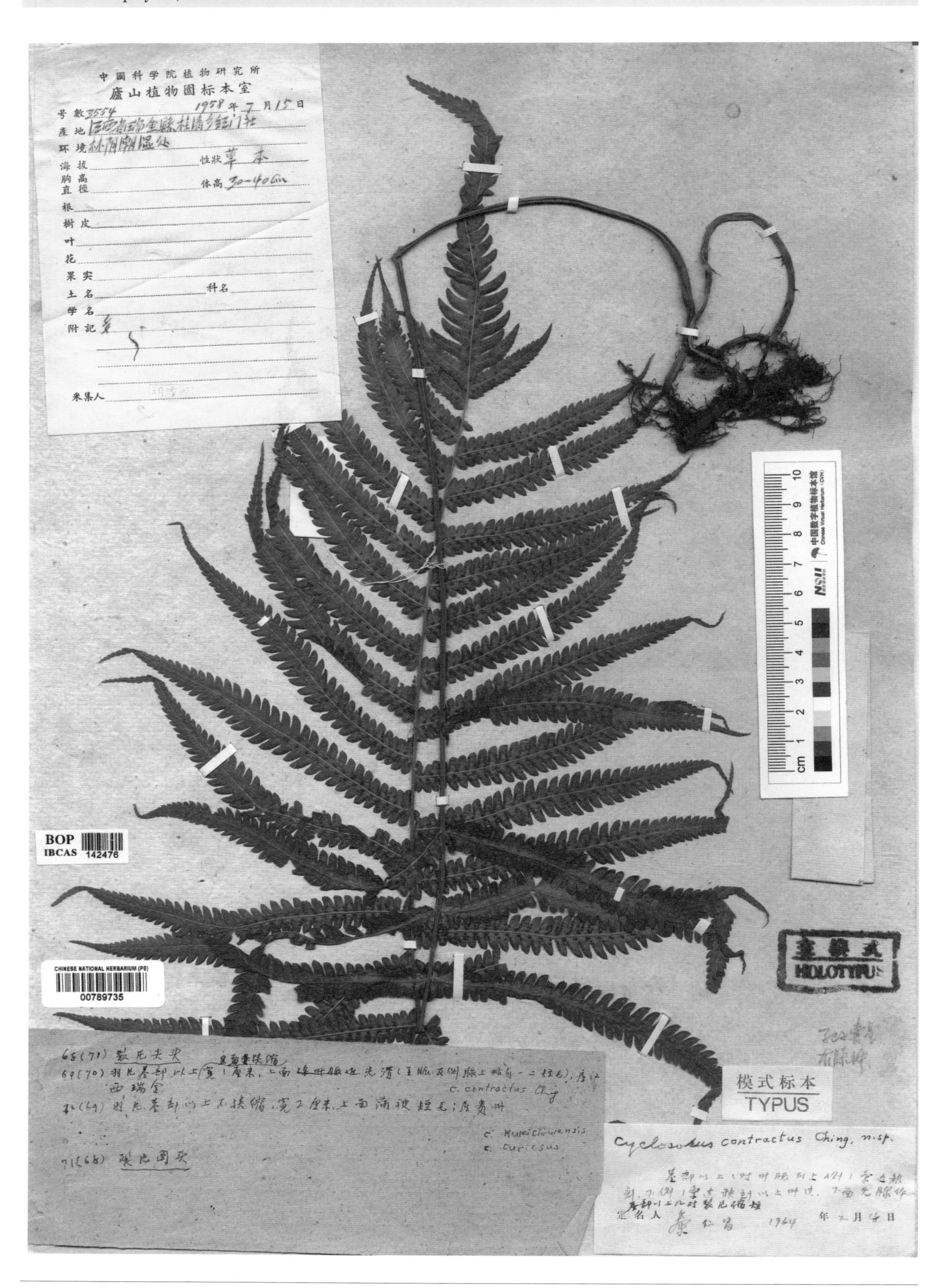

狭缩毛蕨 ***Cyclosorus contractus*** Ching ex K. H. Shing, Fl. Reip. Pop. Sin. 4(1): 333, pl. 34: 1-3. 1999. **Holotype:** China. Jiangxi: Ruijin, 1958-07-15, C. M. Hu 3554.

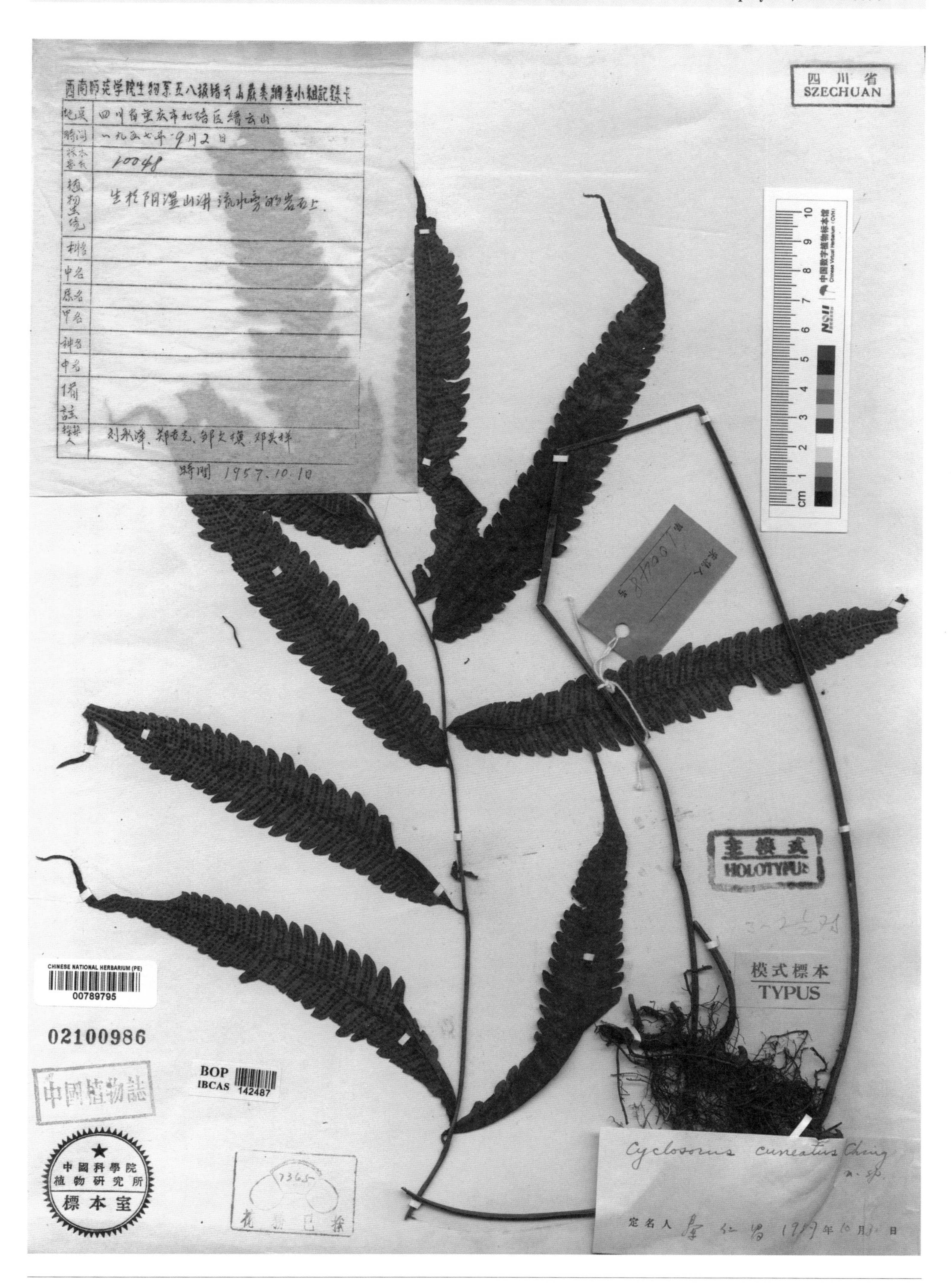

狭基毛蕨 ***Cyclosorus cuneatus*** Ching ex K. H. Shing, Fl. Reip. Pop. Sin. 4(1): 347. 1999. **Holotype:** China. Chongqing: Beibei, 1957-09-02, C. Z. Liu & al. 10048.

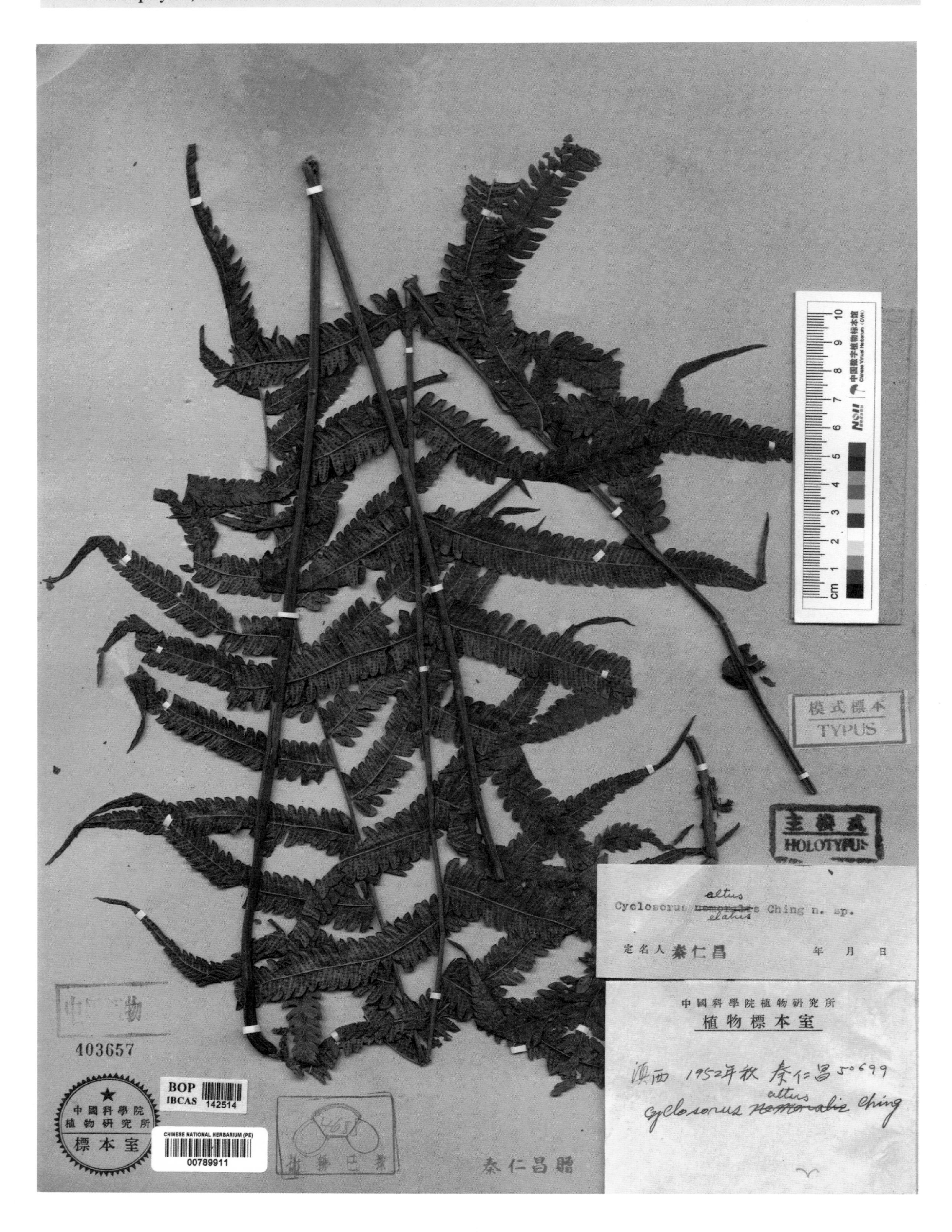

高株毛蕨 ***Cyclosorus elatus*** Ching ex K. H. Shing, Fl. Reip. Pop. Sin. 4(1): 342, pl. 43 : 1-5. 1999. **Holotype:** China. Yunnan: Yingjiang, 1952-??-??, R. C. Ching 50699.

毛脚毛蕨 ***Cyclosorus hirtipes*** K. H. Shing & C. F. Zhang, Fl. Reip. Pop. Sin. 4(1): 345. 1999. **Holotype:** China. Zhejiang: Leqing, alt. 20 m, 1982-08-27, C. F. Zhang & R. G. Wang 7622.

景洪毛蕨 ***Cyclosorus jinghongensis*** Ching ex K. H. Shing, Fl. Reip. Pop. Sin. 4(1): 337. 1999. **Holotype:** China. Yunnan: Jinghong, alt. 950 m, 1936-07-??, C. W. Wang 77454 .

贵州毛蕨 ***Cyclosorus kweichowensis*** Ching ex K. H. Shing, Fl. Reip. Pop. Sin. 4(1): 335. 1999. **Holotype:** China. Guizhou: Ceheng Xian, alt. 800 m, 1958-10-16, Z. Y. Cao 1035.

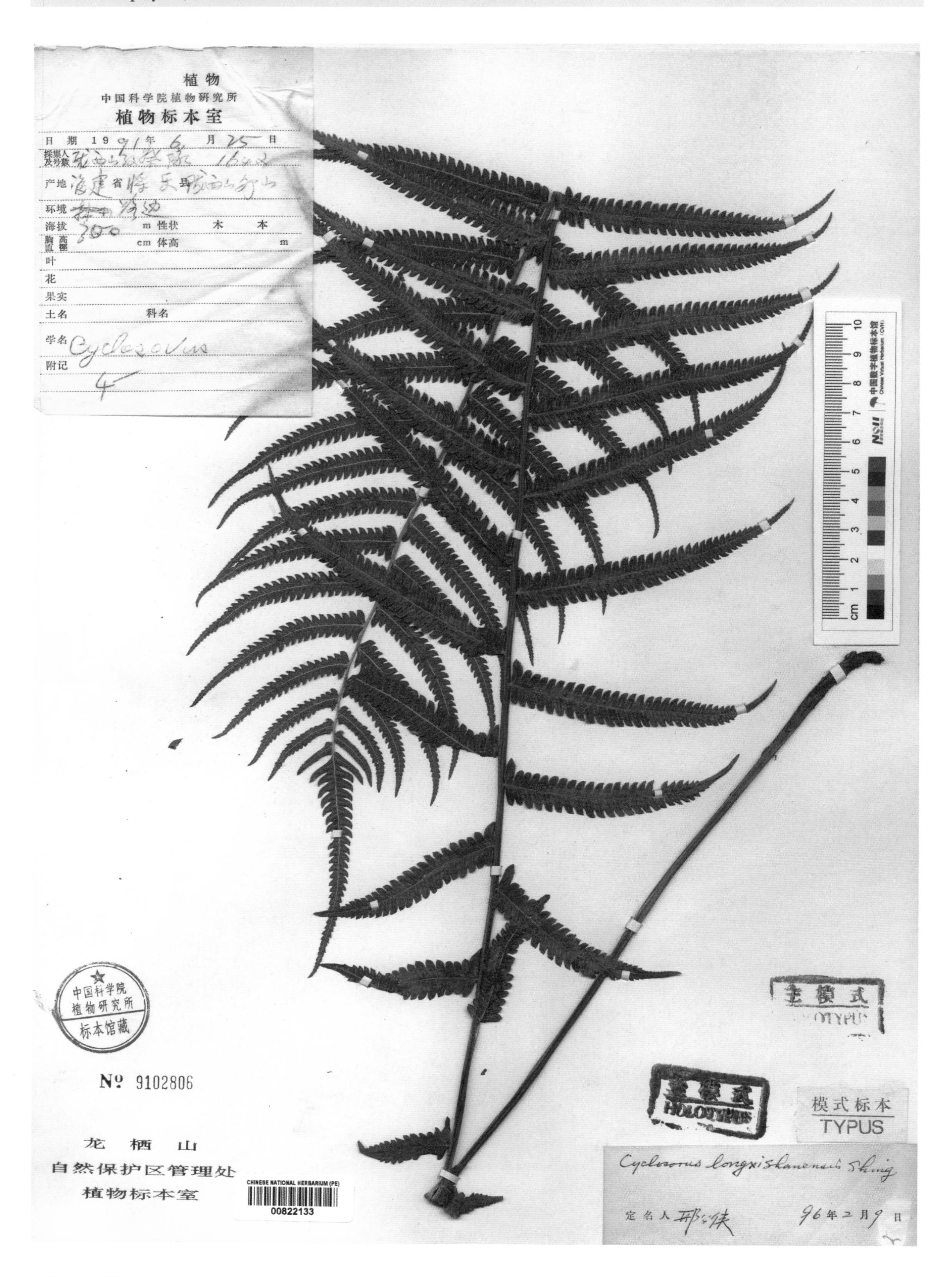

龙栖山毛蕨 ***Cyclosorus longqishanensis*** K. H. Shing, Fl. Reip. Pop. Sin. 4(1): 337. 1999. **Holotype:** China. Fujian: Jiangle, Longqishan, alt. 300 m, 1991-06-25, Longqishan Exped. 1642.

南溪毛蕨 ***Cyclosorus nanxiensis*** Ching ex K. H. Shing, Fl. Reip. Pop. Sin. 4(1): 343. 1999. **Holotype:** China. Yunnan: Hekou, alt. 650 m, 1962-09-10, S. K. Wu 4078 .

小叶毛蕨 ***Cyclosorus parvifolius*** Ching, Fl. Fujian. 1: 598, f. 143. 1982. **Holotype:** China. Fujian: Xiamen, N. S. Zhou 73.

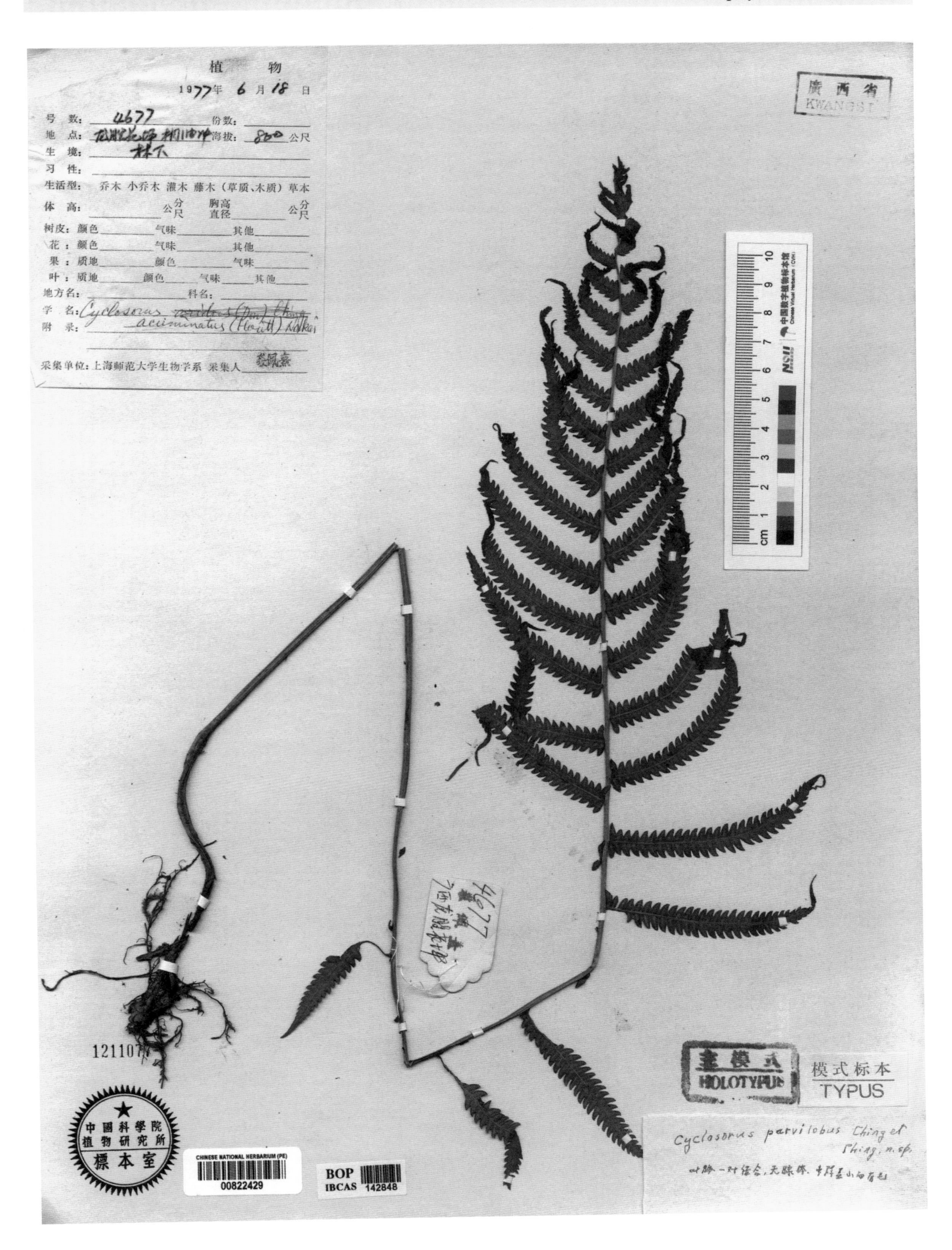

龙胜毛蕨 ***Cyclosorus parvilobus*** Ching ex K. H. Shing, Fl. Reip. Pop. Sin. 4(1): 338, f. 143. 1999. **Holotype:** China. Guangxi: Longsheng, alt. 800 m, 1977-06-18, P. S. Chiu 4677.

武陵毛蕨 ***Cyclosorus wulingshanensis*** C. M. Zhang, Keys Vasc. Pl. Wuling Mts. 567. 1995. **Isotype:** China. Hunan: Yongshun, alt. 300 m, 1988-08-16, C. M. Zhang 8122.

闽浙圣蕨 ***Dictyocline mingchegensis*** Ching in Acta Phytotax. Sin. 8(4): 334. 1963. **Holotype:** China. Zhejiang: Wenzhou, Yandangshan, 1930-10-10, K. K. Tsoong 3750.

光滑方秆蕨 ***Glaphyropteridopsis glabrata*** Ching & W. M. Chu ex Y. X. Lin, Fl. Reip. Pop. Sin. 4(1): 325. 1999.
Holotype: China. Yunnan: Daguan, alt. 1 500~1 800 m, 1973-06-17, W. M. Chu 5192.

柔弱方秆蕨 ***Glaphyropteridopsis mollis*** Ching ex Y. X. Lin, Fl. Reip. Pop. Sin. 4(1): 324. 1999. **Holotype:** China. Sichuan: Emei, Emeishan, alt. 900 m, 1963-09-01, K. H. Shing & K. Y. Lang 1118.

灰白方秆蕨 ***Glaphyropteridopsis pallida*** Ching ex Y. X. Lin, Fl. Reip. Pop. Sin. 4(1): 325. 1999. **Holotype:** China. Yunnan: Yongshan, alt. 1 500 m, 1973-06-10, W. M. Chu 5067.

柔毛方秆蕨 ***Glaphyropteridopsis villosa*** Ching & W. M. Chu ex Y. X. Lin, Fl. Reip. Pop. Sin. 4(1): 325. 1999. **Holotype:** China. Yunnan: Daguan, alt. 650 m, 1973-06-21, W. M. Chu 5228.

有腺凸轴蕨 ***Metathelypteris glandulifera*** Ching ex K. H. Shing, Fl. Reip. Pop. Sin. 4(1): 322. 1999. **Holotype:** China. Yunnan: Daguan, alt. 2 000 m, 1973-06-17, W. M. Chu 5194.

有柄凸轴蕨 ***Metathelypteris petiolulata*** Ching ex K. H. Shing, Fl. Reip. Pop. Sin. 4(1): 321, pl. 13: 1-4. 1999. **Holotype:** China. Jiangxi: Xiushui, Y. K. Hsiung 5348.

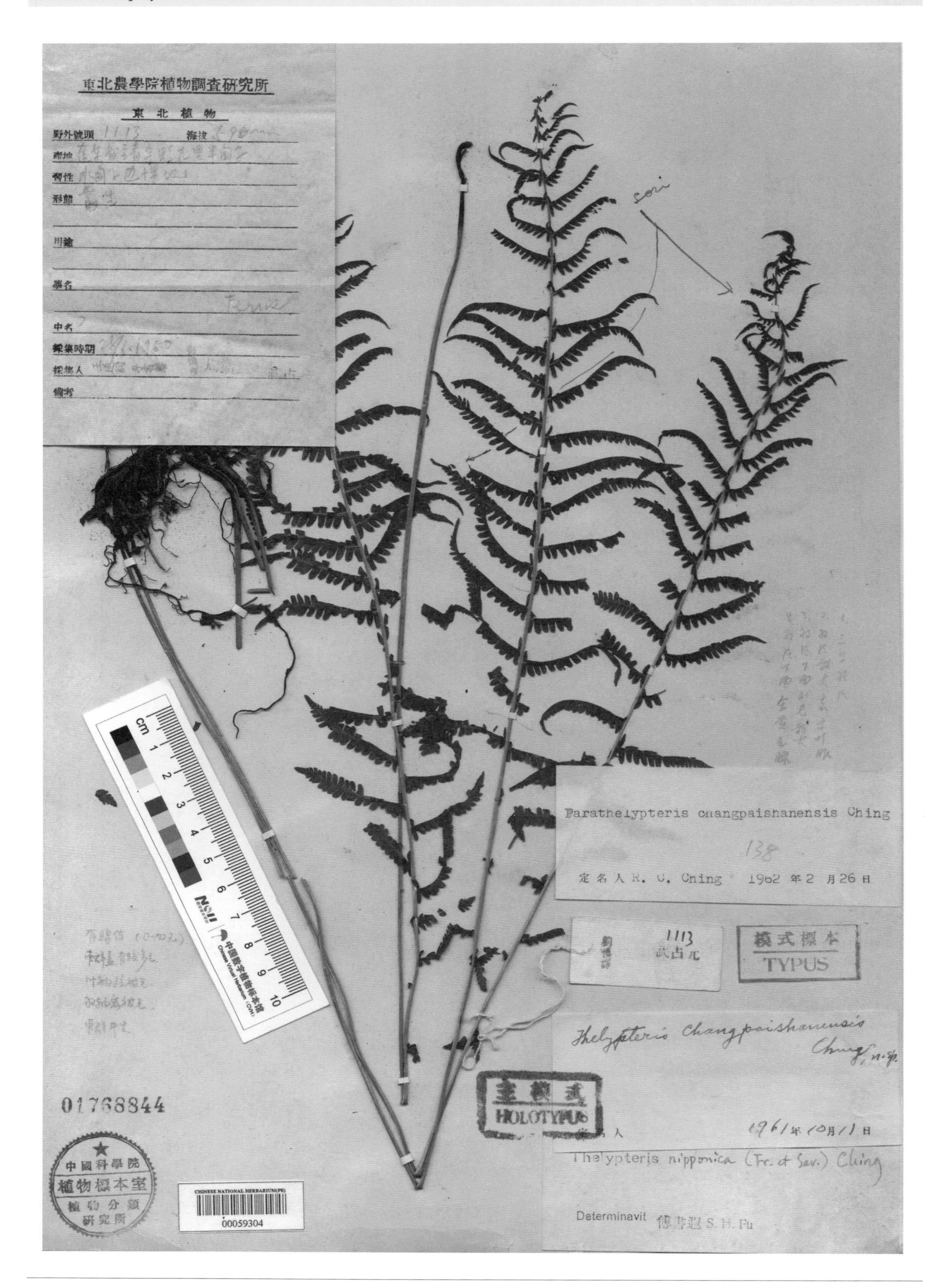

长白山金星蕨 ***Parathelypteris changbaishanensis*** Ching ex K. H. Shing, Fl. Reip. Pop. Sin. 4(1): 319. 1999. **Holotype:** China. Jilin: Jingyu, alt. 590 m , 1950-06-28, T. N. Liou & al. 1113.

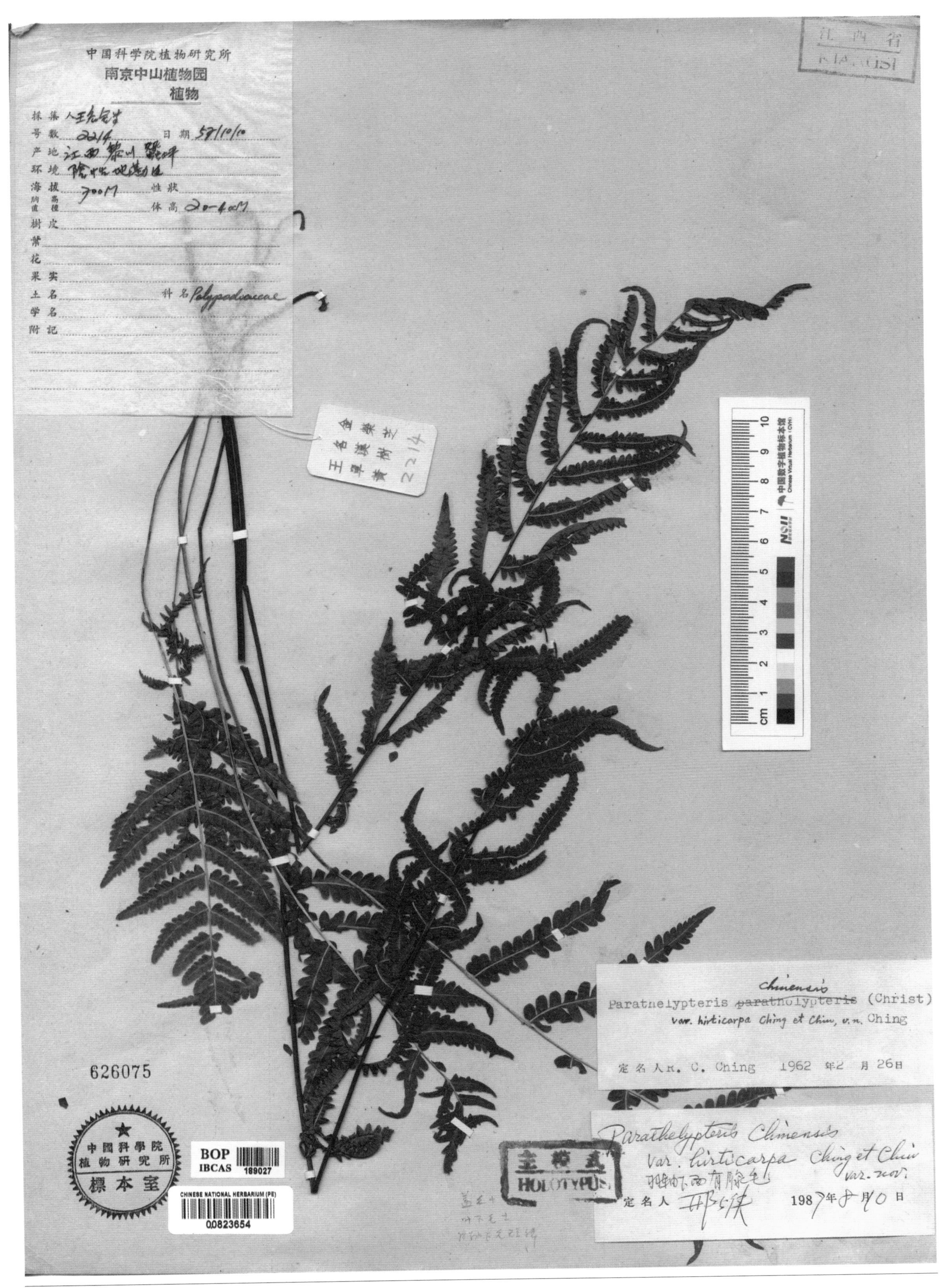

毛果金星蕨 ***Parathelypteris chinensis*** (Ching) var. ***trichocarpa*** Ching & P. S. Chiu ex K. H. Shing & J. F. Cheng in Jiangxi Sci. 8(3): 44. 1990. **Holotype:** China. Jiangxi: Lichuan, alt. 700 m, 1957-10-10, M. J. Wang & al. 2214.

黑叶金星蕨 ***Parathelypteris nigrescens*** Ching ex K. H. Shing, Fl. Reip. Pop. Sin. 4(1): 321. pl. 10: 9-10. 1999. **Holotype:** China. Yunnan: Pingbian, alt. 1 300 m, K. M. Feng 650.

闊片金星蕨 ***Parathelypteris pauciloba*** Ching ex K. H. Shing, Fl. Reip. Pop. Sin. 4(1): 321, pl. 10: 1-3. 1999. **Holotype:** China. Fujian: Wuyishan, P. S. Chiu 1119.

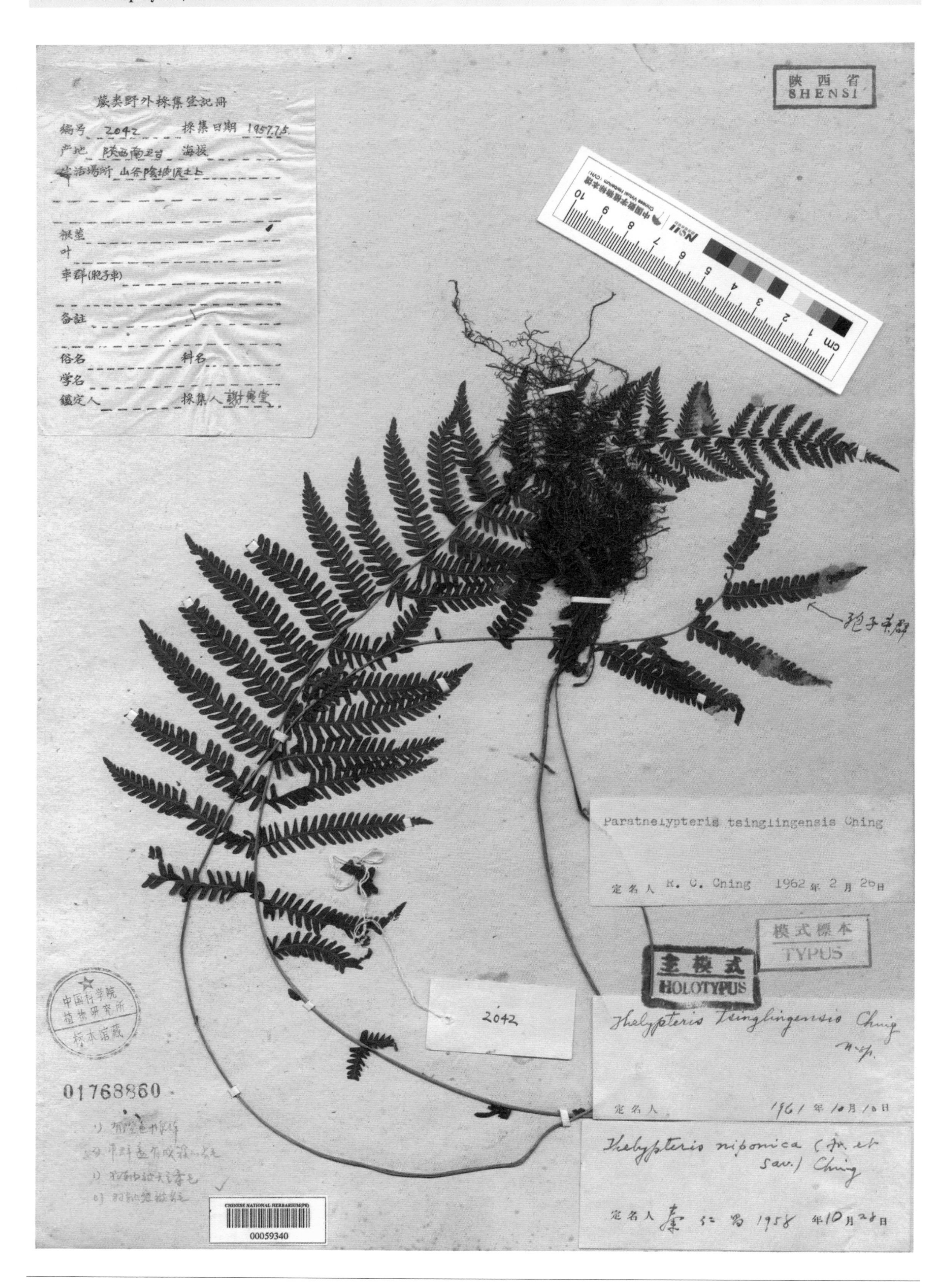

秦岭金星蕨 ***Parathelypteris qinlingensis*** Ching ex K. H. Shing, Fl. Reip. Pop. Sin. 4(1): 320. 1999. **Holotype:** China. Shaanxi: Qinling, Nanwutai, 1957-07-05, Y. T. Hsieh 2042.

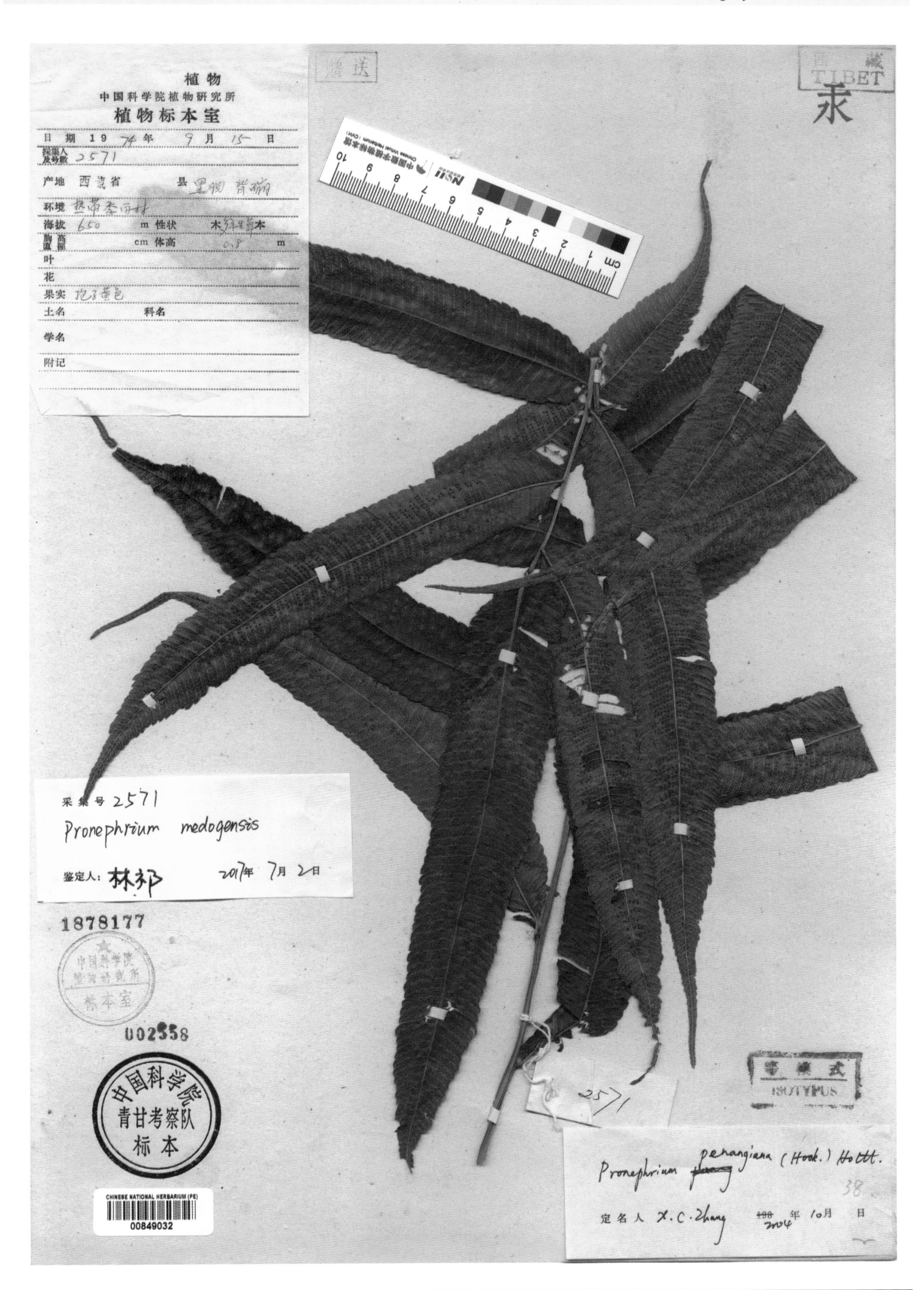

墨脱新月蕨 ***Pronephrium medogensis*** Y. X. Lin, Fl. Reip. Pop. Sin. 4(1): 351. 1999. **Isotype:** China. Xizang: Mêdog, alt. 650 m, 1974-09-15, B. S. Li & al. 2571.

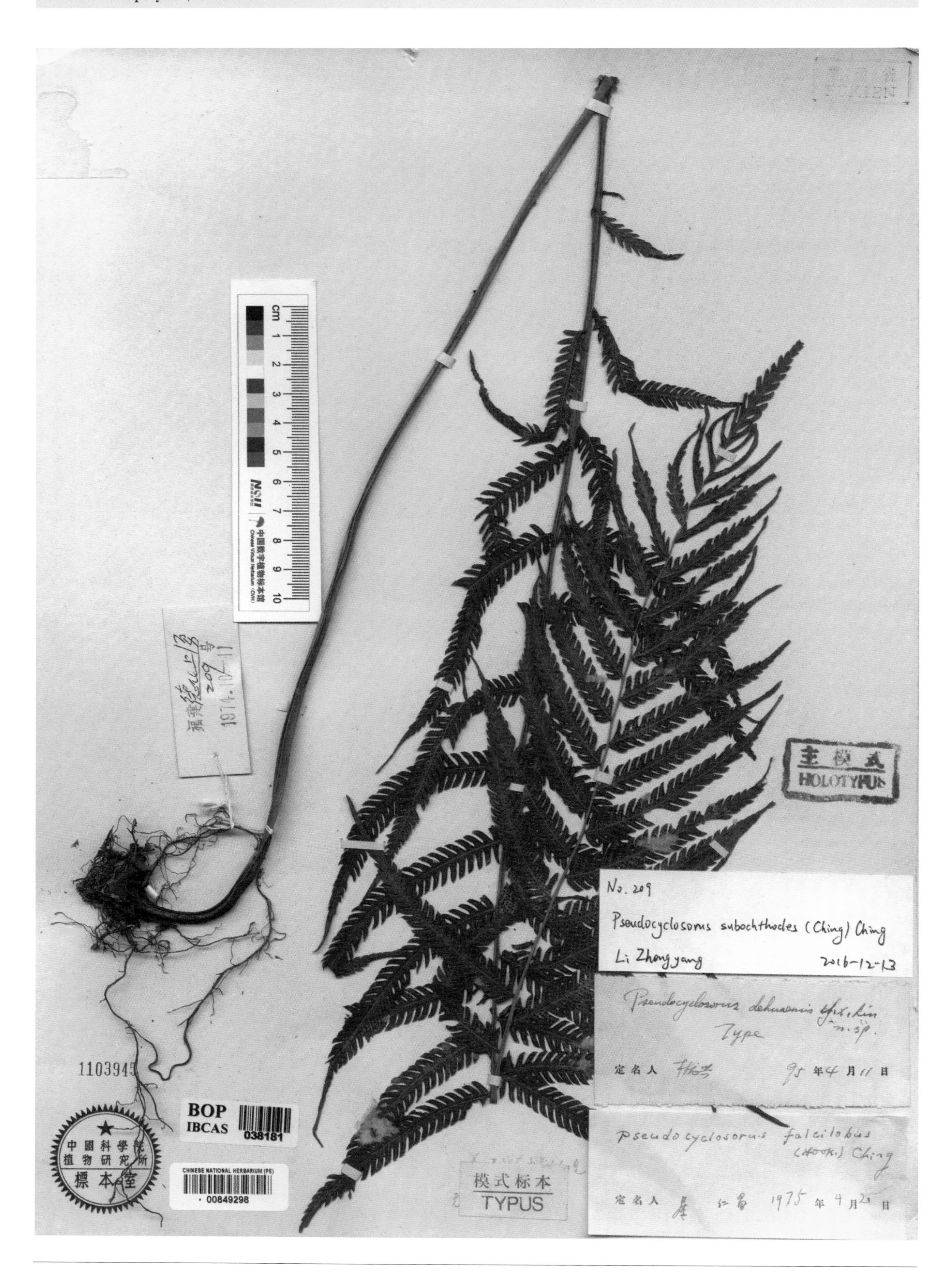

德化假毛蕨 ***Pseudocyclosorus dehuaensis*** Y. X. Lin, Fl. Reip. Pop. Sin. 4(1): 326. 1999. **Holotype:** China. Fujian: Dehua, alt. 700 m, 1974-10-11, K. H. Shing & al. 209.

峨眉假毛蕨 ***Pseudocyclosorus emeiensis*** Ching ex Y. X. Lin, Fl. Reip. Pop. Sin. 4(1): 330. 1999. **Holotype:** China. Sichuan: Emei, Emeishan, alt. 700 m, 1963-09-18, K. H. Shing & K. Y. Lang 1840.

叉脉假毛蕨 ***Pseudocyclosorus furcato-venulosus*** Y. X. Lin, Fl. Reip. Pop. Sin. 4(1): 330. 1999. **Holotype:** China. Sichuan: Junlian, 1978-06-14, H. S. Kung 5214.

綦江假毛蕨 ***Pseudocyclosorus jijiangensis*** Ching ex Y. X. Lin, Fl. Reip. Pop. Sin. 4(1): 330. 1999. **Holotype:** China. Chongqing: Jijiang, 1979-04-29, B. Y. Zhang 2.

光脉假毛蕨 ***Pseudocyclosorus subfalcilobus*** Ching ex K. H. Shing in Acta Phytotax. Sin. 31(6): 571, f. 4.1993. **Holotype:** China. Yunnan: Gongshan, alt. 1 500 m, 1938-09-07, T. T.Yu 20160.

宽羽溪边蕨 ***Stegnogramma latipinna*** Ching ex K. H. Shing in Acta Phytotax. Sin. 31(6): 571. 1993. **Holotype:** China. Yunnan: Gongshan, alt. 2 300 ~2 500 m, 1940-09-07, K. M. Feng 7578.

Woodsiaceae

岩蕨科

Yanjue Ke

妙峰岩蕨 ***Woodsia oblonga*** Ching & S. H. Wu, Fl. Tsinling. 2: 221. 1974. **Holotype:** China. Tianjin: Ji Xian, Panshan, 1956-07-06, Herb. Bot. Inst. Bot. Acad. Sin. 2003.

Peranemaceae

球盖蕨科

Qiugaijue Ke

峨眉鱼鳞蕨 ***Acrophorus emeiensis*** Ching in Acta Phytotax. Sin. 21(4): 380, pl. 2: 2-4. 1983. **Holotype:** China. Sichuan: Emei, Emeishan, alt. 780 m, 1956-03-??, R. C. Ching 186.

Dryopteridaceae

鳞毛蕨科

Linmaojue Ke

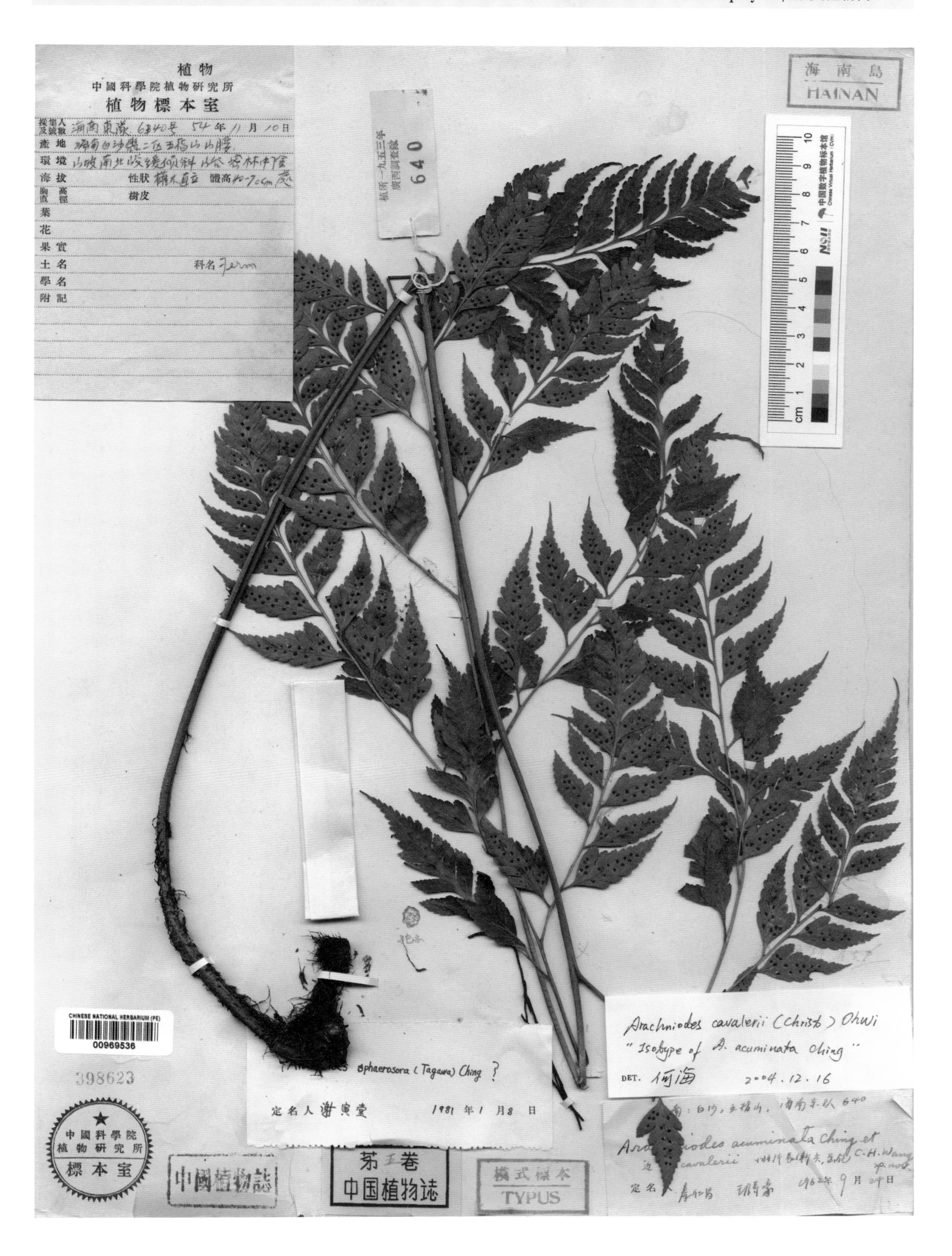

尖头复叶耳蕨 ***Arachniodes acuminata*** Ching & C. H. Wang in Acta Phytotax. Sin. 9(4): 367. 1964. **Isotype:** China. Hainan: Baisha, 1954-11-10, E. Hainan Exped. 640.

渐尖复叶耳蕨 ***Arachniodes attenuata*** Ching in Bull. Bot. Res., Harbin 6(3): 2, pl. 1: 2. 1986. **Holotype:** China. Yunnan: Pingbian, 1952-07-25, R. C. Ching 1.

尾尖复叶耳蕨 ***Arachniodes caudata*** Ching, Fl. Tsinling. 2: 230. 1974. **Holotype:** China. Sichuan: Mabian, 1934-??-??, T. T. Yu 4245.

雲南省
YUNNAN

中国科学院昆明植物研究所
采集記录
标本号数:
采集人: [illegible] 采集号数: 4268
采集日期: 63年VI月4日 产地: 漾濞
石竹公社 [illegible]
环境: 地形: 海拔: 2500 米
土壤:
小环境:
生态: [illegible]
性状: 草本
高度: 米 胸高直径: 米
频度: 丰富 多度:
形态: 树皮:
叶: [illegible]
花:
果:
用途:
附記:
土名: 科名:
学名: Rumohra

cm 1 2 3 4 5 6 7 8 9 10

766132

中國科學院植物研究所標本室

BOP IBCAS 041075

CHINESE NATIONAL HERBARIUM (PE) 00969651

中國植物誌

主模式 HOLOTYPUS

Arachniodes chingii Y. T. Hsieh. 研究 6(4): 4. 1986. (Typus!)
定名人 [illegible] 1992年6月

Arachniodes yangbiensis Y. T. Hsieh sp. nov.
定名人 1982年11月6日

仁昌复叶耳蕨 ***Arachniodes chingii*** Y. T. Hsieh in Bull. Bot. Res., Harbin 6(4): 4. 1986. **Holotype:** China. Yunnan: Yangbi, alt. 2 500 m, 1963-06-04, Jinshajiang Bot. Exped. 4268.

宜兴复叶耳蕨 ***Arachniodes ishingensis*** Ching & Y. T. Xie in Acta Phytotax. Sin. 22(2): 161, pl. 1: 2. 1984. **Holotype:** China. Jiangsu: Yixing, 1974-11-07, T. Y. Cheo & al. 41.

南川复叶耳蕨 ***Arachniodes nanchuanensis*** Ching & Z. Y. Liu in Bull. Bot. Res., Harbin 4(4): 21, photo. 50. 1984.
Holotype: China. Chongqing: Nanchuan, alt. 1 200 m,1983-06-13, Z. Y. Liu 4198.

近异羽复叶耳蕨 ***Arachniodes parasimplicior*** Ching ex Y. T. Hsieh in Bull. Bot. Res., Harbin 11(2): 1. 1991. **Holotype:** China. Zhejiang: Qingyuan, 1964-05-??, P. S. Chiu 3896.

全缘斜方复叶耳蕨 ***Arachniodes rhomboidea*** (Schott) Ching var. ***sinica*** Ching in Acta Phytotax. Sin. 9: 384. 1964. **Holotype:** China. Zhejiang: Ningbo, 1958-07-20, X. Y. He 0995.

天童复叶耳蕨 ***Arachniodes tiendongensis*** Ching & C. F. Zhang in Bull. Bot. Res., Harbin 3(3): 9. 1983. **Holotype:** China. Zhejiang: Yin Xian, alt. 100 m, 1979-11-04, K. H. Shing & al. 550.

沟轴鳞毛蕨 ***Dryopteris canaliculata*** Ching, Fl. Xizang. 1: 251. 1983. **Holotype:** China. Xizang: Bomi, alt. 2 900 m, 1960-10-21, G. X. Fu 721.

刘氏鳞毛蕨 ***Dryopteris liui*** Ching in Bull. Bot. Res., Harbin 4(4): 12, photo. 41. 1984. **Holotype:** China. Chongqing: Nanchuan, alt. 1 200 m, 1983-04-13, Z. R. Liu 3993.

新落鳞鳞毛蕨 ***Dryopteris neosordidipes*** Ching ex K. H. Shing & J. F. Cheng in Jiangxi Sci. 8(3): 48. 1990. **Isotype:** China. Jiangxi: Boyang, alt. 100 m, 1955-11-07, M. J. Wang 3997.

聂拉木鳞毛蕨 ***Dryopteris nyalamense*** Ching & S. K. Wu, Fl. Xizang. 1: 256. 1983. **Holotype:** China. Xizang: Nyalam, alt. 3 700 m, 1975-06-30, Qinghai-Xizang Exped. 6150.

相近鳞毛蕨 ***Dryopteris persimilis*** Ching & C. F. Zhang in Bull. Bot. Res., Harbin 3(3): 16, photo. 13. 1983. **Holotype:** China. Zhejiang: Qingyuan, alt. 1 300 m, 1981-10-18, C. F. Zhang 7126.

假同型鳞毛蕨 ***Dryopteris pseudouniformis*** Ching, Fl. Fujian 1: 210, f. 199, 601. 1982. **Holotype:** China. Fujian: Chongan (=Wuyishan), 1959-06-??, P. S. Chiu 2185.

昌都鳞毛蕨 ***Dryopteris qandoensis*** Ching, Fl. Xizang. 1: 252. 1983. **Holotype:** China. Xizang: Zayü, alt. 3 000 m, 1960-06-05, S. K. Wu 8912.

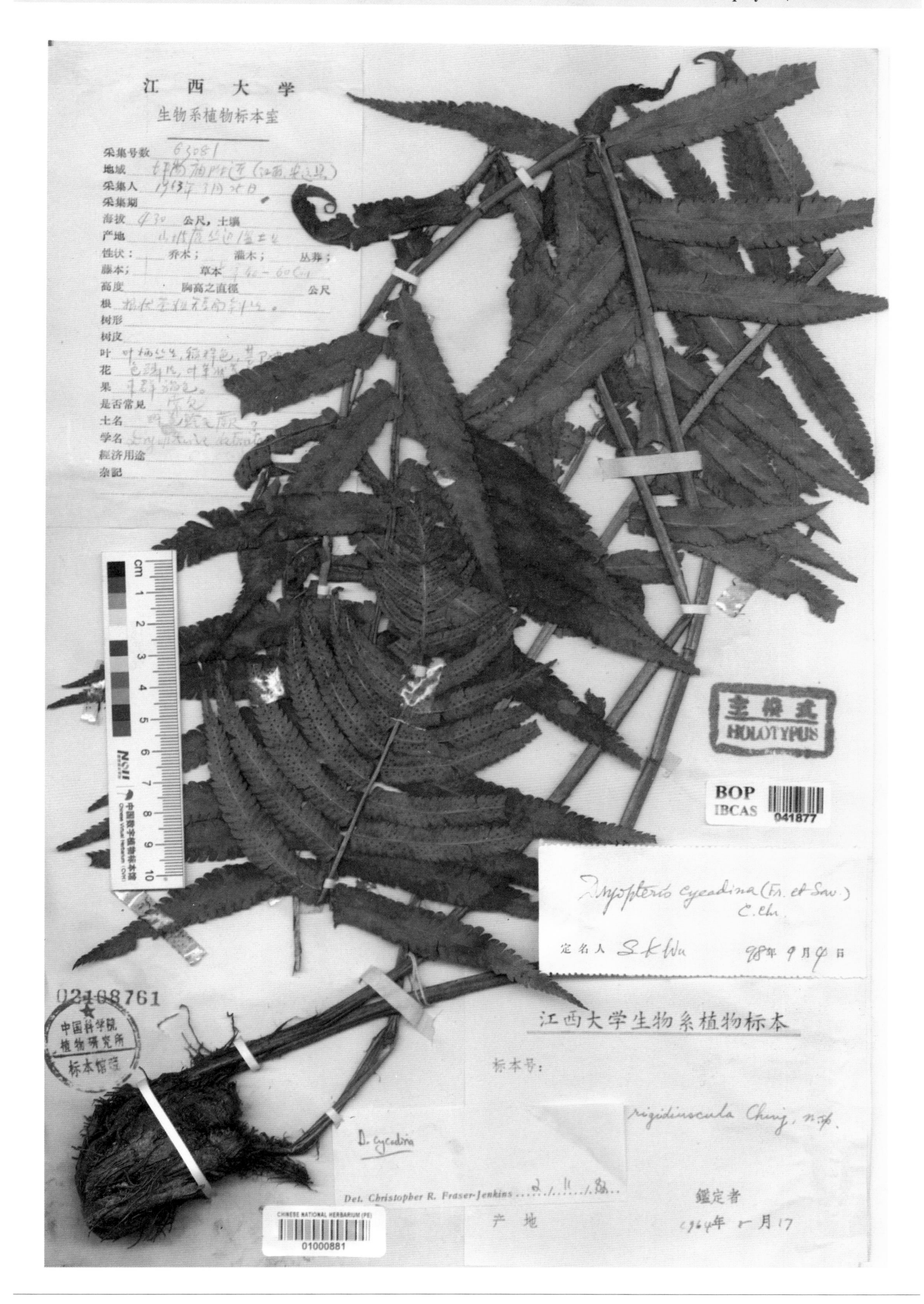

硬叶鳞毛蕨 ***Dryopteris rigidiuscula*** Ching ex K. H. Shing & J. F. Cheng in Jiangxi Sci. 8(3): 47. 1990. **Holotype:** China. Jiangxi: Anyuan, alt. 430 m, 1963-03-25, J. F. Cheng 63081.

三明鳞毛蕨 ***Dryopteris sanmingensis*** Ching, Fl. Fujian. 1: 600. 1982. **Holotype:** China. Fujian: Sanming, 1945-05-23, L. K. Ling 291.

中华两色鳞毛蕨 ***Dryopteris sino-bissotiana*** Ching & Z. Y. Liu in Bull. Bot. Res., Harbin 4(4): 8, photo. 36. 1984.
Holotype: China. Chongqing: Nanchuan, alt. 1 250 m, 1983-02-23, Z. Y. Liu & al. 4291.

泰宁鳞毛蕨 ***Dryopteris tarningensis*** Ching in Wuyi Sci. J. 1: 8. 1981. **Holotype:** China. Fujian: Taining, 1979-01-02, M. S. Li 909.

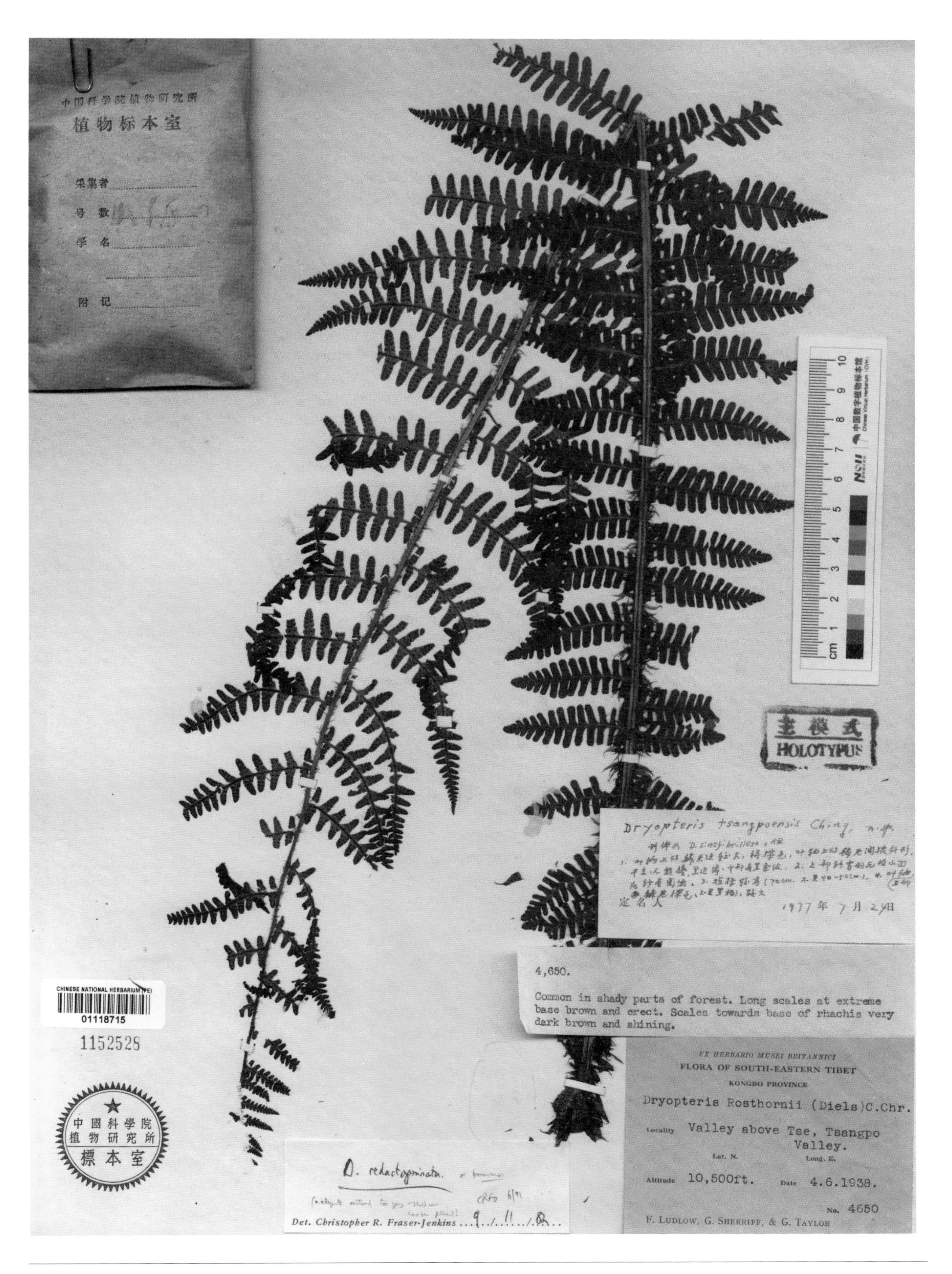

藏布鳞毛蕨 ***Dryopteris tsangpoensis*** Ching, Fl. Xizang. 1: 250. 1983. **Holotype:** China. Xizang: Mainling, alt. 3 200 m, 1938-04-06, F. Ludlow, G. Sherriff & G. Taylor 4650.

黄志鳞毛蕨 ***Dryopteris wangii*** Ching in Bot. Res. Inst. Bot. (Beijing) 1987(2): 13, pl. 5: 3. 1987. **Holotype:** China. Guangdong: Tsing-yun (=Qingyuan), 1933-06-09, C. Wang 32526.

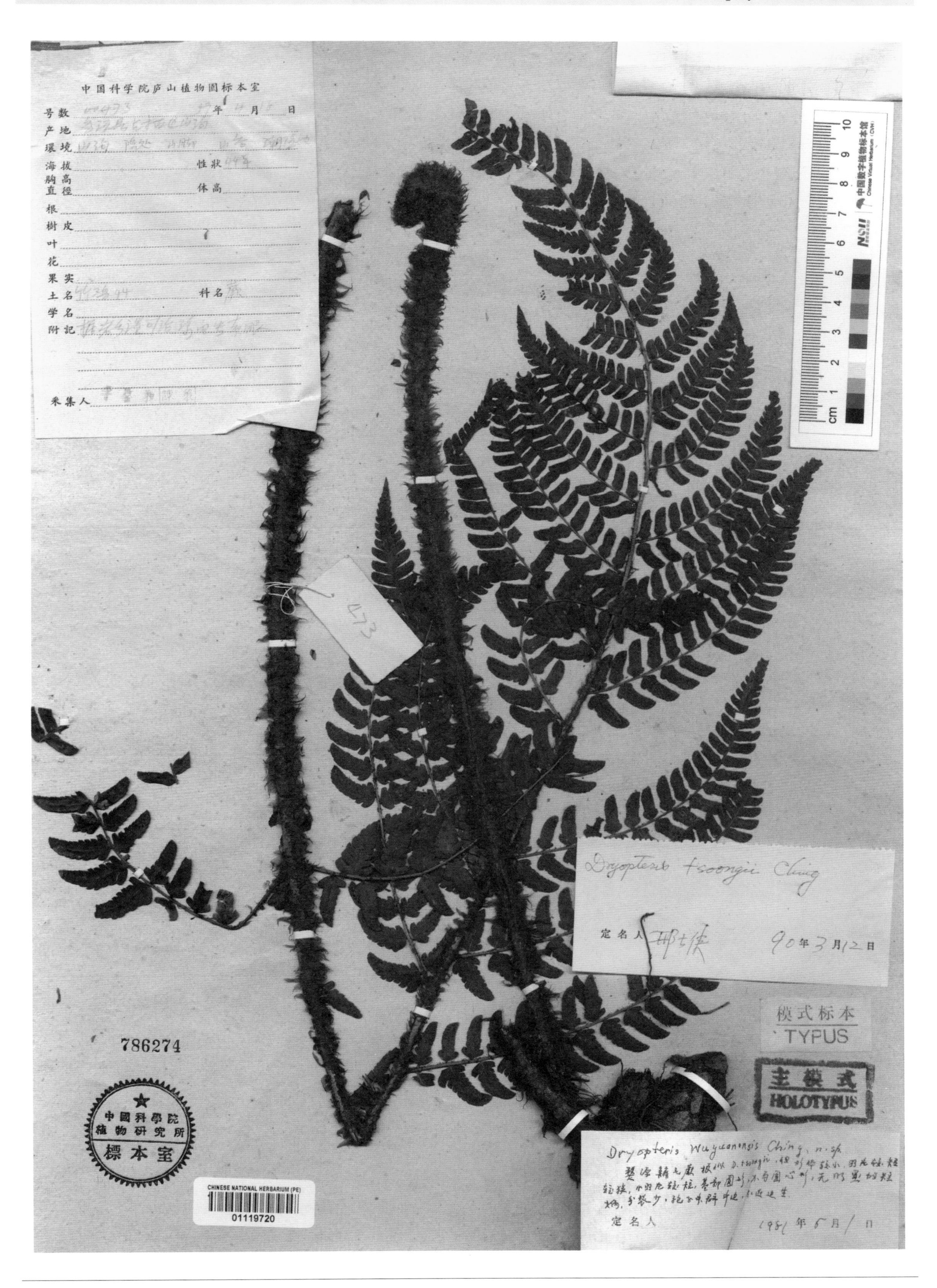

婺源鳞毛蕨 ***Dryopteris wuyuanensis*** Ching in Bot. Res. Inst. Bot. (Beijing) 1987(2): 15, pl. 6: 2. 1987. **Holotype:** China. Jiangxi: Wuyuan, 1959-04-18, Q. H. Li & C. Chen 473.

寻乌鳞毛蕨 ***Dryopteris xunwuensis*** Ching & K. H. Shing ex K. H. Shing & J. F. Cheng in Jiangxi Sci. 8(3): 48. 1990.
Holotype: China. Jiangxi: Xunwu, alt. 310 m, 1964-11-17, J. F. Cheng 40210.

遵义鳞毛蕨 ***Dryopteris zunyiensis*** Ching in Bot. Res. Inst. Bot. (Beijing) 1987(2): 18, pl. 7: 2. **Isotype:** China. Guizhou: Zunyi, alt. 1 350 m, 1956-09-01, Sichuan-Guizhou Exped. 1333.

大叶肉刺蕨 ***Nothoperanema giganteum*** Ching in Acta Phytotax. Sin. 11(1): 28. 1966. **Holotype:** China. Yunnan: Gongshan, alt. 1 700~1 800 m, 1940-09-28, K. M. Feng 8073.

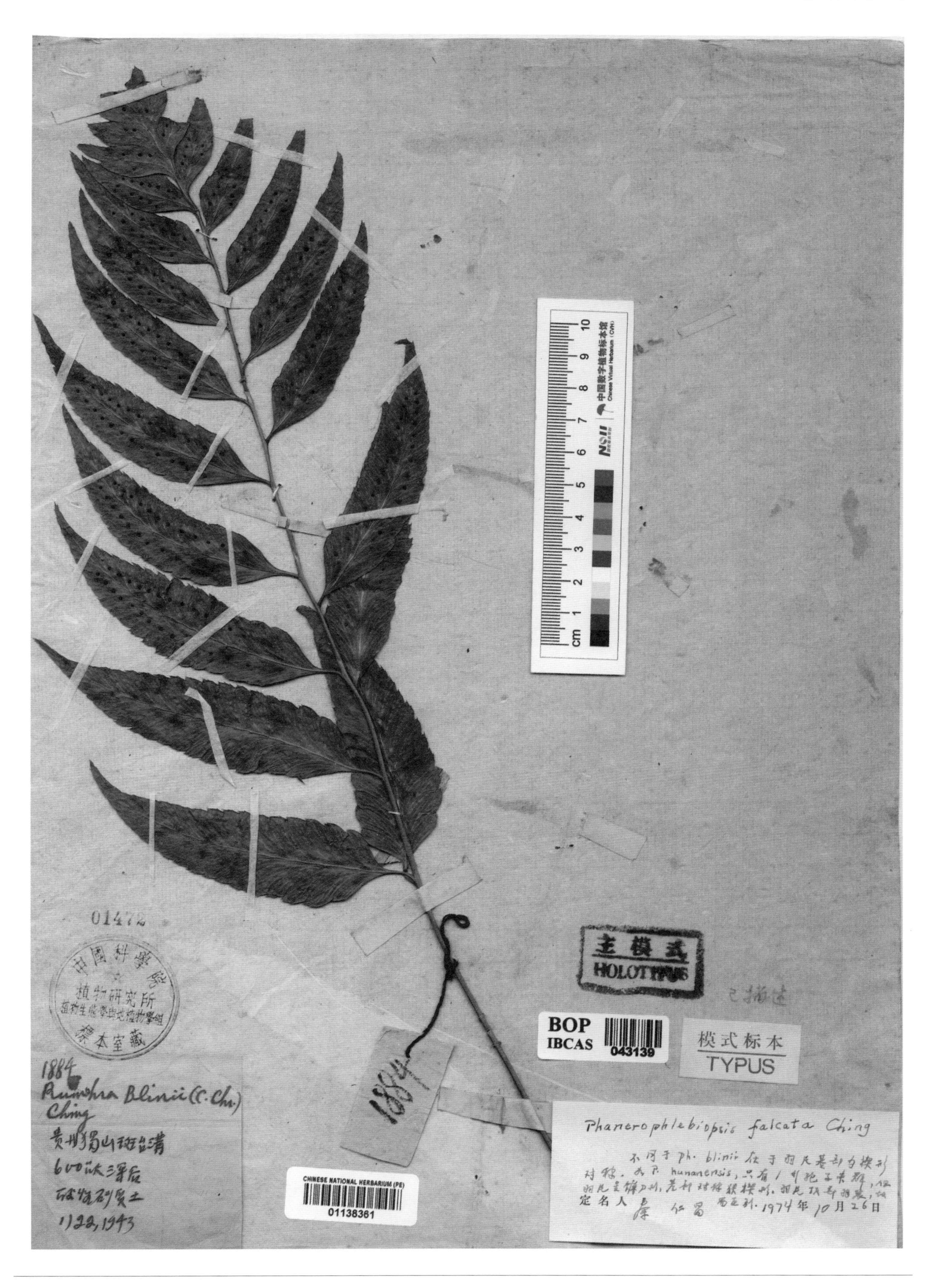

镰形黔蕨 ***Phanerophlebiopsis falcata*** Ching in Bull. Bot. Res., Harbin 7(1): 74. 1987. **Holotype:** China. Guizhou: Dushan, alt. 600 m, 1943-11-22, S. Y. Hou 1884.

湖南黔蕨 ***Phanerophlebiopsis hunanensis*** Ching in Bull. Bot. Res., Harbin 7(1): 74. 1987. **Holotype:** China. Hunan: Yongshun, alt. 450 m, 1959-07-28, X. G. Li 204656.

宝兴耳蕨 ***Polystichum baoxingense*** Ching & H. S. Kung in Acta Bot. Bor.-Occ. Sin. 9(4): 271, f. 2: 1-2. 1989. **Holotype:** China. Sichuan: Baoxing, alt. 1 700 m, 1958-10-10, S. S. Chang & Y. X. Ren 7595.

刺叶耳蕨 ***Polystichum consimile*** Ching, Icon. Fil. Sin. 5: 237. 1958. **Holotype:** China. Chongqing: Fuling, S. Y. Hou 495.

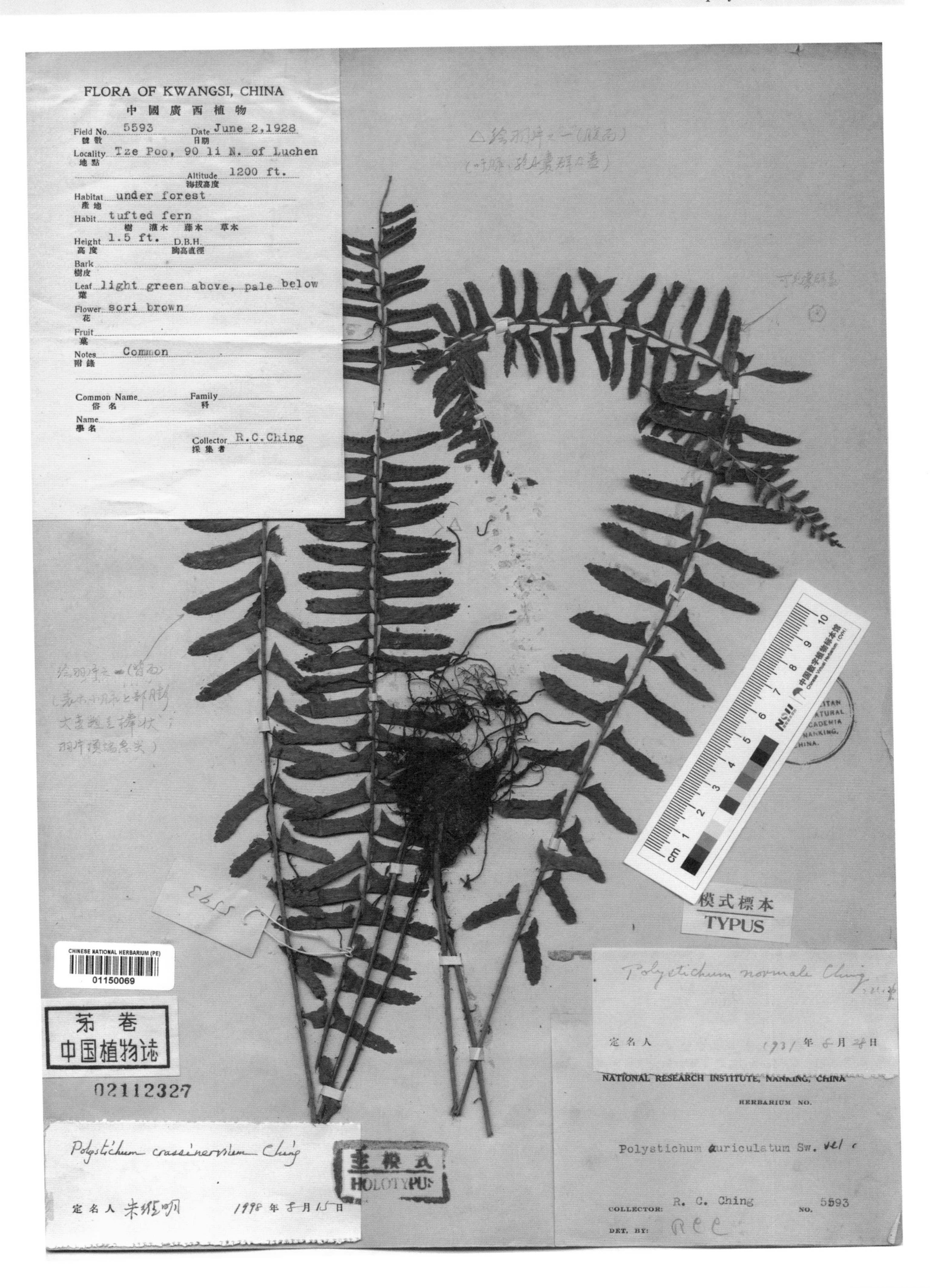

粗脉耳蕨 ***Plystichum crassinervium*** Ching ex W. M. Chu & Z. R. He, Fl. Reip. Pop. Sin. 5(2): 224, pl. 35: 1-4. 2001.
Holotype: China. Guangxi: Luocheng, 1928-06-02, alt. 366 m, R. C. Ching 5593.

粗齿耳蕨 ***Polystichum grossidentatum*** Ching, Icon. Fil. Sin. 5: 239. 1958. **Holotype:** China. Chongqing: Youyang, S. Y. Hou 825.

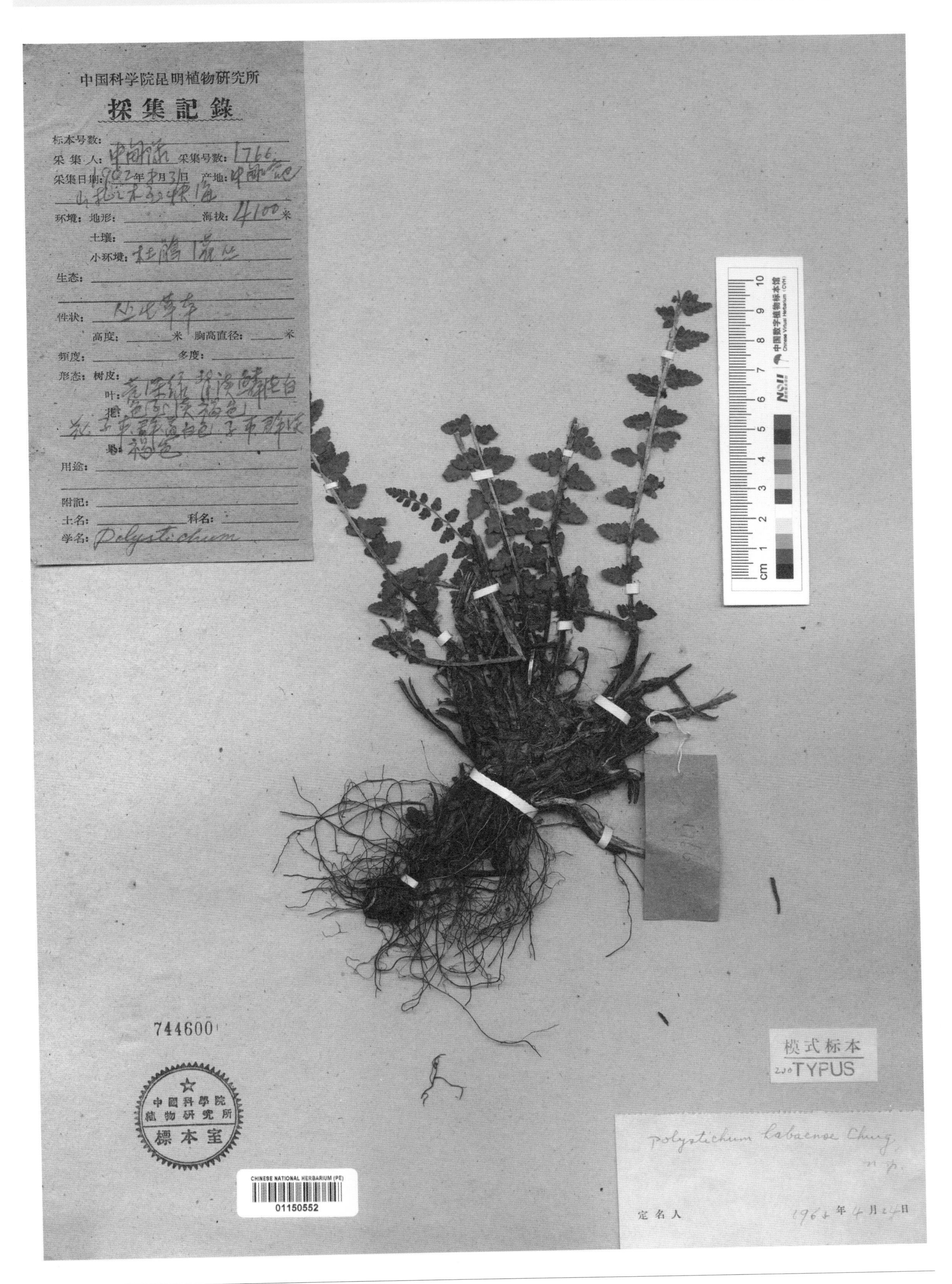

哈巴耳蕨 ***Polystichum habaense*** Ching & H. S. Kung in Bull. Bot. Res., Harbin 9(3): 4, pl. 1. 1989. **Isotype:** China. Yunnan: Zhongdian (=Shangri-La), alt. 4 100 m, 1942-08-31, Zhongdian Exped. 1766.

贡山耳蕨 ***Polystichum integrilimbum*** Ching & H. S. Kung in Acta Bot. Bor.-Occ. Sin. 9(4): 275, f. 1: 2. 1989. **Holotype:** China. Yunnan: Gongshan, alt. 2 200~2 500 m,1940-09-01, K. M. Feng 7260.

宽鳞耳蕨 ***Polystichum latilepis*** Ching & H. S. Kung in Acta Bot. Bor.-Occ. Sin. 9(4): 273, f. 2: 3-4. 1989. **Holotype:** China. Zhejiang: Lin'an, Tianmushan, 1930-07-26, T. N. Liou 217.

美姑耳蕨 ***Polystichum meiguensis*** Ching & H. S. Kung in Acta Bot. Bor.-Occ. Sin. 9(4): 269, f. 1: 1. 1989. **Holotype:** China. Sichuan: Meigu, 1959-08-21, Sichuan Econ. Pl. Exped. 1892.

乌柄耳蕨 ***Polystichum melanostipes*** Ching & H. S. Kung in Bul. Bot. Res., Harbin 9(3): 10, pl. 3. 1989. **Isotype:** China. Yunnan: Dêqên, alt. 3 700 m, 1935-08-??, C. W. Wang 68820.

钝羽耳蕨 ***Polystichum obtusipinnum*** Ching & H. S. Kung in Bul. Bot. Res., Harbin 9(3): 6, pl. 4. 1989. **Isotype:** China. Yunnan: Dêqên, alt. 3 800~4 100 m, 1940-08-01, K. M. Feng 6242.

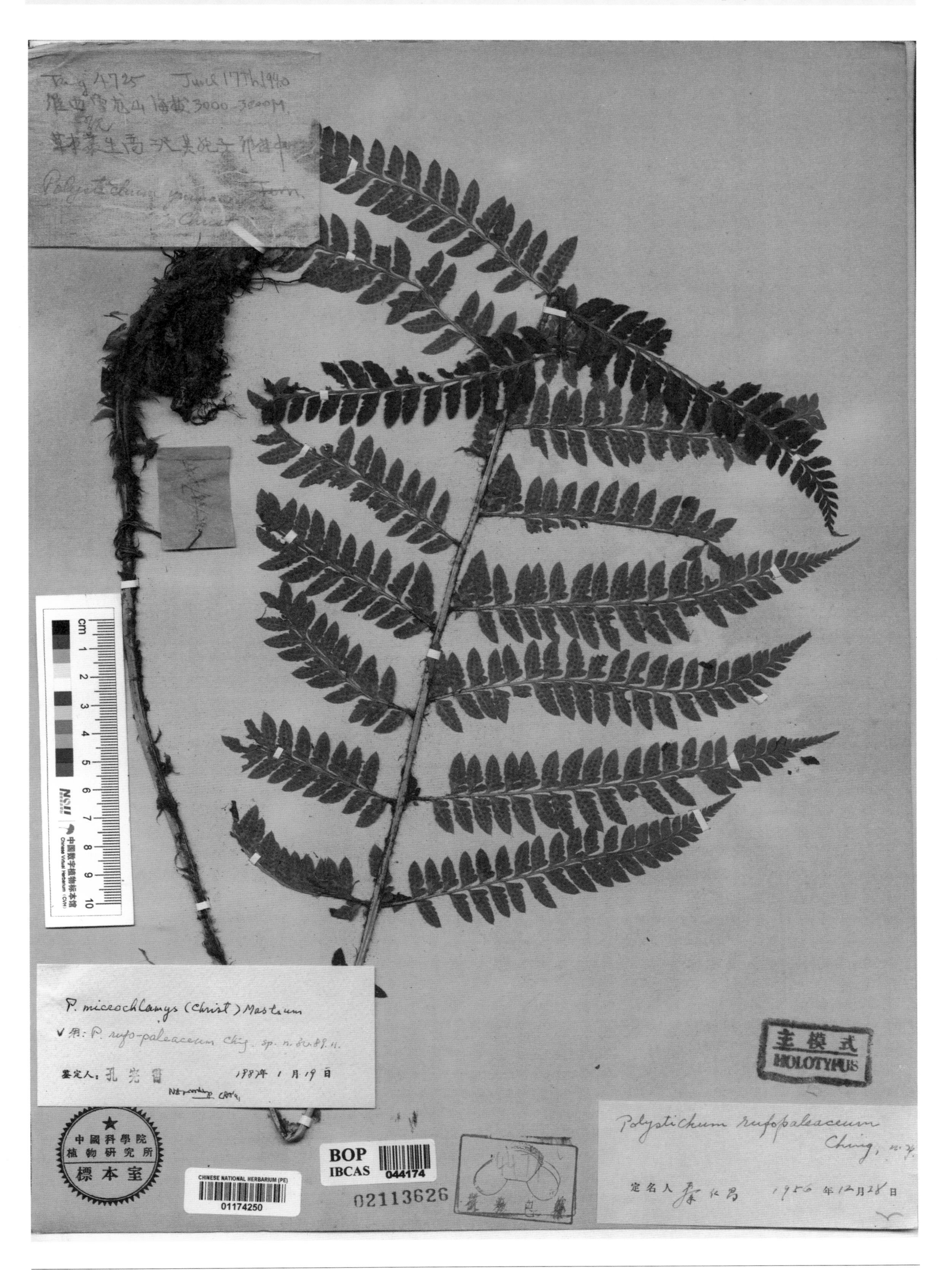

红鳞耳蕨 ***Polystichum rufopaleaceum*** Ching ex H. S. Kung & L. B. Zhang in Acta Phytotax. Sin. 36(3): 246, f. 1. 1998. **Holotype:** China. Yunnan: Weixi, Xuelongshan, alt. 3 000~3 200 m, 1940-06-17, K. M. Feng 4725.

FAN MEMORIAL INSTITUTE OF BIOLOGY

FLORA OF YUNNAN

Field No. 22670 Date Sept. 3, 1938

Locality Mekong-Salwin Divide, Sewalongba Altitude 4000 m.

Habitat Mt. grassy slope

Habit Fern

Height 1-2 ft. D.B.H.

Bark

Leaf

Flower Sori yellow

Fruit

Notes Common

Common Name Family

Name

Collector T. T. Yü

雲南省 YUNNAN

中國科學院植物研究所 植物標本室

模式標本 TYPUS

等模式 ISOTYPUS

F. I. B. YUNNAN EXP. COLL. T. T. YU NO. 22670

349699

中國科學院植物研究所標本室

CHINESE NATIONAL HERBARIUM (PE) 01174257

Polystichum salwinense Ching n. sp.

定名人 秦仁昌 1953 年 1 月 日

鑒定人：孔宪需 1986年12月12日

怒江耳蕨 ***Polystichum salwinense*** Ching & H. S. Kung in Bull. Bot. Res., Harbin 9(3): 7, pl. 5. 1989. **Isotype:** China. Yunnan: Gongshan, alt. 4 000 m, 1938-09-03, T. T. Yu 22670.

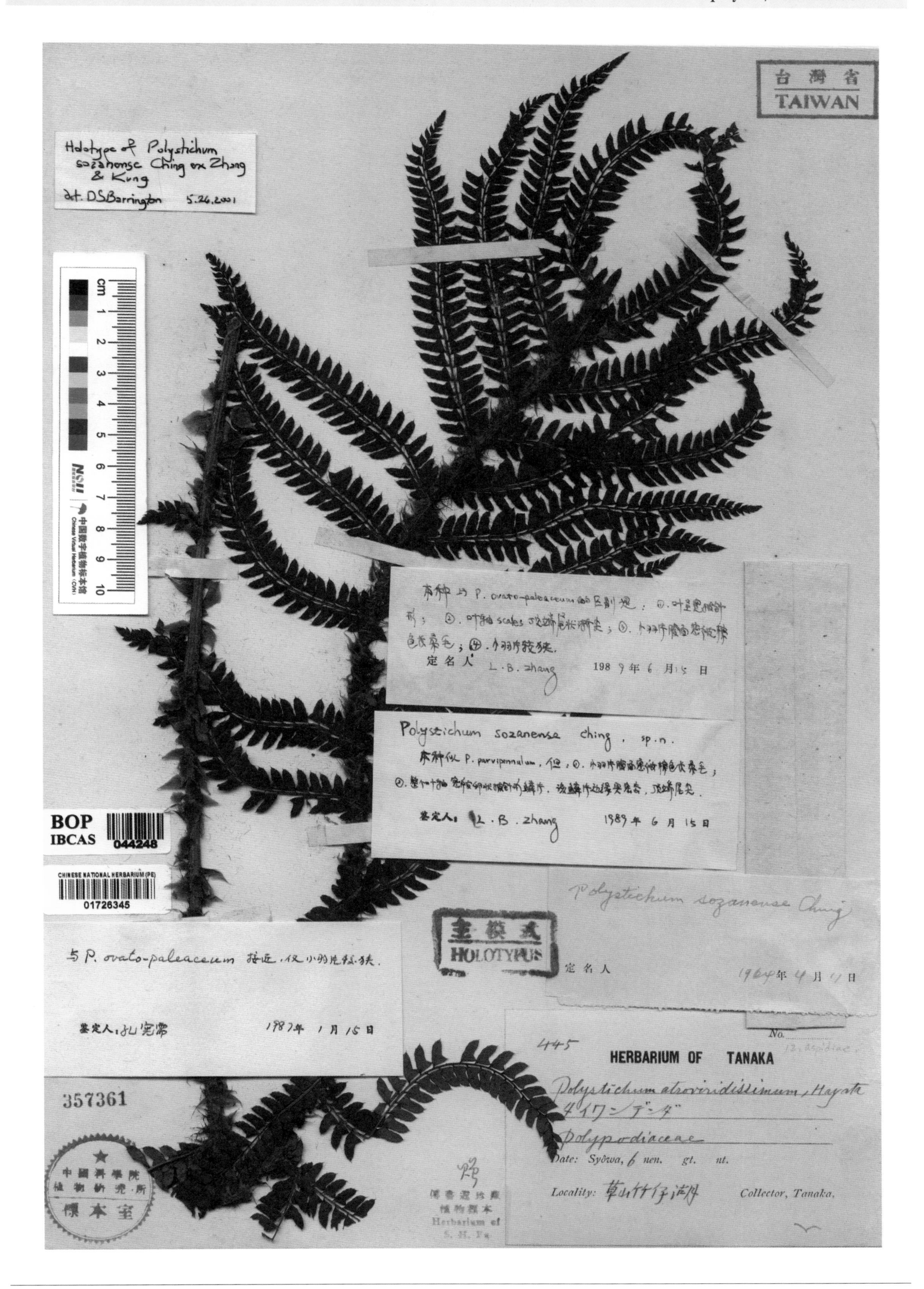

草山耳蕨 ***Polystichum sozanense*** Ching ex H. S. Kung & L. B. Zhang in Acta Phytotax. Sin. 33(3): 309, f. 1: E-I. 1995. **Holotype:** China. Taiwan: Sozan, Zhuzi lake, Tanaka 445.

吊罗山耳蕨 ***Polystichum tialooshanense*** Ching in Acta Phytotax. Sin. 9(4): 366. 1964. **Holotype:** China. Hainan: Baoting, 1954-12-21, Diaoluoshan Exped. 3220.

察隅耳蕨 ***Polystichum zayuense*** W. M. Chu & Z. R. He, Fl. Reip. Pop. Sin. 5(2): 228, pl. 45: 5-6. 2001. **Holotype:** China. Xizang: Zayü, alt. 3 450 m, 1982-09-18, Qinghai-Xizang Exped. 10501.

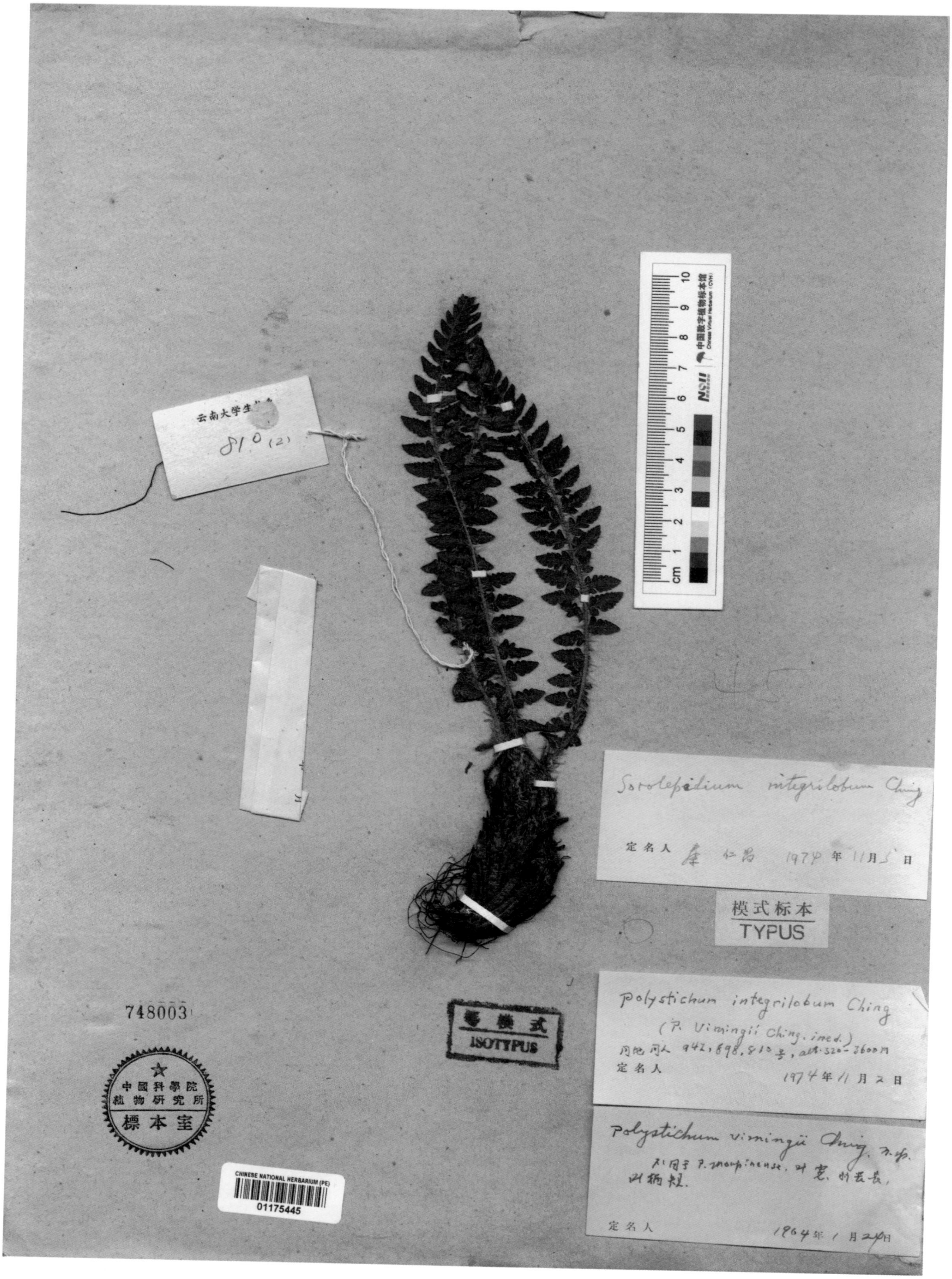

全缘玉龙蕨 ***Sorolepidium integrilobum*** Ching ex Y. T. Hsieh in Bull. Bot. Res., Harbin 9(3): 48, pl. 2. 1989. **Isotype:** China. Yunnan: Lijiang, alt. 3 200 ~3 600 m, W. M. Chu 810(2).

Aspidiaceae

三叉蕨科

Sanchajue Ke

黄岗肋毛蕨 ***Ctenitis whankanshanensis*** Ching & C. H. Wang in Acta Phytotax. Sin. 19(1): 123. 1981. **Holotype:** China. Jiangxi: Yifeng, 1947-??-??, Y. K. Hsiung 6452.

Bolbitidaceae

实蕨科

Shijue Ke

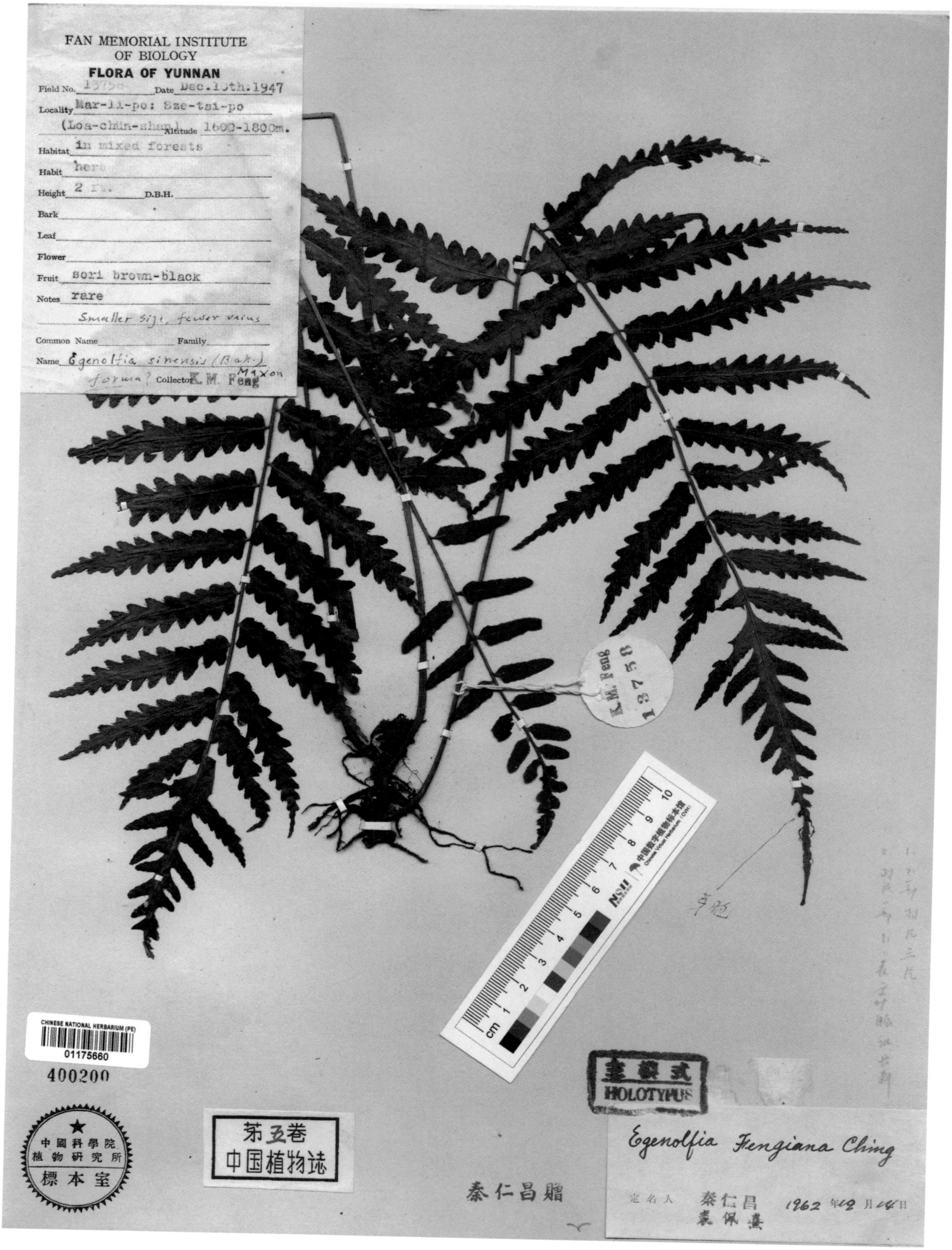

疏裂刺蕨 ***Egenolfia fengiana*** Ching in Acta Phytotax. Sin. 21(2): 215. 1983. **Holotype:** China. Yunnan: Malipo, alt. 1 600~1 800 m, 1947-12-10, K. M. Feng 13758.

墨脱刺蕨 ***Egenolfia medogensis*** Ching & S. K. Wu, Fl. Xizang. 1: 278, f. 66: 1-3. 1983. **Holotype:** China. Xizang: Mêdog, alt. 900 m, 1974-08-18, Qinghai-Xizang Exped. 74-4335.

Oleandraceae

条蕨科

Tiaojue Ke

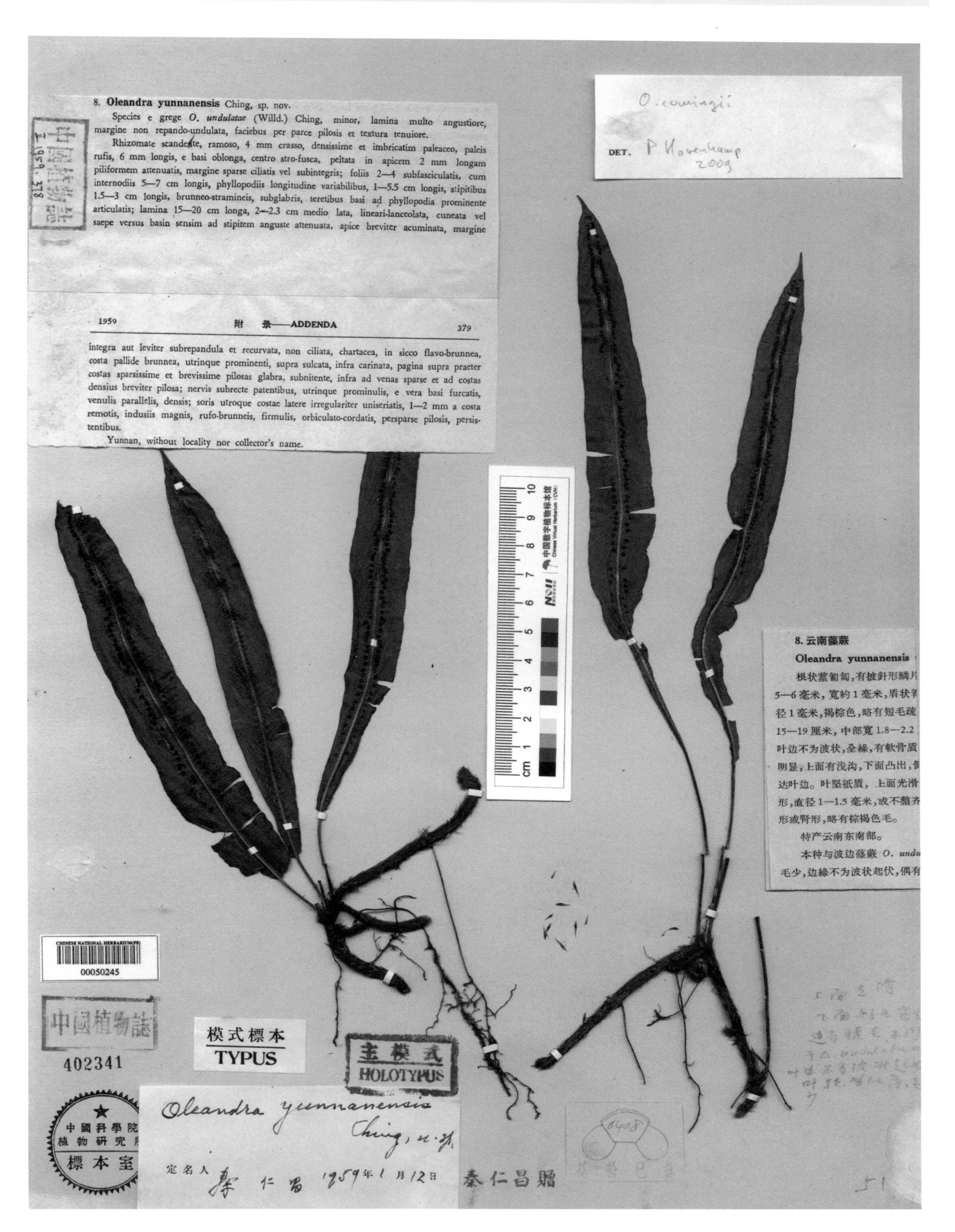

云南条蕨 ***Oleandra yunnanensis*** Ching, Fl. Reip. Pop. Sin. 2: 378. 1959. **Holotype:** China. Yunnan: Precise locality not known, Anonymous s. n. (=PE Herb. Bar Code No.00050245)

Polypodiaceae

水龙骨科

Shuilonggu Ke

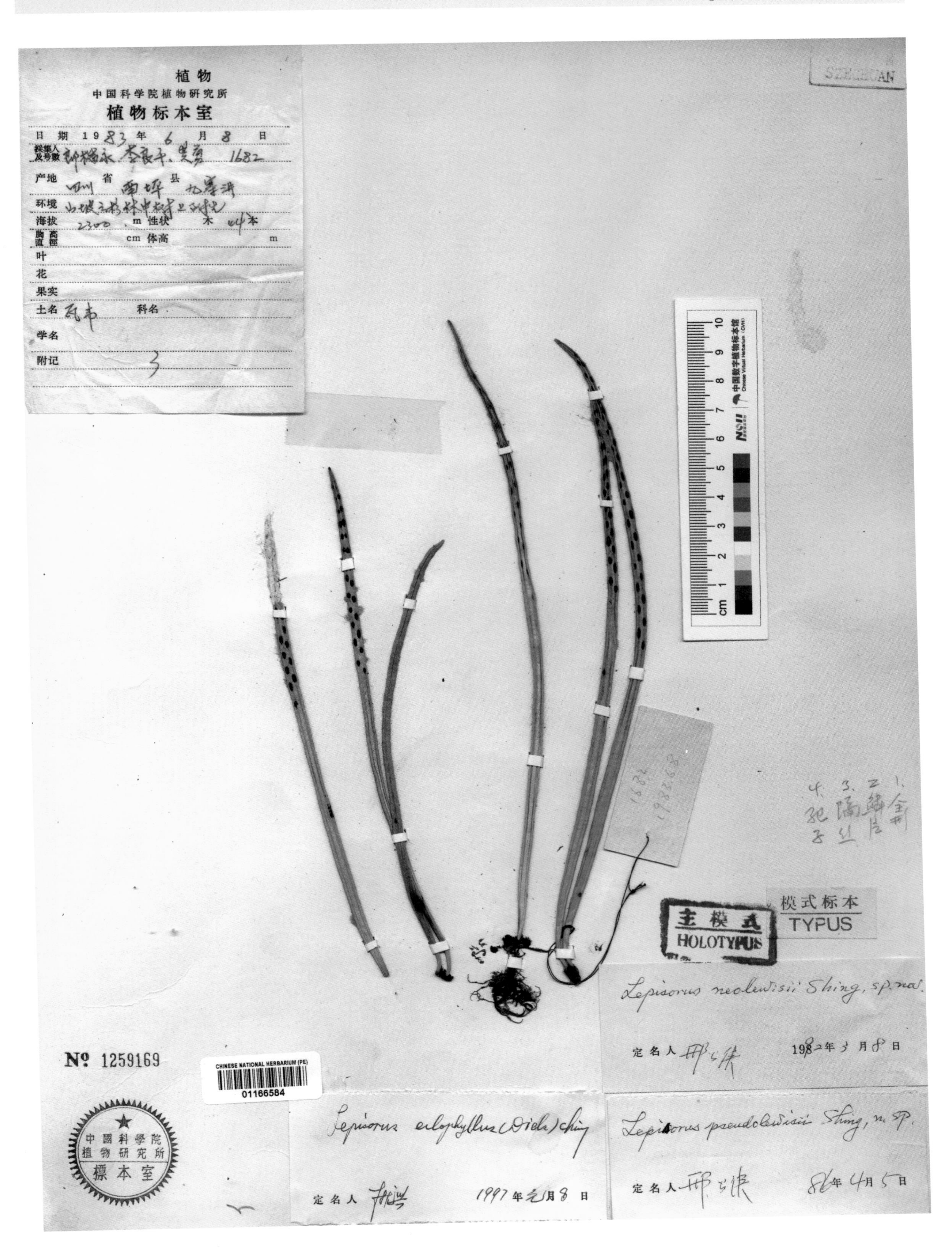

新庐山瓦韦 ***Lepisorus neolewisii*** K. H. Shing in Acta Phytotax. Sin. 31(6): 572, f. 5: 1-4. 1993. **Holotype:** China. Sichuan: Nanping, alt. 2 300 m, 1983-06-08, K. Y. Lang & al. 1682.

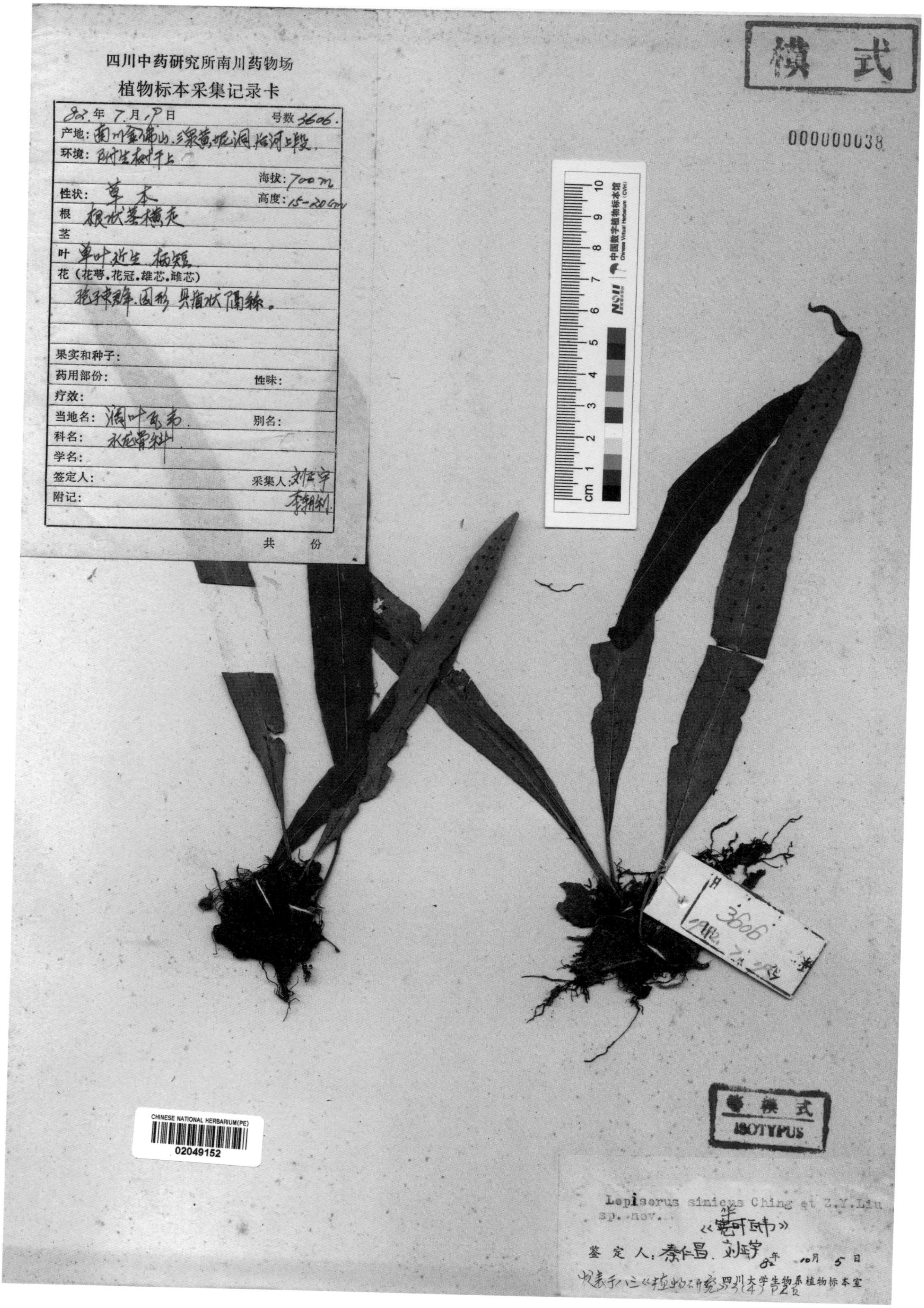

中华瓦韦 ***Lepisorus sinicus*** Ching & Z. Y. Liu in Bull. Bot. Res., Harbin 3(4): 2, photo. 1. 1983. **Isotype:** China. Chongqing: Nanchuan, alt. 700 m, 1982-07-19, Z. Y. Liu & Z. L. Li 3606.

畸裂盾蕨 ***Neolepisorus ovatus*** (Wall. ex Bedd.) Ching f. ***monstrosus*** Ching & K. H. Shing in Acta Phytotax. Sin. 21(3): 269, pl. 1: 2. 1983. **Holotype:** China. Sichuan: Emei, Emeishan, alt. 1 372~1 524 m, 1928-08-06, W. P. Fang 2603.

撕裂盾蕨 ***Neolepisorus truncatus*** Ching & P. S. Wang f. ***laciniatus*** Ching & K. H. Shing in Acta Phytotax. Sin. 21(3): 270, pl. 1: 4. 1983. **Holotype:** China. Sichuan: Emei, Emeishan, alt. 1 300 m, 1963-08-27, K. H. Shing & K. Y. Lang 948.

西藏假瘤蕨 ***Phymatopsis tibetana*** Ching & S. K. Wu, Fl. Xizang. 1: 325, f. 83: 5-6, pl. 10: 1-2. 1983. **Holotype:** China. Xizang: Zayü, alt. 2 600 m, 1973-06-25, Qinghai-Xizang Exped. 73-353.

稻城水龙骨 ***Polypodium daochengense*** Ching & S. K. Wu ex K. H. Shing in Acta Phytotax. Sin. 31(6): 574. 1993.
Holotype: China. Sichuan: Daocheng, alt. 3 400 m, 1981-09-01, Qinghai-Xizang Exped. 6012.

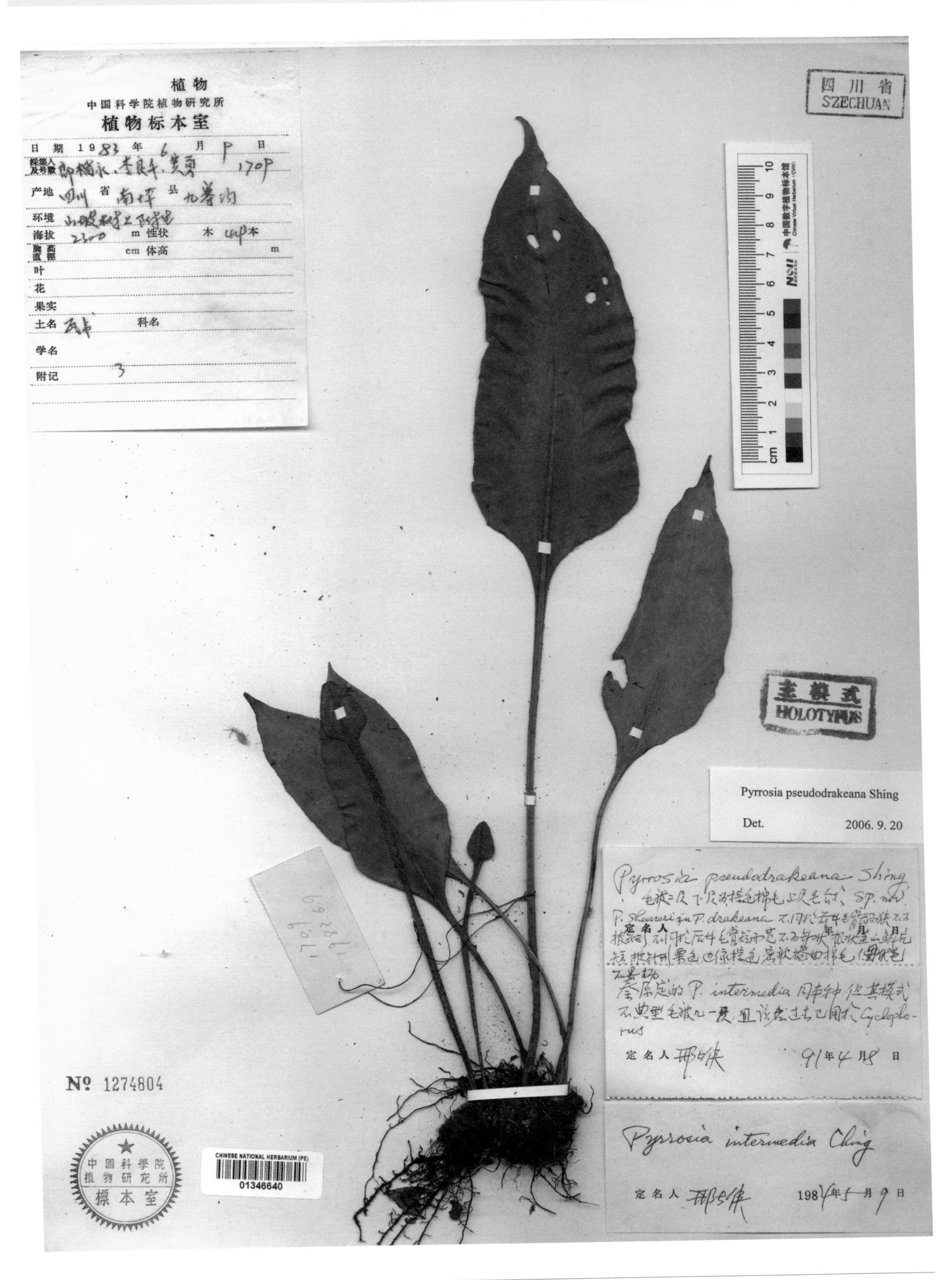

拟毡毛石韦 ***Pyrrosia pseudodrakeana*** K. H. Shing in Acta Phytotax. Sin. 31(6): 571. 1993. **Holotype:** China. Sichuan: Nanping, alt. 2 300 m, 1983-06-09, K. Y. Lang & al.1709.

Drynariaceae

槲蕨科

Hujue Ke

渐尖槲蕨 ***Drynaria sinica*** Diels var. ***intermedia*** Ching & S. K. Wu, Fl. Xizang. 1: 347, f. 93: 1-3, pl. 11: 1-3. 1983.
Holotype: China. Yunnan: Dêqên, alt. 3 100 m, 1937-08-28, T. T. Yu 9895.

Loxogrammaceae

剑蕨科

Jianjue Ke

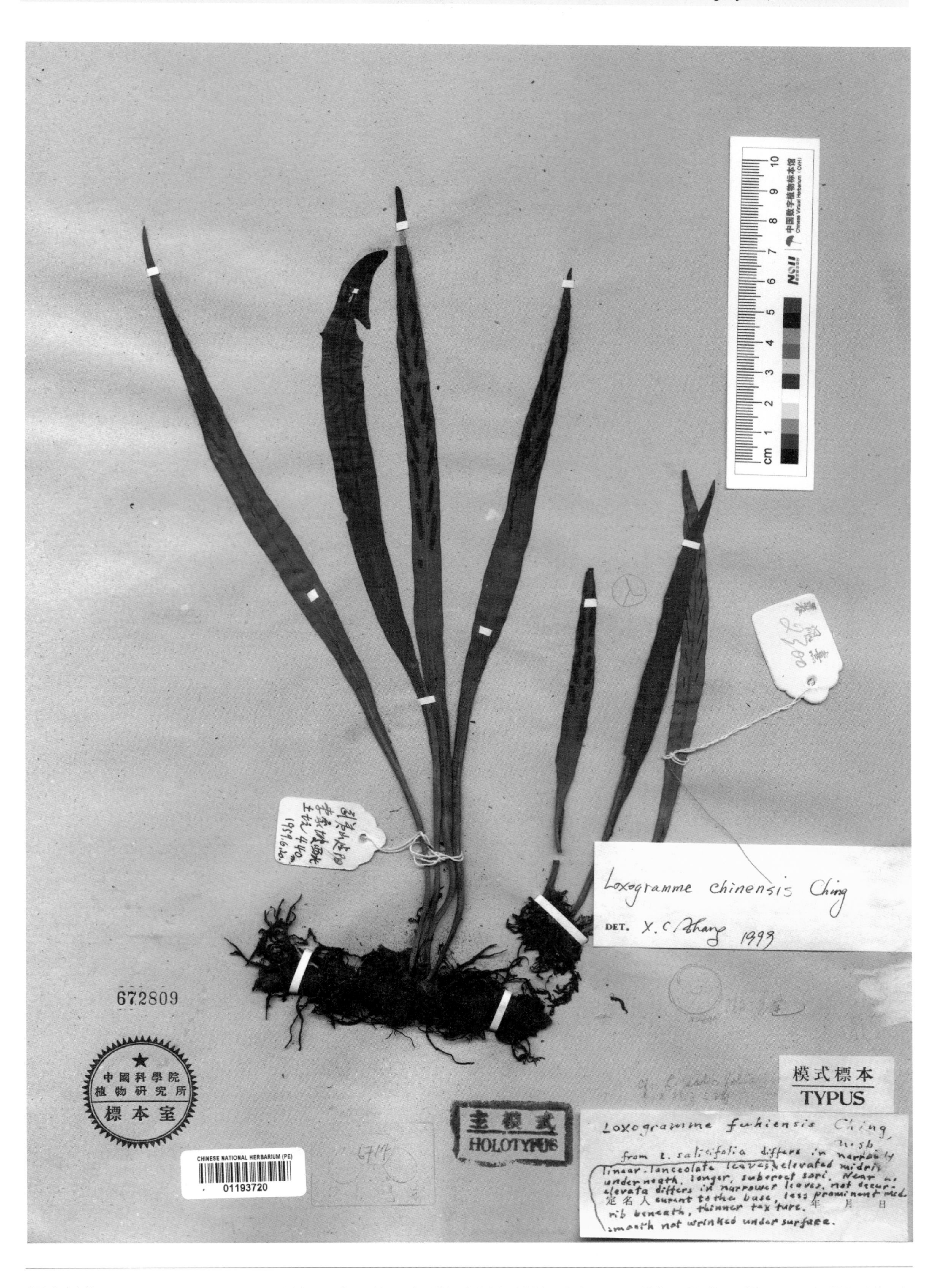

福建剑蕨 ***Loxogramme fujiansis*** Ching, Fl. Fujian. 1: 602, f. 241. 1981. **Holotype:** China. Fujian: Chongan (= Wuyishan), alt. 440 m, 1959-06-20, P. S. Chiu 2300.

大叶剑蕨 ***Loxogramme grandis*** Ching & Z. Y. Liu in Bull. Bot. Res., Harbin 4(4): 22, photo. 51. 1984. **Holotype:** China. Chongqing: Nanchuan, alt. 700 m, 1983-04-28, Z. R. Liu & S. X. Tan 4044.

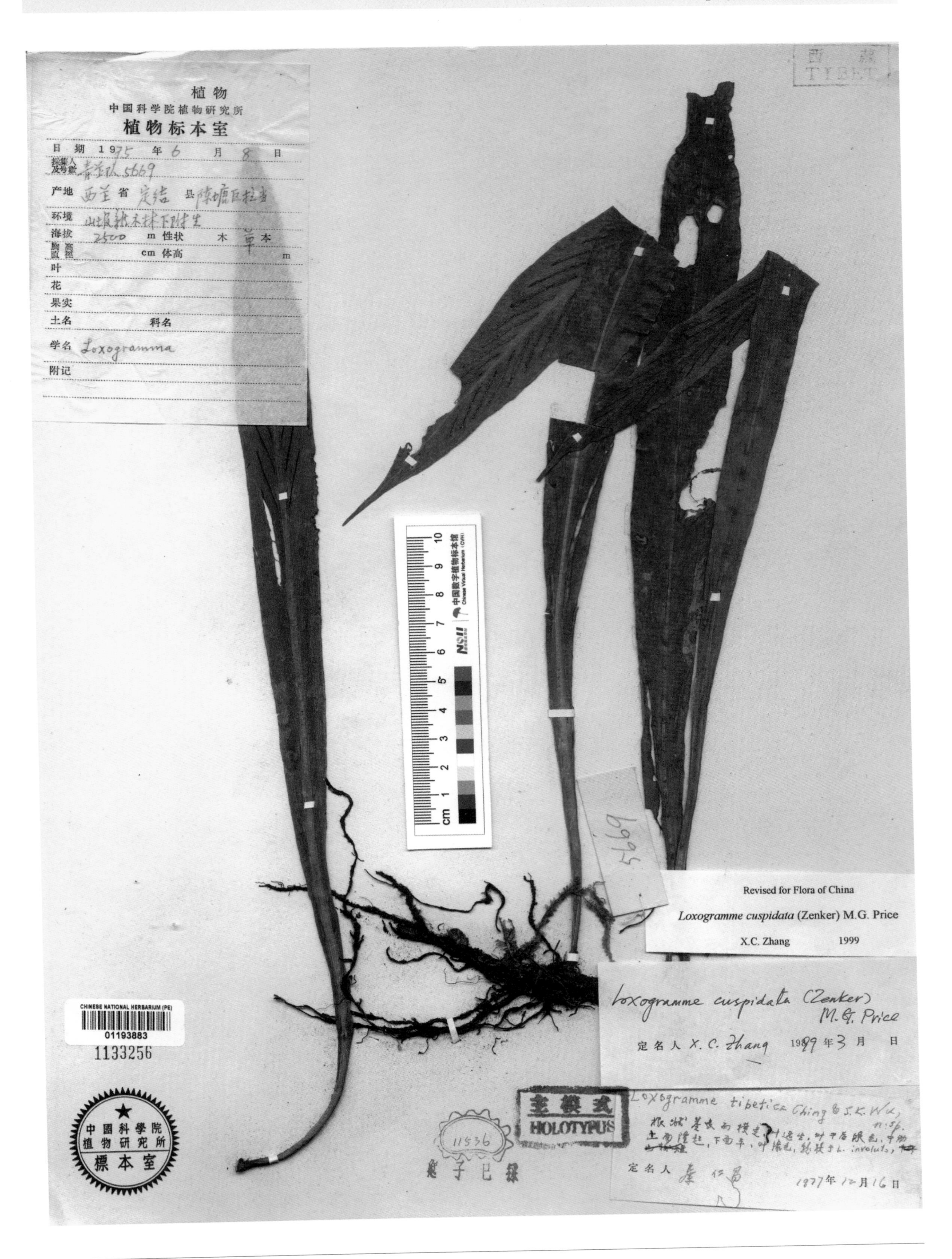

西藏剑蕨 ***Loxogramme tibetica*** Ching & S. K. Wu, Fl. Xizang. 1: 353, f. 95: 4-5, pl. 12: 5-6. 1983. **Holotype:** China. Xizang: Dinggyê, alt. 2 500 m, 1975-06-08, Qinghai-Xizang Exped. 5669.

Lycopodiaceae

石松科

Shisong Ke

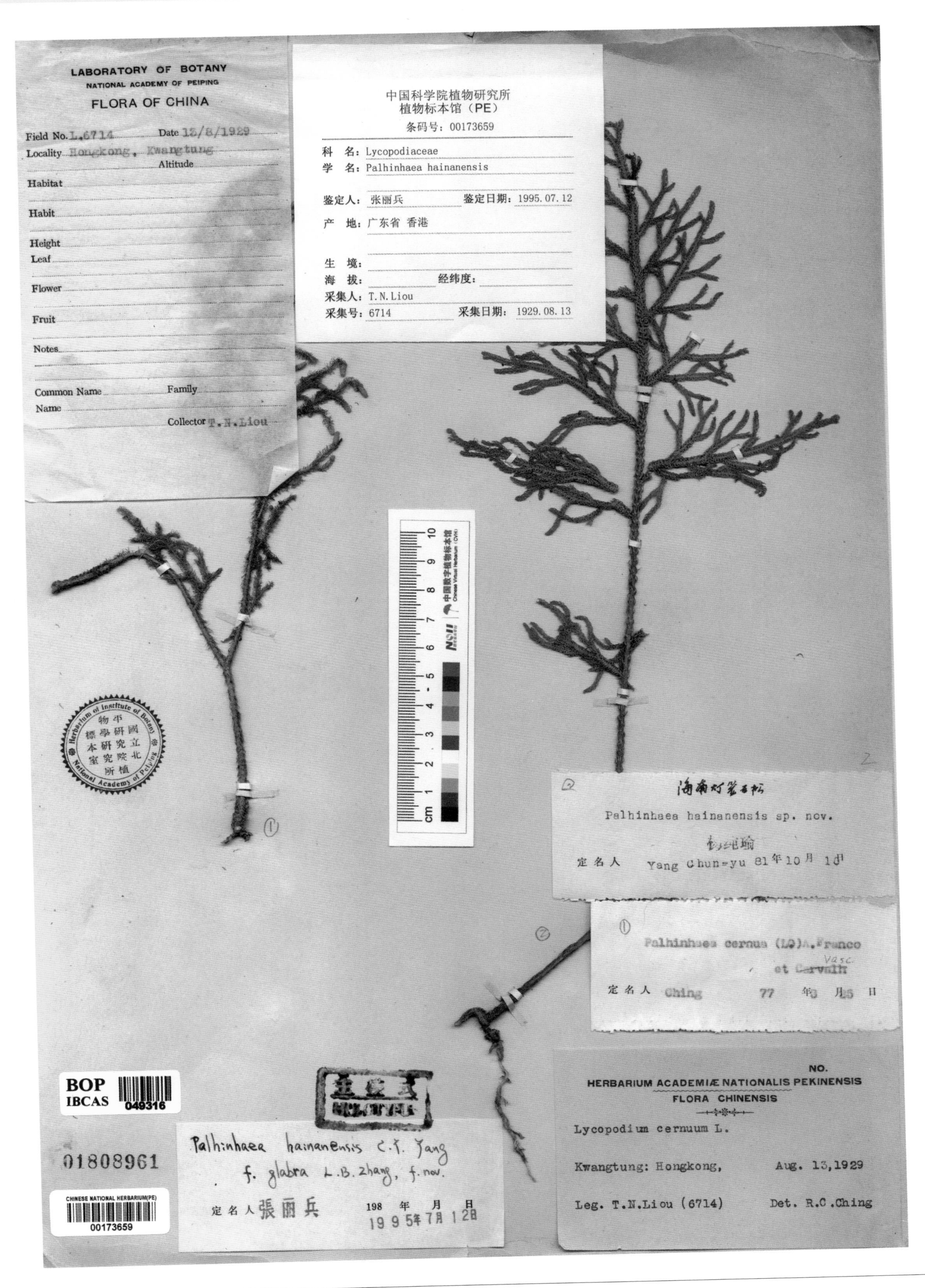

光枝海南垂穗石松 ***Palhinhaea hainanensis*** C. Y. Yang f. ***glabra*** H. S. Huang & L. B. Zhang in Acta Phytotax. Sin. 38(3): 272. 2000. **Holotype:** China. Hongkong, 1929-08-13, T. N. Liou 6714.

Selaginellaceae

卷柏科

Juanbai Ke

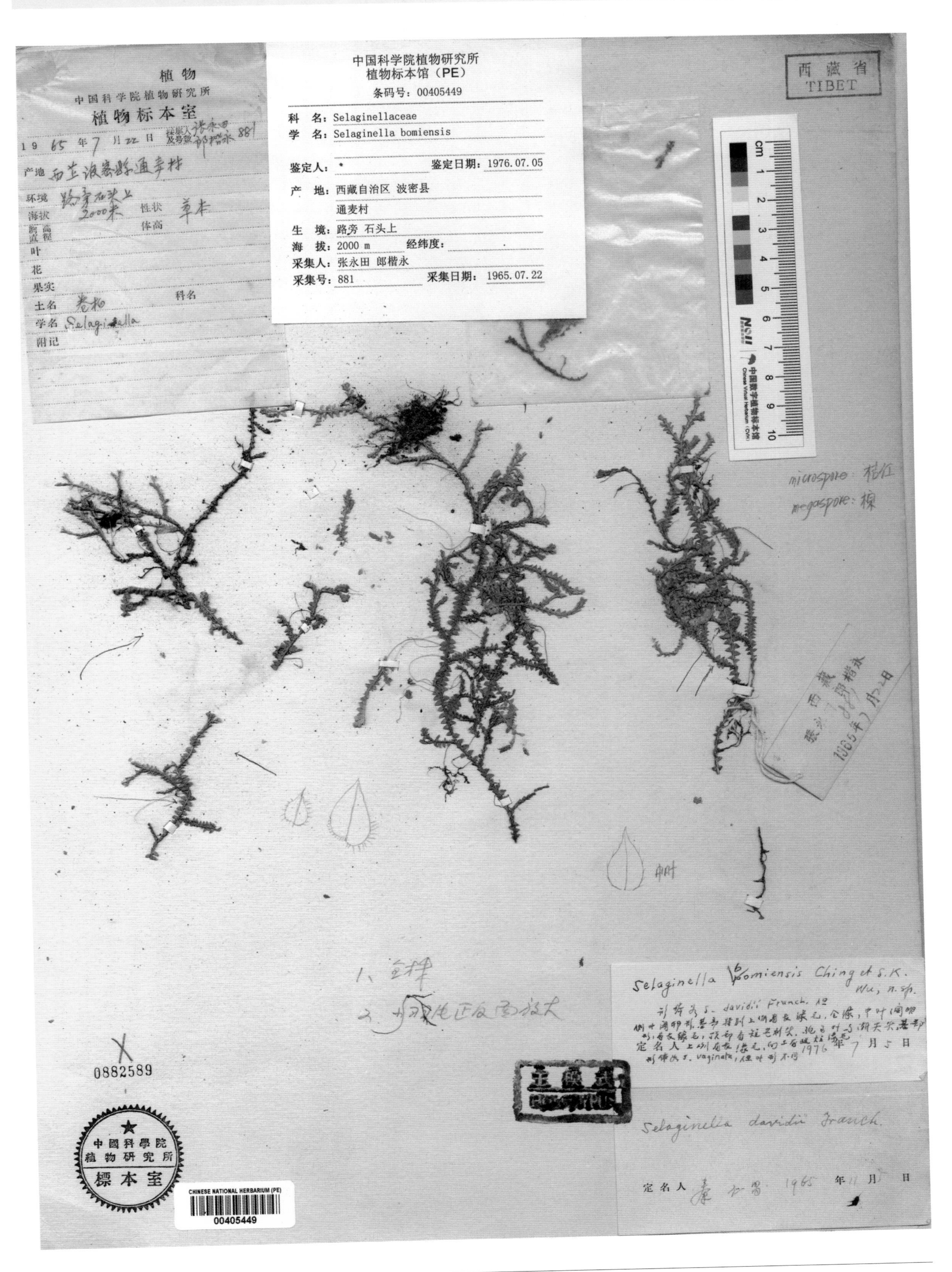

波密卷柏 ***Selaginella bomiensis*** Ching & S. K. Wu, Fl. Xizang. 1: 25, f. 6: 5-8. 1983. **Holotype:** China. Xizang: Bomi, alt. 2 000 m, 1965-07-22, Y. T. Chang & K. Y. Lang 881.

中国科学院植物研究所
植物标本馆（PE）
条码号：00405832

科　名：Selaginellaceae
学　名：Selaginella laxistrobila

鉴定人：X. C. Zhang　　鉴定日期：2002. 08

产　地：四川省 康定县
介巴邑物绒
生　境：南坡 高山 栎林下 灌丛下
海　拔：3350 m　　经纬度：
采集人：孔宪需
采集号：6067　　采集日期：1981. 08. 20

中国科学院
成都生物研究所　植物采集记录

CHINESE NATIONAL HERBARIUM (PE)
00405832

1273823

主模式
HOLOTYPUS

中國科學院
植物研究所
標本室

Selaginella laxisporaphylla K.H. Shing
X.C. Zhang, 2000

松穗卷柏 ***Selaginella laxistrobila*** K. H. Shing in Acta Phytotax. Sin. 31(6): 569, f. 1. 1993. **Holotype:** China. Sichuan: Kangding, alt. 3 350 m, 1981-08-20, H. S. Kung 6067.

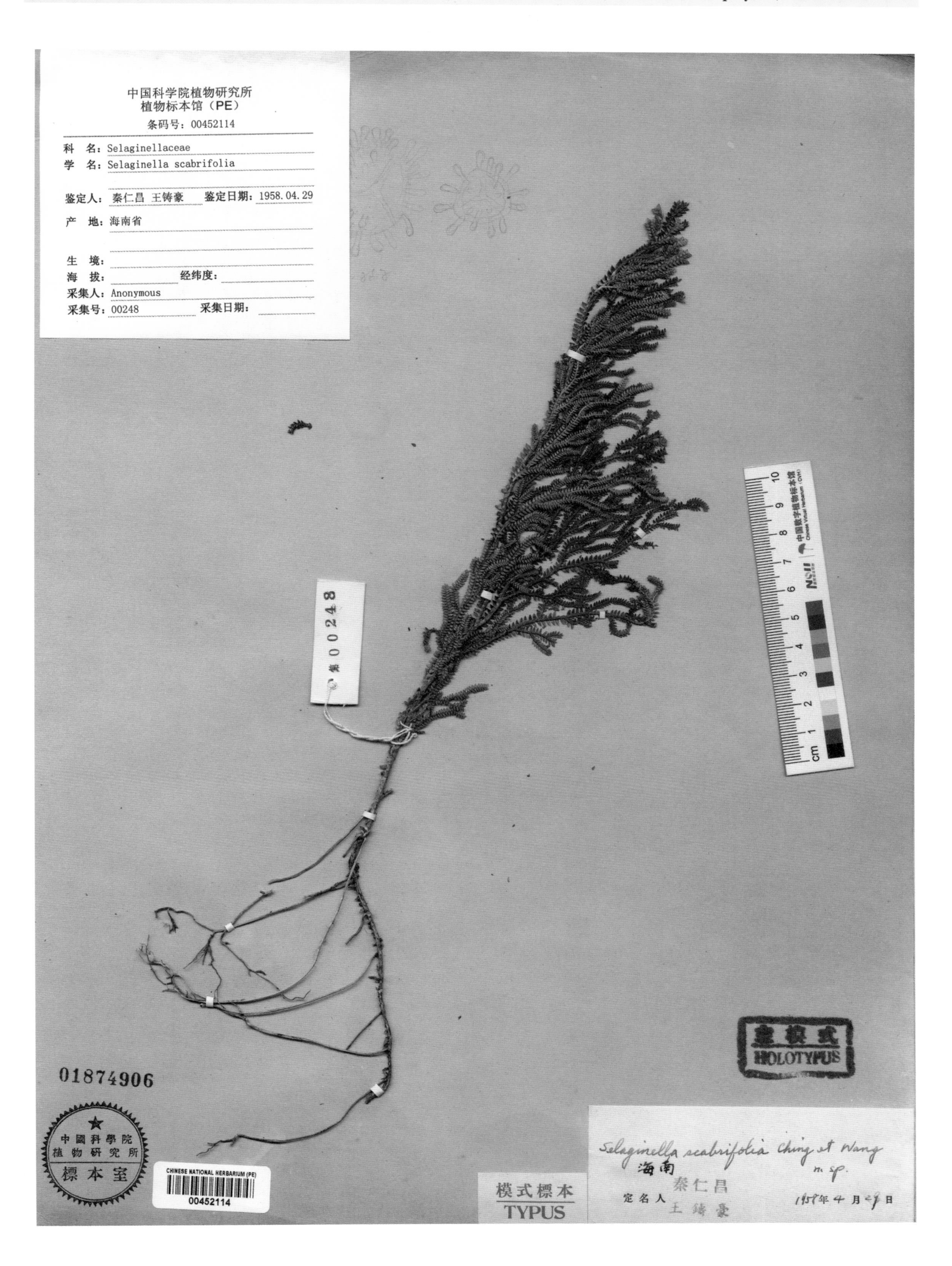

糙叶卷柏 ***Selaginella scabrifolia*** Ching & C. H. Wang in Acta Phytotax. Sin. 8(2): 157. 1959. **Holotype:** China. Hainan: Dongfang, alt. 930~1 360 m, 1955-12-10, Academia Sinica Hainan Vegetation Survey 00248.

甘孜卷柏 ***Selaginella sanguinolenta*** (L.) Spring f. ***kantzensis*** H. S. Kung in Acta Bot. Yunnan. 3: 251. 1981. **Holotype:** China. Sichuan: Luhuo, alt. 3 100 m, 1960-08-11, S. Jiang & al. 4625.

Gymnospermae

裸子植物门

Pinaceae

松科

Song Ke

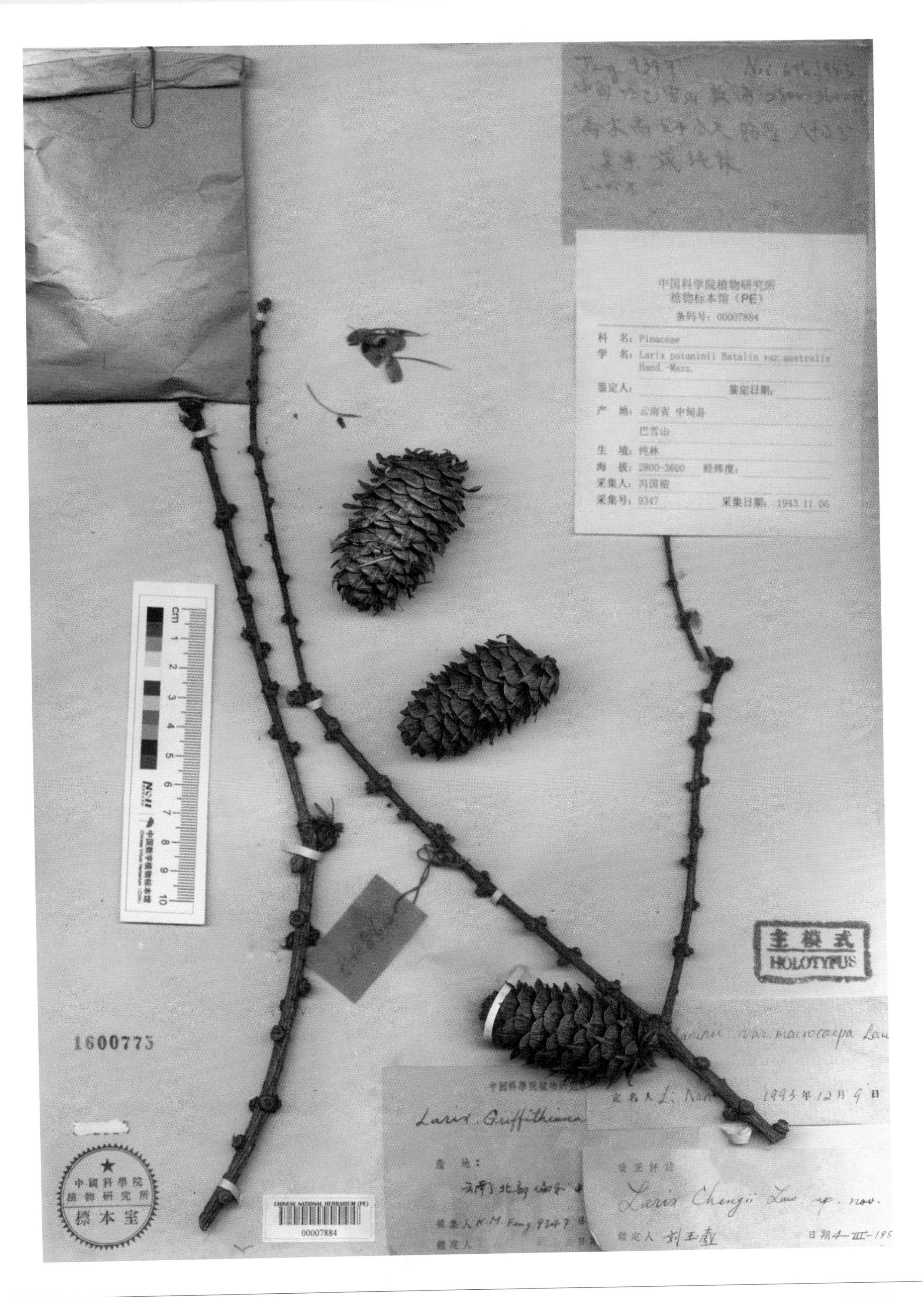

大果红杉 ***Larix potaninii*** Batalin var. ***macrocarpa*** Y. W. Law in Acta Phytotax. Sin. 13(4): 84, f. 25: 7-12. 1975. **Holotype:** China. Yunnan: Zhongdian (=Shangri-La), alt. 2 800~3 600 m, 1943-11-06, K. M. Feng 9347.

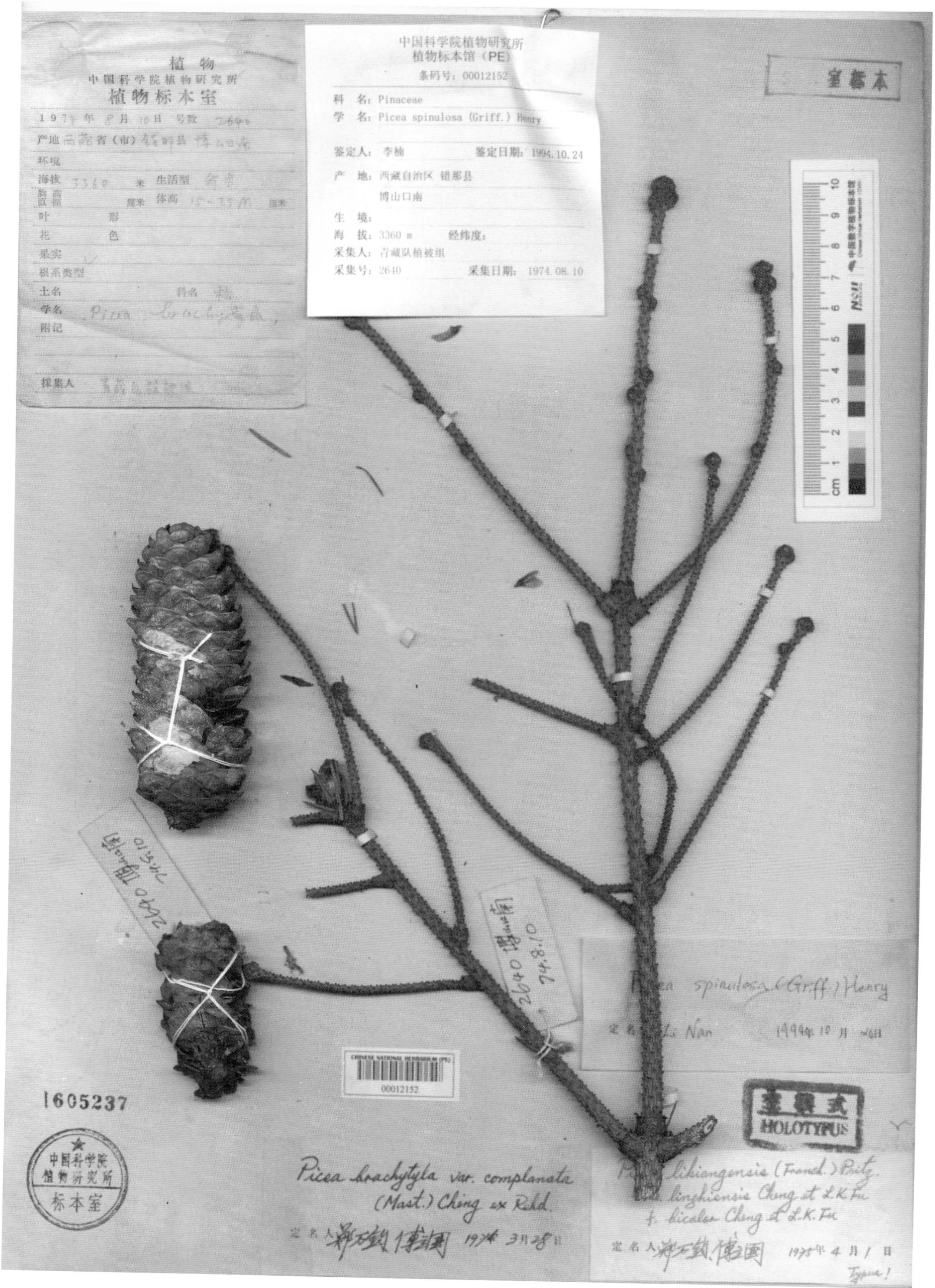

绿背林芝云杉 ***Picea likiangensis*** (Franch.) Pritz. var. ***linzhiensis*** W. C. Cheng & L. K. Fu f. ***bicolor*** W. C. Cheng & L. K. Fu in Acta Phytotax. Sin. 13(4): 84. 1975. **Holotype:** China. Xizang: Cona, alt. 3 360 m, 1974-08-10, Qinghai-Xizang Exped., Geobot. Sect. 2640.

大明松 ***Pinus taiwanensis*** Hayata var. ***damingshanensis*** W. C. Cheng & L. K. Fu in Acta Phytotax. Sin. 13(4): 85. 1975. **Isotype:** China. Guangxi: Wuming, Damingshan, alt. 1 300 m, 1974-10-30, Damingshan Exped. 74297.

Cupressaceae

柏科

Bai Ke

弗氏柏 ***Cupressus forbesii*** Jepson in Madroño 1(4): 75. 1922. **Isotype:** USA. California: San Diego, 1907-12-30, C. N. Forbes s. n.

雅鲁藏布江柏木 ***Cupressus gigantea*** W. C. Cheng & L. K. Fu in Acta Phytotax. Sin. 13(4): 85. 1975. **Holotype:** China. Xizang: Nang Xian, 1974-09-21, Qinghai-Xizang Exped., Geobot. Sect. 3318.

Cephalotaxaceae

三尖杉科

Sanjianshan Ke

贡山三尖杉 ***Cephalotaxus lanceolata*** K. M. Feng in Acta Phytotax. Sin. 13(4): 86, f. 50: 1. 1975. **Holotype:** China. Yunnan: Gongshan, alt. 1 900 m, 1959-11-18, K. M. Feng 24347.

Gnetaceae

买麻藤科

Maimateng Ke

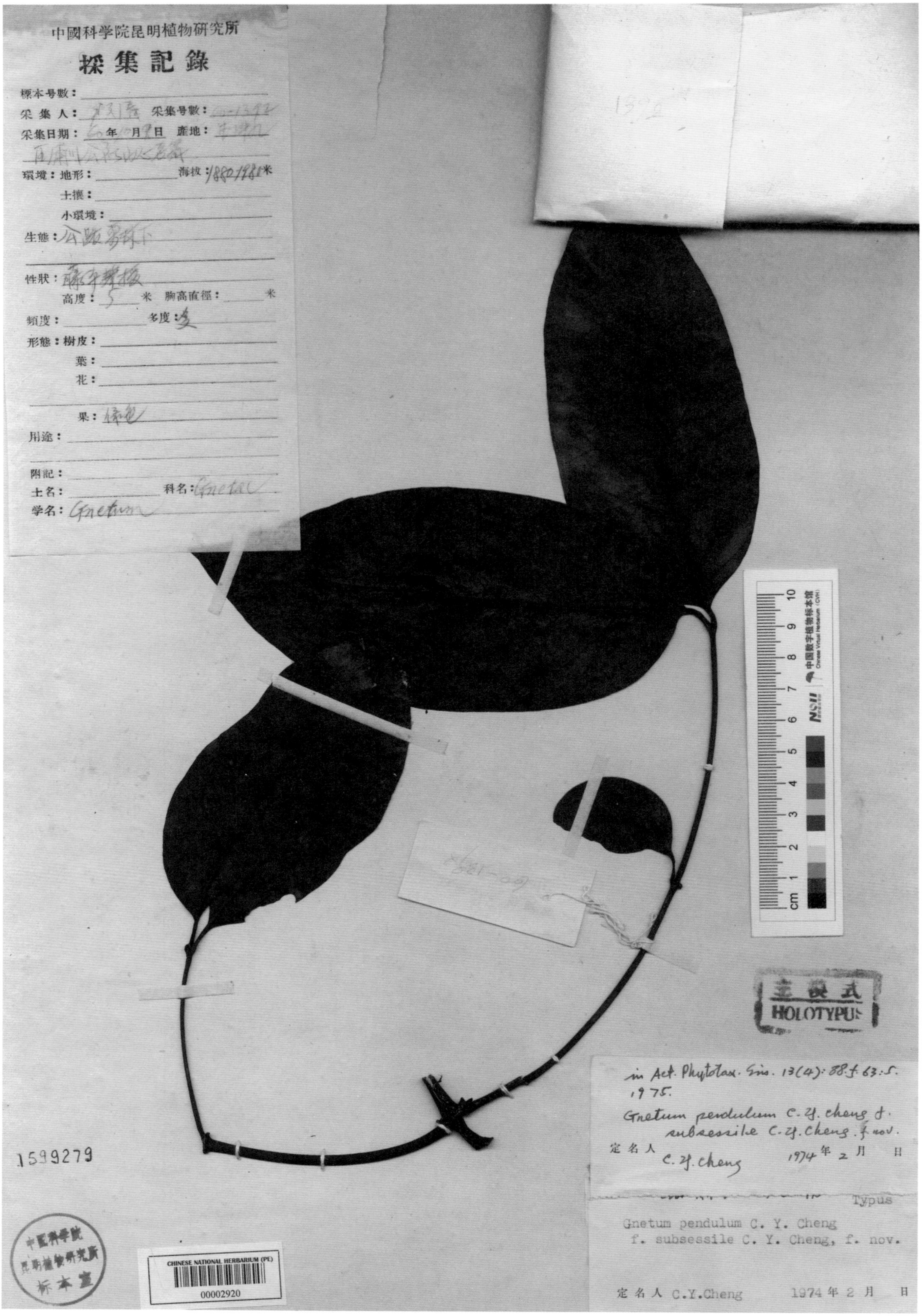

无柄垂子买麻藤 ***Gnetum pendulum*** C. Y. Cheng f. ***subsessile*** C. Y. Cheng in Acta Phytotax. Sin. 13(4): 88, f. 63: 5. 1975. **Holotype:** China. Yunnan: Tengchong, alt. 1 880~1 980 m, 1960-10-09, W. Q. Ying 60-1392.

Angiospermae

被子植物门

Gramineae

禾本科

Heben Ke

川野青茅 ***Deyeuxia grata*** Keng in Sunyatsenia 6(2): 87, f. 2. 1941. **Holotype:** China. Chongqing: Taining (=Wuxi), 1940-08-03, K. L. Chu 7492.

长毛野青茅 ***Deyeuxia turczaninowii*** (Litv.) Y. L. Chang var. ***nenjiangensis*** S. L. Lu in Acta Biol. Plateau Sin. 2: 19. 1984. **Paratype:** China. Heilongjiang: Ergun, alt. 750 m, 1951-07-14, C. Wang 1380.

日本柳叶箬江西变种 ***Isachne nipponensis*** Ohwi var. ***kiangsiensis*** P. C. Keng in Acta Phytotax. Sin. 10(1): 21. 1965.
Holotype: China. Jiangxi: Pingxiang, alt. 300 m, 1954-10-20, Jiangxi Exped. 2688.

Cyperaceae

莎草科

Suocao Ke

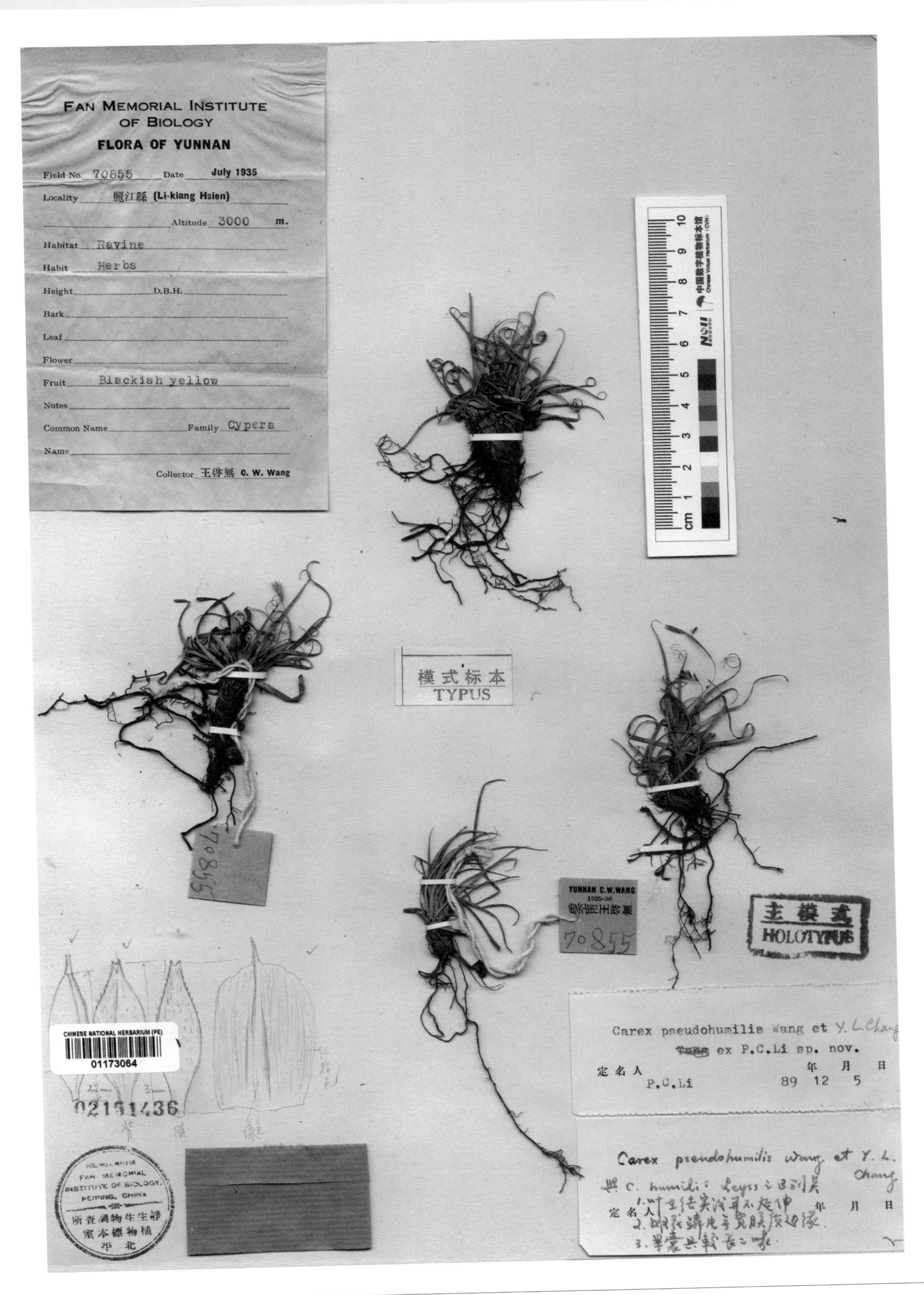

假矮薹草 ***Carex pseudohumilis*** F. T. Wang & Y. L. Chang ex P. C. Li in Acta Phytotax. Sin. 37(2): 172, f. 11. 1999.
Holotype: China. Yunnan: Lijiang, alt. 3 000 m, 1935-07-??, C. W. Wang 70855.

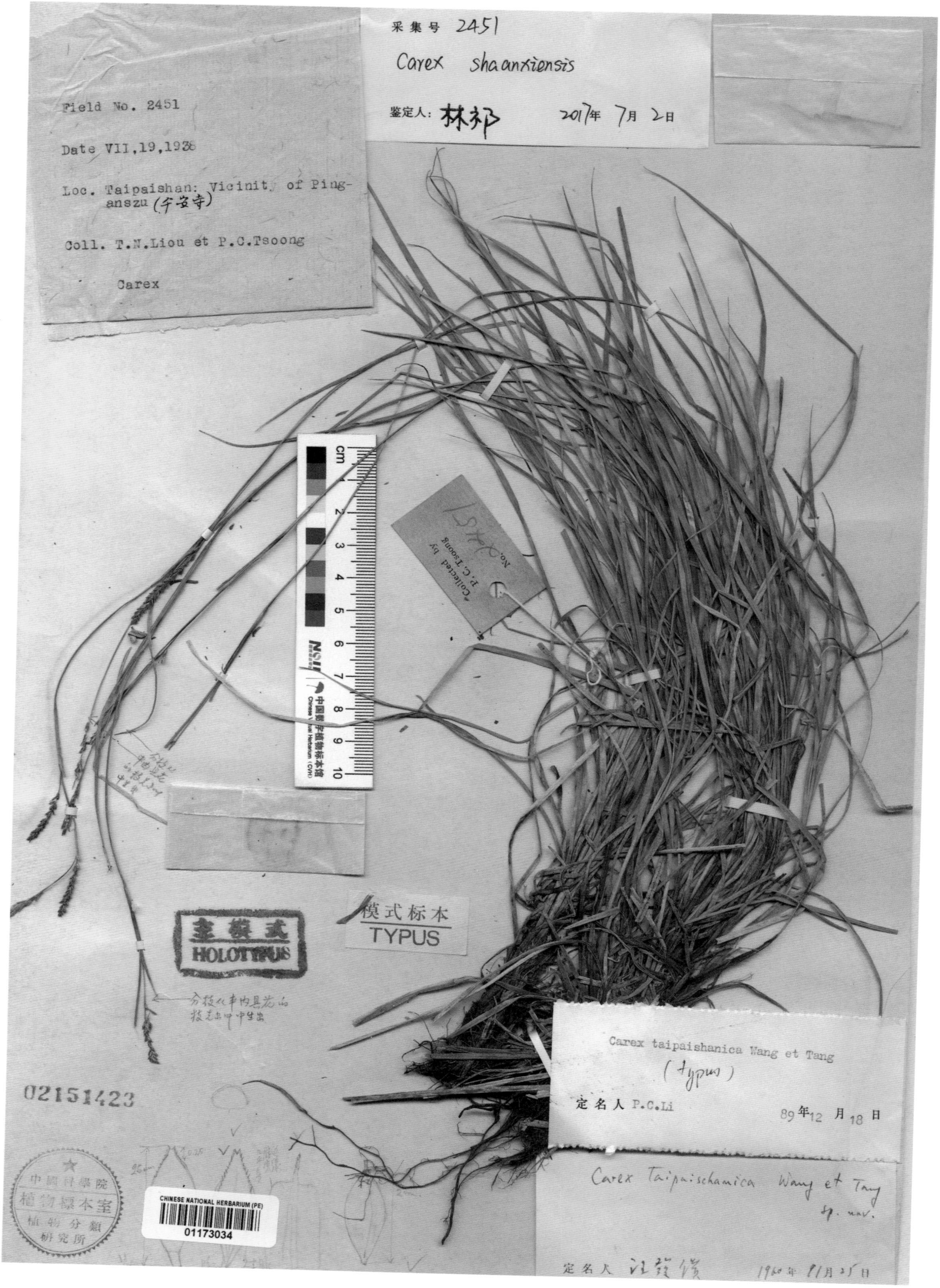

陕西薹草 ***Carex shaanxiensis*** F. T. Wang & Tang in Acta Phytotax. Sin. 37(2): 174, f. 13. 1999. **Holotype:** China. Shaanxi: Taibai, Taibaishan, alt. 3 200 m, 1938-07-19, T. N. Liou & P. C. Tsoong 2451.

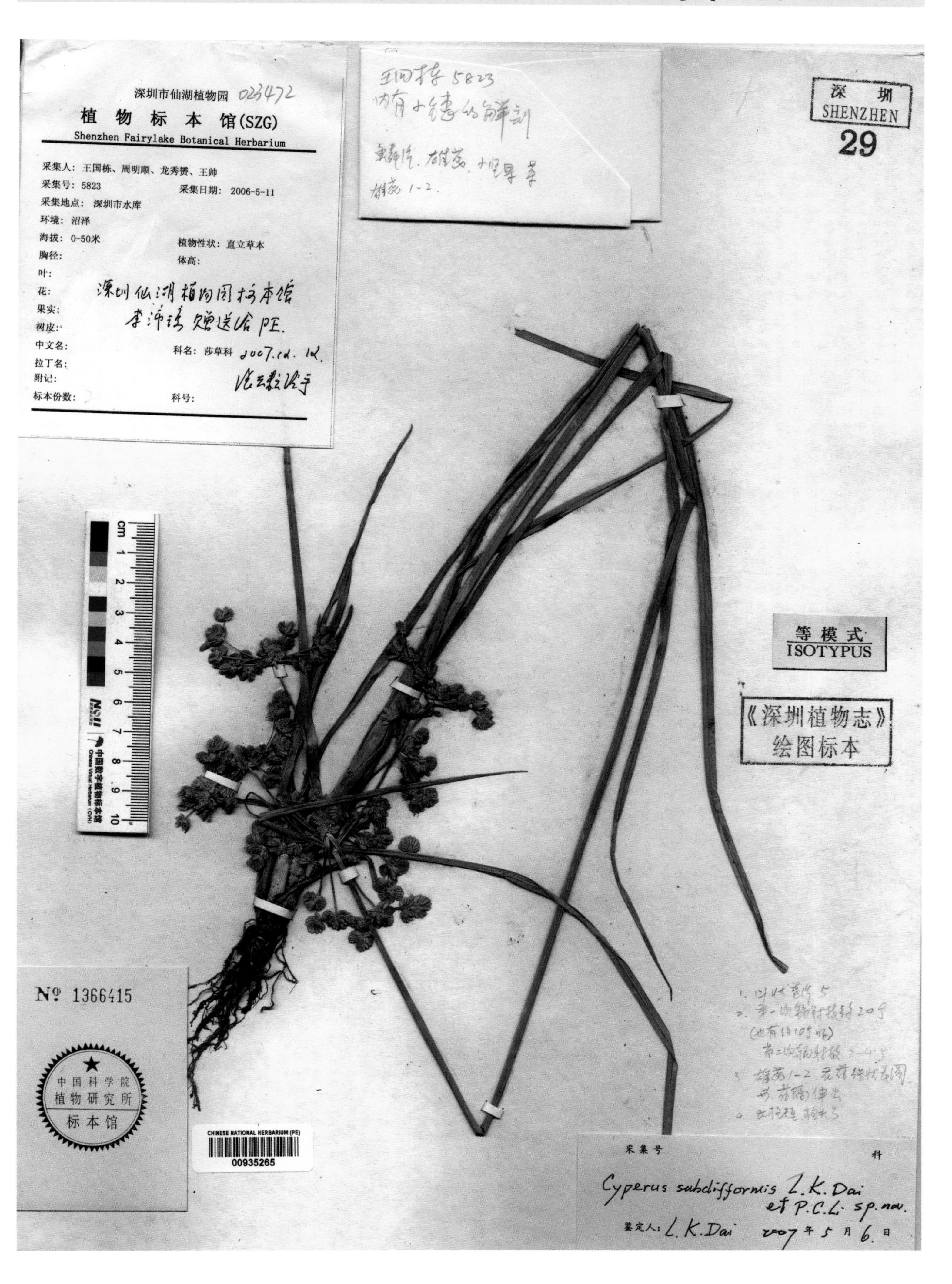

白鳞异型莎草 ***Cyperus subdifformis*** L. K. Dai & P. C. Li in J. Fairylake Bot. Gard. 13(3-4): 1, f. 1. 2014. **Isotype:** China. Guangdong: Shenzhen, alt. 0~50 m, 2006-05-11, G. D. Wang & al. 5823.

Araceae

天南星科

Tiannanxing Ke

鹞落坪半夏 ***Pinellia yaoluopingensis*** X. H. Guo & X. L. Liu in Acta Bot. Yunnan. 8(2): 223, f. 1. 1986. **Paratype:** China. Anhui: Yuexi, alt. 1 000 m, 1984-06-27, X. L. Liu 695.

Commelinaceae

鸭跖草科

Yazhicao Ke

波缘水竹叶 ***Murdannia undulata*** D. Y. Hong in Acta Phytotax. Sin. 12(4): 472, pl. 93: 3. 1974. **Isotype:** China. Yunnan: Hekou, 1953-05-20, Z. X. Que 1175.

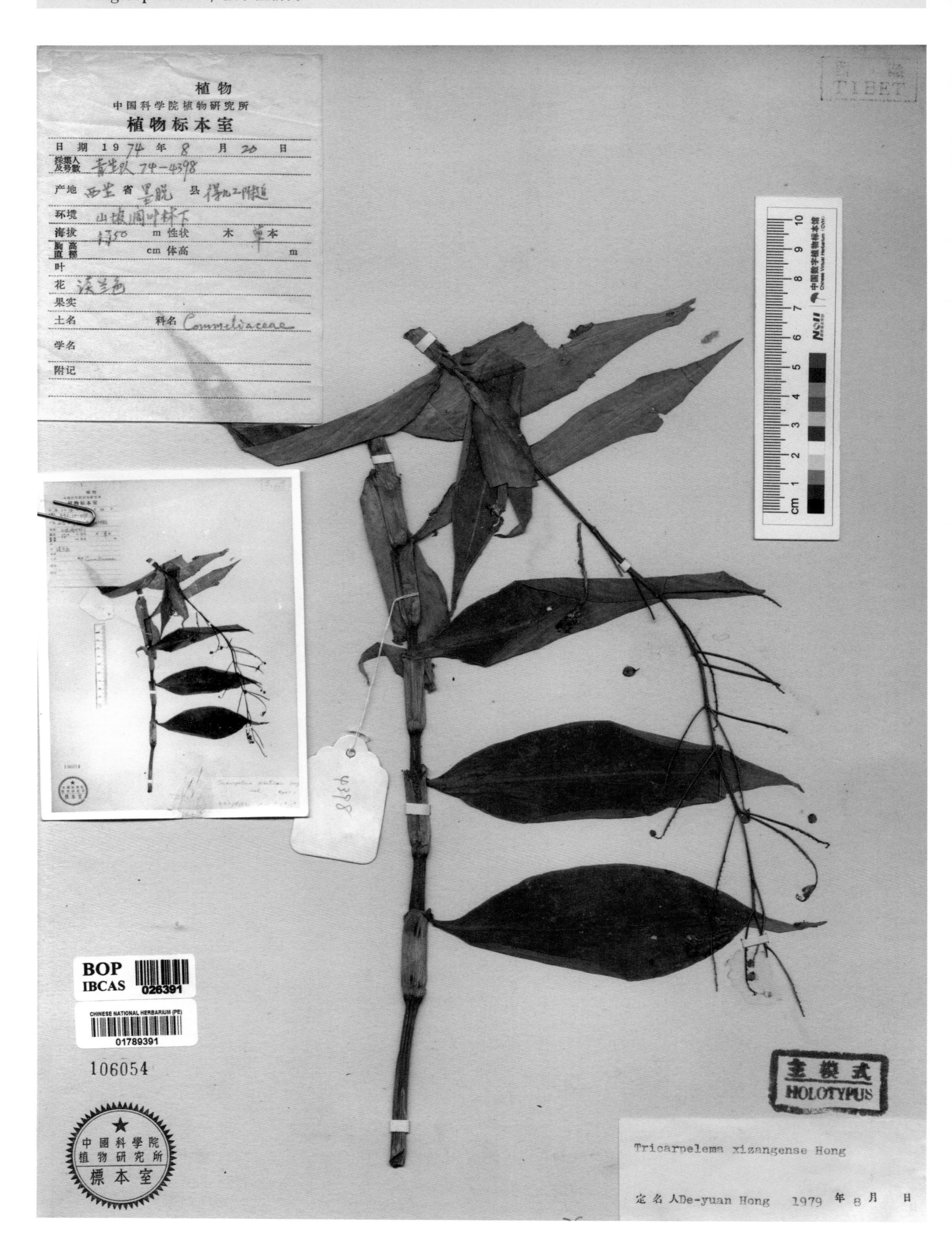

西藏三瓣果 ***Tricarpelema xizangense*** D. Y. Hong in Acta Phytotax. Sin. 19(4): 529, f. 1. 1981. **Holotype:** China. Xizang: Mêdog, alt. 1 750 m, 1974-08-20, Qinghai-Xizang Exped. 74-4398.

Liliaceae

百合科

Baihe Ke

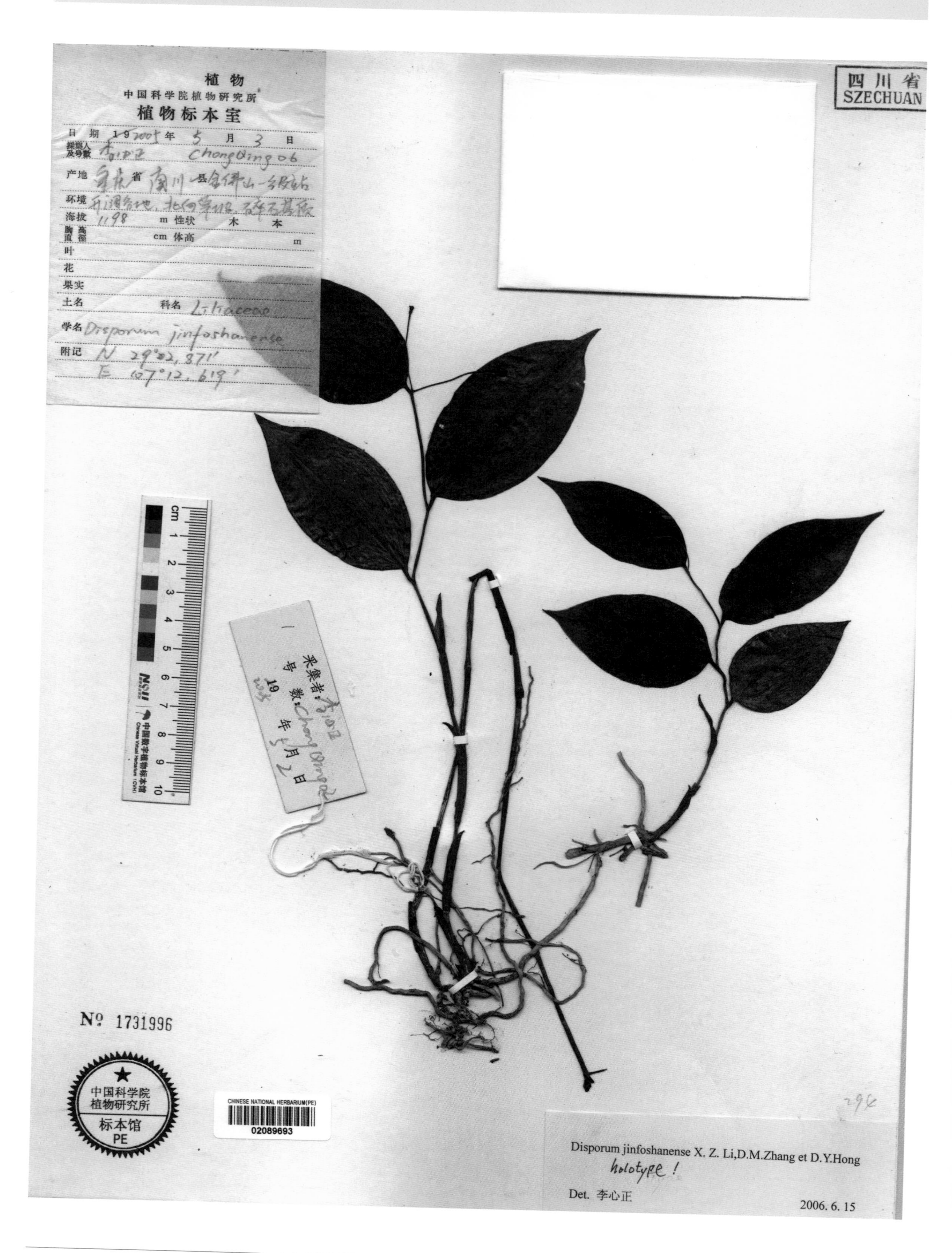

金佛山万寿竹 ***Disporum jinfoshanense*** X. Z. Li, D. M. Zhang & D. Y. Hong in Acta Phytotax. Sin. 45(4): 584, f. 1-5. 2007. **Holotype:** China. Chongqing: Nanchuan, alt. 1 198 m, 2005-05-03, X. Z. Li Chongqing 06.

绿黄贝母 ***Fritillaria cirrhosa*** D. Don var. ***viridiflava*** S. C. Chen in Acta Bot. Yunnan. 5(4): 373. 1983. **Holotype:** China. Sichuan: Muli, alt. 3 600 m, 1937-06-22, T. T. Yu 6550.

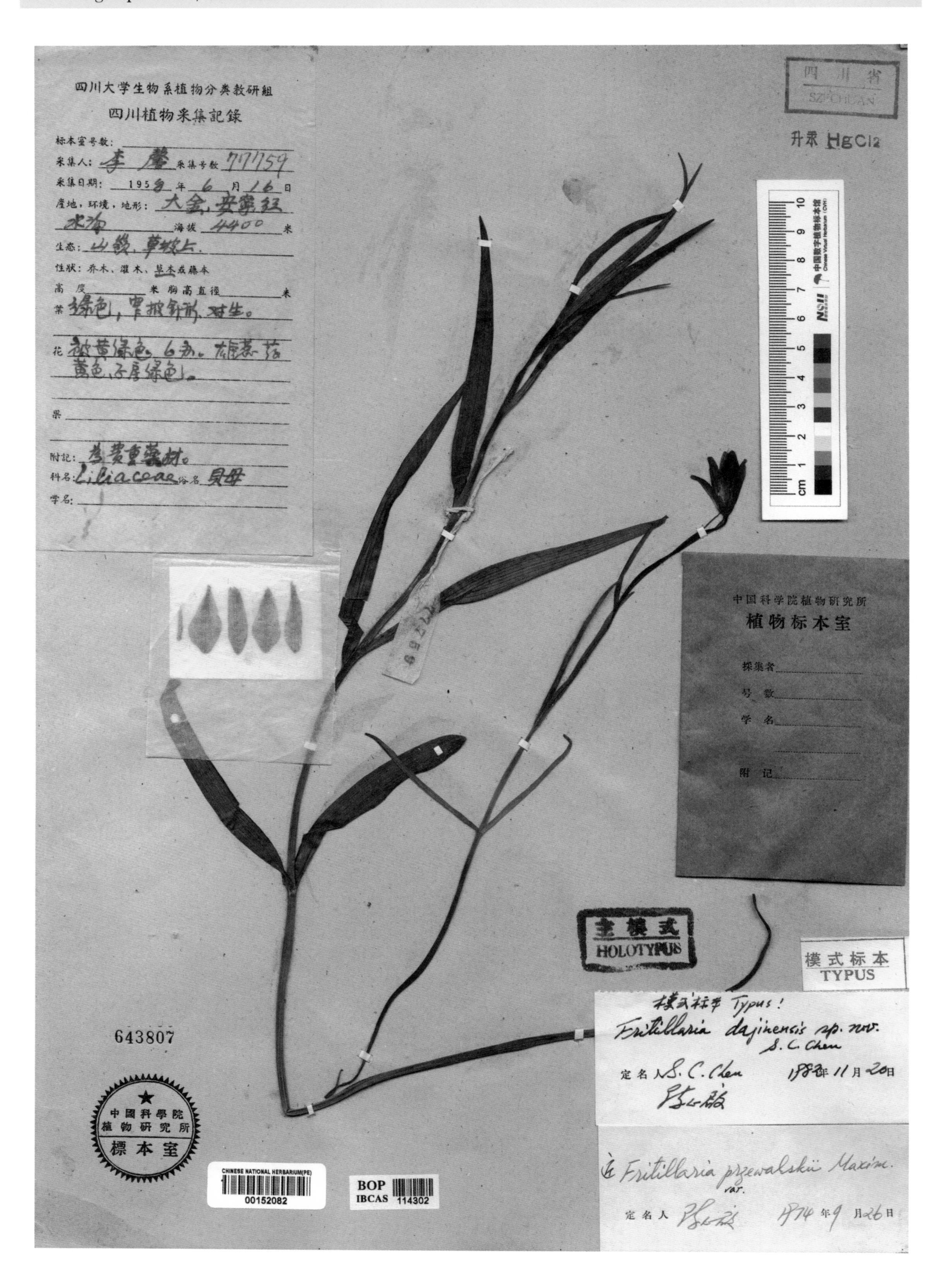

大金贝母 ***Fritillaria dajinensis*** S. C. Chen in Acta Bot. Yunnan. 5(4): 369, f. 1: 1-5. 1983. **Holotype:** China. Sichuan: Dajin (=Jinchuan), alt. 4 400 m, 1958-06-16, H. Li 77759.

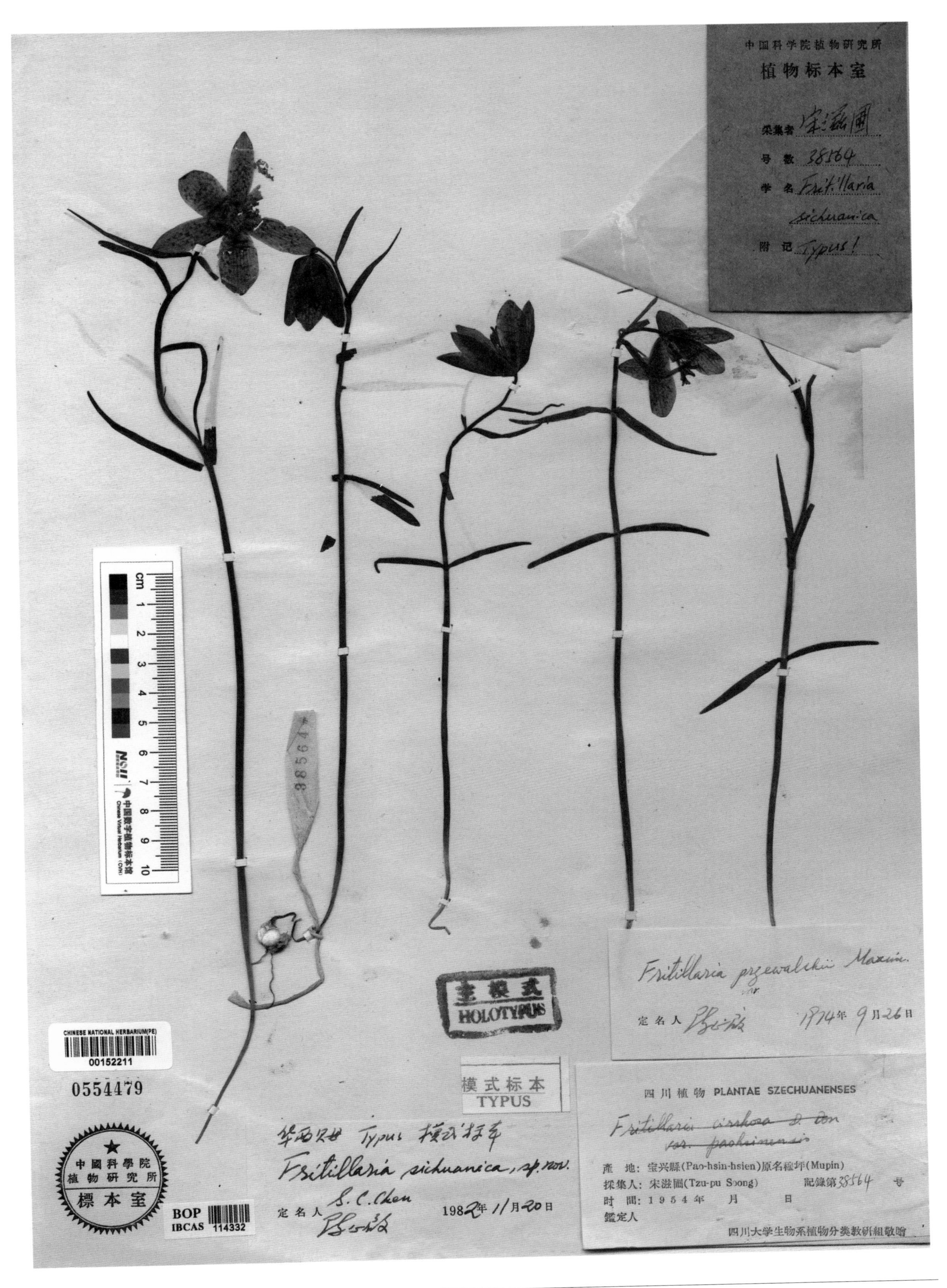

华西贝母 ***Fritillaria sichuanica*** S. C. Chen in Acta Bot. Yunnan. 5(4): 371, f. 1: 6-10. 1983. **Holotype:** China. Sichuan: Baoxing, 1954-??-??, T. P. Tsoong 38564.

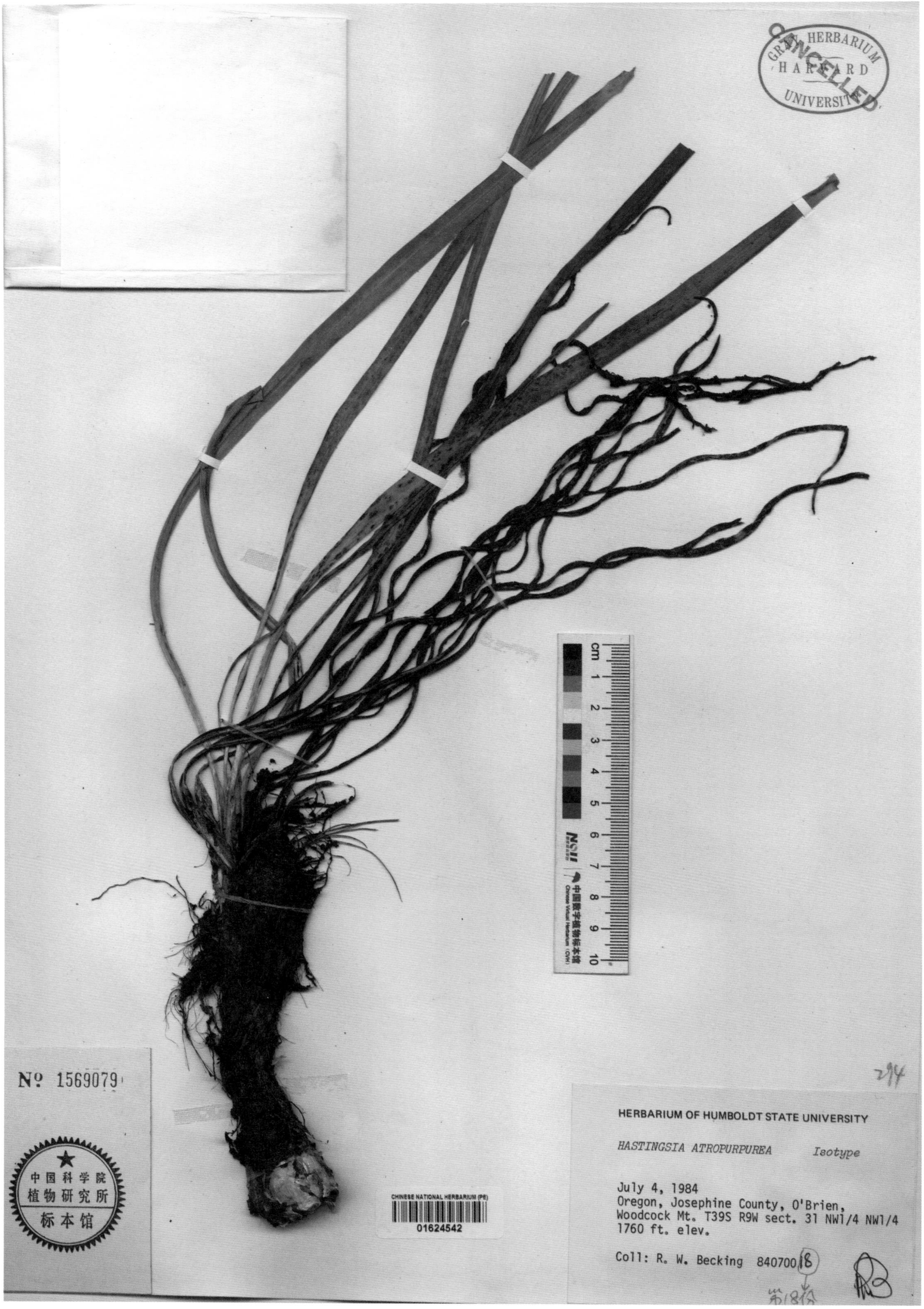

暗紫花 ***Hastingsia atropurpurea*** Becking in Madrono 33(3): 175, f. 1. 1986. **Isotype:** USA. Oregon: Josephine, alt. 537 m, 1984-07-04, R. W. Becking 840700.

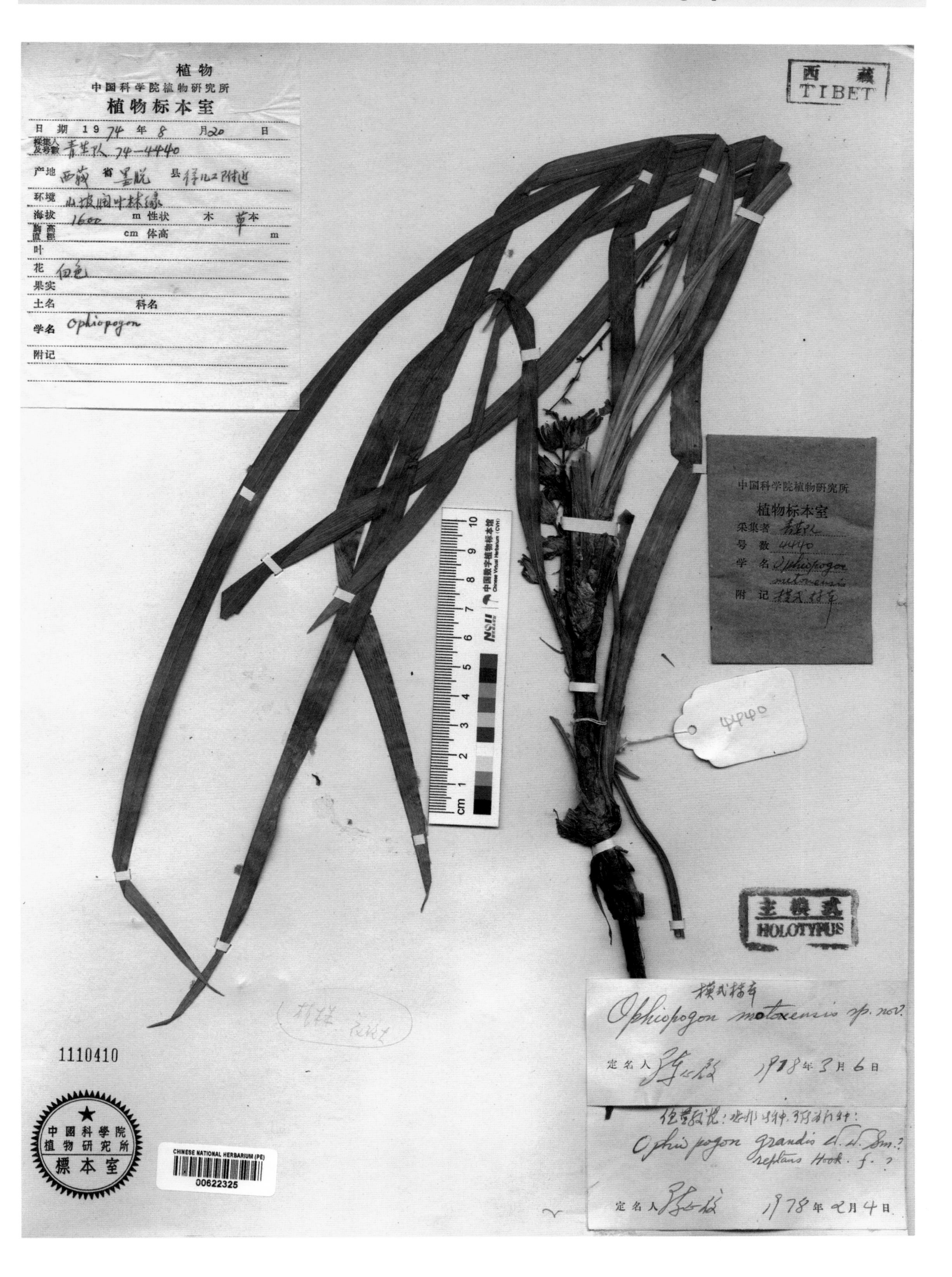

墨脱沿阶草 ***Ophiopogon motouensis*** S. C. Chen in Acta Phytotax. Sin. 17(4): 111, f. 1. 1979. **Holotype:** China. Xizang: Mêdog, alt. 1 600 m, 1974-08-20, Qinghai-Xizang Exped. 74-4440.

腾冲重楼 ***Paris tengchongensis*** Y. H. Ji, C. J. Yang & Y. L. Huang in Phytotaxa 306(3): 234, f. 1-2. 2017. **Isotype:** China. Yunnan: Tengchong, alt. 3 120 m, 2015-04-14, Y. H. Ji 1341.

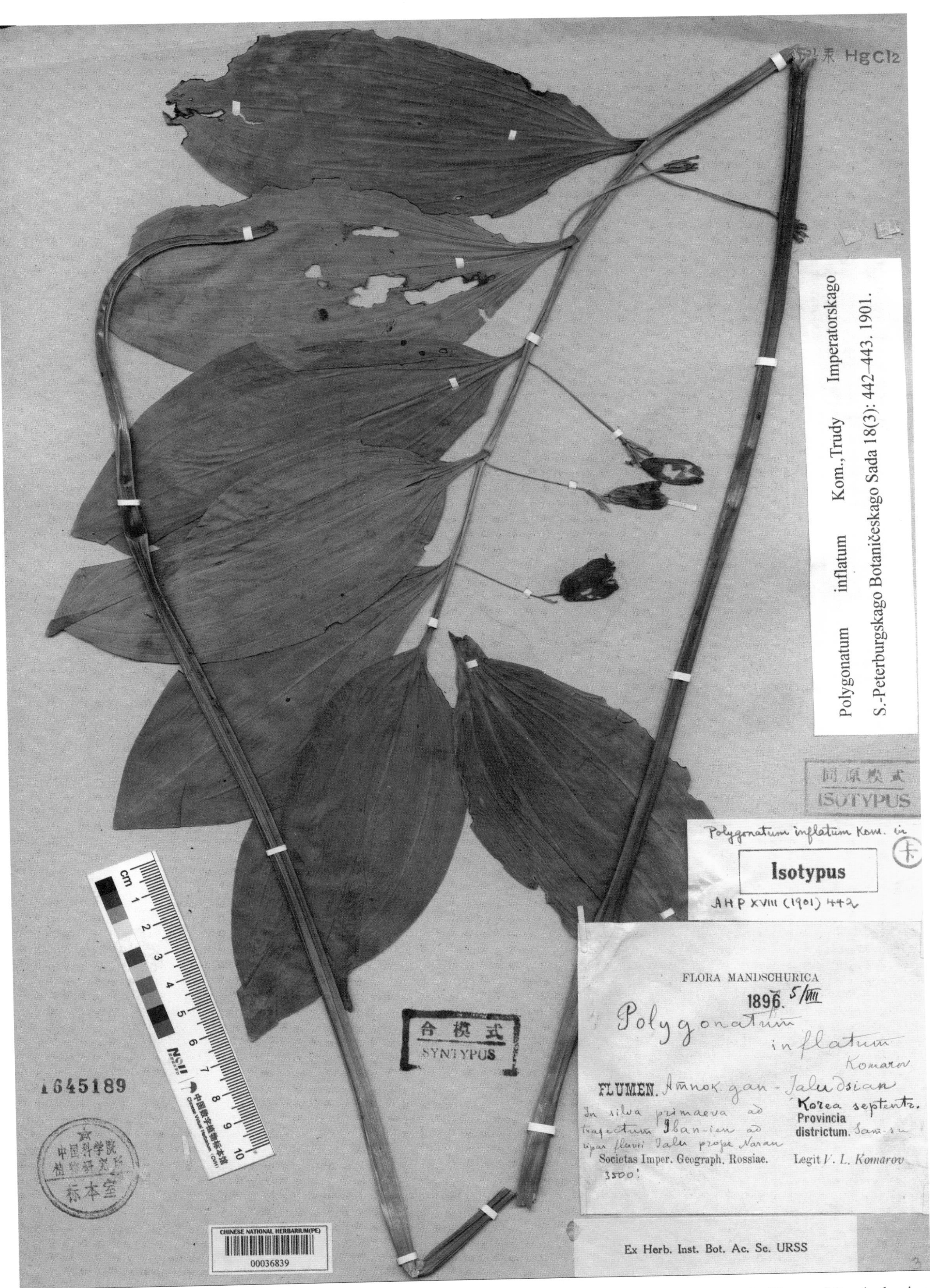

毛筒玉竹 ***Polygonatum inflatum*** Kom. in Acta Hort. Petrop. 18(6): 442. 1901. **Syntype:** D. P. R. Korea. Mandschurica, alt. 1 068 m,1896-08-05, V. L. Komarov s. n.

甘肃丫蕊花 ***Ypsilandra kansuensis*** R. N. Zhao & Z. X. Peng in Acta Bot. Bor.-Occ. Sin. 7(1): 57, f. 1. 1987. **Paratype:** China. Gansu: Zhouqu, alt. 2 000 m, 1982-07-11, R. N. Zhao 552501.

Iridaceae

鸢尾科

Yuanwei Ke

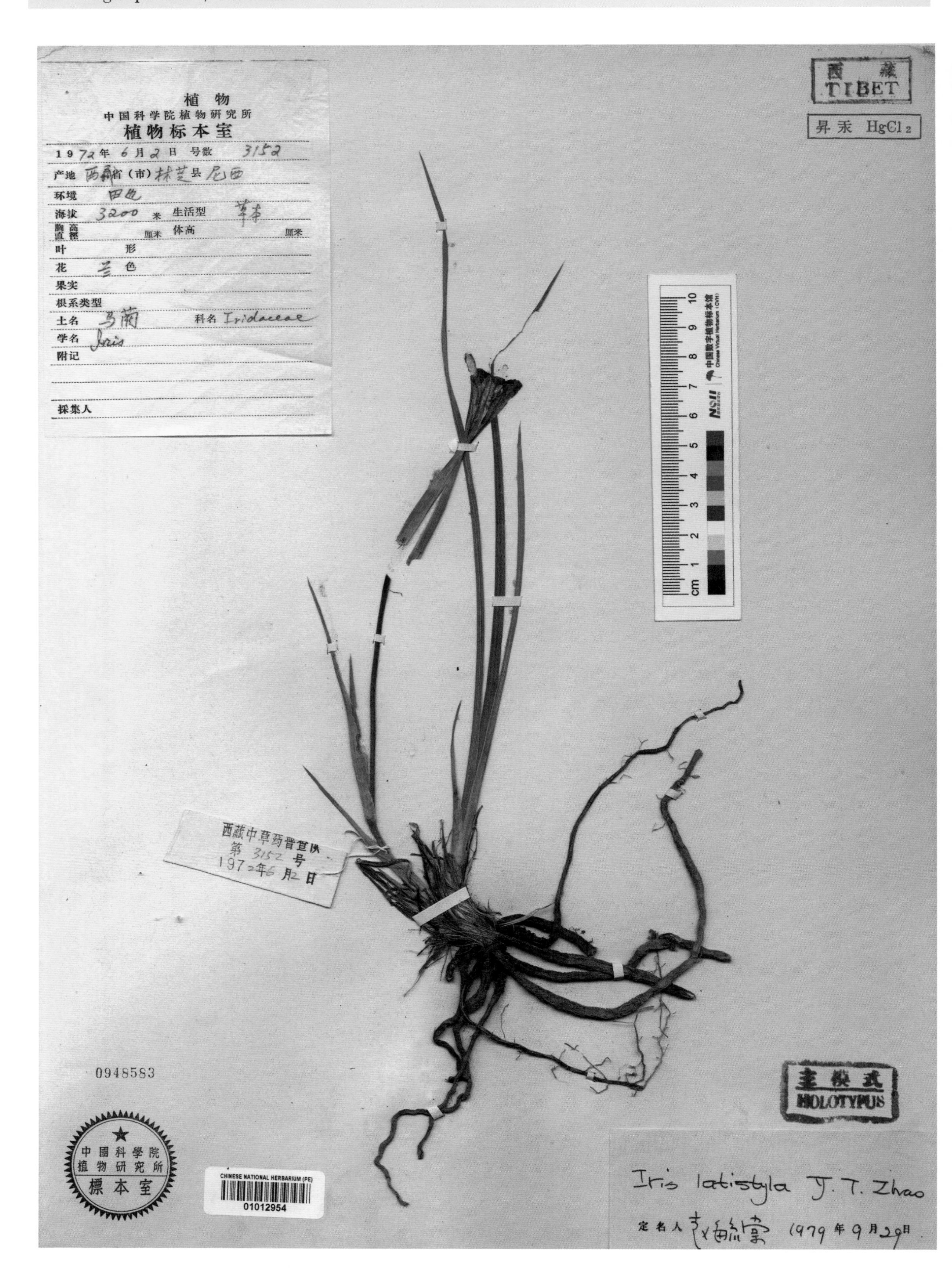

宽柱鸢尾 ***Iris latistyla*** Y. T. Zhao in Acta Phytotax. Sin. 18(1): 61. 1980. **Holotype:** China. Xizang: Nyingchi, alt. 3 200 m, 1972-06-02, Xizang Medic. Pl. Exped. 3152.

Zingiberaceae

姜科

Jiang Ke

小苞姜花 *Hedychium parvibracteatum* T. L. Wu & Senjen in Acta Phytotax. Sin. 16(3): 27, f. 3. 1978. **Holotype:** China. Xizang: Bomi, alt. 2 020 m, 1965-07-19, Y. T. Chang & K. Y. Lang 691.

西藏大豆蔻 ***Hornstedtia tibetica*** T. L. Wu & Senjen in Acta Phytotax. Sin. 16(3): 39, f. 13. 1978. **Holotype:** China. Xizang: Mêdog, alt. 810 m, 1974-08-11, Qinghai-Xizang Exped. 74-1913.

Orchidaceae

兰科

Lan Ke

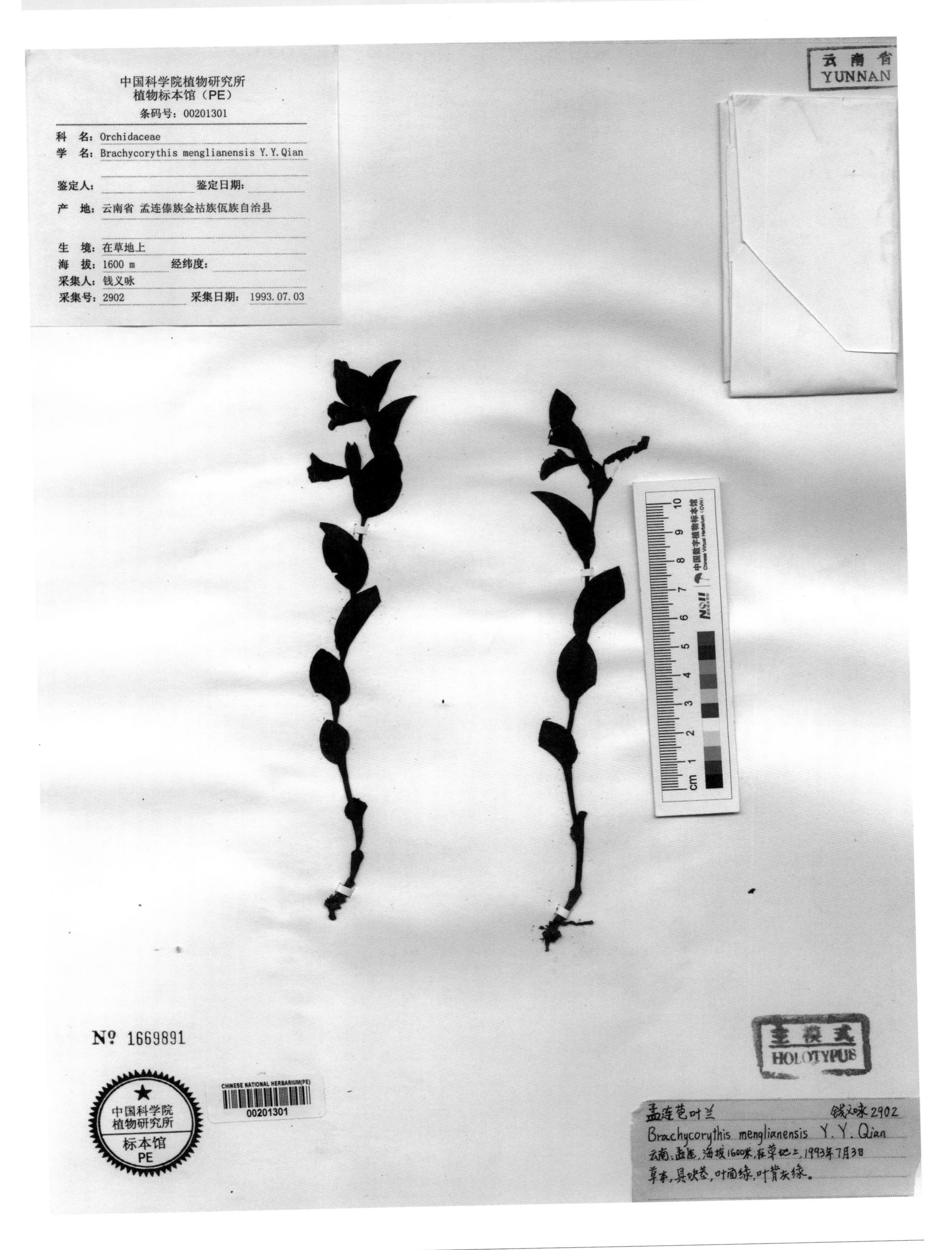

孟连苞叶兰 ***Brachycorythis menglianensis*** Y. Y. Qian in Acta Phytotax. Sin. 39(3): 278, f. 1. 2001. **Holotype:** China. Yunnan: Menglian, alt. 1 600 m, 1993-07-03, Y. Y. Qian 2902.

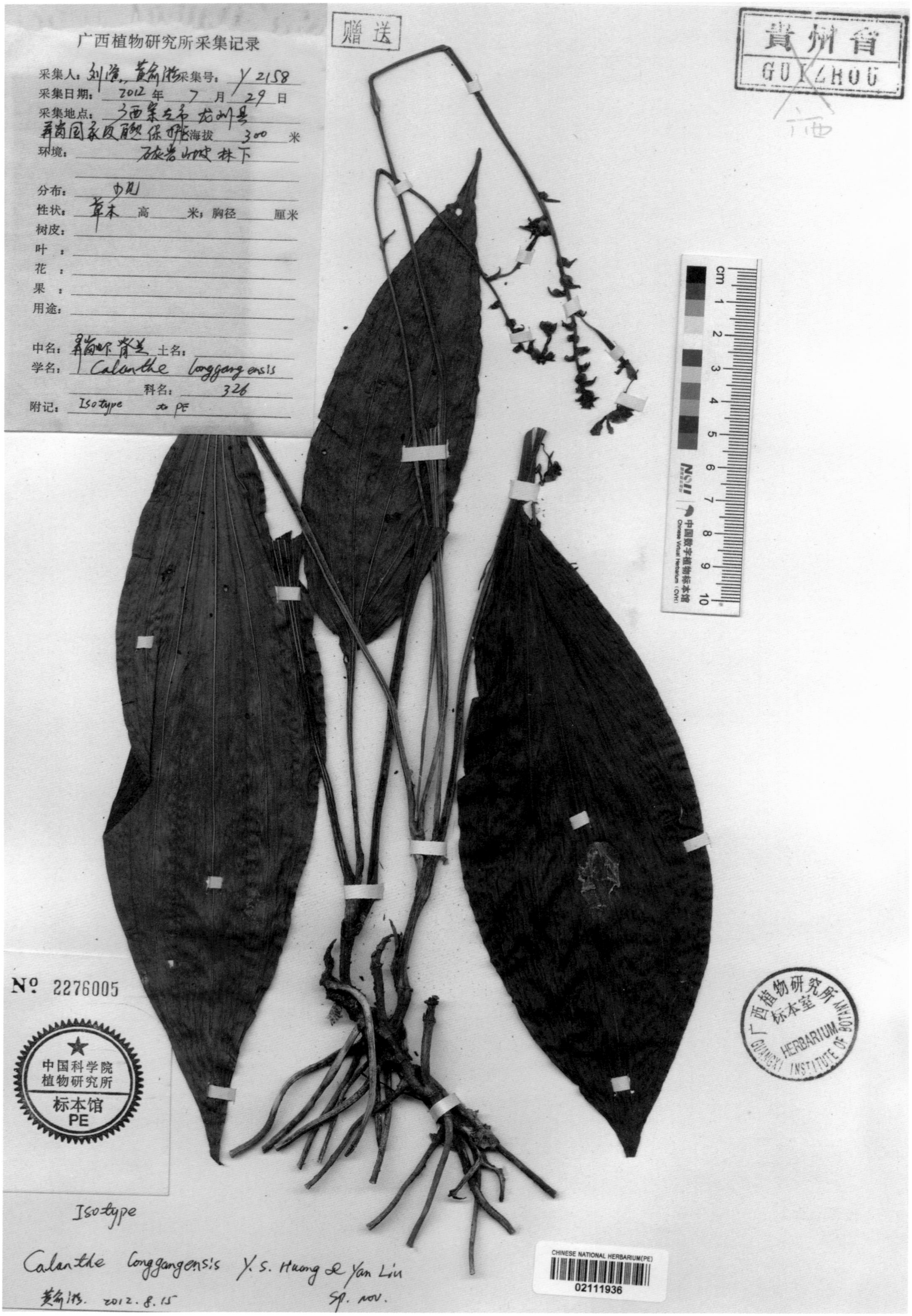

弄岗虾脊兰 ***Calanthe longgangensis*** Y. S. Huang & Yan Liu in J. Trop. Subtrop. Bot. 23(3): 290, f. 1, 2: c-d. 2015.
Isotype: China. Guangxi: Longzhou, Longgang, alt. 300 m, 2012-07-29, Yan Liu & Y. S. Huang Y 2158.

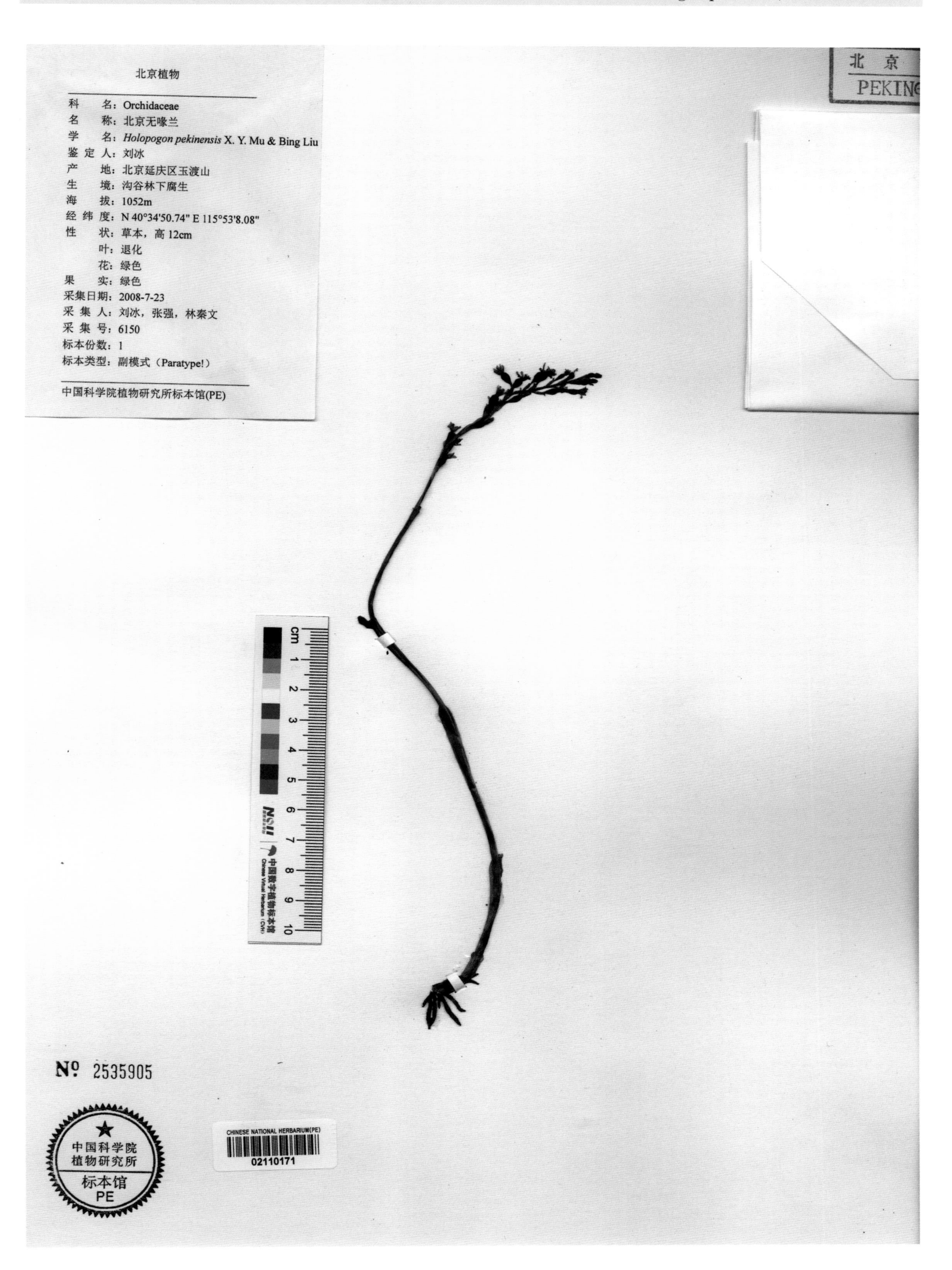

北京无喙兰 ***Holopogon pekinensis*** X. Y. Mu & B. Liu in Phytotaxa 326(2): 151, f. 1-2. 2017. **Paratype:** China. Beijing: Yanqing, Yudushan, alt. 1 052 m, 2008-07-23, B. Liu, Q. Zhang & Q. W. Lin 6150.

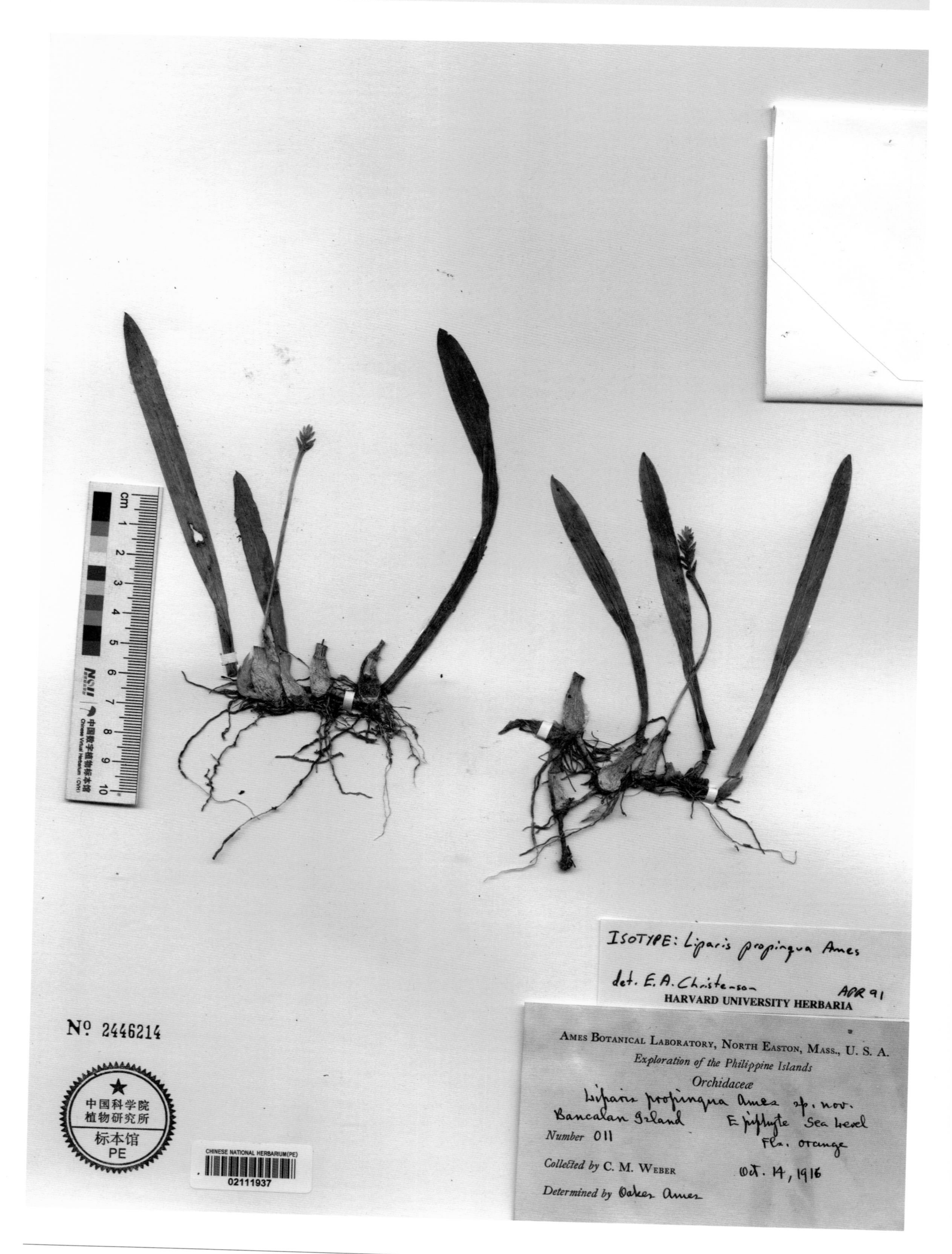

邻近羊耳蒜 ***Liparis propinqua*** Ames in Orchidaceae (Ames) 7: 110. 1922. **Isotype:** Philippines. Bancalan Island, 1916-10-14, C. M. Weber 011.

所罗门兰 ***Pseuderia vanikorensis*** Ames in J. Arnold Arbor. 13: 130. 1932. **Isotype:** Solomon Islands. Santa Cruz Group, Vanikoro, alt. 150 m, 1928-12-03, S. F. Kajewski 669.

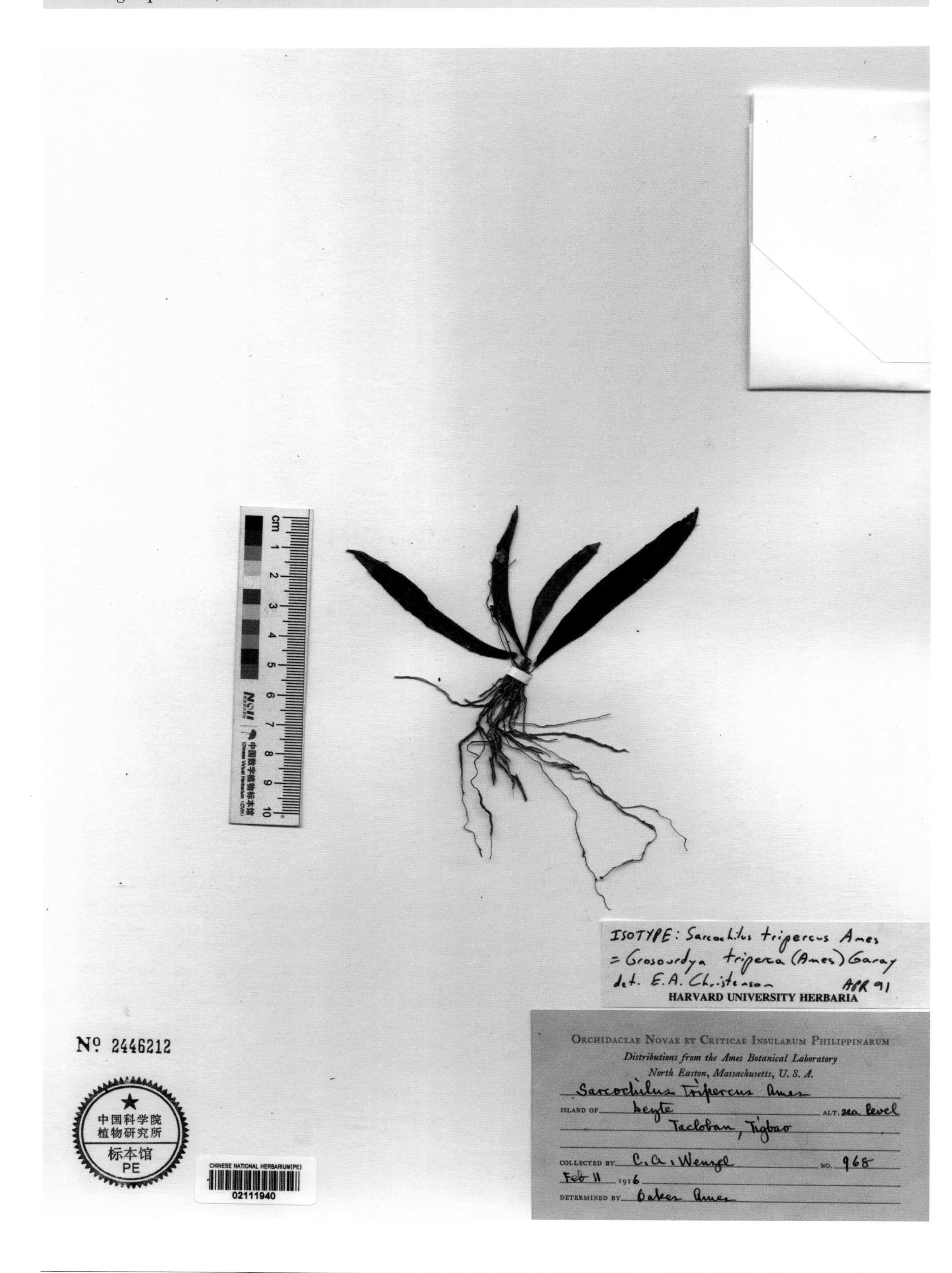

莱特岛白点兰 ***Sarcochilus tripercus*** Ames in Orchidaceae (Ames) 7: 125. 1922. **Isotype:** Philippines. Leyte, Tacloban, alt. 0 m, 1916-02-11, C. A. Wenzel 968.

Urticaceae

荨麻科

Qianma Ke

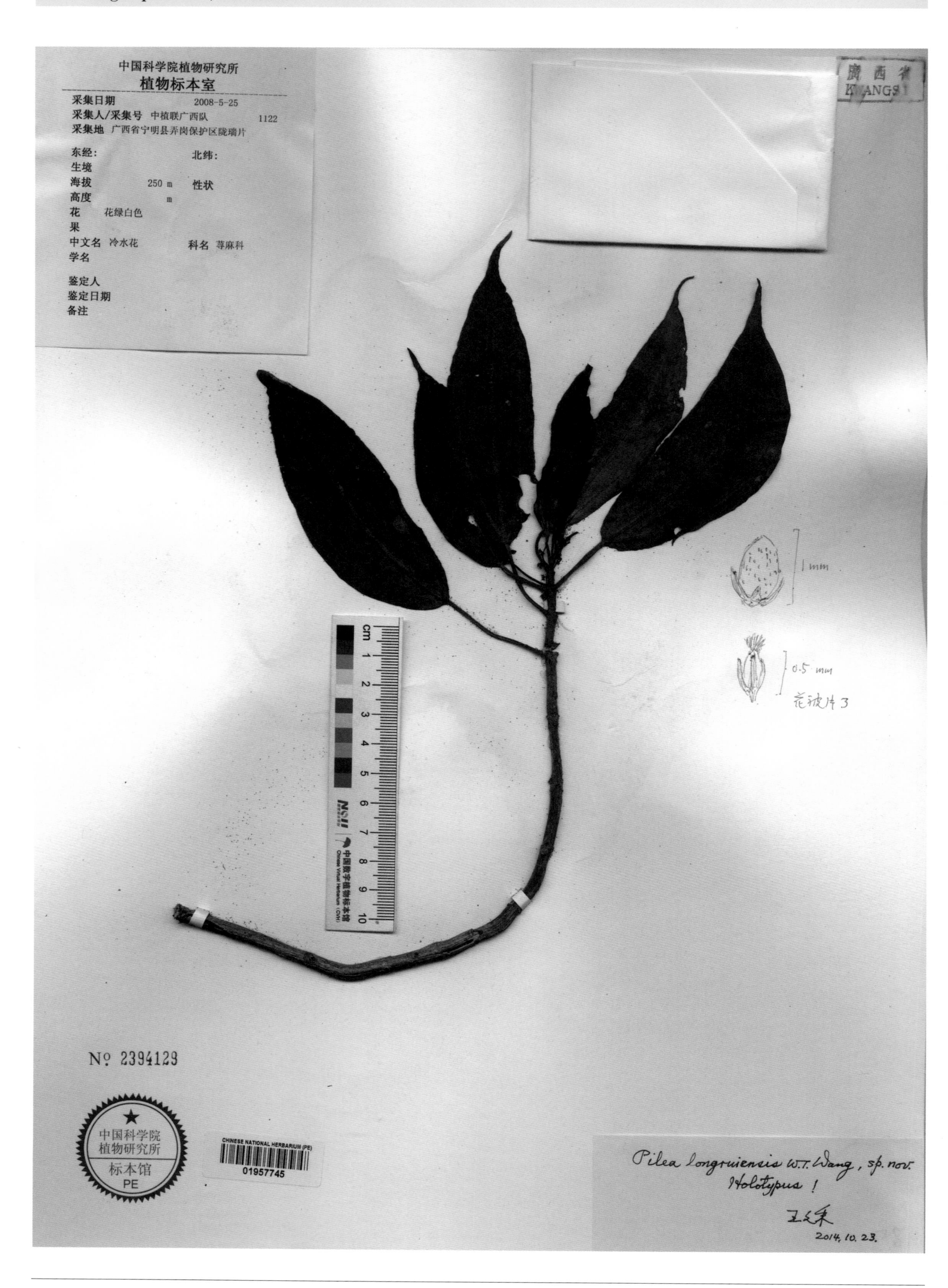

陇瑞冷水花 ***Pilea longruiensis*** W. T. Wang in Bull. Bot. Res., Harbin 37(6): 803, f. 2: a-d. 2017. **Holotype:** China. Guangxi: Ningming, Longrui, alt. 250 m, 2008-05-25, Guangxi Exped. Inst. Bot. 1122.

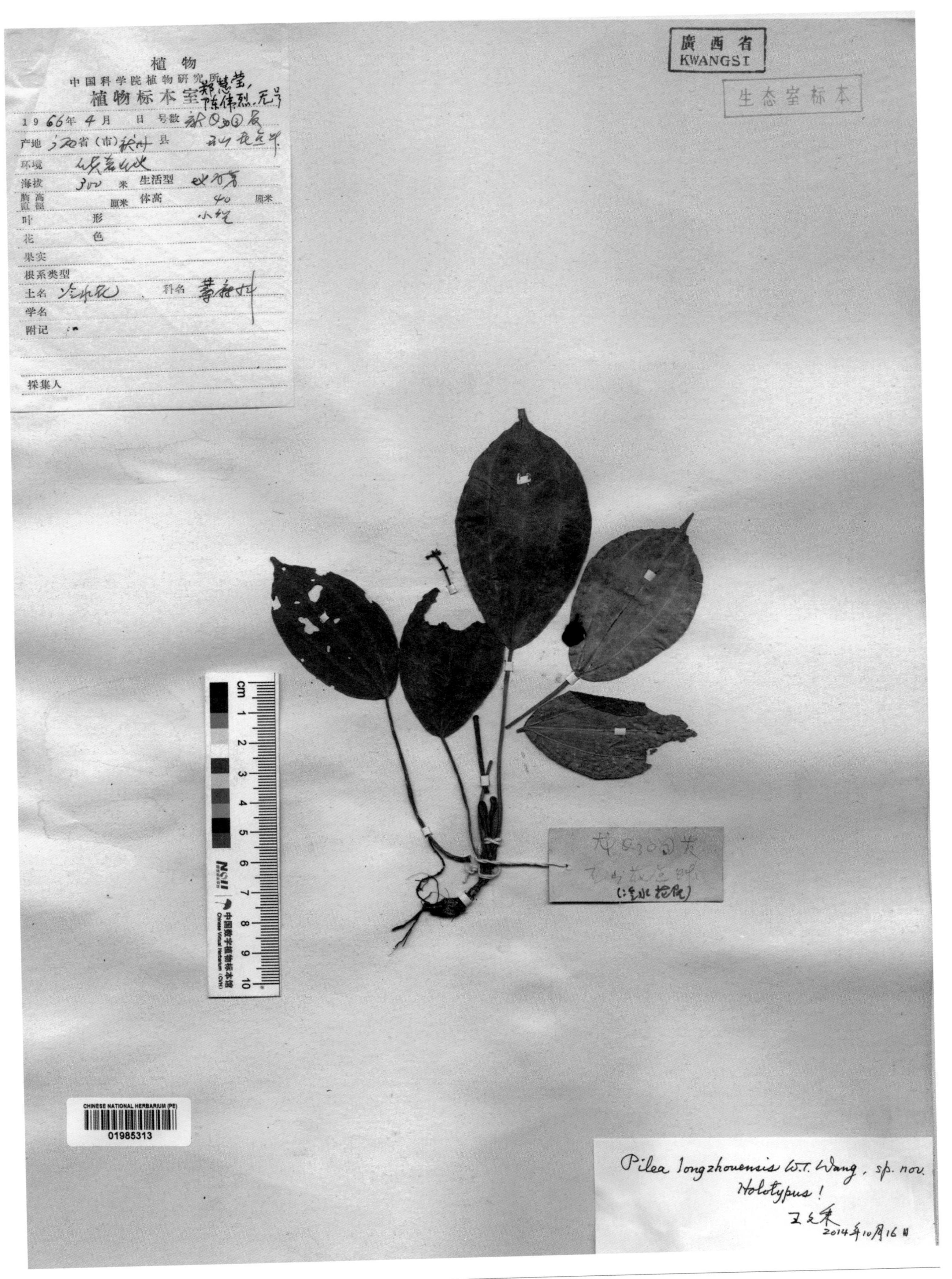

龙州冷水花 ***Pilea longzhouensis*** W. T. Wang in Bull. Bot. Res., Harbin 37(6): 801, f. 1: a-d. 2017. **Holotype:** China. Guangxi: Longzhou, alt. 300 m, 1966-04-??, H. Y. Zheng & W. L. Chen s. n.

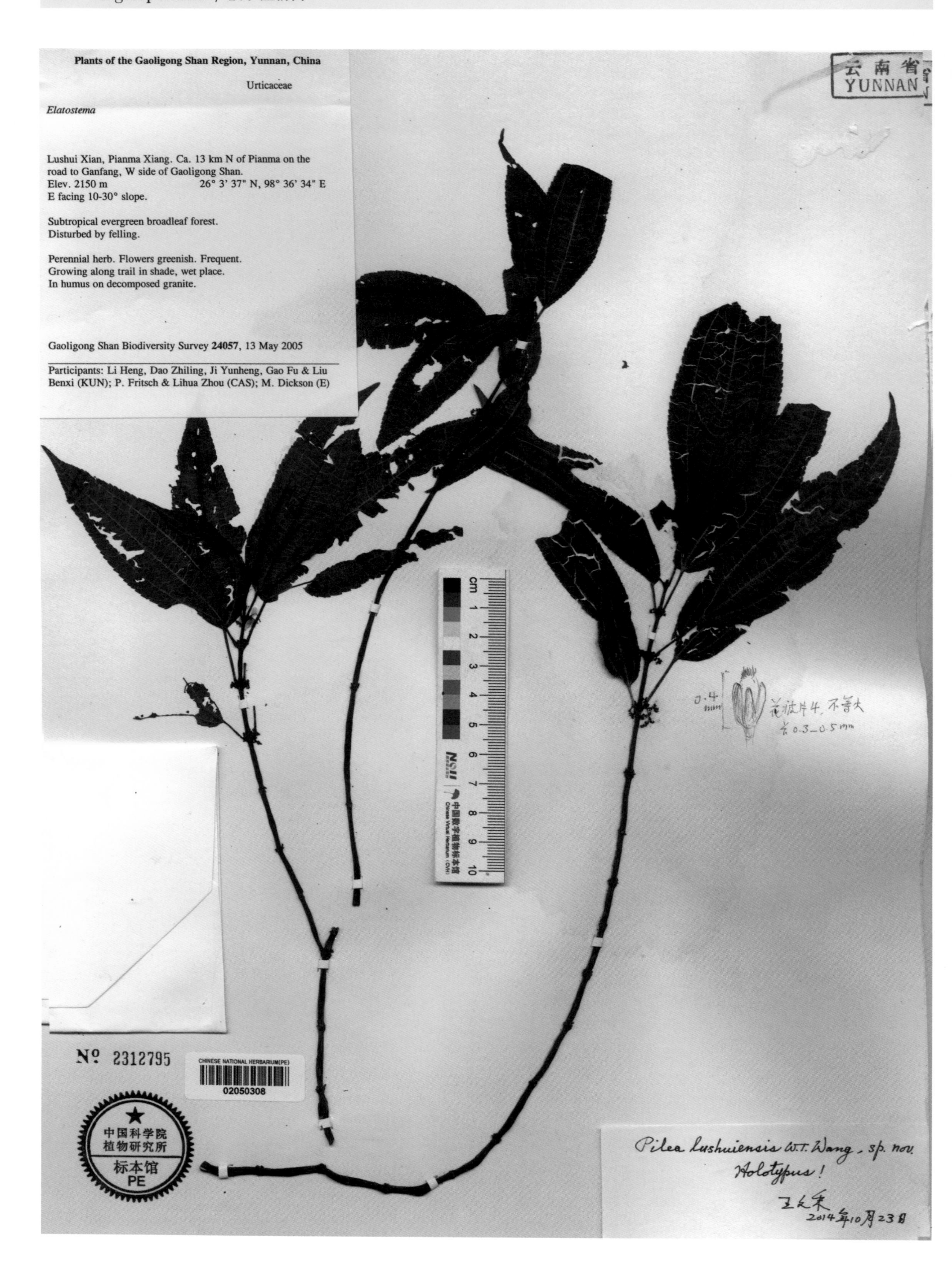

泸水冷水花 ***Pilea lushuiensis*** W. T. Wang in Bull. Bot. Res., Harbin 37(6): 803, f. 1: e-h. 2017. **Holotype:** China. Yunnan: Lushui, alt. 2 150 m, 2005-05-13, Gaoligong Shan Biodiversity Survey 24057.

大 果 冷 水 花 ***Pilea macrocarpa*** C. J. Chen in Bull. Bot. Res., Harbin 2(3): 74. 1982. **Holotype:** China. Xizang: Mêdog, alt. 1 530 m, 1974-09-11, Qinghai-Xizang Exped. 74-4705.

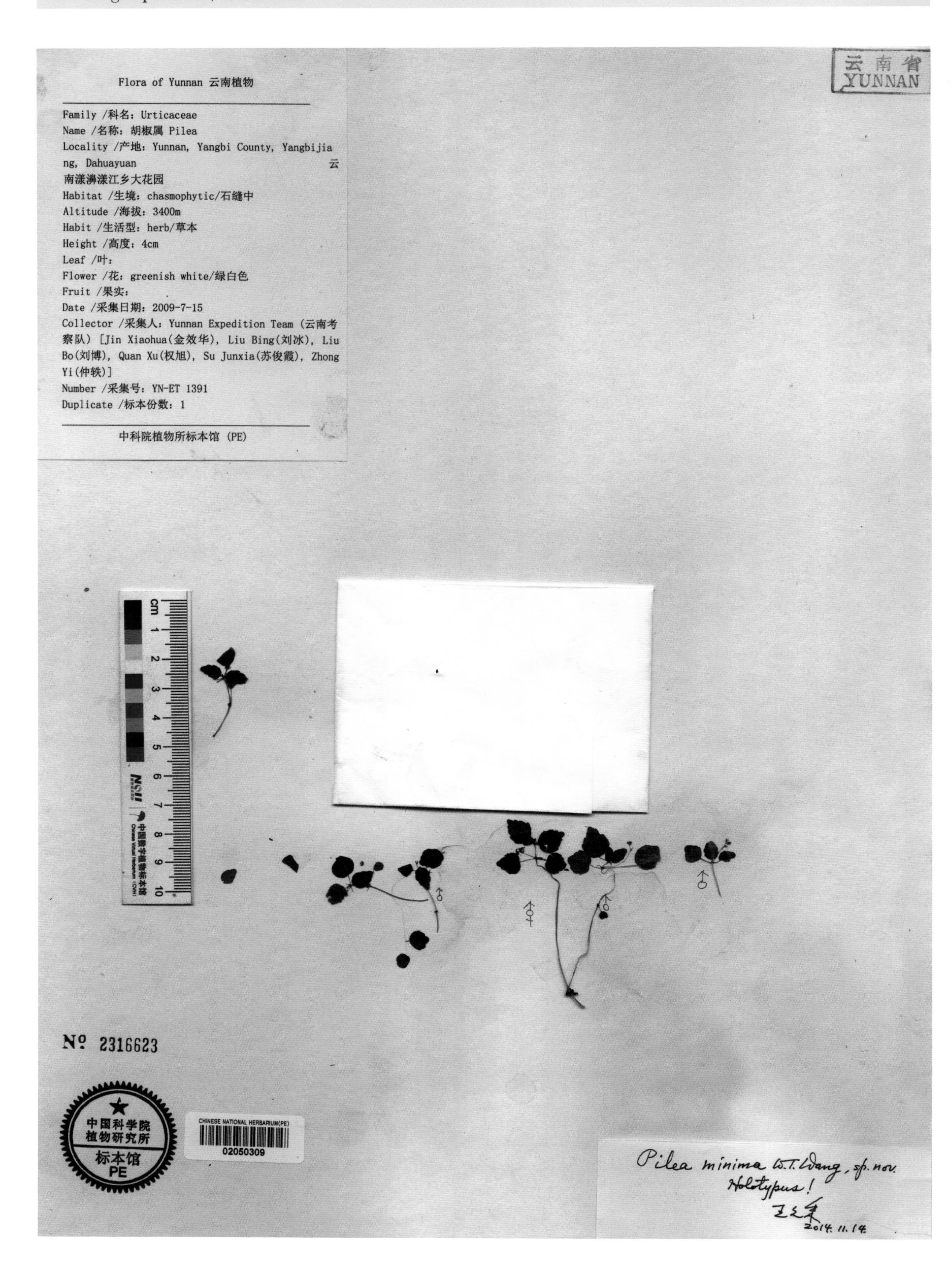

小冷水花 ***Pilea minima*** W. T. Wang in Bull. Bot. Res., Harbin 37(6): 805, f. 2: e-h. 2017. **Holotype:** China. Yunnan: Yangbi, alt. 3 400 m, 2009-07-15, X. H. Jin & al. YN-ET 1391.

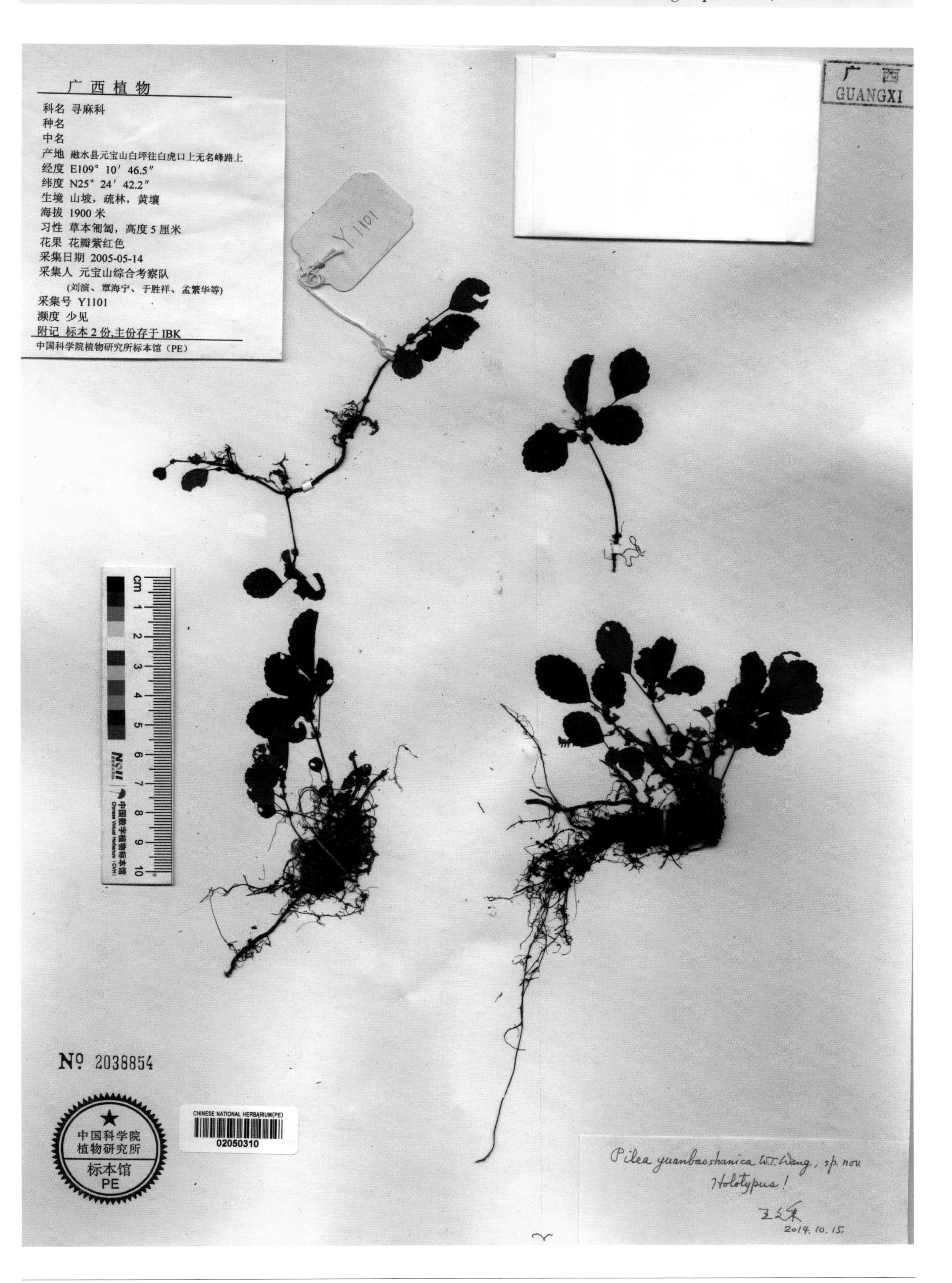

元宝山冷水花 ***Pilea yuanbaoshanica*** W. T. Wang in Bull. Bot. Res., Harbin 37(6): 806, f. 2: i-k. 2017. **Holotype:** China. Guangxi: Rongshui, alt. 1 900 m, 2005-05-14, Y. Liu & al. Y1101.

Podostemonaceae

川苔草科

Chuantaicao Ke

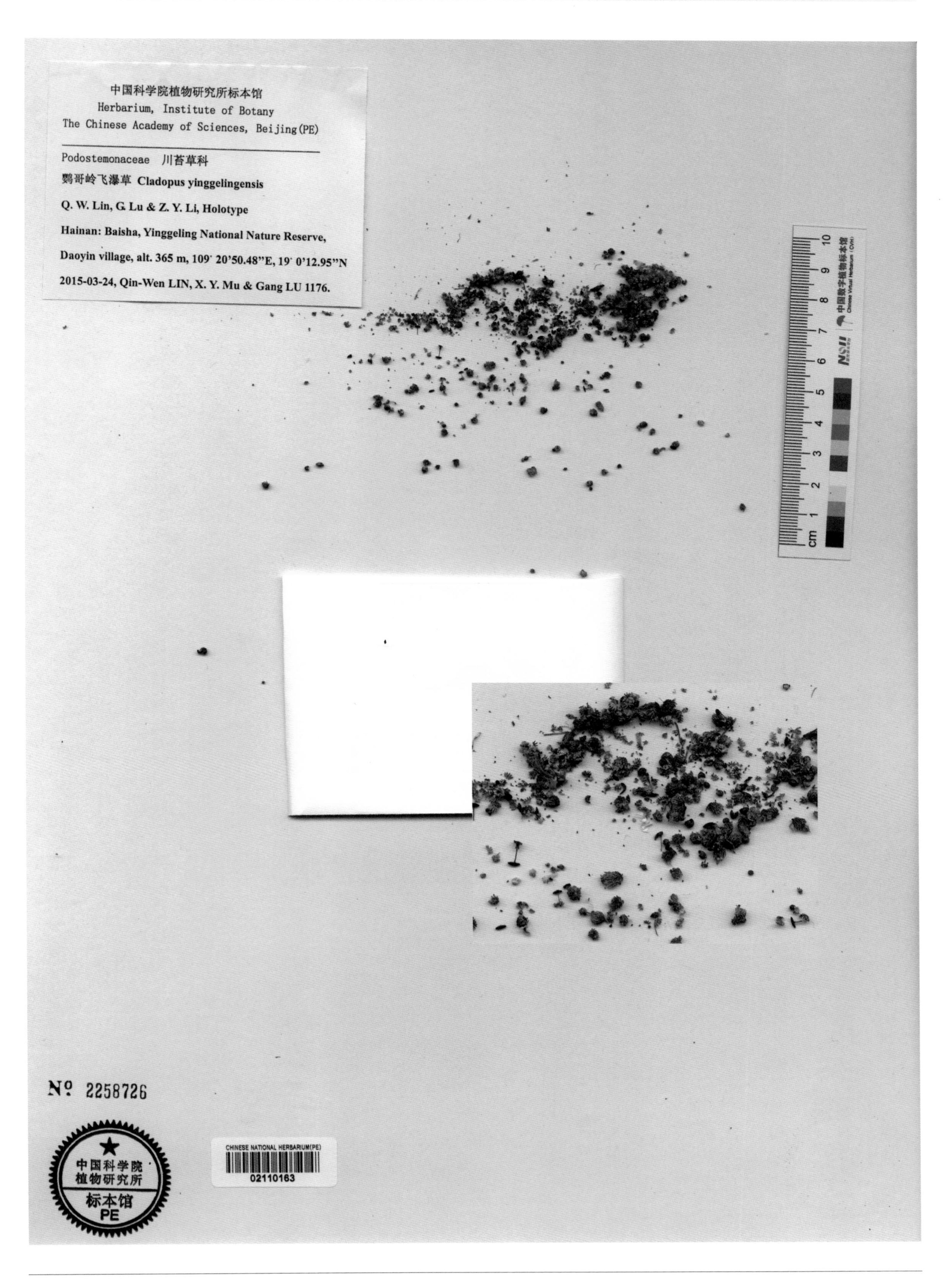

鹦哥岭飞瀑草 *Cladopus yinggelingensis* Q. W. Lin, G. Lu & Z. Y. Li in Phytotaxa 270(1): 50, f. 1, 3: A-F. 2016. **Holotype:** China. Hainan: Baisha, Yinggeling, alt. 365 m, 2015-03-24, Q. W. Lin, X. Y. Mu & G. Lu 1176.

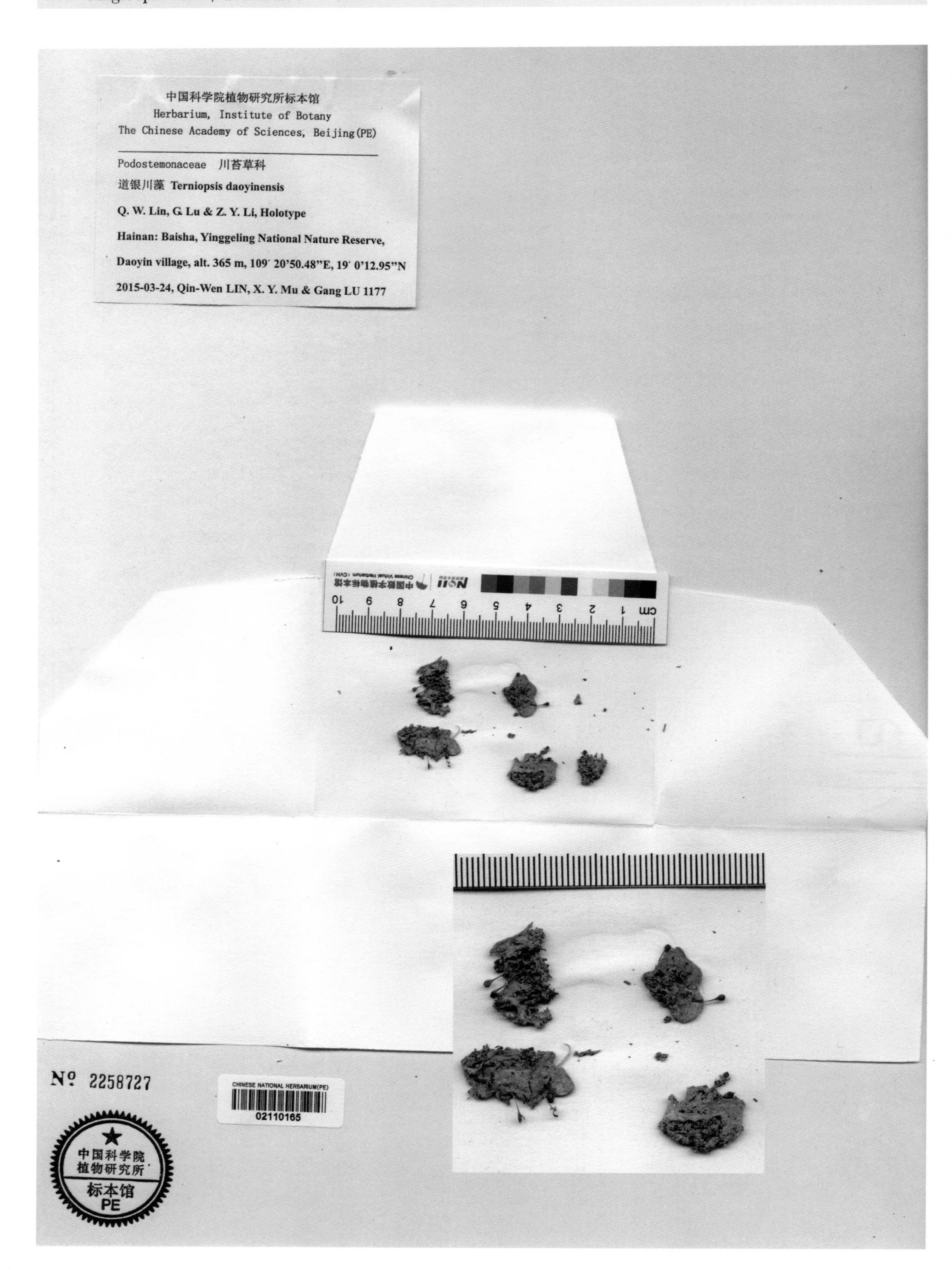

道银川藻 ***Terniopsis daoyinensis*** Q. W. Lin, G. Lu & Z. Y. Li in Phytotaxa 270(1): 52, f. 2, 3: G-L. 2016. **Holotype:** China. Hainan: Baisha, Yinggeling, alt. 365 m, 2015-03-24, Q. W. Lin, X. Y. Mu & G. Lu 1177.

Loranthaceae

桑寄生科

Sangjisheng Ke

贡山梨果寄生 ***Scurrula gongshanensis*** H. S. Kiu in Acta Phytotax. Sin. 21(2): 176, f. 3. 1983. **Holotype:** China. Yunnan: Gongshan, alt. 1 900~2 100 m, 1940-09-04, K. M. Feng 7318.

Aristolochiaceae

马兜铃科

Madouling Ke

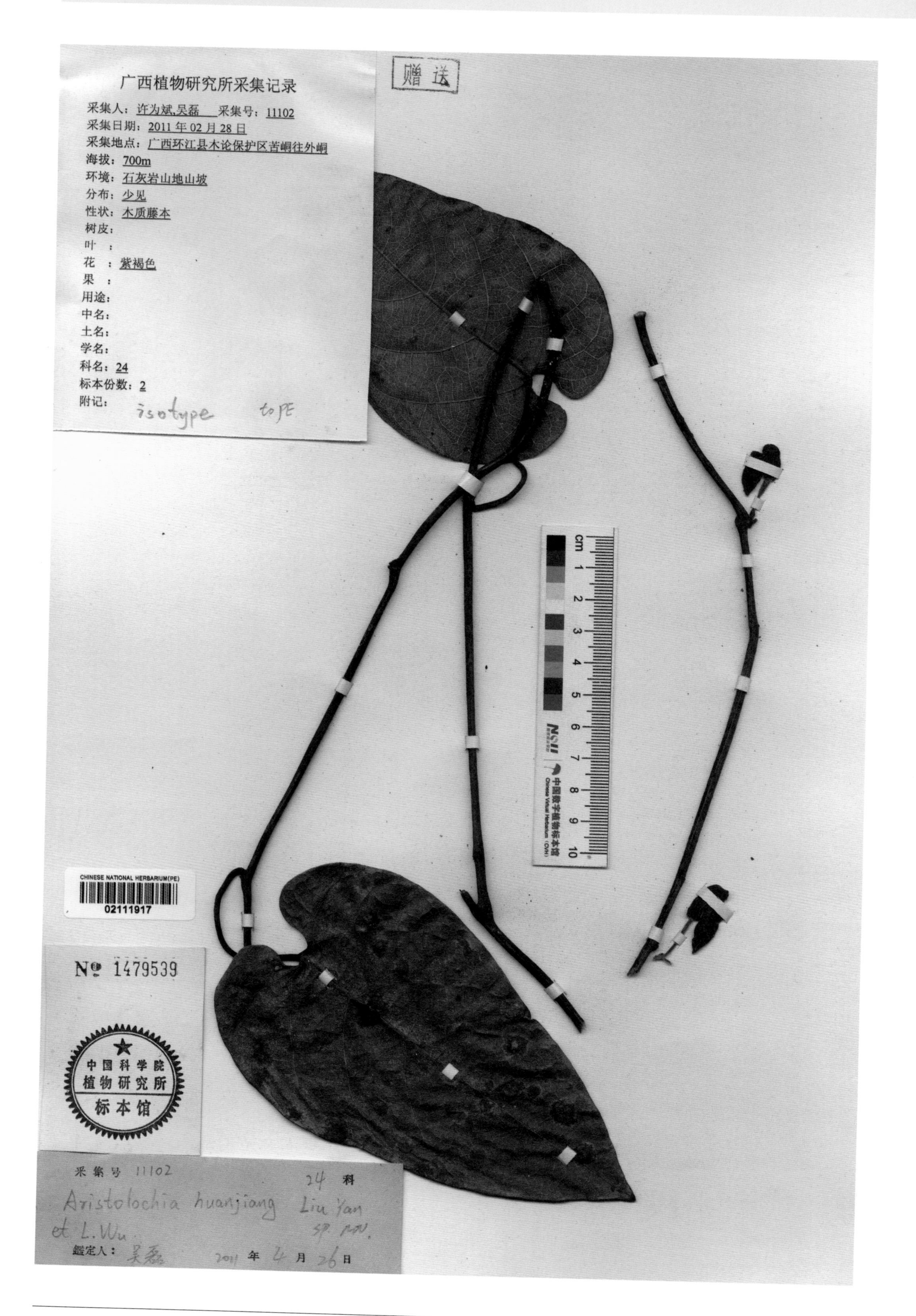

环江马兜铃 ***Aristolochia huanjiang*** Yan Liu & L. Wu in Ann. Bot. Fennici 50: 413, f. 1-2. 2013. **Isotype:** China. Guangxi: Huanjiang, alt. 700 m, 2011-02-28, W. B. Xu & L. Wu 11102.

Phytolaccaceae

商陆科

Shanglu Ke

鄂西商陆 ***Phytolacca exiensis*** D. G. Zhang, L. Q. Huang & D. Xie in Phytotax 331(2): 227, f. 3-4. 2017. **Isotype:** China. Hubei: Shennongjia, Hongping, alt. 1 856 m, 2014-07-08, D. G. Zhang & al. zdg10065.

Caryophyllaceae

石竹科

Shizhu Ke

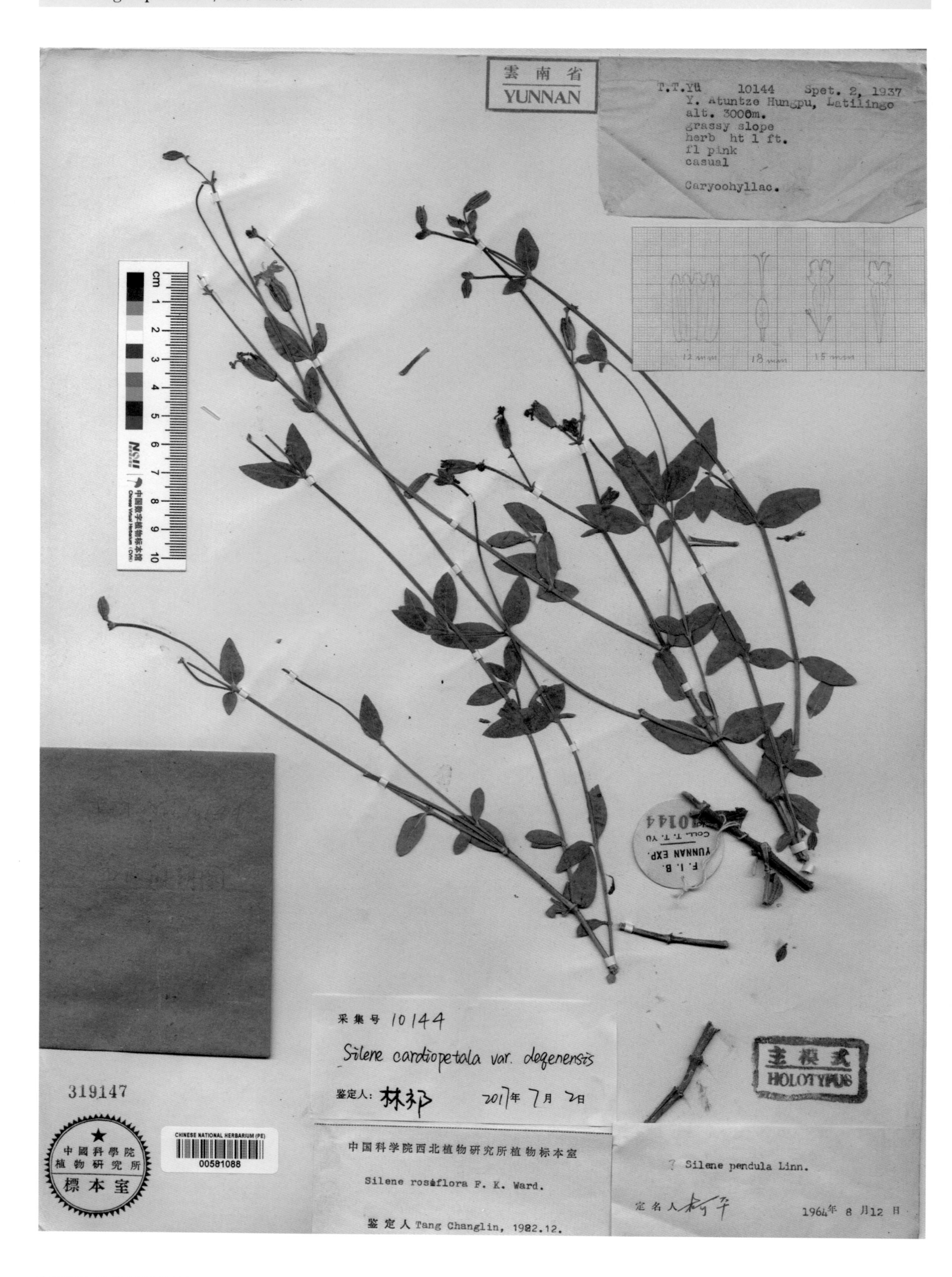

德钦蝇子草 ***Silene cardiopetala*** Franch. var. ***deqenensis*** C. Y. Wu in Acta Bot. Yunnan. 4(2): 155, f. 7. 1982. **Holotype:** China. Yunnan: Dêqên, alt. 3 000 m, 1937-09-02, T. T. Yu 10144.

Ranunculaceae

毛茛科

Maogen Ke

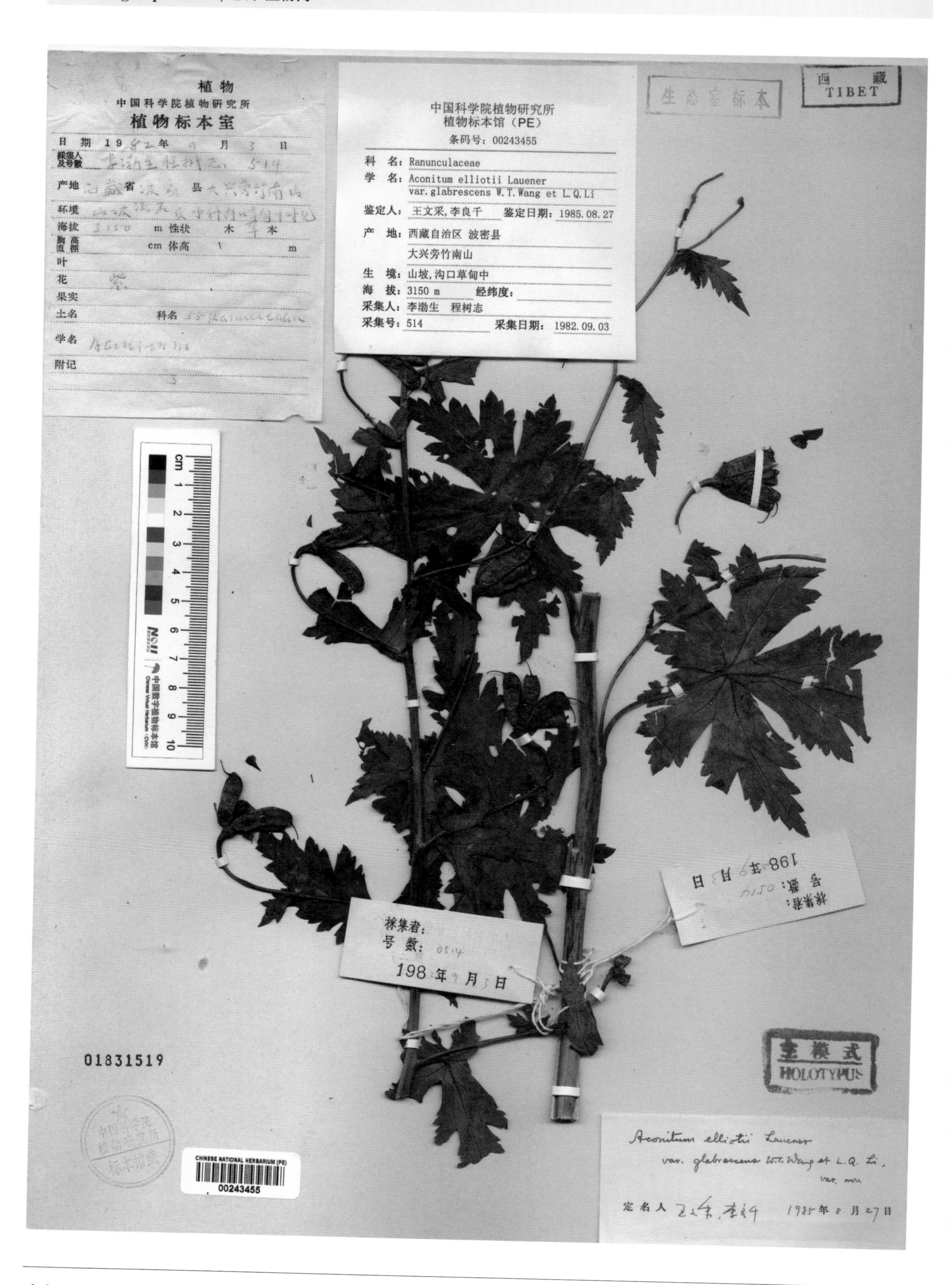

光梗墨脱乌头 ***Aconitum elliotii*** Lauener var. ***glabrescens*** W. T. Wang & L. Q. Li in Acta Bot. Yunnan. 8(3): 259. 1986. **Holotype:** China. Xizang: Bomi, alt. 3 150 m, 1982-09-03, B. S. Li & S. Z. Cheng 0514.

毛瓣墨脱乌头 ***Aconitum elliotii*** Lauener var. ***pilopetalum*** W. T. Wang & L. Q. Li in Acta Bot. Yunnan. 8(3): 260. 1986. **Holotype:** China. Xizang: Bomi, alt. 3 500~3 800 m, 1983-08-18, Exped. Inst. Biol. Xizang. 3623.

展毛多根乌头 ***Aconitum karakolicum*** Rapaics var. ***patentipilum*** W. T. Wang, Fl. Reip. Pop. Sin. 27: 610. 1979. **Holotype:** China. Xinjiang: Nilka, 1957-08-29, K. C. Kuan 3943.

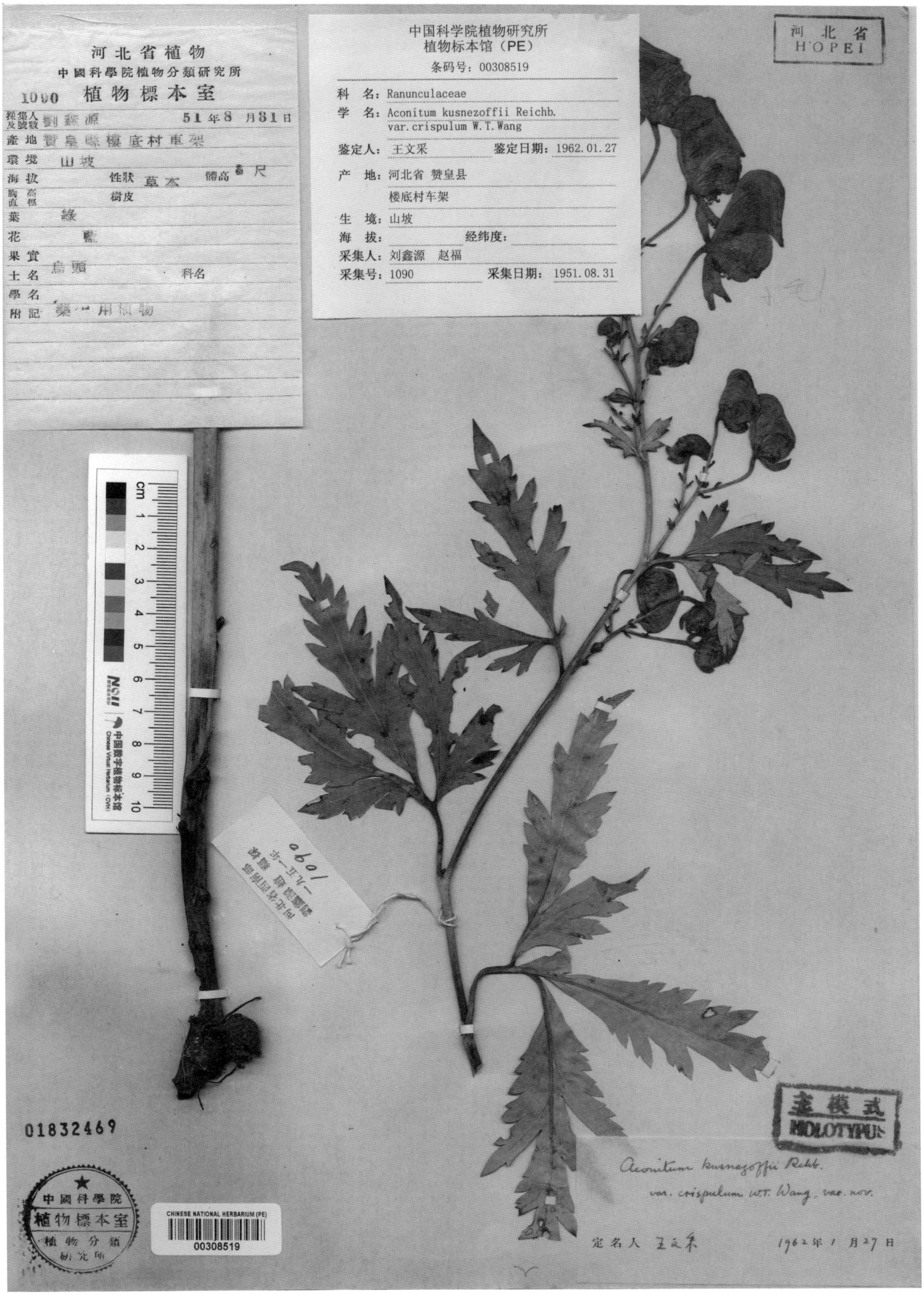

北乌头伏毛变种 ***Aconitum kusnezoffii*** Reichb. var. ***crispulum*** W. T. Wang in Acta Phytotax. Sin., Additam. 1: 92. 1965.
Holotype: China. Hebei: Zanhuang, 1951-08-31, X. Y. Liu 1090.

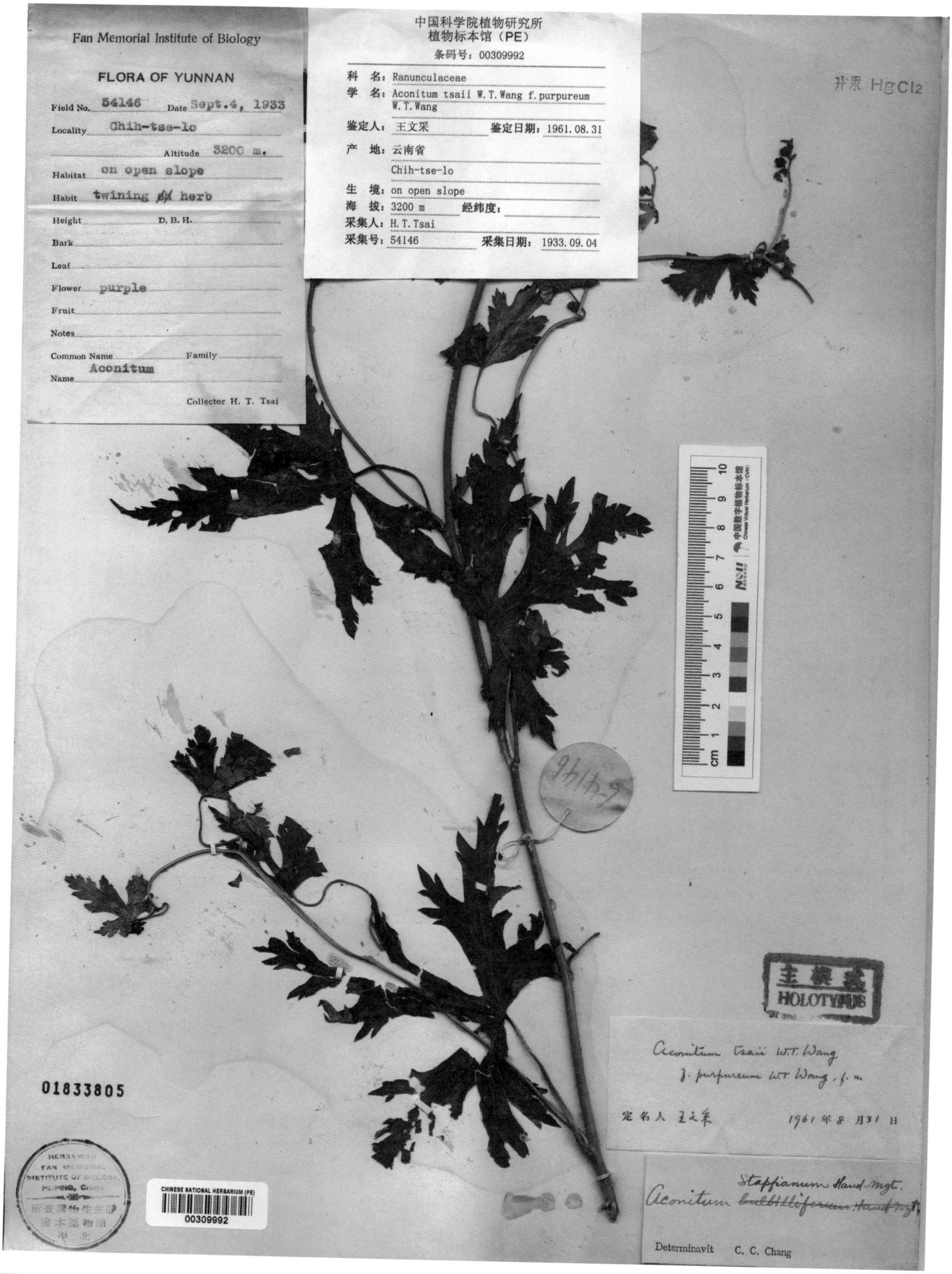

Fan Memorial Institute of Biology

FLORA OF YUNNAN

Field No. 54146 Date Sept.4, 1933

Locality Chih-tse-lo

Altitude 3200 m.

Habitat on open slope

Habit twining herb

Height D. B. H.

Bark

Leaf

Flower purple

Fruit

Notes

Common Name Family

Name Aconitum

Collector H. T. Tsai

中国科学院植物研究所
植物标本馆（PE）
条码号：00309992

科 名：Ranunculaceae
学 名：Aconitum tsaii W.T.Wang f.purpureum W.T.Wang
鉴定人：王文采 鉴定日期：1961.08.31
产 地：云南省
Chih-tse-lo
生 境：on open slope
海 拔：3200 m 经纬度：
采集人：H.T.Tsai
采集号：54146 采集日期：1933.09.04

升汞 HgCl2

54146

主模式
HOLOTYPUS

Aconitum tsaii W.T. Wang
f. purpureum W.T. Wang, f. n.
定名人 王文采 1961年8月31日

Aconitum ~~bulbilliferum Hand.-Mzt.~~ Stapfianum Hand.-Mzt.
Determinavit C. C. Chang

01833805

蔡氏乌头紫花变型 ***Aconitum tsaii*** W. T. Wang f. ***purpureum*** W. T. Wang in Acta Phytotax. Sin., Additam. 1: 79. 1965. **Holotype:** China. Yunnan: Bijiang, alt. 3 200 m, 1933-09-04, H. T. Tsai 54146.

辽吉侧金盏花 ***Adonis pseudoamurensis*** W. T. Wang, Fl. Reip. Pop. Sin. 28: 352, pl. 83: 11-12. 1980. **Holotype:** China. Jilin: Huinan, 1974-03-29, C. Chen 1204.

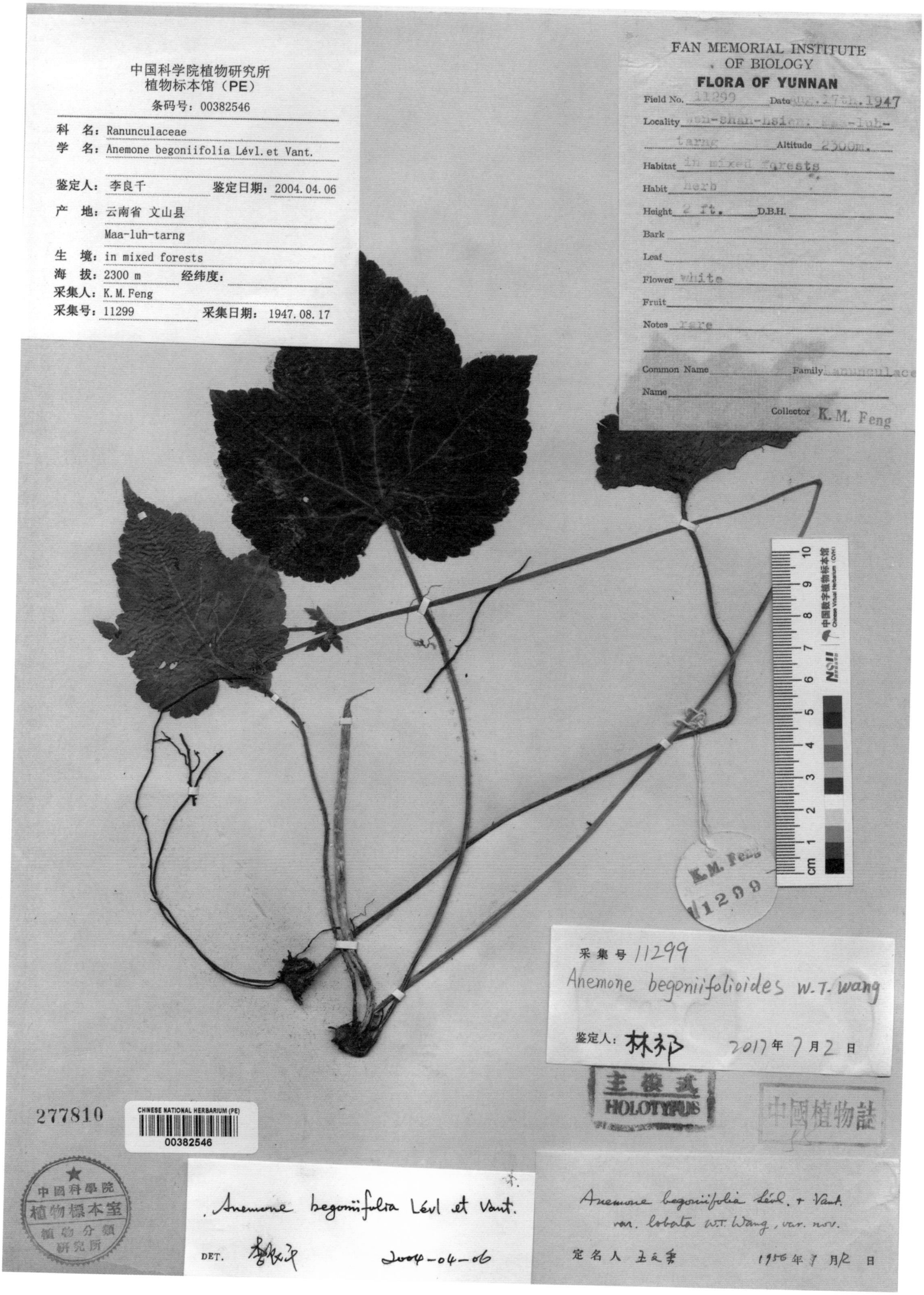

拟卵叶银莲花 ***Anemone begoniifolioides*** W. T. Wang in Acta Phytotax. Sin. 12(2): 167, pl. 46: 4. 1974. **Holotype:** China. Yunnan: Wenshan, alt. 2 300 m, 1947-08-17, K. M. Feng 11299.

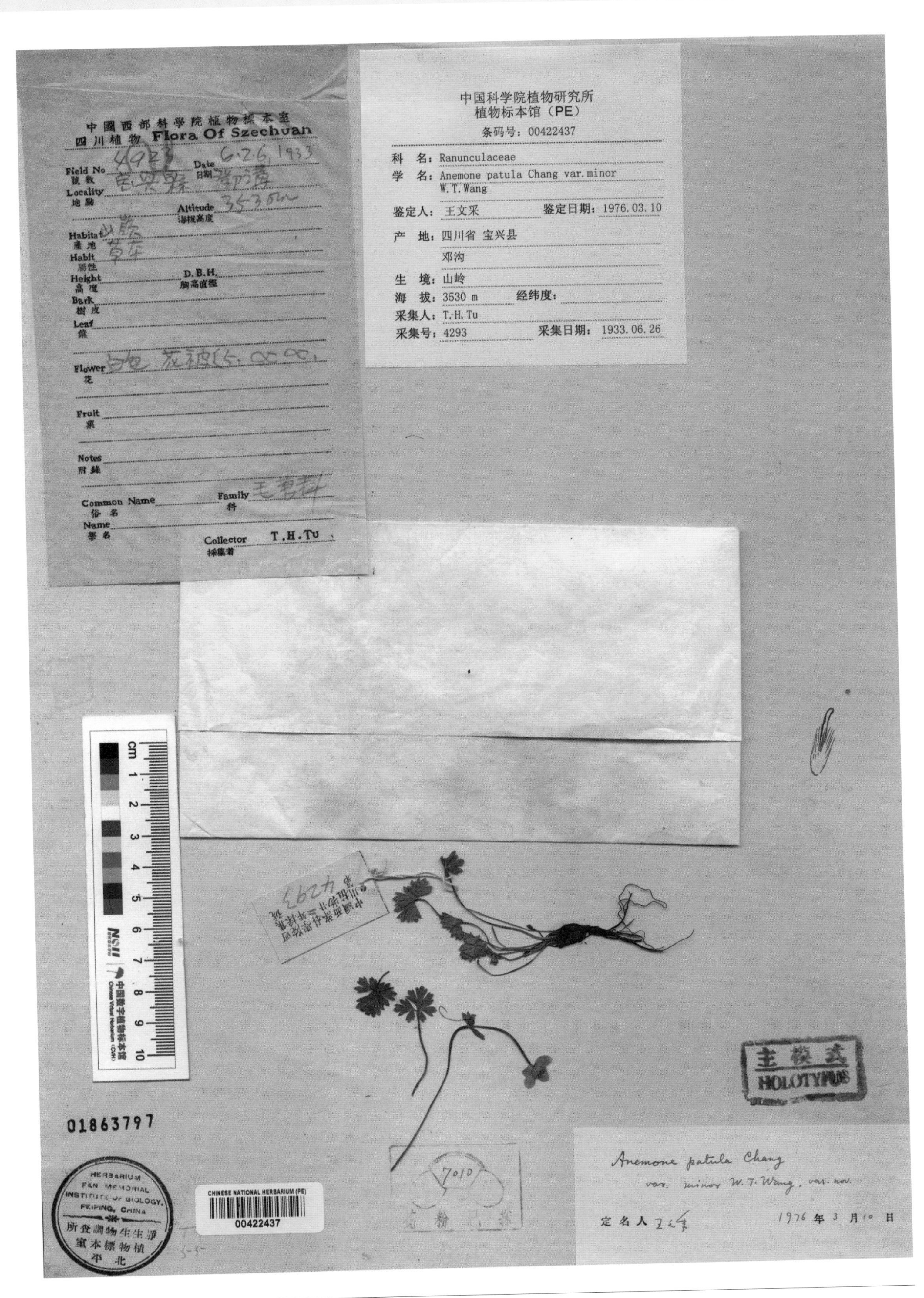

鸡足叶银莲花 ***Anemone patula*** Chang var. ***minor*** W. T. Wang, Fl. Reip. Pop. Sin. 28: 350, pl. 10: 4. 1980. **Holotype:** China. Sichuan: Baoxing, alt. 3 530 m, 1933-06-26, T. H. Tu 4293.

中国科学院植物研究所
植物标本馆（PE）
条码号：00423255

科　名：Ranunculaceae
学　名：Anemone rockii Ulbr. var. pilocarpa W. T. Wang
鉴定人：王文采　鉴定日期：1976. 03. 09
产　地：重庆市
三根树
生　境：on grassy place
海　拔：2300 m　经纬度：
采集人：K. L. Chu
采集号：2064　采集日期：1935. 08. 27

中國西部科學院植物標本室
四川植物 Flora Of Szechuan
Field No 2064 Date Aug. 27. 35
Altitude 2300m
Habitat on grassy place
Habit erect herb
Height 20cm
Leaf green
Flower pure white
Collector K. L. Chu

采集号 2064
Anemone rockii var. pilocarpum W. T. Wang
鉴定人：林祁 2017年7月2日

CHINESE NATIONAL HERBARIUM (PE)
00423255

01865205

Isotypus!
Anemone rockii Ulbr.
var. pilocarpa W. T. Wang, var. n.
定名人 王文采 1976年3月9日

Determinavit C. C. Chang

Anemone pseudorockii sp. nov.
Determinavit C. C. Chang

巫溪银莲花 ***Anemone rockii*** Ulbr. var. ***pilocarpum*** W. T. Wang, Fl. Reip. Pop. Sin. 28: 350, pl. 8: 10. 1980. **Isotype:** China. Chongqing: Wuxi, alt. 2 300 m, 1935-08-27, K. L. Chu 2064.

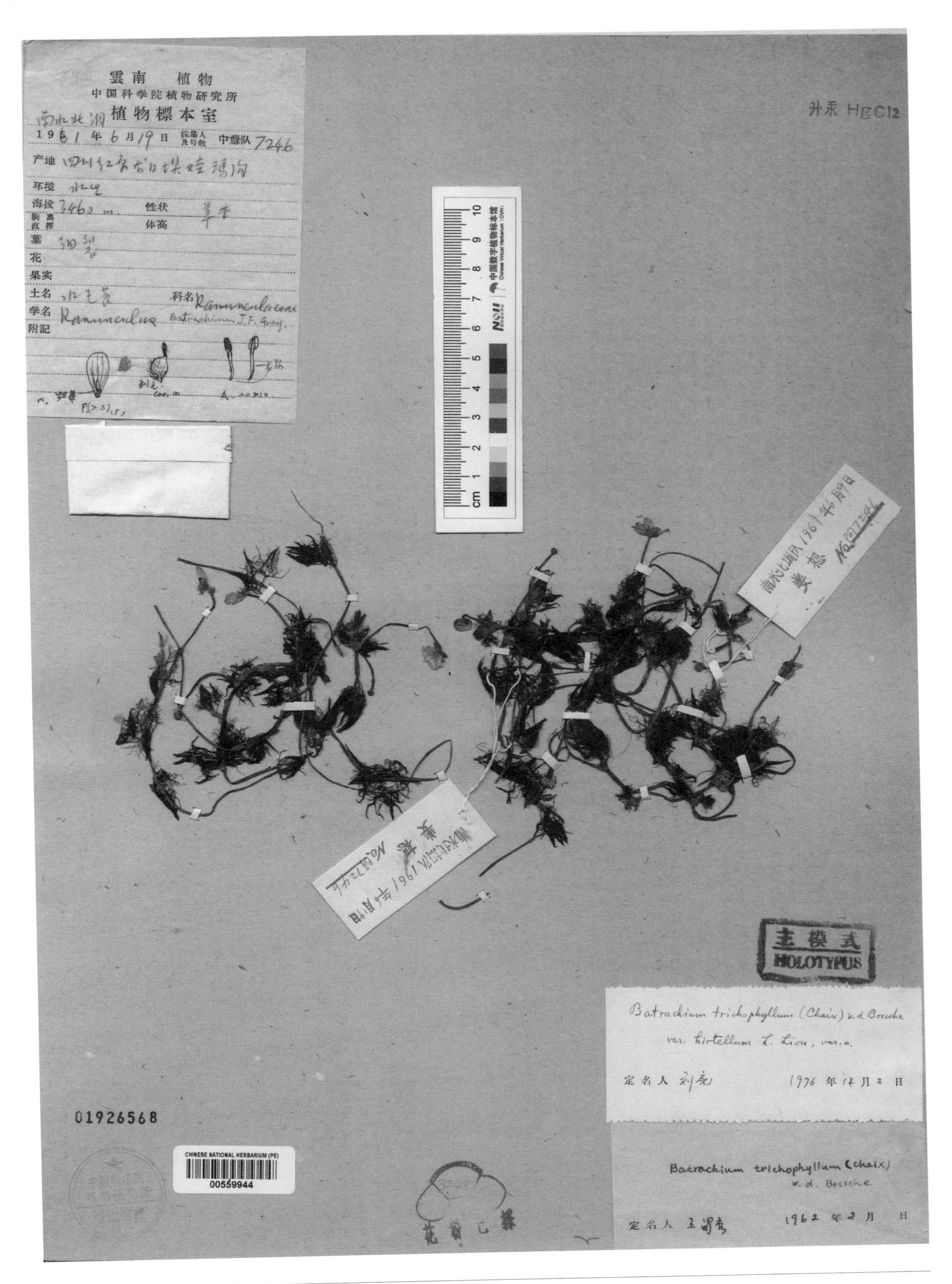

多毛水毛茛 ***Batrachium trichophyllum*** (Chaix) Bossche var. ***hirtellum*** L. Liou, Fl. Reip. Pop. Sin. 28: 363. 1980.
Holotype: China. Sichuan: Hongyuan, alt. 3 460 m, 1961-06-19, S. Jiang & al.7246.

华东驴蹄草 ***Caltha palustris*** L. var. ***oriental-sinensis*** X. H. Guo in Acta Phytotax. Sin. 25(3): 241, f. 1. 1987. **Paratype:** China. Anhui: Jiuhuashan, alt. 800 m, 1985-05-14, X. H. Guo & X. L. Liu 985642.

钩突鸡爪草 ***Calathodes unciformis*** W. T. Wang in Bull. Bot. Res., Harbin 16(2): 165. 1996. **Holotype:** China. Guizhou: Dafang, alt. 2 000 m, 1959-08-18, Bijie Exped. 1062.

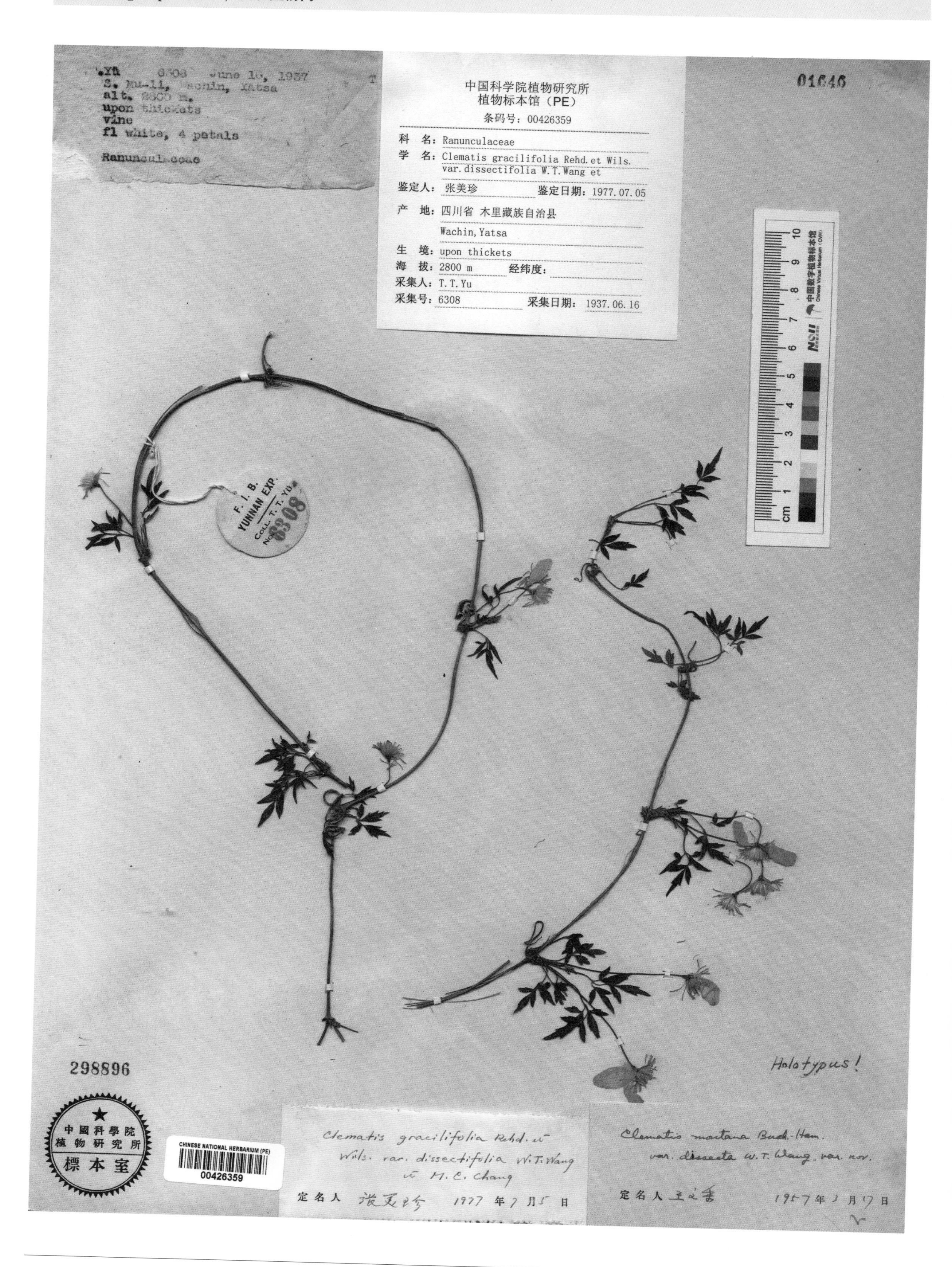

狭裂薄叶铁线莲 ***Clematis gracilifolia*** Rehd. & Wils. var. ***dissectifolia*** W. T. Wang & M. C. Chang, Fl. Reip. Pop. Sin. 28: 359. 1980. **Holotype:** China. Sichuan: Muli, alt. 2 800 m, 1937-06-16, T. T. Yu 6308.

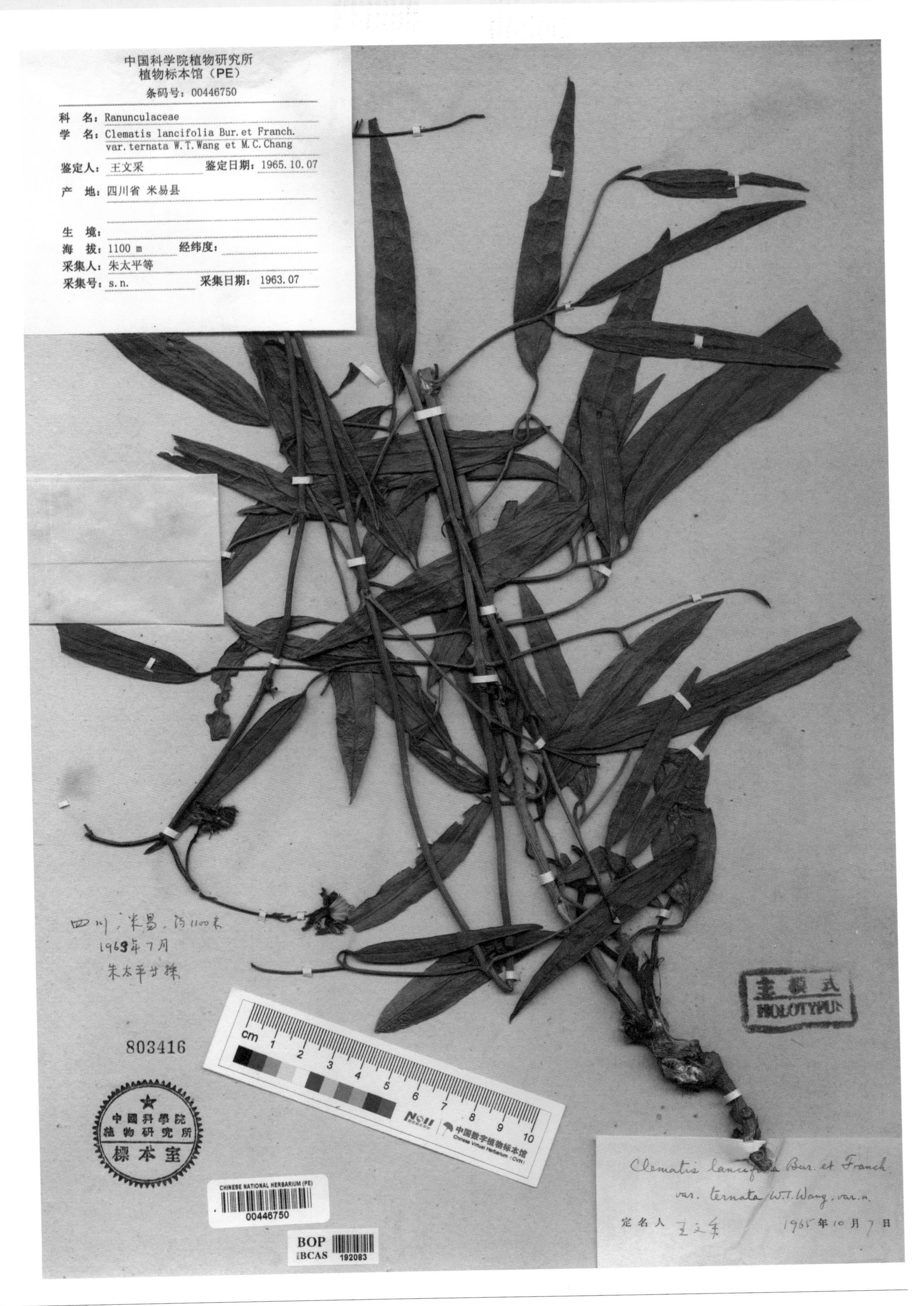

竹叶铁线莲 ***Clematis lancifolia*** Bur. & Franch. var. ***ternata*** W. T. Wang & M. C. Chang, Fl. Reip. Pop. Sin. 28: 356. 1980. **Holotype:** China. Sichuan: Miyi, alt. 1 100 m, 1963-07-??, T. P. Chu & al. s. n.

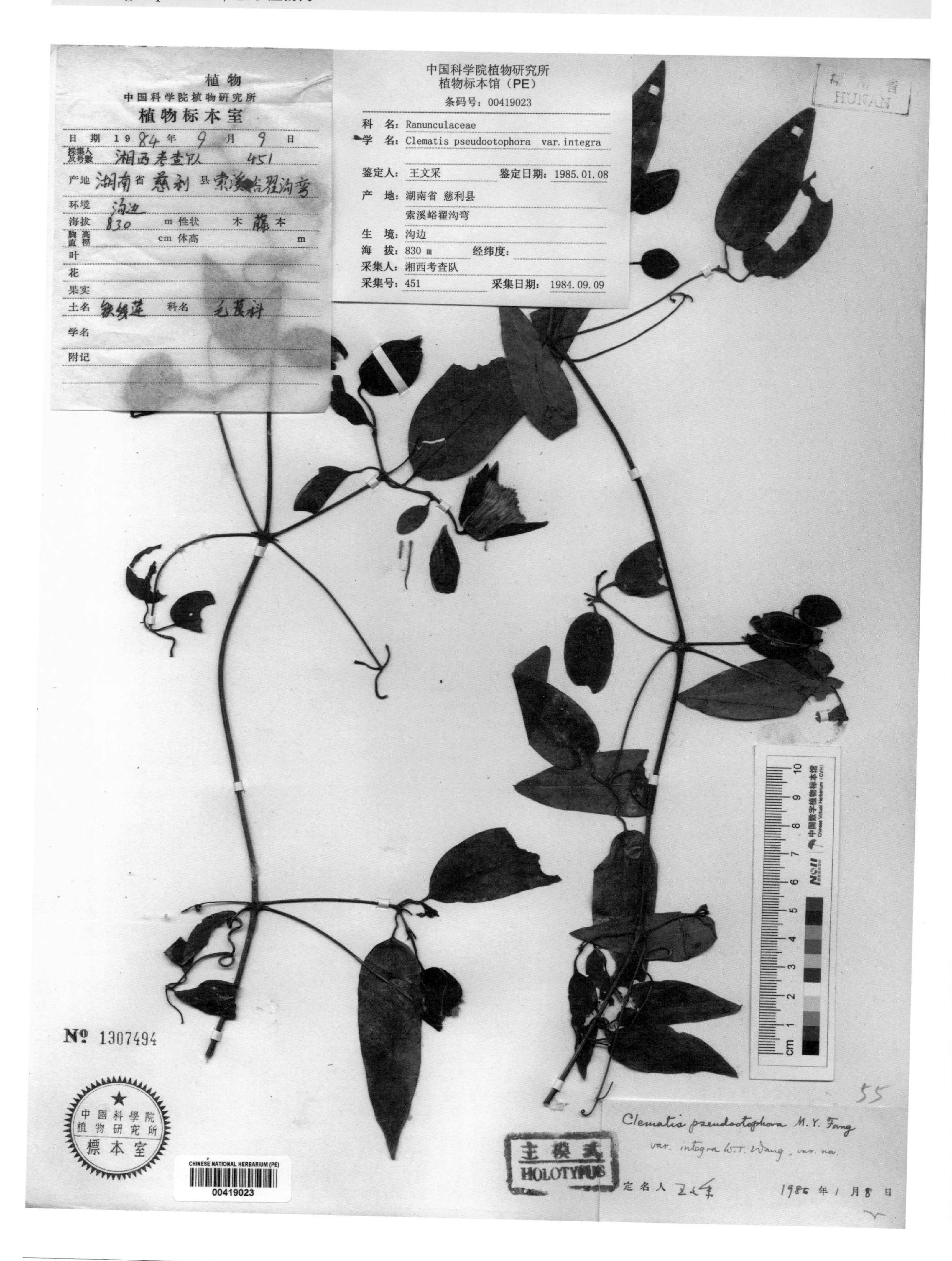

全缘华中铁线莲 ***Clematis pseudootophora*** M. Y. Fang var. ***integra*** W. T. Wang in Acta Bot. Yunnan. 8(3): 266. 1986.
Holotype: China. Hunan: Cili, alt. 830 m, 1984-09-09, W. Hunan Exped. 451.

浙江铁线莲 ***Clematis zhejiangensis*** R. J. Wang in J. Trop. Subtrop. Bot. 7(1): 28, f. 2. 1999. **Isotype:** China. Zhejiang: Chun’an, 1958-08-29, X. Y. He 30216.

还亮草宽裂变型 ***Delphinium anthriscifolium*** Hance f. ***latilobulatum*** W. T. Wang in Acta Bot. Sin. 10(3): 279. 1962. **Holotype:** China. Hunan: Qianyang, Xuefengshan, 1954-??-??, Z. T. Lee 2371.

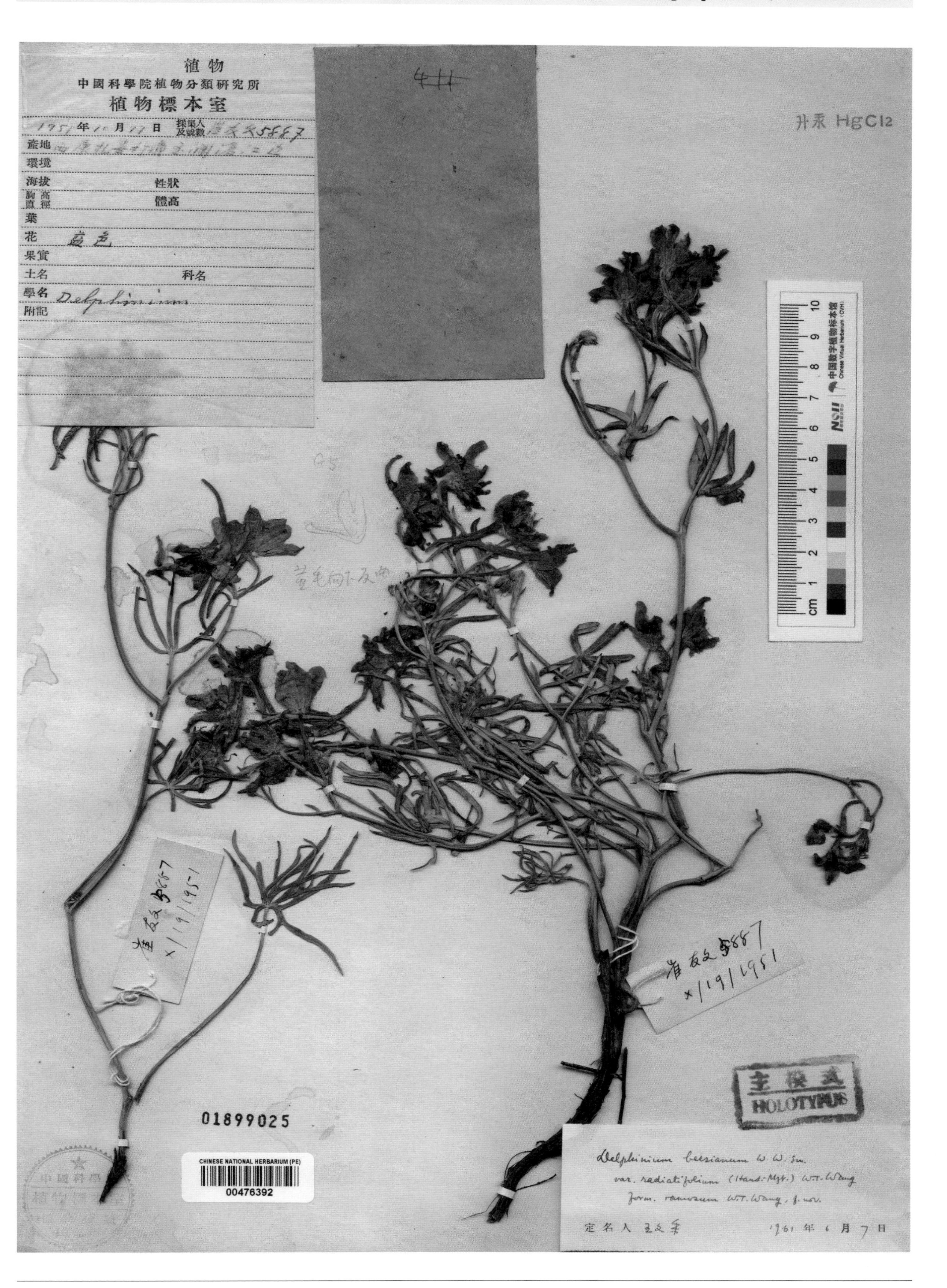

宽距翠雀辐叶变种多枝变型 ***Delphinium beesianum*** W. W. Smith var. ***radiatifolium*** (Hand.-Mazz.) W. T. Wang f. ***ramosum*** W. T. Wang in Acta Bot. Sin. 10(3): 265. 1962. **Holotype:** China. Xizang: Qamdo, 1951-10-11, Y. W. Tsui 5887.

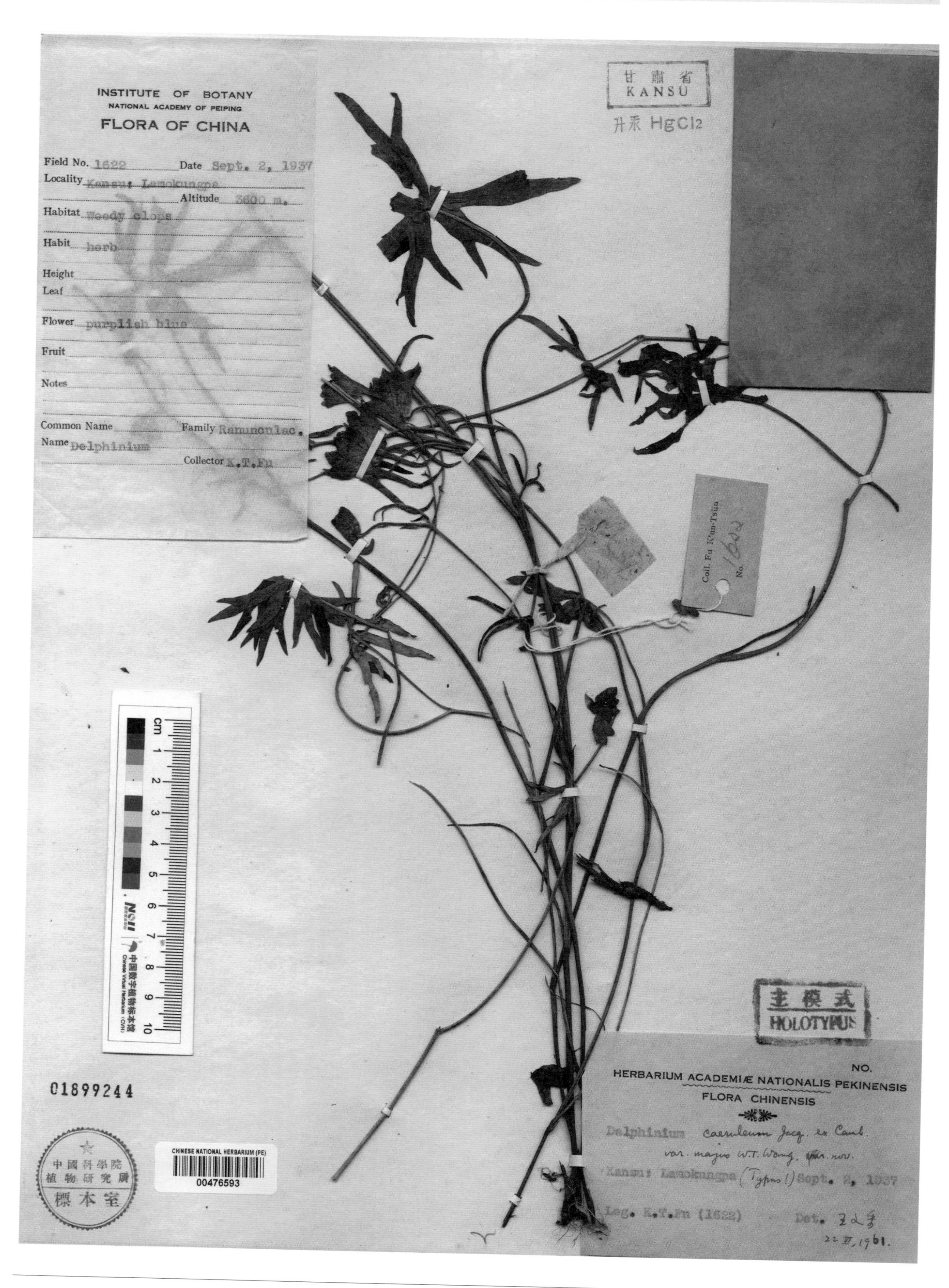

蓝翠雀大叶变种 ***Delphinium caeruleum*** Jacq. ex Camb. var. ***majus*** W. T. Wang in Acta Bot. Sin. 10(3): 266. 1962.
Holotype: China. Gansu: Lamokungpa, alt. 3 600 m, 1937-09-02, K. T. Fu 1622.

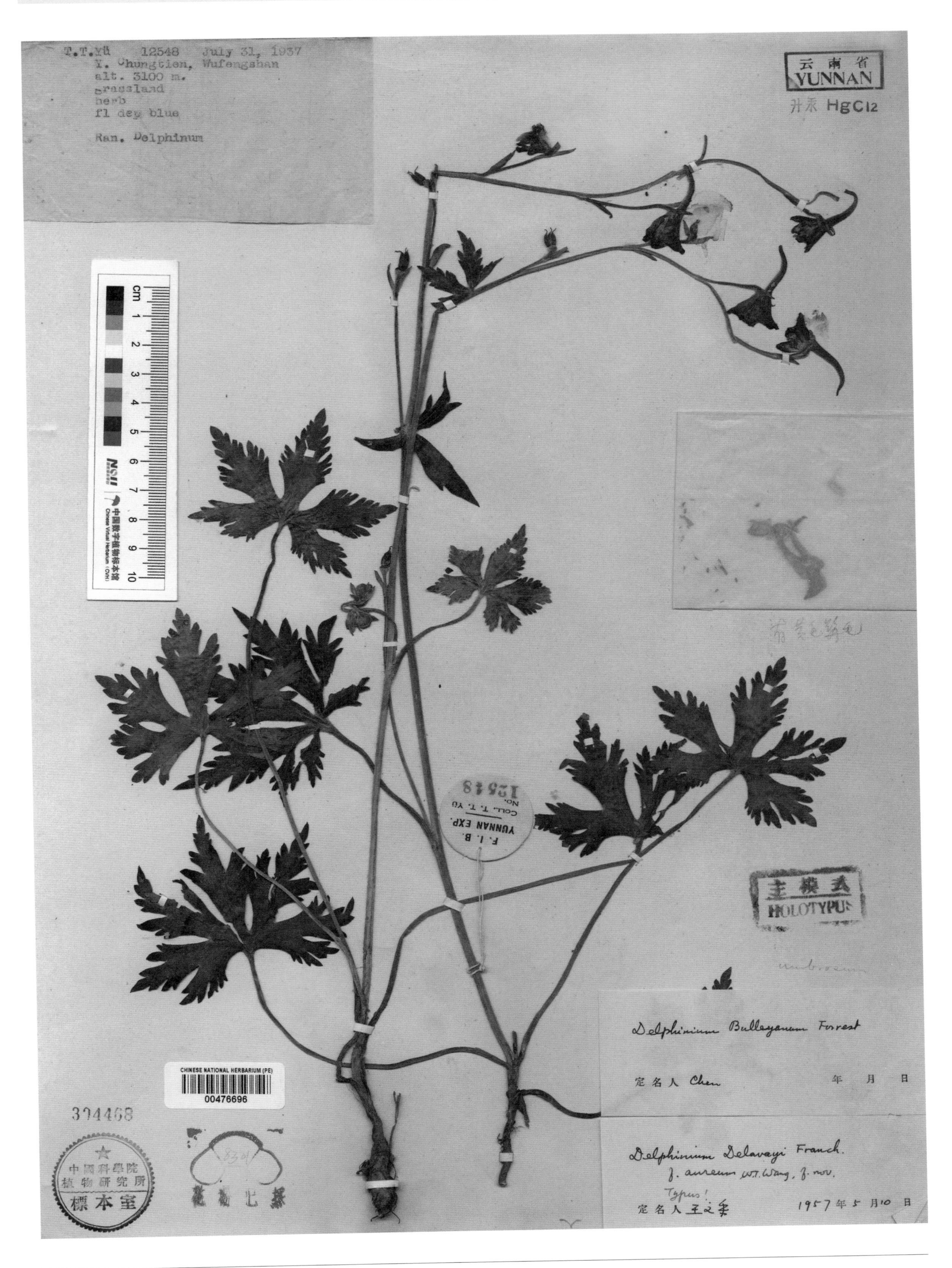

假须花翠雀黄须变型 ***Delphinium delavayi*** Franch. f. ***aureum*** W. T. Wang in Acta Bot. Sin. 10(2): 144. 1962. **Holotype:** China. Yunnan: Zhongdian (=Shangri-La), alt. 3 100 m, 1937-07-31, T. T. Yu 12548.

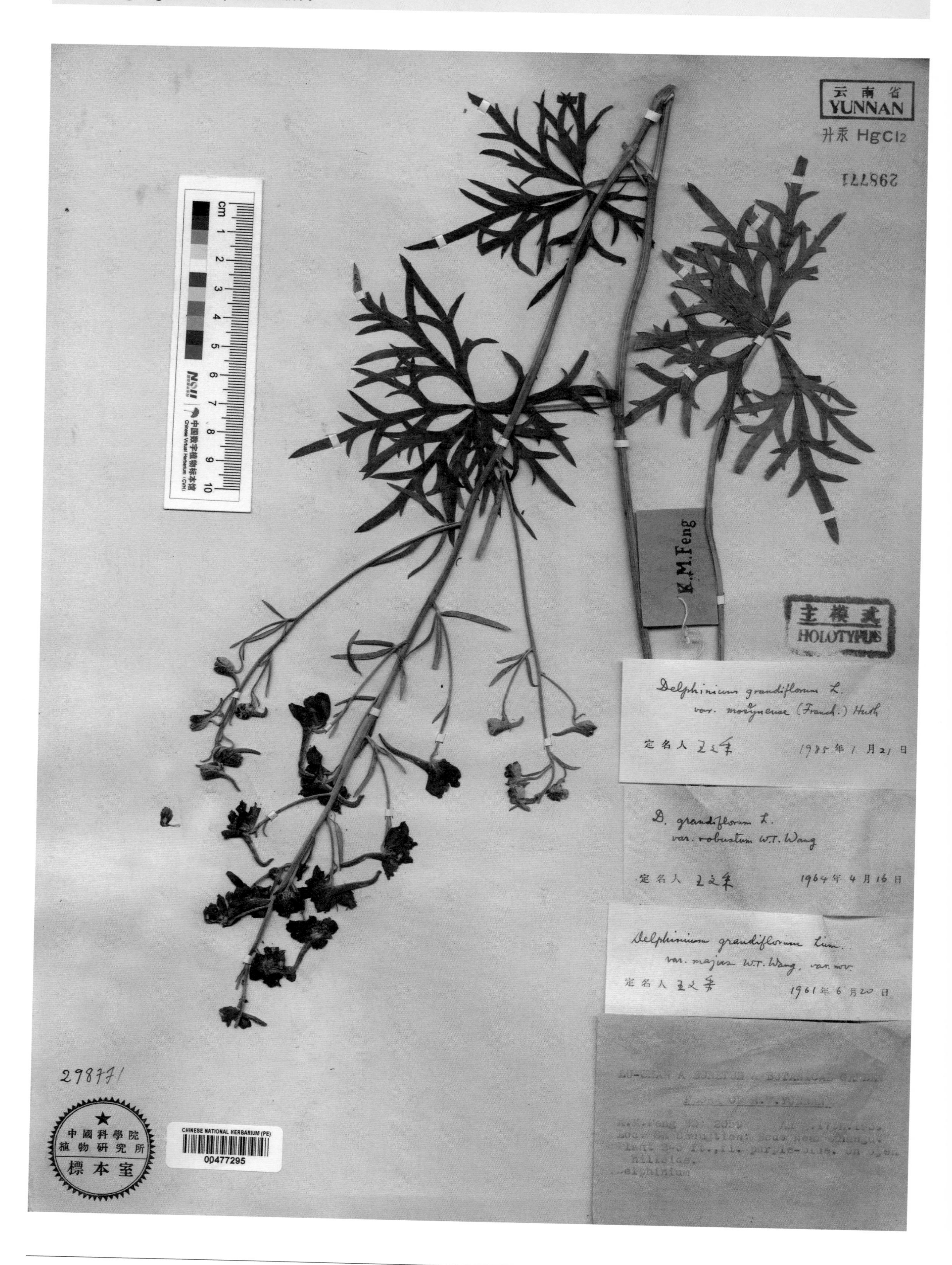

翠雀粗壮变种 ***Delphinium grandiflorum*** L. var. ***robustum*** W. T. Wang in Acta Phytotax. Sin., Additam. 1: 102. 1965.
Holotype: China. Yunnan: Zhongdian (=Shangri-La), 1939-08-17, K. M. Feng 2059.

川陕翠雀同色变型 ***Delphinium henryi*** Franch. f. ***concolor*** W. T. Wang in Acta Bot. Sin. 10(1): 79. 1962. **Holotype:** China. Henan: Lushi, alt. 1 420 m, 1935-08-12, K. M. Liou 5089.

小瓣翠雀白花变型 ***Delphinium micropetalum*** Finet & Gagnep. f. ***album*** W. T. Wang in Acta. Bot. Sin. 10(2): 143. 1962. **Holotype:** China. Yunnan: Gongshan, alt. 3 100~3 400 m, 1938-09-17, T. T. Yu 20370.

粗距翠雀二裂变种 ***Delphinium pachycentrum*** Hemsl. var. ***lobatum*** W. T. Wang in Acta Bot. Sin. 10(2): 140. 1962.
Holotype: China. Sichuan: Barkam, 1958-07-03, C. L. Wu 32672.

粗距翠雀狭萼变种 ***Delphinium pachycentrum*** Hemsl. var. ***pseudo-lancisepalum*** W. T. Wang in Acta Bot. Sin. 10(2): 140. 1962. **Holotype:** China. Sichuan: Kangding, alt. 4 260 m, 1934-08-21, C. S. Liu 1263.

松潘翠雀 ***Delphinium sungpanense*** W. T. Wang in Acta Bot. Sin. 10(2): 149. 1962. **Holotype:** China. Sichuan: Songpan, 1928-08-08, W. P. Fang 4038.

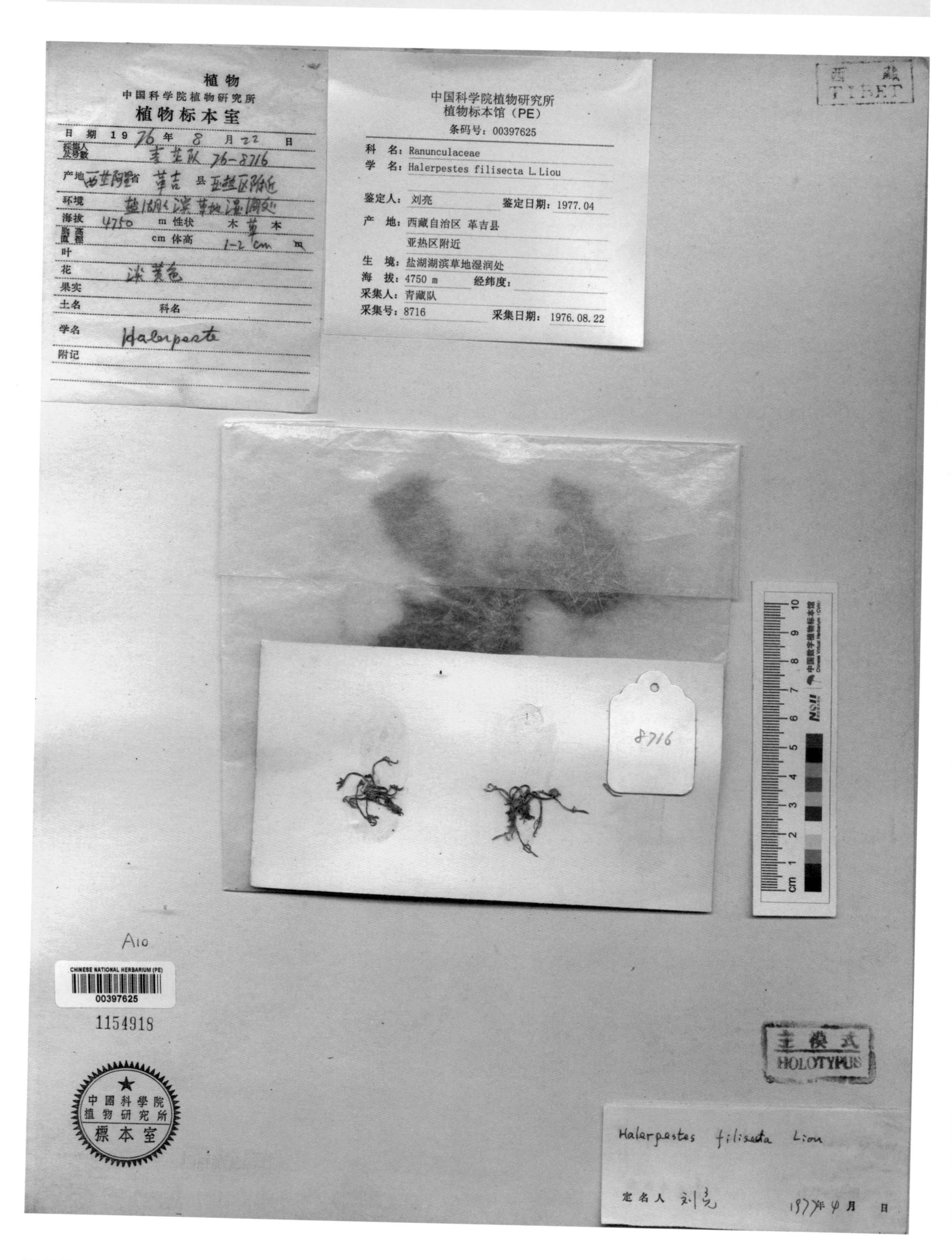

丝裂碱毛茛 ***Halerpestes filisecta*** L. Liou, Fl. Reip. Pop. Sin. 28: 362, pl. 105: 12. 1980. **Holotype:** China. Xizang: Gê'gyai, alt. 4 750 m, 1976-08-22, Qinghai-Xizang Exped. 76-8716.

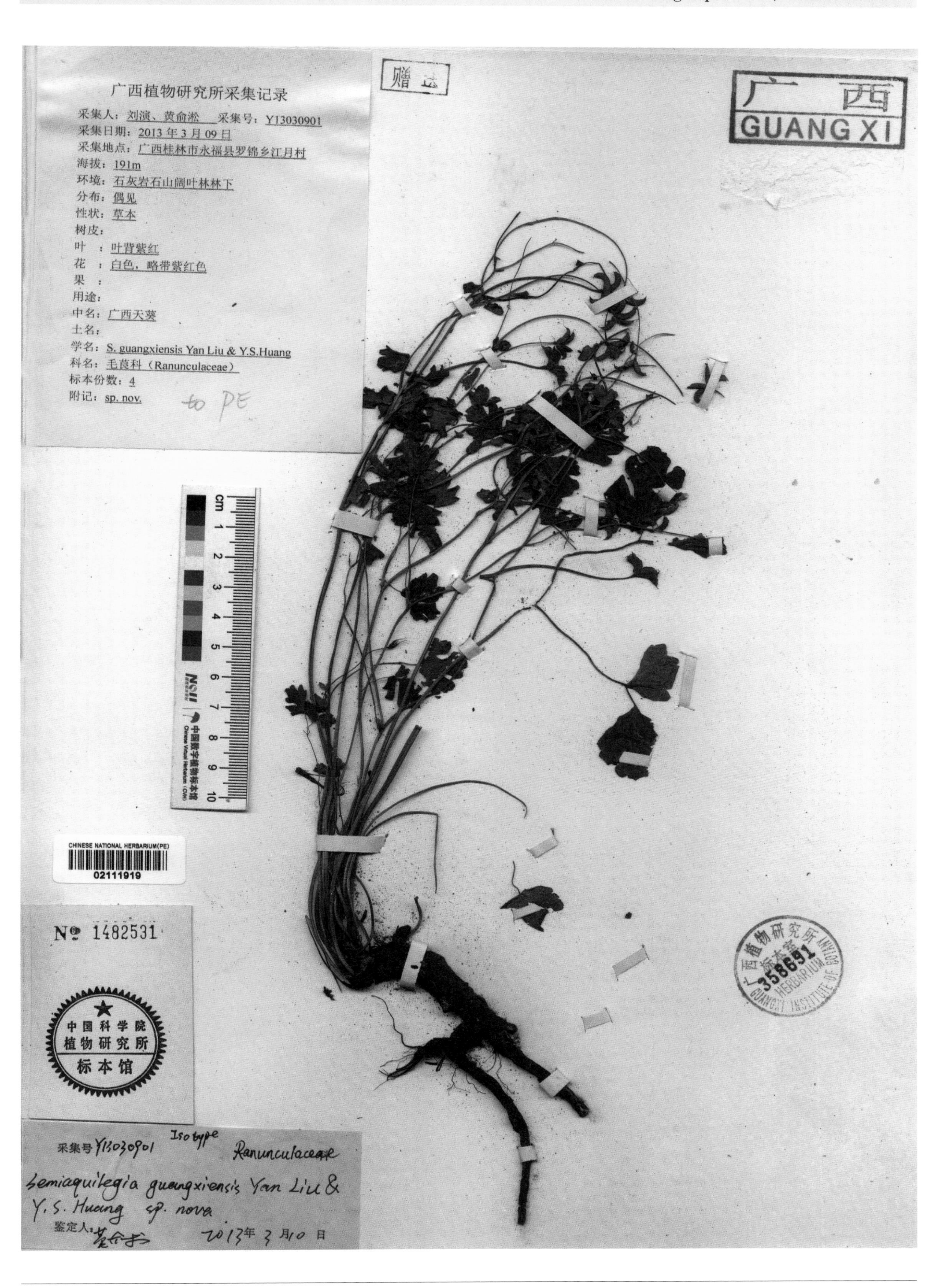

广西天葵 ***Semiaquilegia guangxiensis*** Yan Liu & Y. S. Huang in Phytotaxa 292(2): 183, f. 2-3. 2017. **Isotype:** China. Guangxi: Yongfu, alt. 191 m, 2013-03-09, Yan Liu & Y. S. Huang Y13030901.

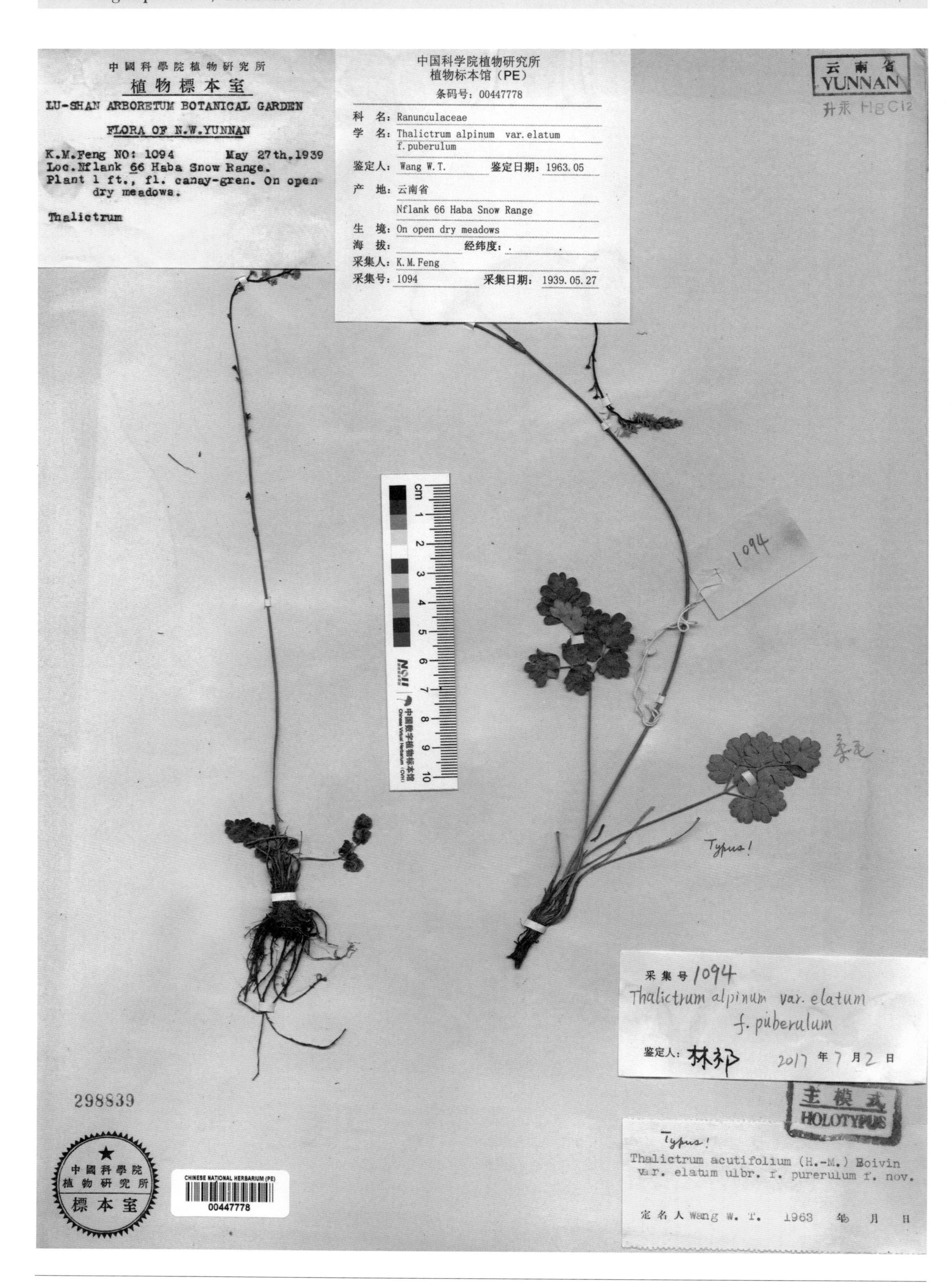

毛叶高山唐松草 ***Thalictrum alpinum*** L. var. ***elatum*** Ulbr. f. ***puberulum*** W. T. Wang & S. H. Wang, Fl. Reip. Pop. Sin. 27: 621. 1979. **Holotype:** China. Yunnan: Zhongdian (=Shangri-La), 1939-05-27, K. M. Feng 1094.

短蕊唐松草 ***Thalictrum brachyandrum*** W. T. Wang in Guihaia 37(4): 411, f. 3. 2017. **Holotype:** China. Henan: Shangcheng, 1984-06-20, Henan Pl. Resour. Exped. D0543.

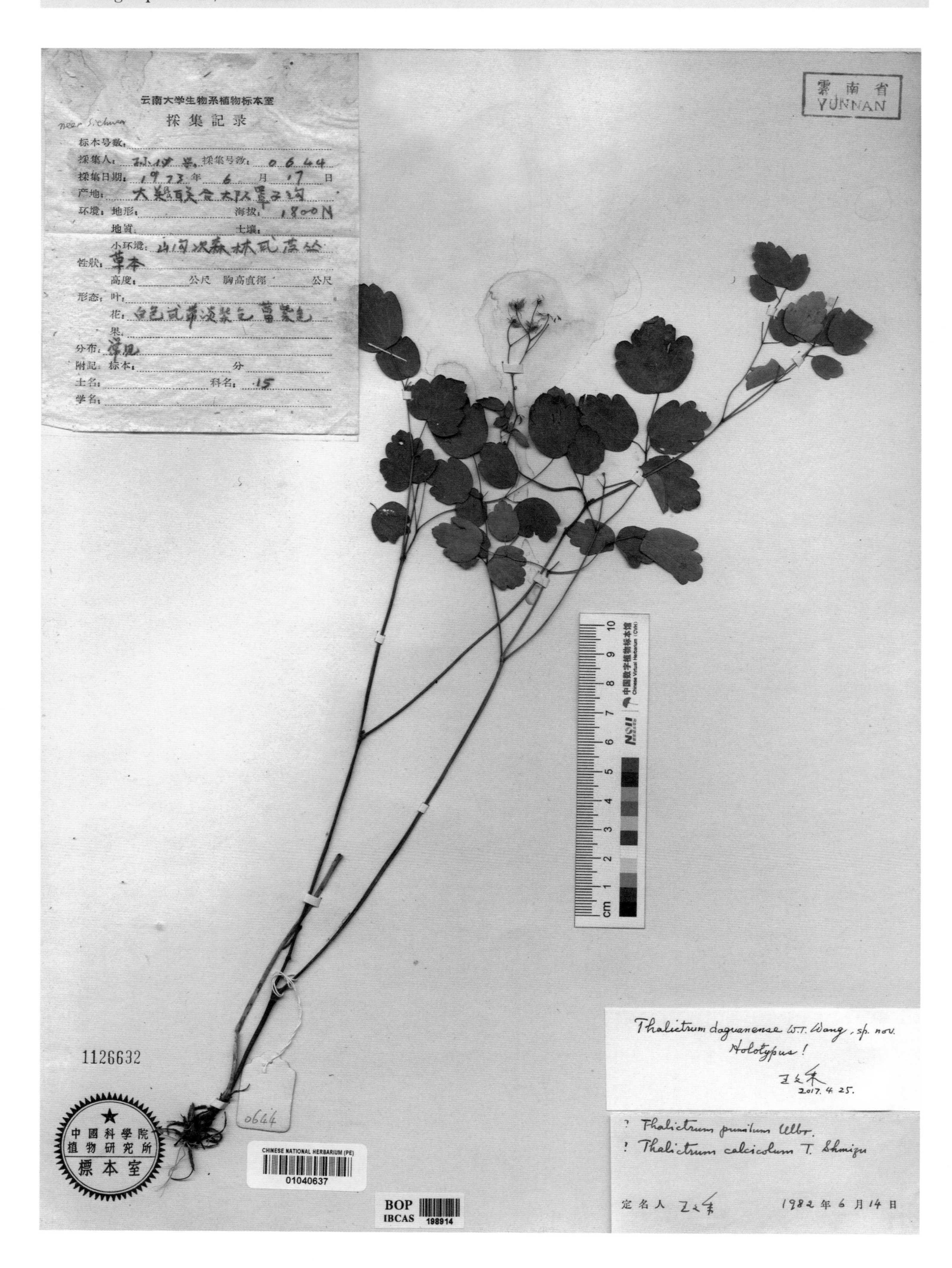

大关唐松草 ***Thalictrum daguanense*** W. T. Wang in Guihaia 37(6): 676, f. 1. 2017. **Holotype:** China. Yunnan: Daguan, alt. 1 800 m, 1973-06-17, B. X. Sun 0644.

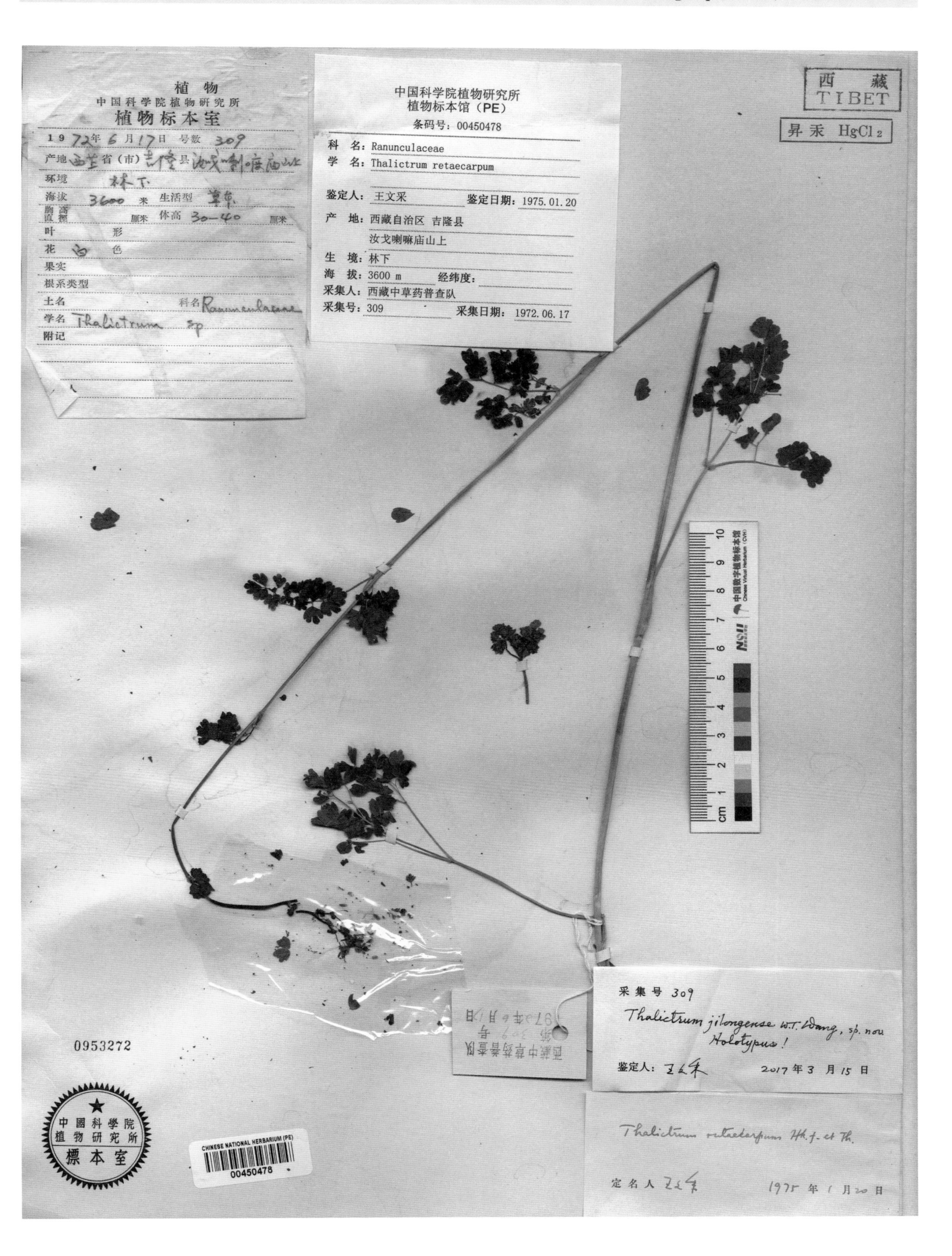

吉隆唐松草 ***Thalictrum jiliongense*** W. T. Wang in Guihaia 37(6): 679, f. 4. 2017. **Holotype:** China. Xizang: Gyirong, alt. 3 600 m, 1972-06-17, Xizang Medic. Pl. Exped. 309.

毛蕊唐松草 ***Thalictrum lasiogynum*** W. T. Wang in Guihaia 37(4): 414, f. 4. 2017. **Holotype:** China. Sichuan: Pingwu, alt. 3 110 m, 2008-07-19, L. M. Lu 2008-337.

宽柱唐松草 ***Thalictrum latistylum*** W. T. Wang in Guihaia 37(6): 676, f. 2. 2017. **Holotype:** China. Gansu: Wen Xian, alt. 2 900 m, 2006-06-27, Baishuijiang Exped. 0454.

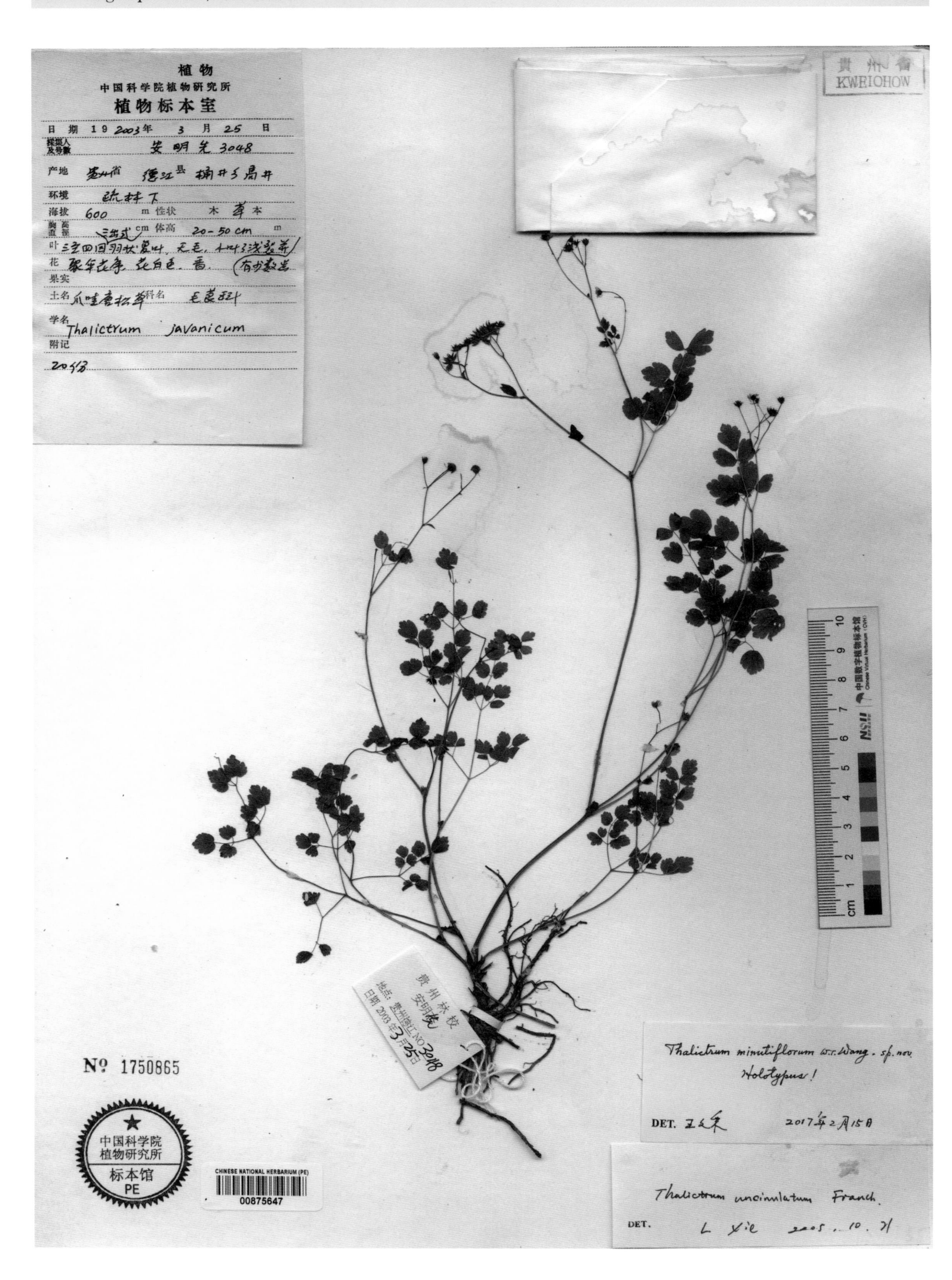

小花唐松草 ***Thalictrum minutiflorum*** W. T. Wang in Guihaia 37(4): 407, f. 1. 2017. **Holotype:** China. Guizhou: Dejiang, alt. 600 m, 2003-03-25, M. X. An 3048.

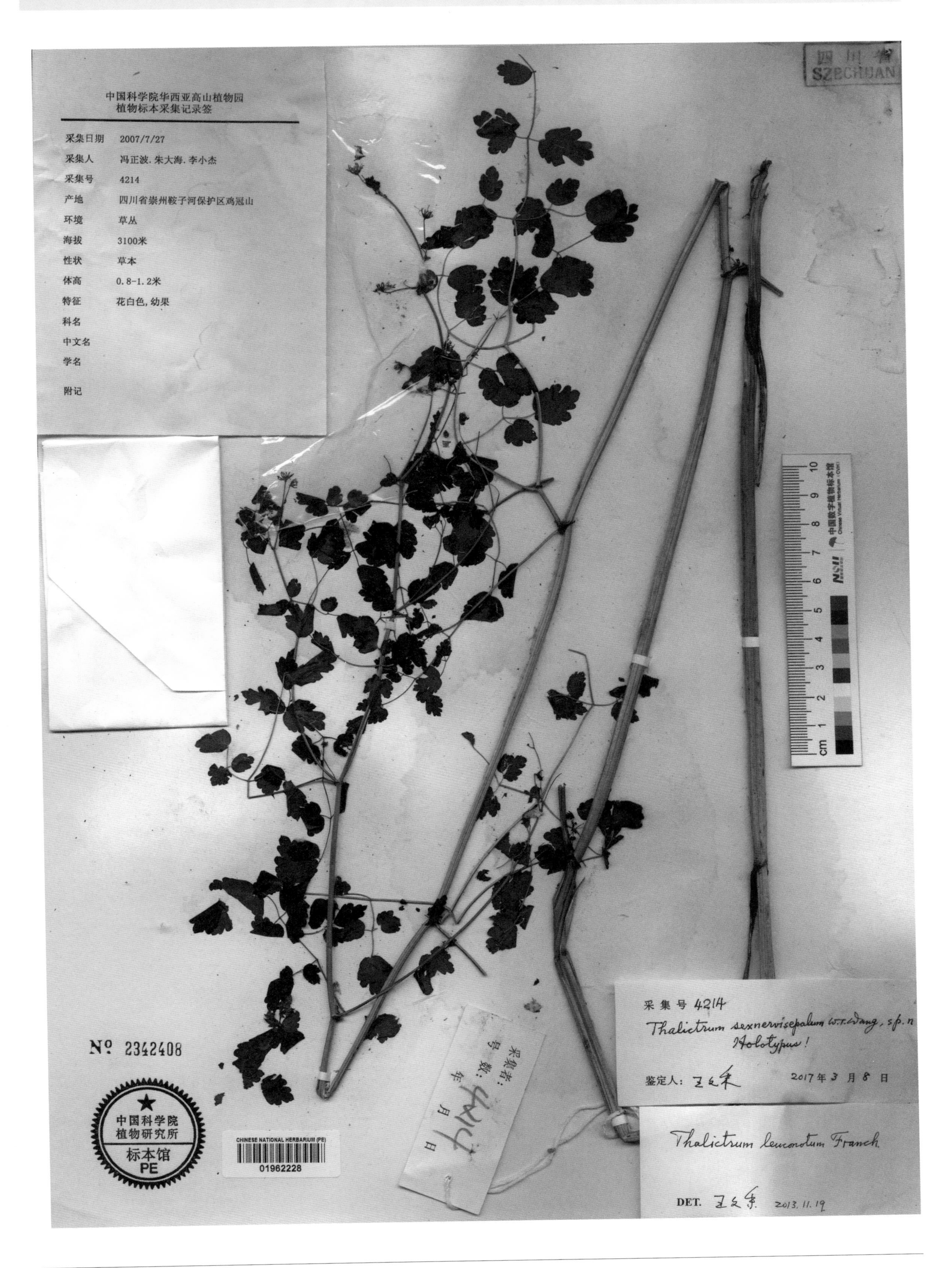

六脉萼唐松草 ***Thalictrum sexnervisepalum*** W. T. Wang in Guihaia 37(6): 679, f. 3. 2017. **Holotype:** China. Sichuan: Chongzhou, alt. 3 100 m, 2007-07-27, Z. B. Feng, D. H. Zhu & X. J. Li 4214.

螺柱唐松草 ***Thalictrum spiristylum*** W. T. Wang in Guihaia 37(6): 682, f. 5. 2017. **Holotype:** China. Yunnan: Ninglang, alt. 3 100 m, 1981-07-10, Y. F. Han & al. 81-1070.

小金唐松草 ***Thalictrum xiaojinense*** W. T. Wang in Guihaia 37(4): 415, f. 5. 2017. **Holotype:** China. Sichuan: Xiaojin, alt. 3 350~3 400 m, 2007-07-28, D. E. Boufford & al. 38515.

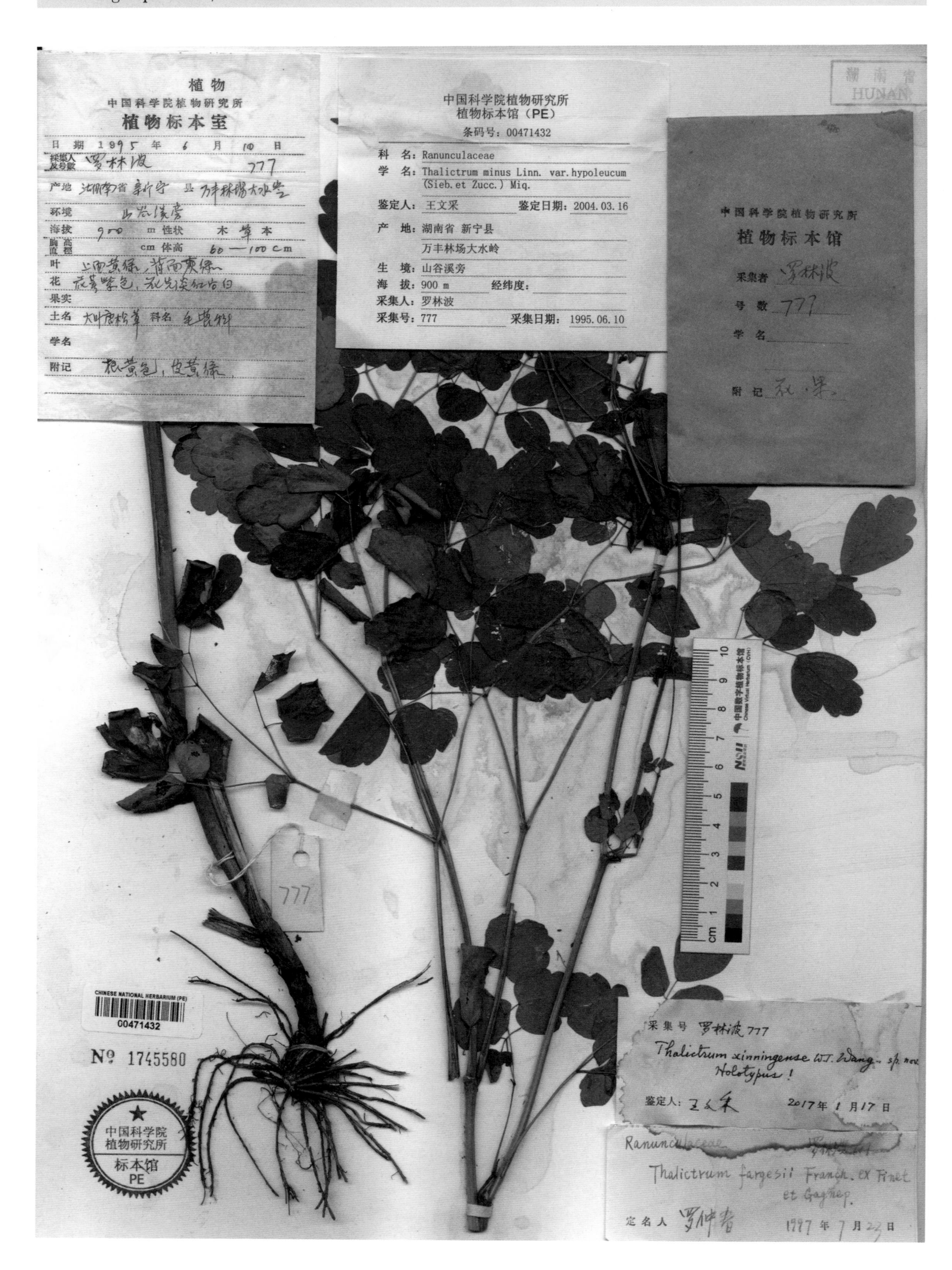

新宁唐松草 ***Thalictrum xinningense*** W. T. Wang in Guihaia 37(4): 408, f. 2. 2017. **Holotype:** China. Hunan: Xinning, alt. 900 m, 1995-06-10, L. B. Luo 777.

札达唐松草 ***Thalictrum zhadaense*** W. T. Wang in Guihaia 37(6): 684, f. 6. 2017. **Holotype:** China.Xizang: Zanda, alt. 3 500 m, 1976-06-30, Qinghai-Xizang Exped. 12911.

Berberidaceae

小檗科

Xiaobo Ke

短穗小檗 ***Berberis brachystachys*** T. S. Ying, Fl. Xizang. 2: 137, f. 38: 15-16. 1985. **Holotype:** China. Xizang: Lhorong, alt. 4 000 m, 1976-07-08, Qinghai-Xizang Exped. 8985.

密穗小檗多花变种 ***Berberis dasystachya*** Maxim. var. ***pluriflora*** P. Y. Li in Acta Phytotax. Sin. 10(3): 213. 1965. **Holotype:** China. Qinghai: Mengyuan, alt. 2 500 m, 1960-06-18, Qinghai-Gansu Exped. 2607.

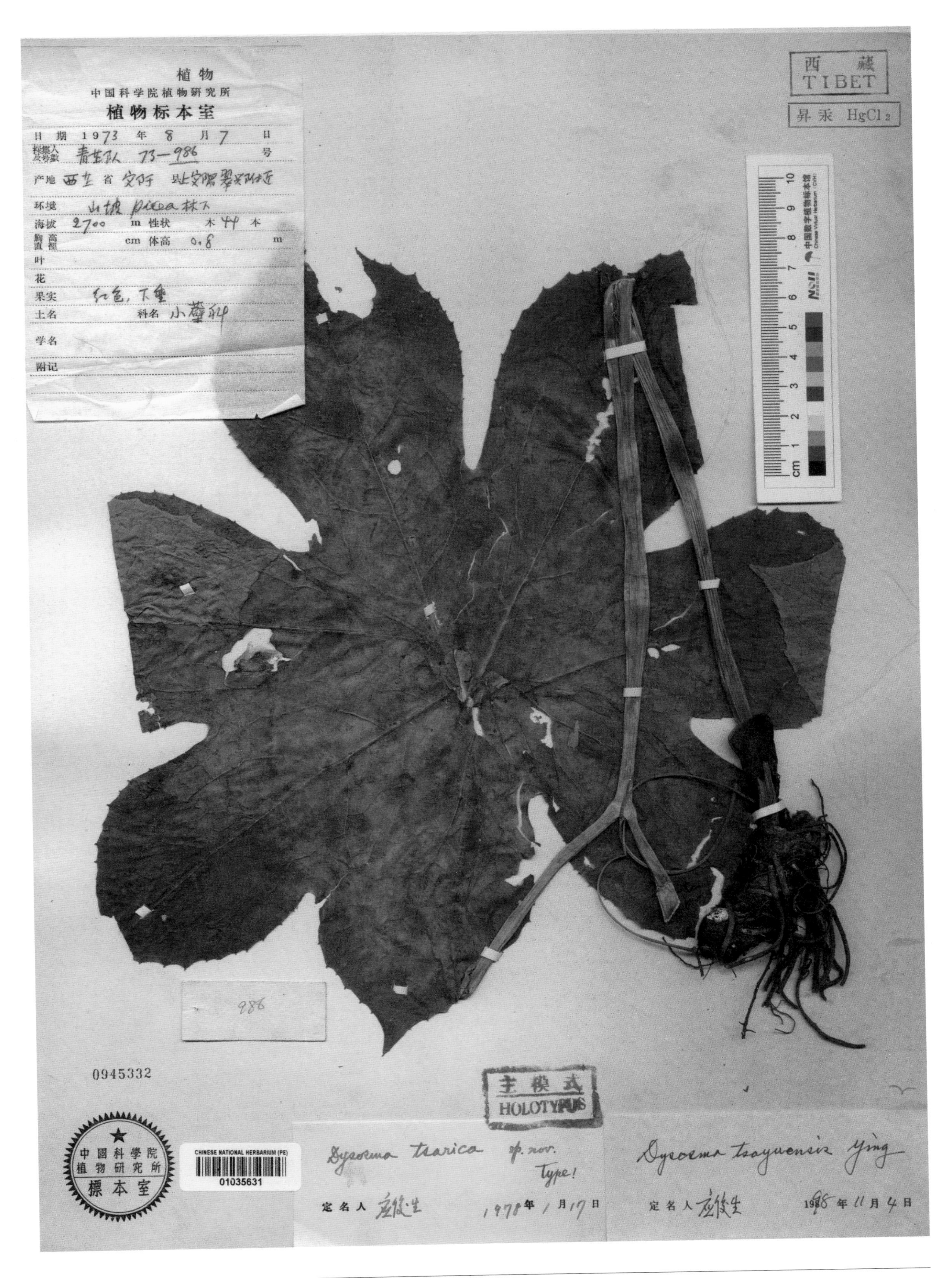

西藏八角莲 ***Dysosma tsayuensis*** T. S. Ying in Acta Phytotax. Sin. 17(1): 20. 1979. **Holotype:** China. Xizang: Zayü, alt. 2 700 m, 1973-08-07, Qinghai-Xizang Exped. 73-986.

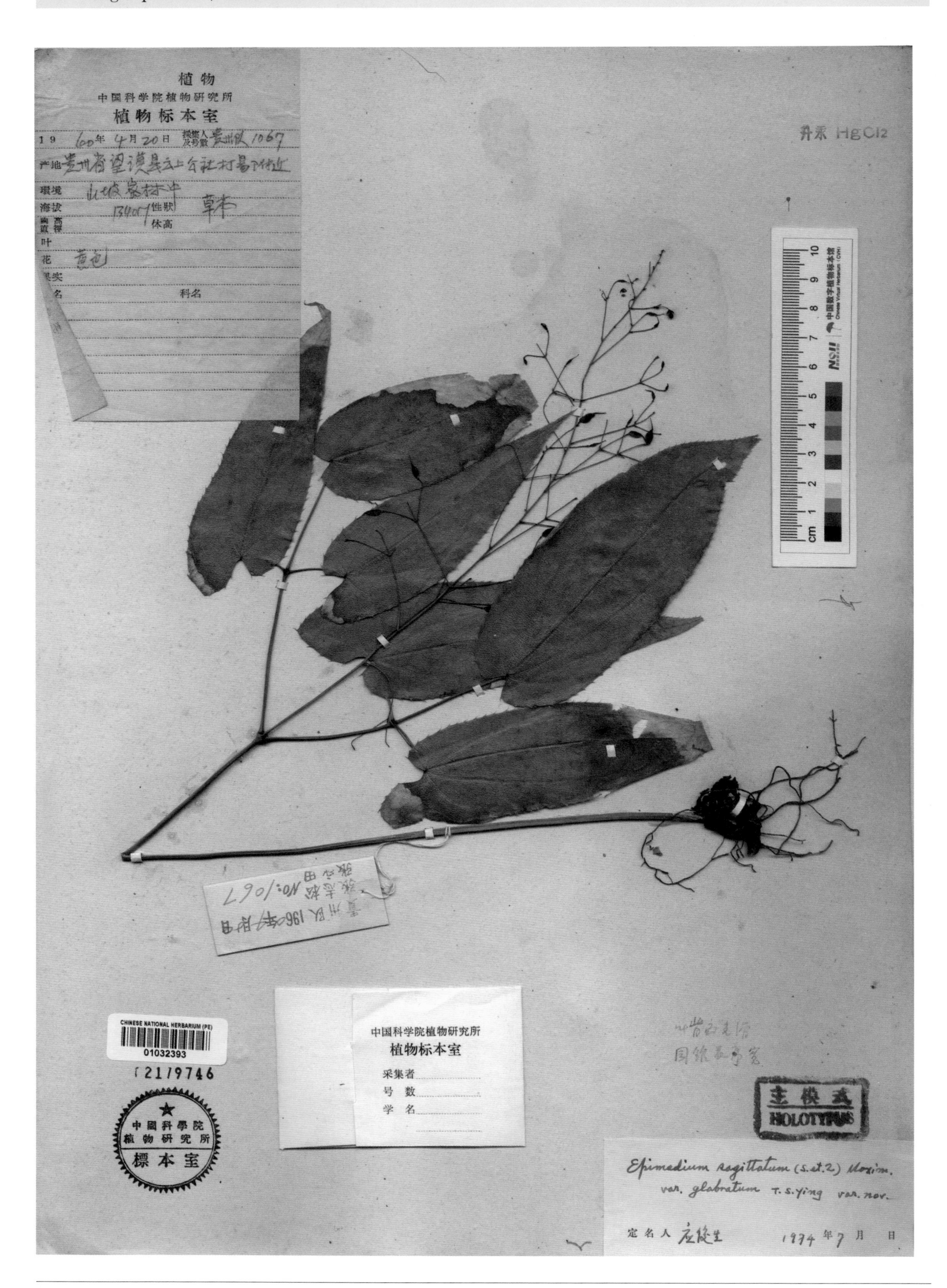

光叶淫羊藿 ***Epimedium sagittatum*** (Sieb. & Zucc.) Maxim. var. ***glabratum*** T. S. Ying in Acta Phytotax. Sin. 13(2): 53. 1975. **Holotype:** China. Guizhou: Wangmo, alt. 1 340 m, 1960-04-20, Guizhou Exped. 1067.

Papaveraceae

罂粟科

Yingsu Ke

多毛皱波黄堇 ***Corydalis crispa*** Prain var. ***setulosa*** C. Y. Wu & H. Chuang, Fl. Xizang. 2: 317. 1985. **Holotype:** China. Xizang: Nyingchi, alt. 3 100 m, 1965-07-30, Y. T. Chang & K. Y. Lang 1175.

高冠曲花紫堇 ***Corydalis curviflora*** Maxim. var. ***altecristata*** C. Y. Wu & H. Chuang in Acta Bot. Yunnan. 6(3): 247. 1984.
Holotype: China. Sichuan. Baoxing, alt. 3 400 m, 1933-07-15, T. T. Yu 2333.

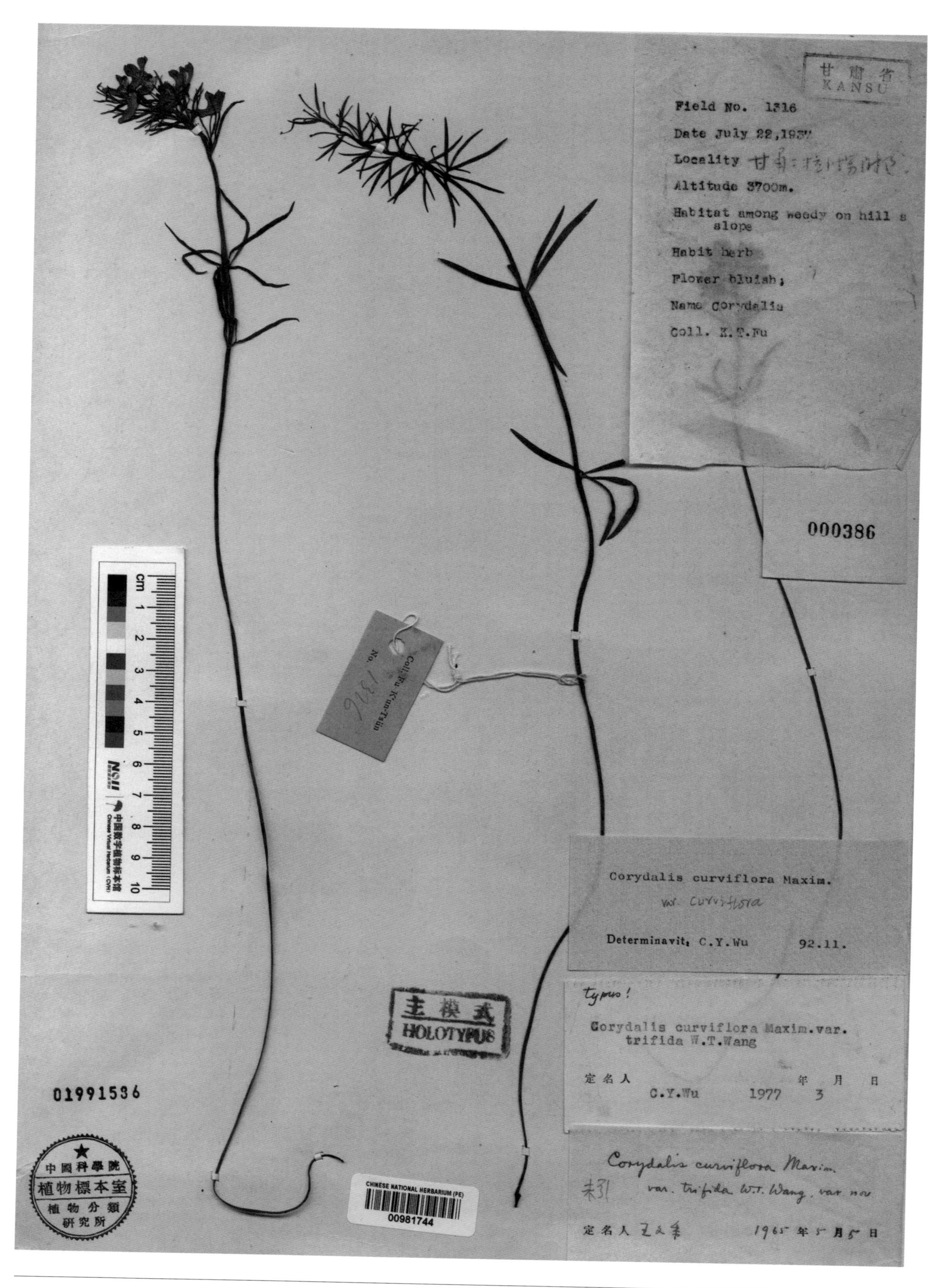

裂苞曲花紫堇 ***Corydalis curviflora*** Maxim. var. ***trifida*** W. T. Wang ex C. Y. Wu & H. Chuang in Acta Bot. Yunnan. 6(3): 248. 1984. **Holotype:** China. Gansu: Xiahe, alt. 3 700 m, 1937-07-22, K. T. Fu 1316.

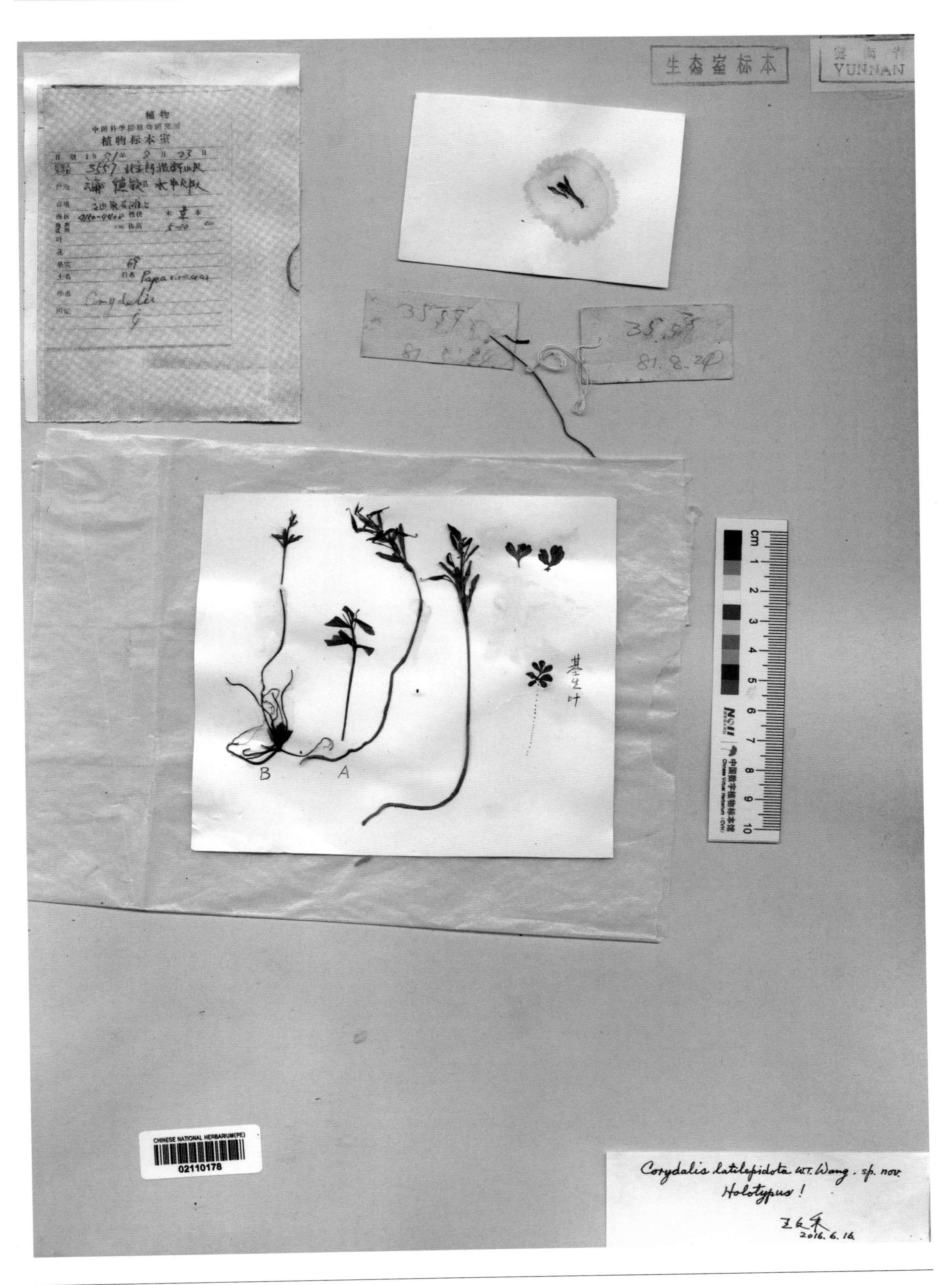

宽鳞紫堇 ***Corydalis latilepidota*** W. T. Wang in Guihaia 37(9): 1083, f. 1. 2017. **Holotype:** China. Yunnan: Dêqên, alt. 4 150~4 400 m, 1981-08-23, Hengduan Mountain Exped. from Inst. of Botany, CAS 3557.

Crassulaceae

景天科

Jingtian Ke

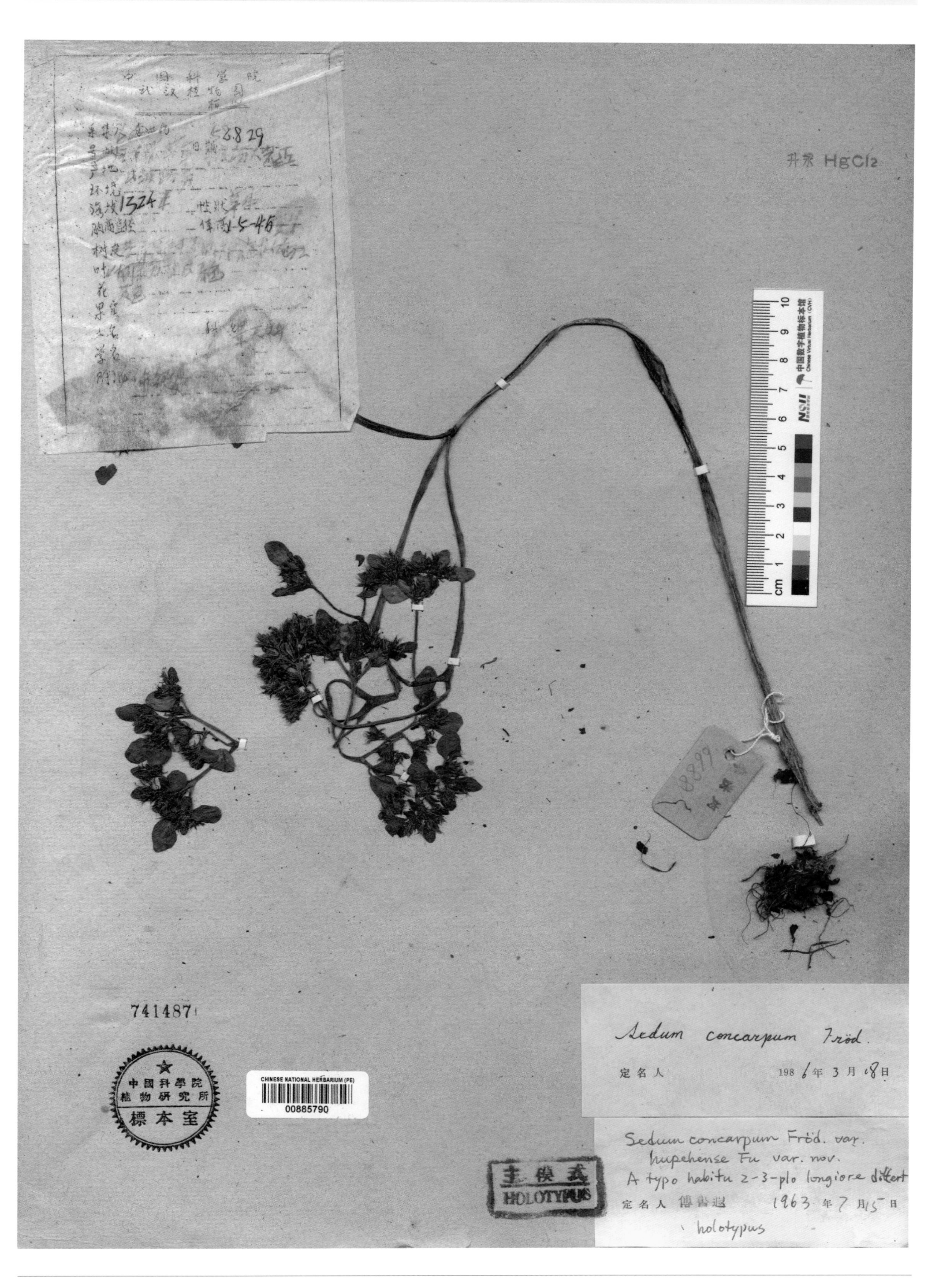

合果景天湖北变种 ***Sedum concarpum*** Fröd.var. ***hupehense*** S. H. Fu in Acta Phytotax. Sin., Additam. 1: 116. 1965.
Holotype: China. Hubei: Hefeng, alt. 1 324 m, 1958-09-29, H. J. Li 6688.

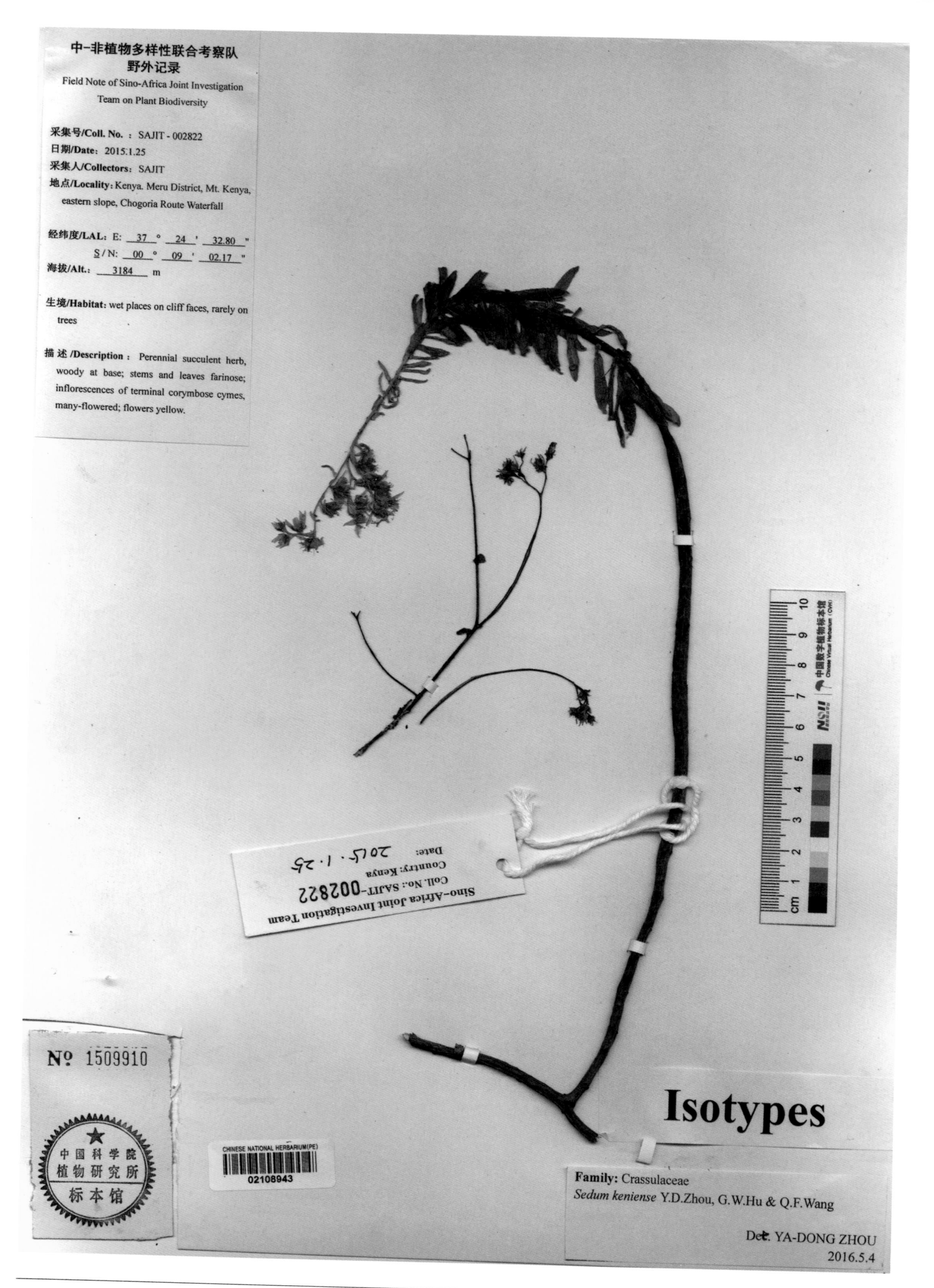

肯尼亚景天 ***Sedum keniense*** Y. D. Zhou, G. W. Hu & Q. F. Wang in Phytotaxa 261(2): 180. 2016. **Isotype:** Kenya. Meru Distirct, Mt. Kenya, alt. 3 184 m, 2015-01-25, SAJIT 002822.

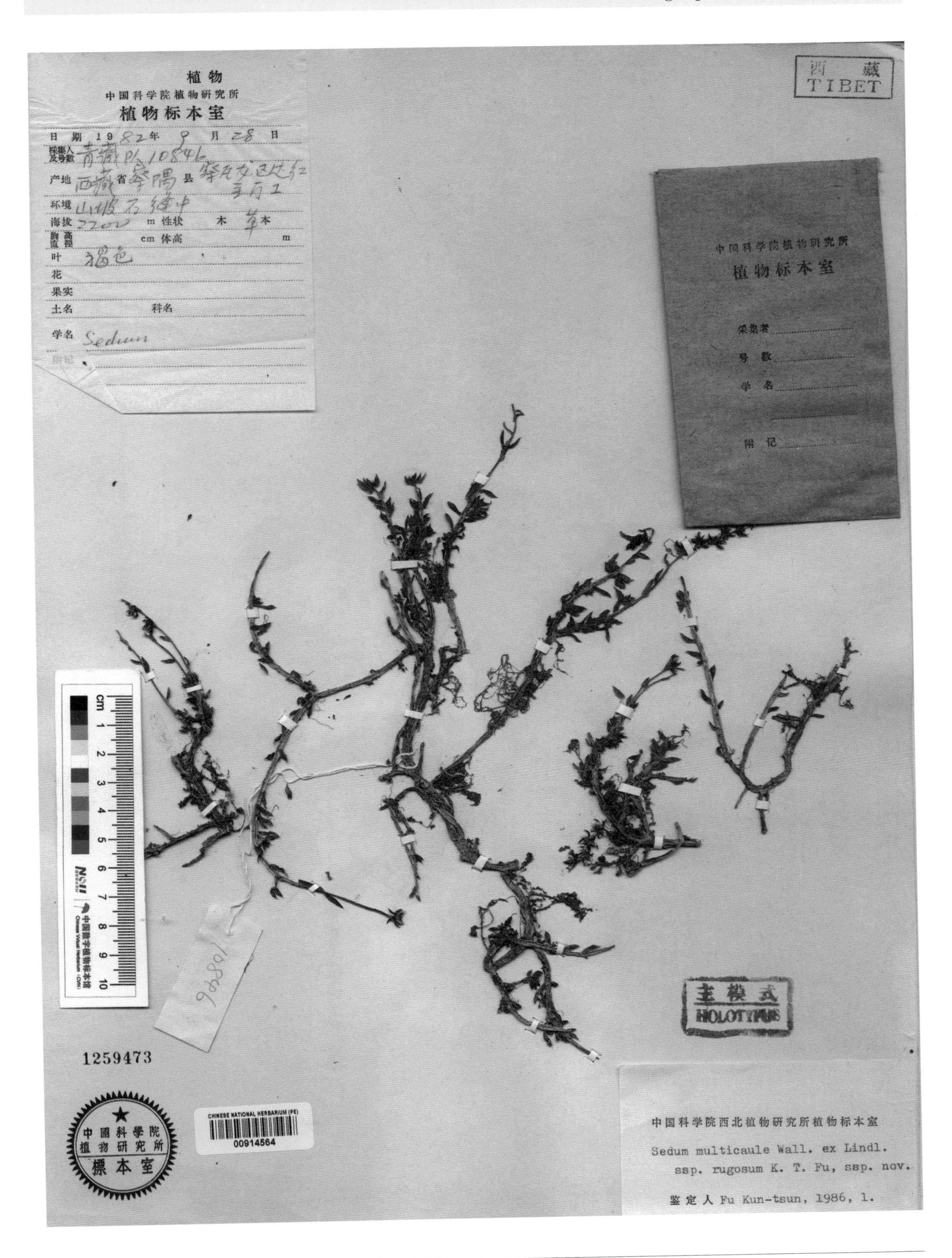

皱茎景天 ***Sedum multicaule*** Lindl. ssp. ***rugosum*** K. T. Fu in Acta Bot. Bor.-Occ. Sin. 6(2): 105, f. 1: 9-17. 1986.
Holotype: China. Xizang: Zayü, Cawarong, alt. 2 200 m, 1982-09-28, Qinghai-Xizang Exped. 10846.

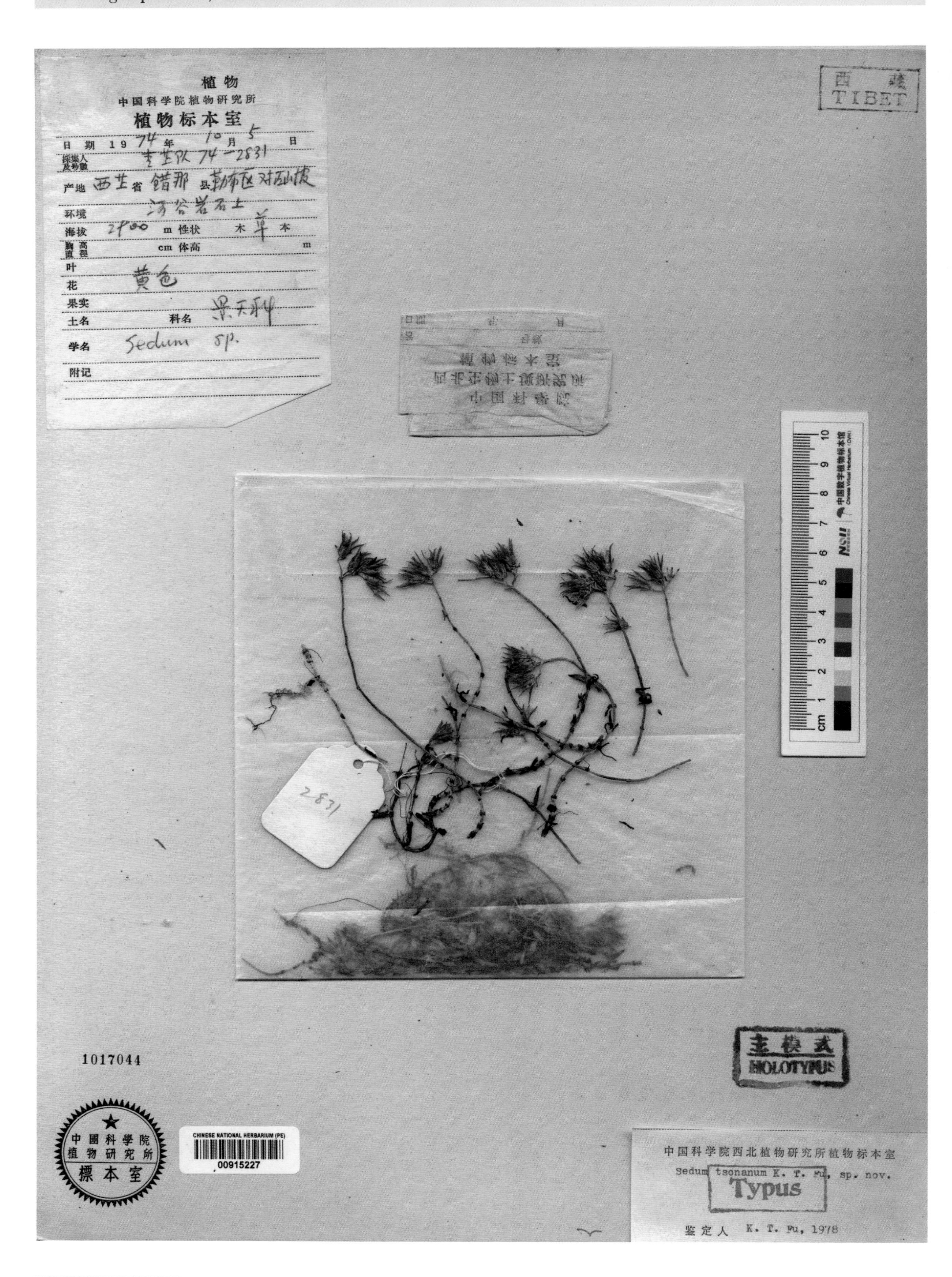

错那景天 ***Sedum tsonanum*** K. T. Fu in Bull. Bot. Lab. N. E. Forest. Inst., Harbin 1980 (6): 41. 1980. **Holotype:** China. Xizang: Cona, alt. 2 900 m, 1974-10-05, Qinghai-Xizang Exped. 2831.

Saxifragaceae

虎耳草科

Huercao Ke

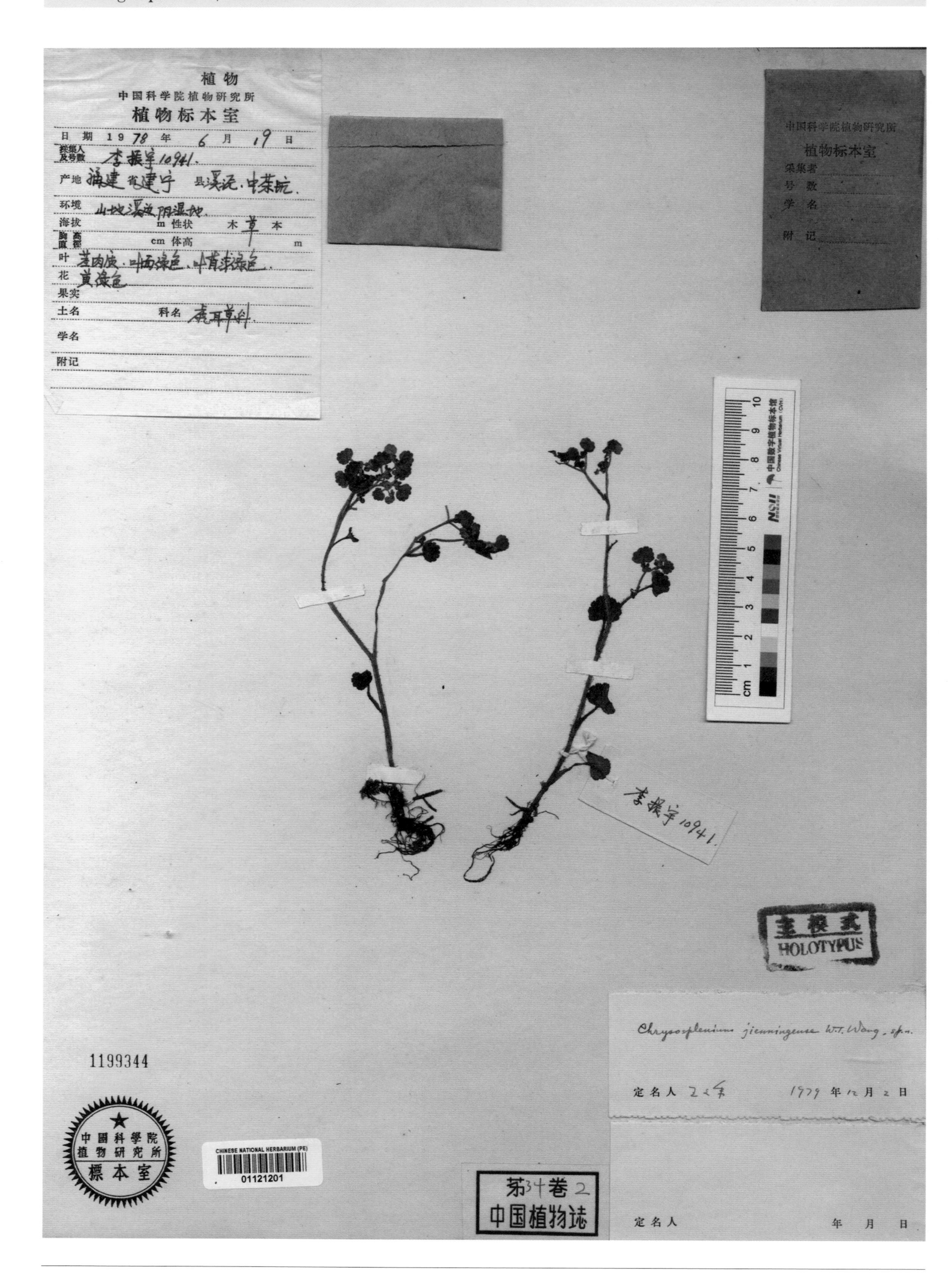

建宁金腰 ***Chrysosplenium jienningense*** W. T. Wang in Bull. Bot. Res., Harbin 2(1-2): 48. 1981. **Holotype:** China. Fujian: Jianning, alt. 700 m, 1978-06-19, Z. Y. Li 10941.

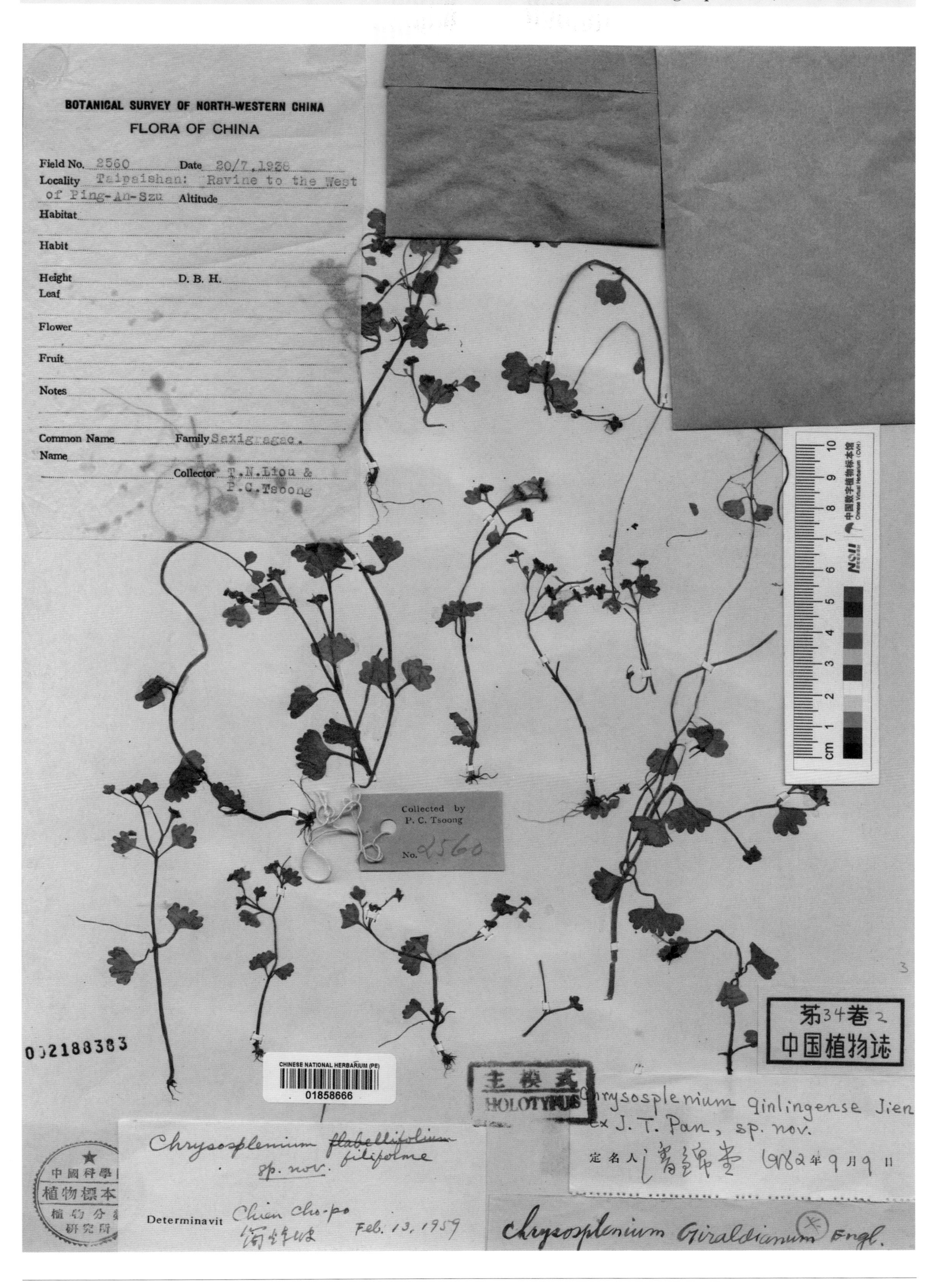

陕甘金腰 ***Chrysosplenium qinlingense*** Z. P. Jien ex J. T. Pan in Acta Phytotax. Sin. 24(3): 208. 1986. **Holotype:** China. Shaanxi: Taibai, Taibaishan, 1938-07-20, T. N. Liou & P. C. Tsoong 2560.

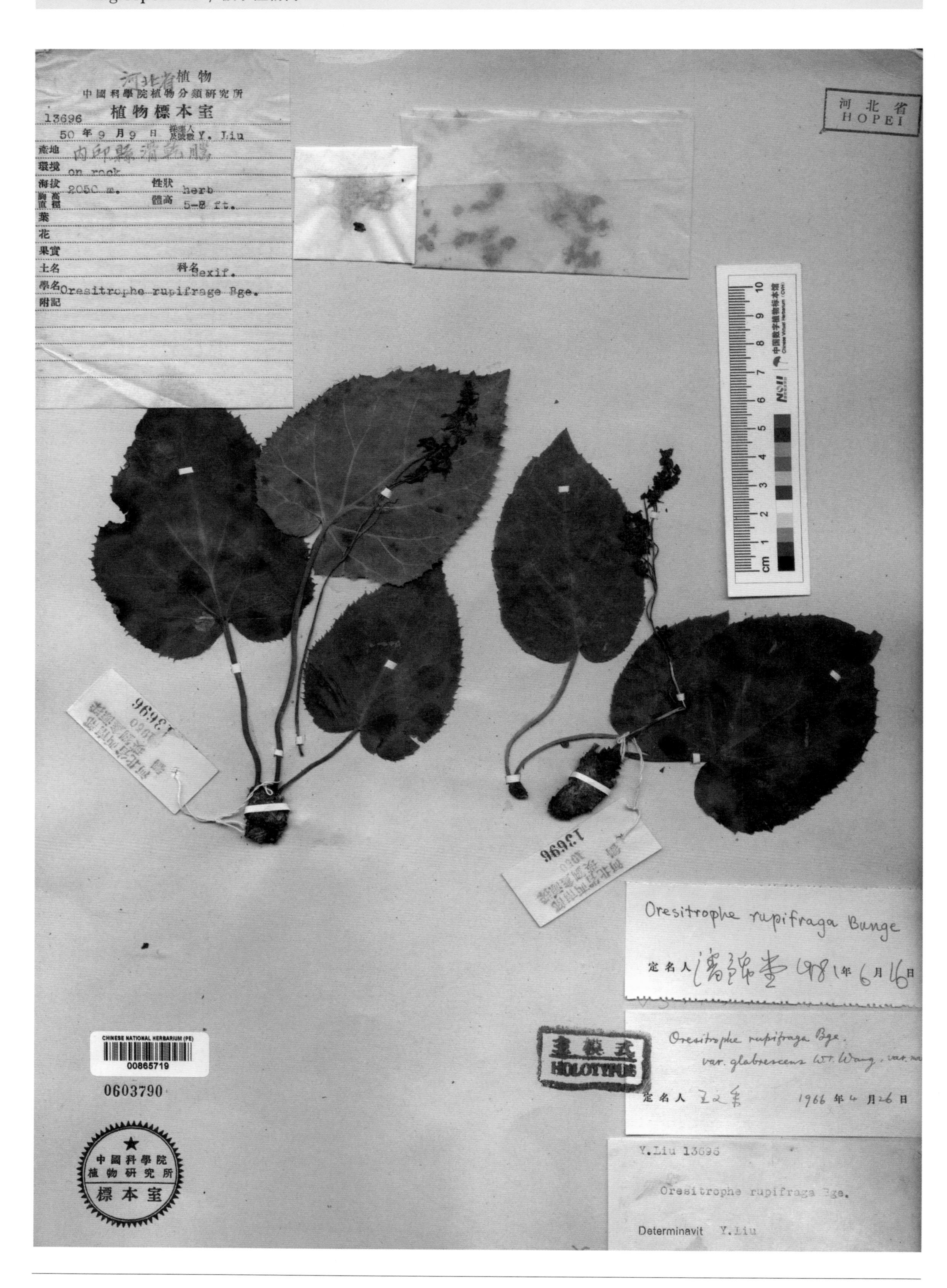

无毛独根草 ***Oresitrophe rupifraga*** Bunge var. ***glabrescens*** W. T. Wang in Bull. Bot. Res., Harbin 2(1-2): 45. 1981.
Holotype: China. Hebei: Neiqiu, alt. 2 050 m, 1950-09-09, Y. Liu 13696.

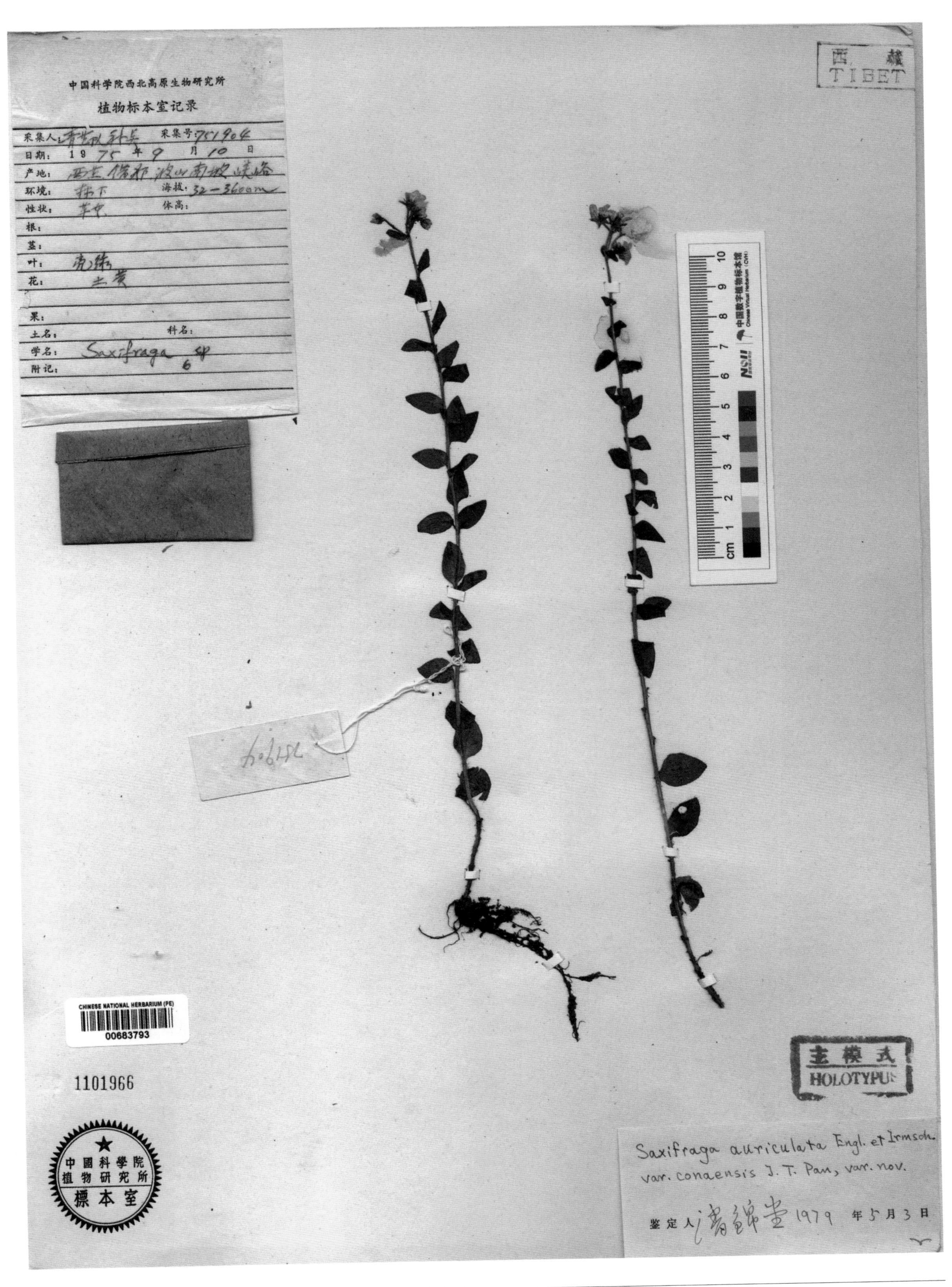

错那虎耳草 ***Saxifraga auriculata*** Engl. & Irmsch. var. ***conaensis*** J. T. Pan, Fl. Xizang. 2: 471, f. 156: 14-18. 1985.
Holotype: China. Xizang: Cona, alt. 3 200~3 600 m, 1975-09-10, Qinghai-Xizang Exped. 75-1904.

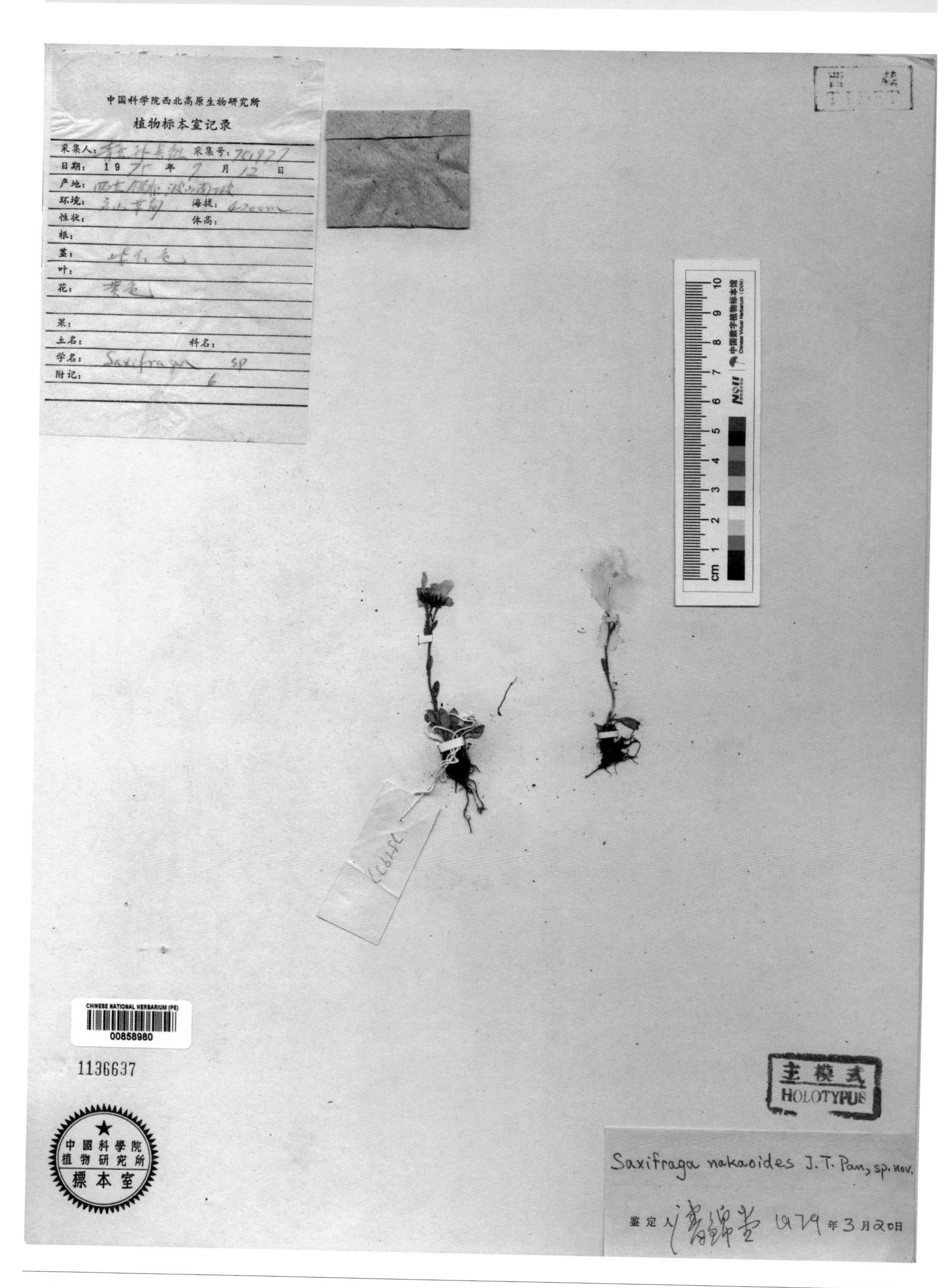

平脉腺虎耳草 ***Saxifraga nakaoides*** J. T. Pan, Fl. Xizang. 2: 485, f. 160: 1-7. 1985. **Holotype:** China. Xizang: Cona, alt. 4 200 m, 1975-07-12, Qinghai-Xizang Exped. 75-1977.

疏叶虎耳草 ***Saxifraga substrigosa*** J. T. Pan, Fl. Xizang. 2: 463, f. 153: 12-17. 1985. **Holotype:** China. Xizang: Mainling, alt. 3 150 m, 1974-09-21, Qinghai-Xizang Exped. 5329.

Rosaceae

蔷薇科

Qiangwei Ke

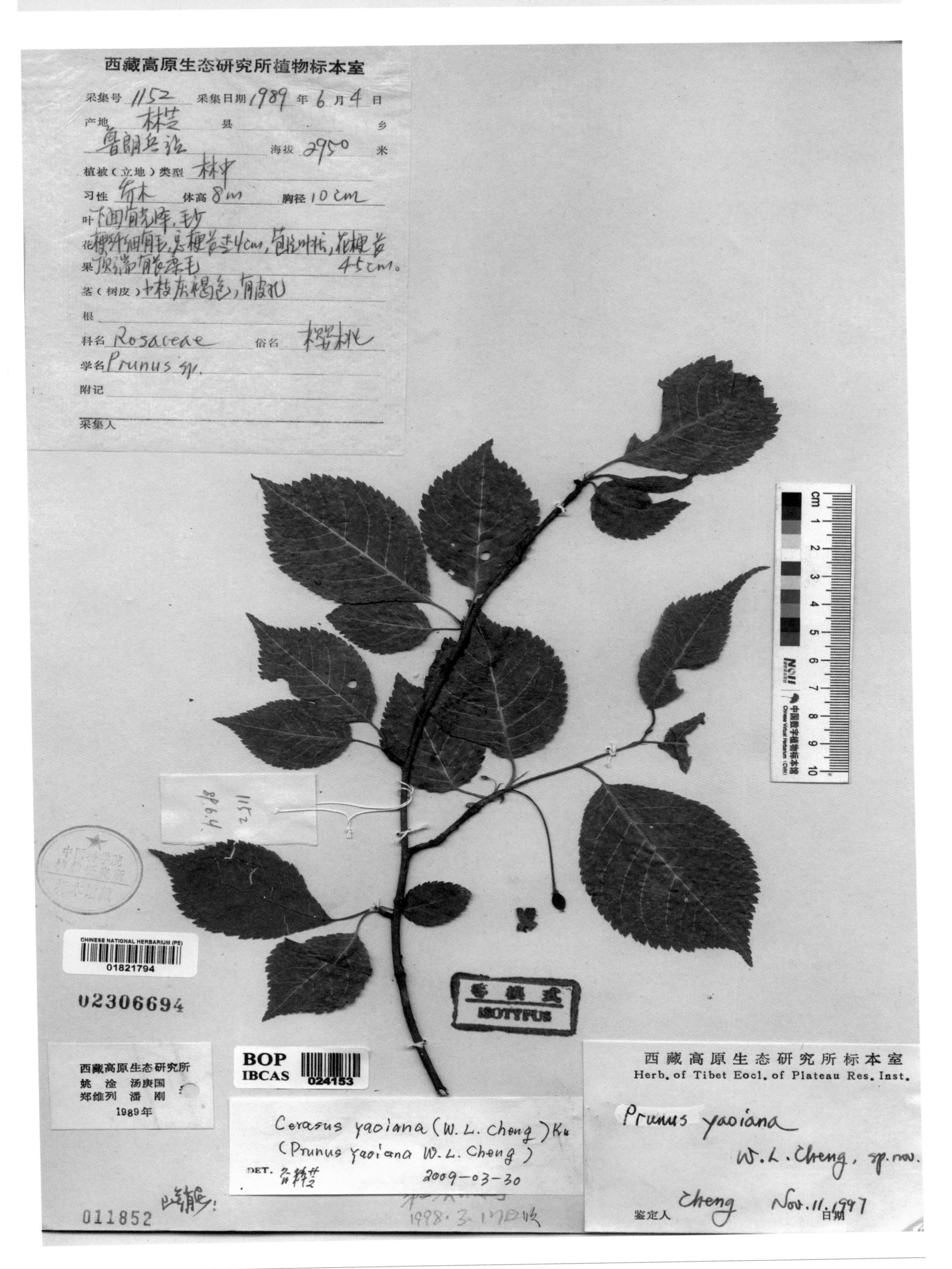

姚氏樱桃 ***Cerasus yaoiana*** W. L. Cheng in Acta Phytotax. Sin. 38(2): 195, f. 1. 2000. **Isotype:** China. Xizang: Nyingchi, alt. 2 950 m, 1989-06-04, G. Yao & al. 1152.

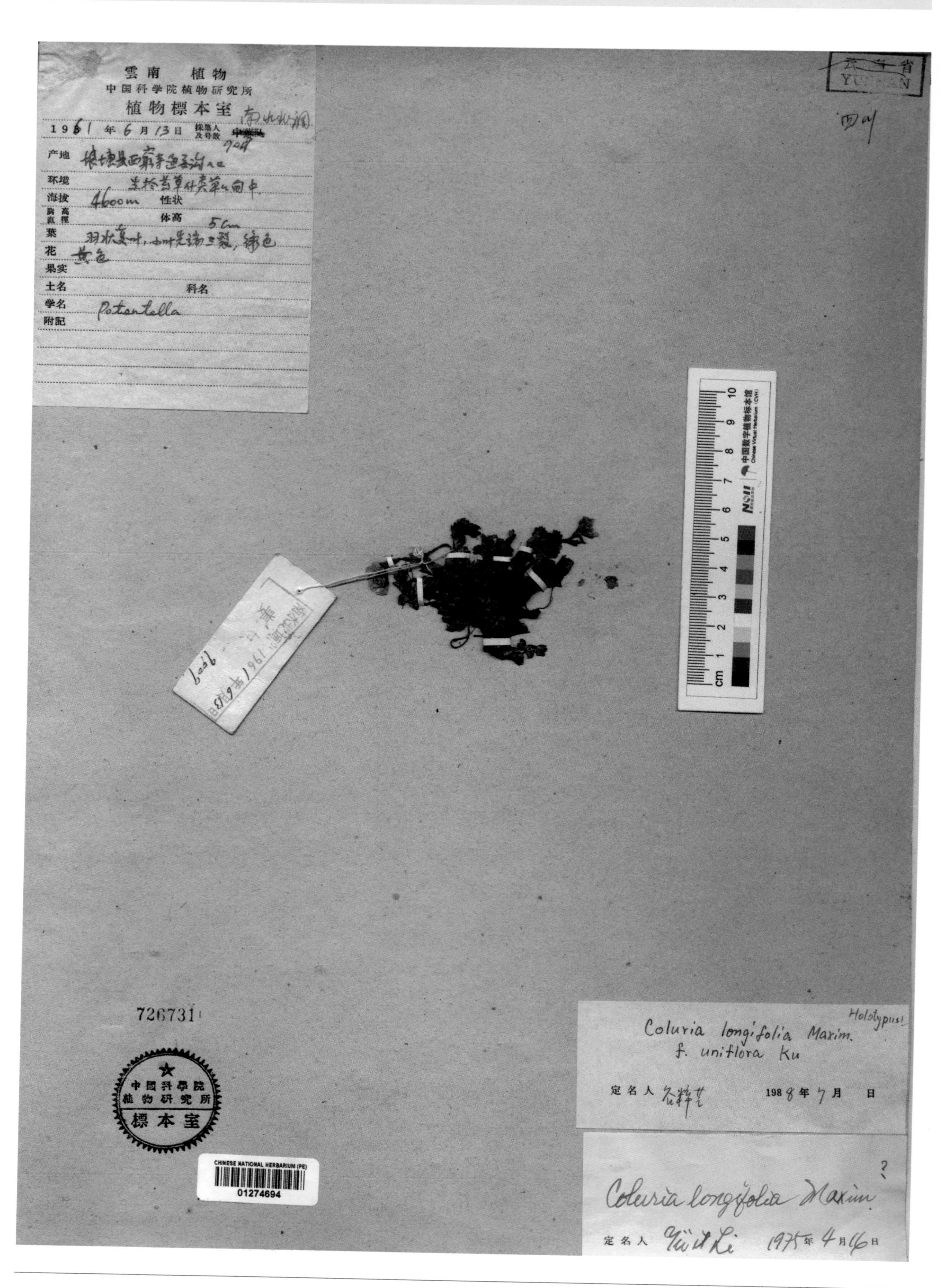

单花无尾果 ***Coluria longifolia*** Maxim. f. ***uniflora*** T. C. Ku in Bull. Bot. Res., Harbin 10(3): 22.1990. **Holotype:** Sichuan: Zamtang, alt. 4 600 m, 1961-06-13, S. Jiang & al. 9009.

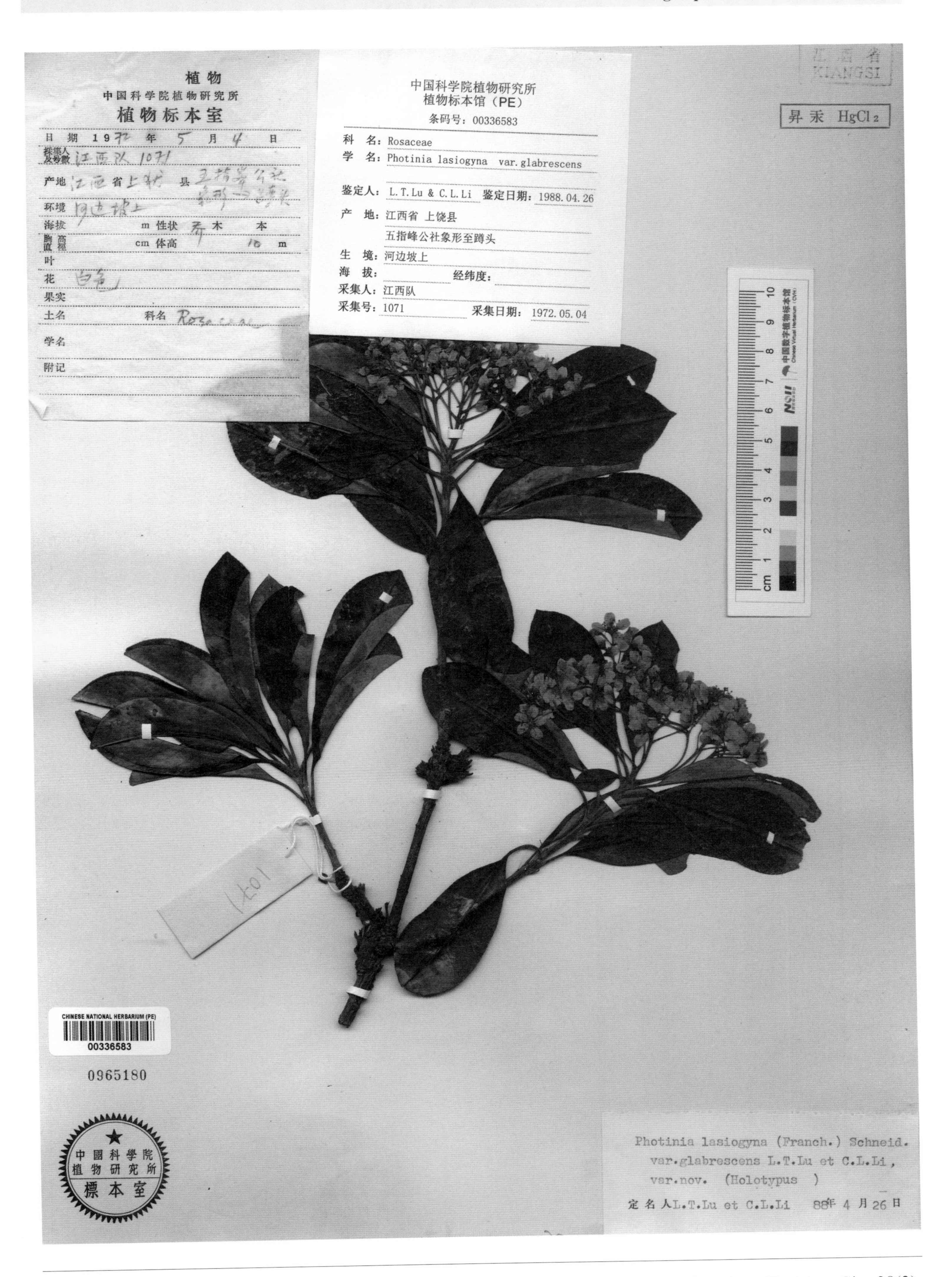

脱毛石楠 ***Photinia lasiogyna*** (Franch.) Schneid. var. ***glabrescens*** L. T. Lu & C. L. Li in Acta Phytotax. Sin. 38(3): 278. 2000. **Holotype:** China. Jiangxi: Shangyou, 1972-05-04, Jiangxi Exped. 1071.

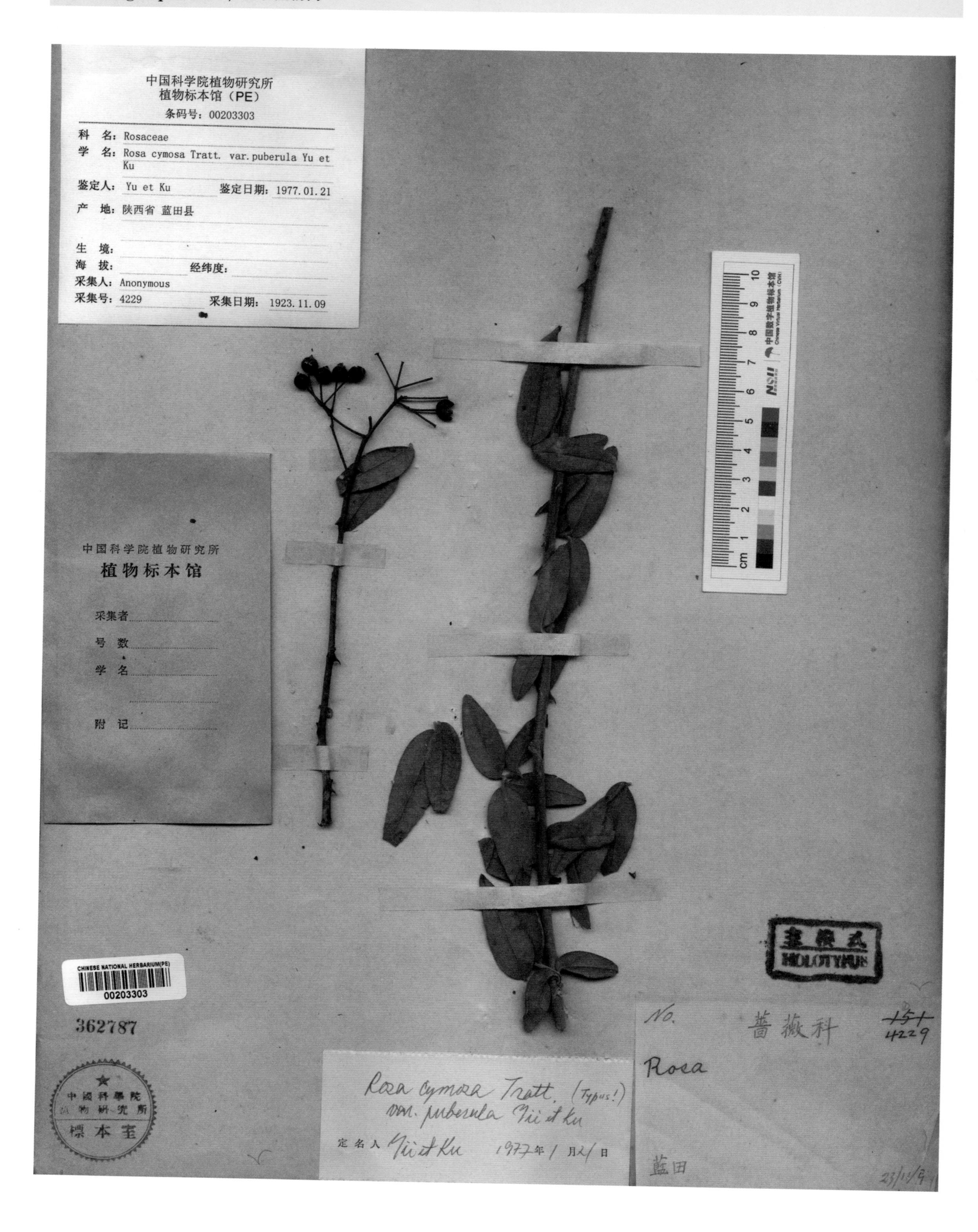

毛叶山木香 ***Rosa cymosa*** Tratt. var. ***puberula*** Yu & T. C. Ku in Bull. Bot. Res., Harbin 1(4): 17. 1981. **Holotype:** China. Shaanxi: Lantian, 1923-11-09, P. C. Tsoong 4229.

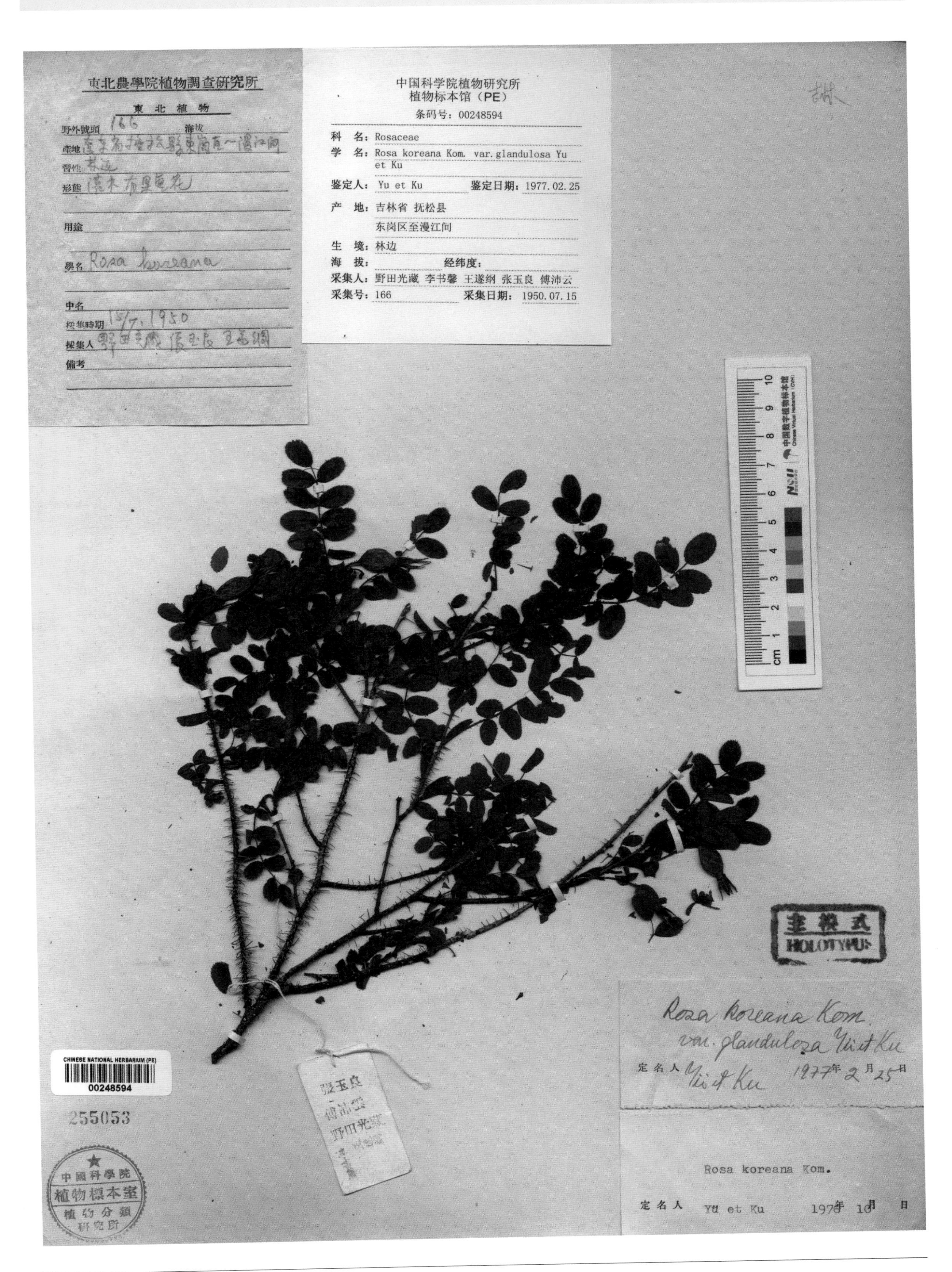

腺叶长白蔷薇 ***Rosa koreana*** Kom. var. ***glandulosa*** Yu & T. C. Ku in Bull. Bot. Res., Harbin 1(4): 6. 1981. **Holotype:** China. Jilin: Fusong, 1950-07-15, Y. L. Zhang & al. 166.

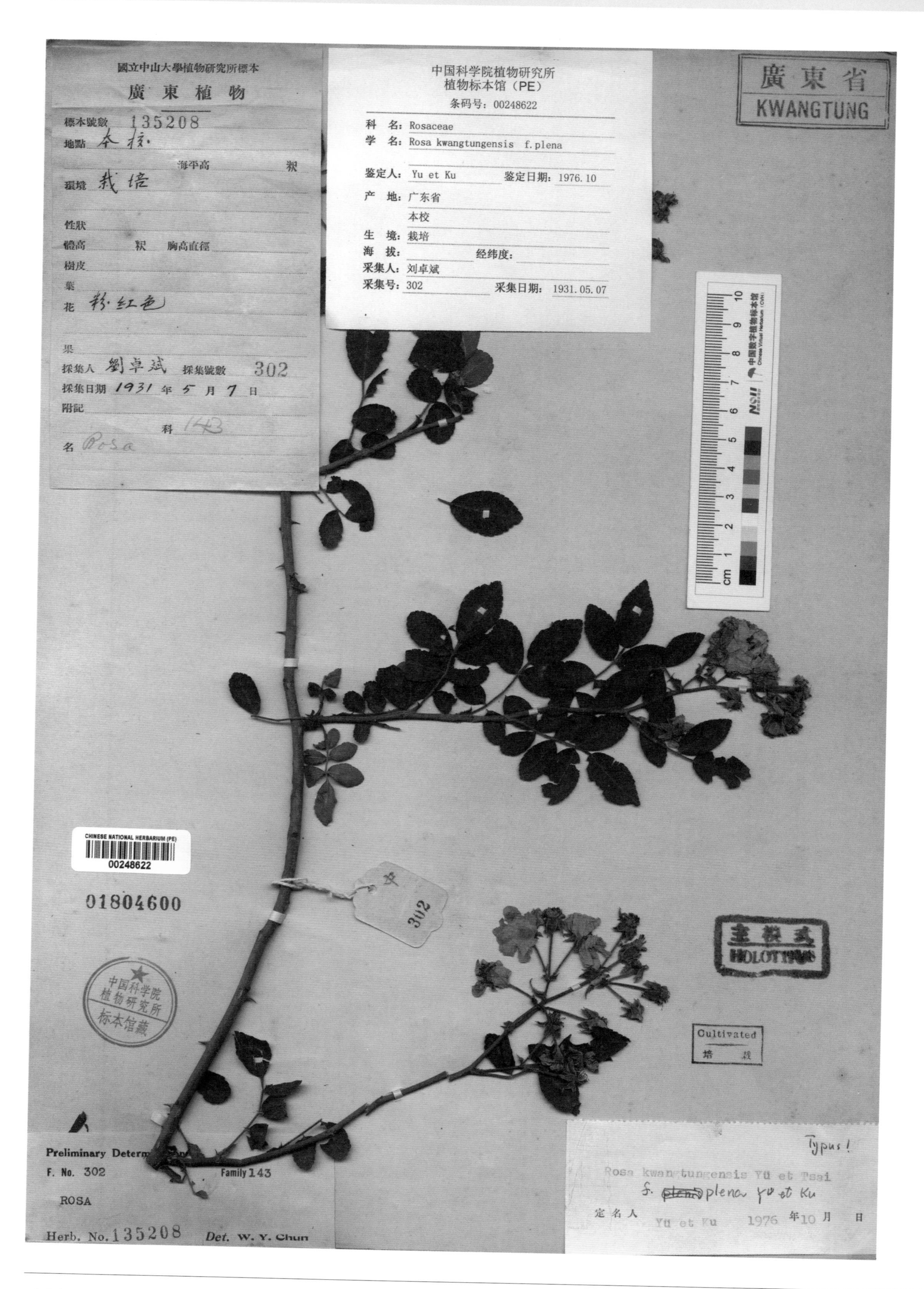

重瓣广东蔷薇 ***Rosa kwangtungensis*** Yu & Tsai f. ***plena*** Yu & T. C. Ku in Bull. Bot. Res., Harbin 1(4): 13. 1981.
Holotype: China. Guangdong: Guangzhou, 1931-05-07, Z. B. Liu 302.

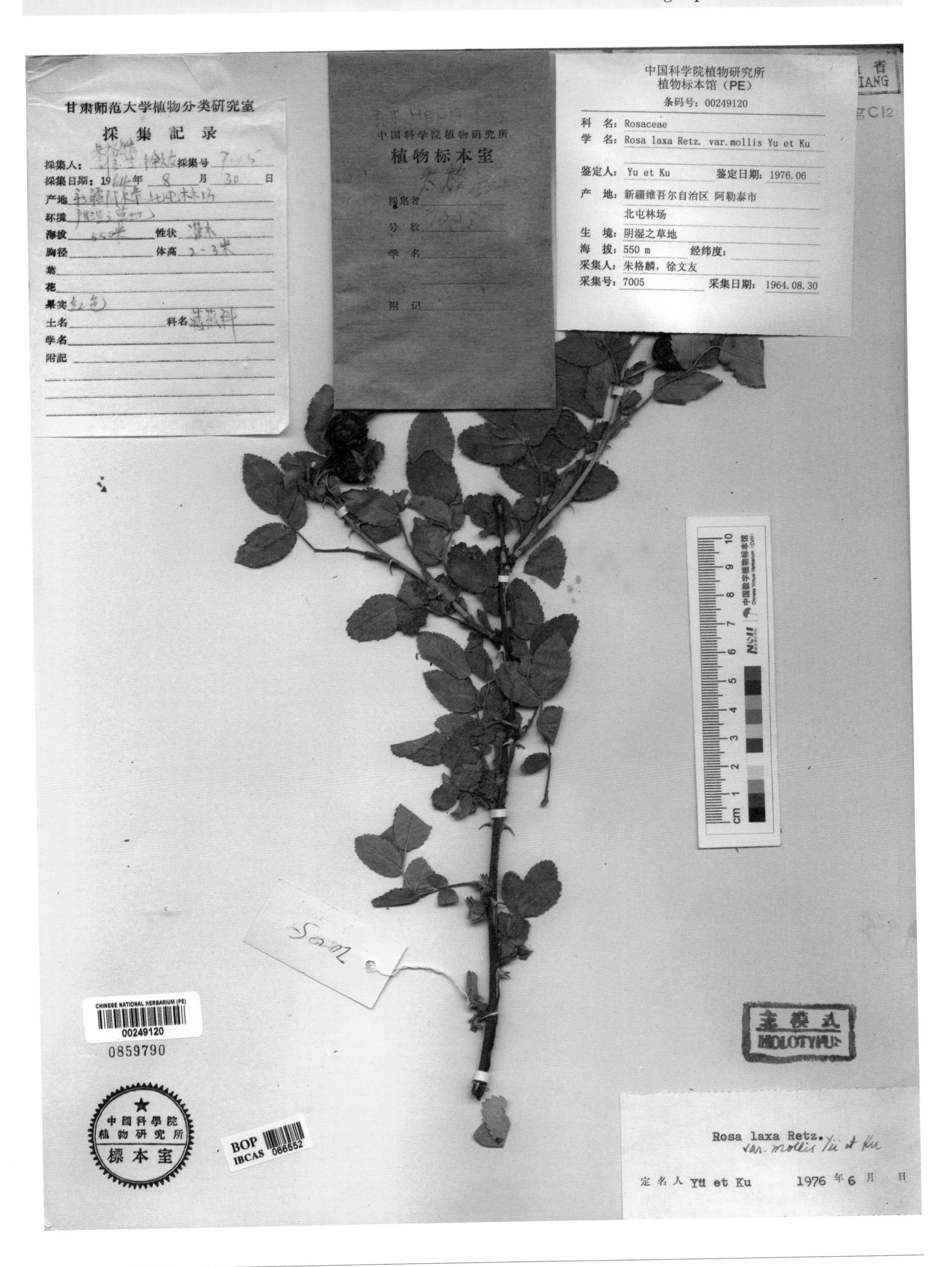

毛叶疏花蔷薇 ***Rosa laxa*** Retz. var. ***mollis*** Yü & T. C. Ku in Bull. Bot. Res., Harbin 1(4): 9. 1981. **Holotype:** China. Xinjiang: Altay, alt. 550 m, 1964-08-30, G. L. Chu, Y. L. Liu & W. Y. Xu 7005.

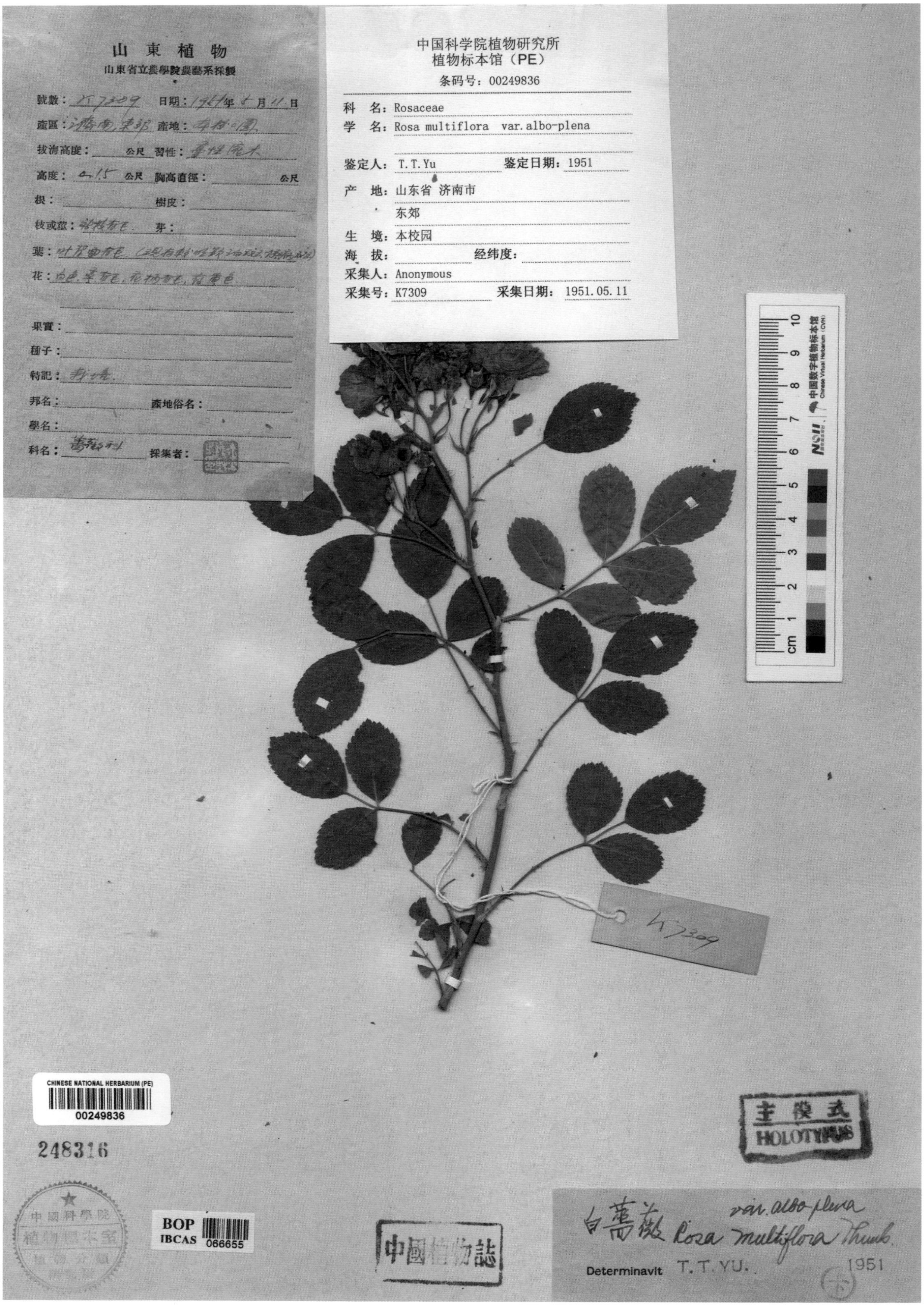

白玉堂 ***Rosa multiflora*** Thunb. var. ***albo-plena*** Yü & T. C. Ku in Bull. Bot. Res., Harbin 1(4): 12. 1981. **Holotype:** China. Shandong: Jinan, 1951-05-11, Anonymous K7309.

腺果大红蔷薇 ***Rosa saturata*** Baker var. ***glandulosa*** Yu & T. C. Ku in Bull. Bot. Res., Harbin 1(4): 9. 1981. **Holotype:** China. Sichuan: Baoxing, 1954-??-??, T. P. Soong 39025.

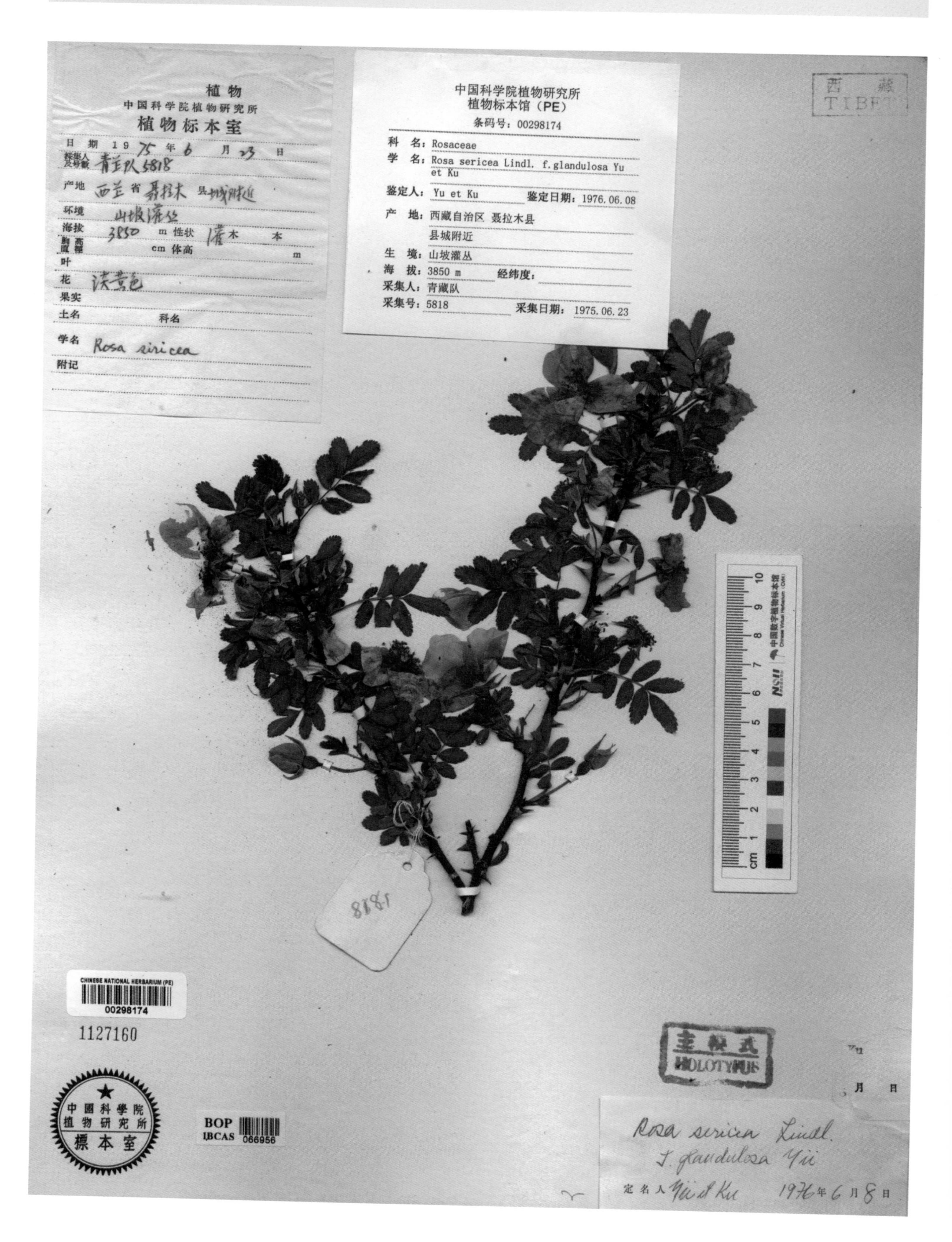

腺叶绢毛蔷薇 ***Rosa sericea*** Lindl. f. ***glandulosa*** Yu & T. C. Ku in Acta Phytotax. Sin. 18(4): 503. 1980. **Holotype:** China. Xizang: Nyalam, alt. 3 850 m, 1975-06-23, Qinghai-Xizang Exped. 5818.

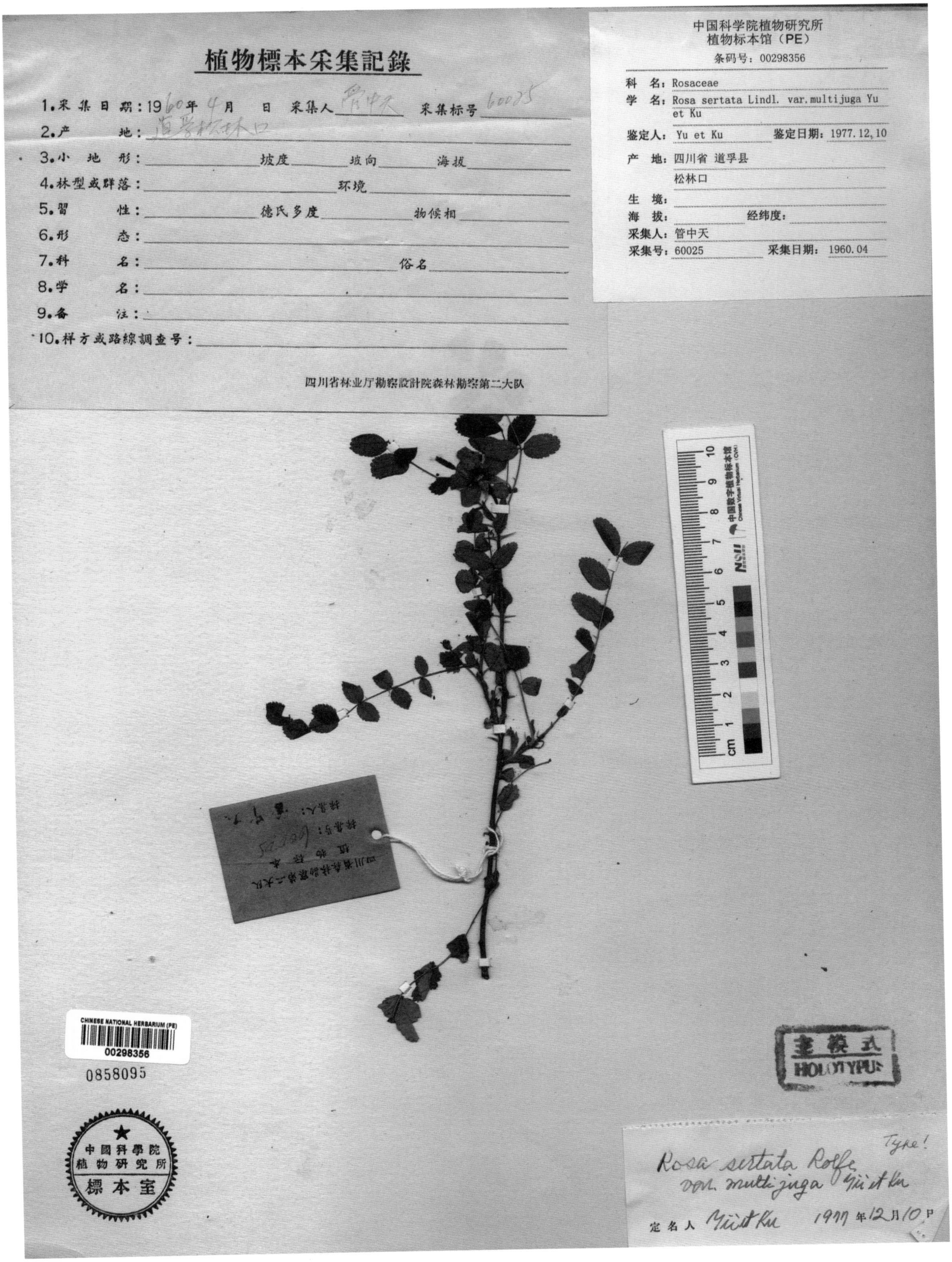

植物標本采集記錄

1.采集日期：1960年4月 日 采集人 管中天 采集标号 60025
2.产 地：道孚松林口
3.小 地 形： 坡度 坡向 海拔
4.林型或群落： 环境
5.習 性： 德氏多度 物候相
6.形 态：
7.科 名： 俗名
8.学 名：
9.备 注：
10.样方或路線調查号：

四川省林业厅勘察設計院森林勘察第二大队

中国科学院植物研究所
植物标本馆（PE）
条码号：00298356

科 名：Rosaceae
学 名：Rosa sertata Lindl. var. multijuga Yu et Ku
鉴定人：Yu et Ku 鉴定日期：1977.12.10
产 地：四川省 道孚县 松林口
生 境：
海 拔： 经纬度：
采集人：管中天
采集号：60025 采集日期：1960.04

CHINESE NATIONAL HERBARIUM (PE)
00298356
0858095

中國科學院植物研究所標本室

主模式 HOLOTYPE

Rosa sertata Rolfe var. multijuga Yü et Ku Type!
定名人 Yü et Ku 1977年12月10日

多对钝叶蔷薇 ***Rosa sertata*** Rolfe var. ***multijuga*** Yu & T. C. Ku in Bull. Bot. Res., Harbin 1(4): 12. 1981. **Holotype:** China. Sichuan: Dawu, 1960-04-??, C. T. Kuan 60025.

脱毛冠萼花楸 ***Sorbus coronata*** (Card.) Yu & Tsai var. ***glabrescens*** Yu & T. C. Ku in Acta Phytotax. Sin. 18(4): 494. 1980. **Holotype:** China. Xizang: Mêdog, alt. 2 800 m, 1974-08-03, Qinghai-Xizang Exped. 74-4016.

Leguminosae（Fabaceae）

豆科

Dou Ke

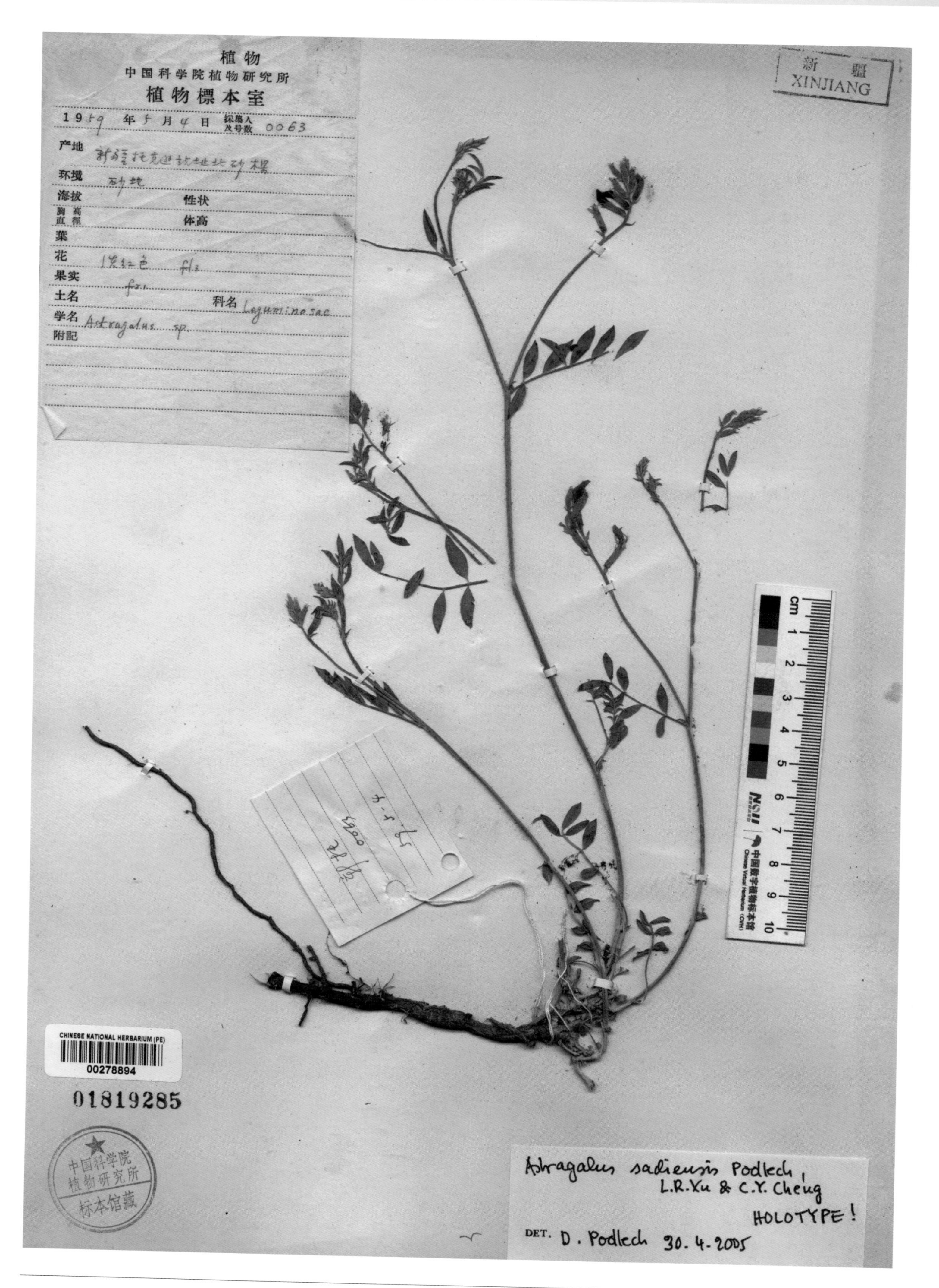

沙地紫云英 ***Astragalus sadiensis*** Podlech, L. R. Xu & C. Y. Cheng in Novon 17(2): 240. 2007. **Holotype:** China. Xinjiang: Taokexum, 1959-05-04, Xin-Tuo 0063.

加蓬豆 ***Bikinia media*** Wieringa in Wageningen Agr. Univ. Pap. 99(4): 230. 1999. **Isotype:** Gabon. Ogooué-Lolo, alt. 280 m, 1994-11-15, J. J. Wieringa, F. I. van Nek, J. P. Hedin & J.-M. Moussavou 3180.

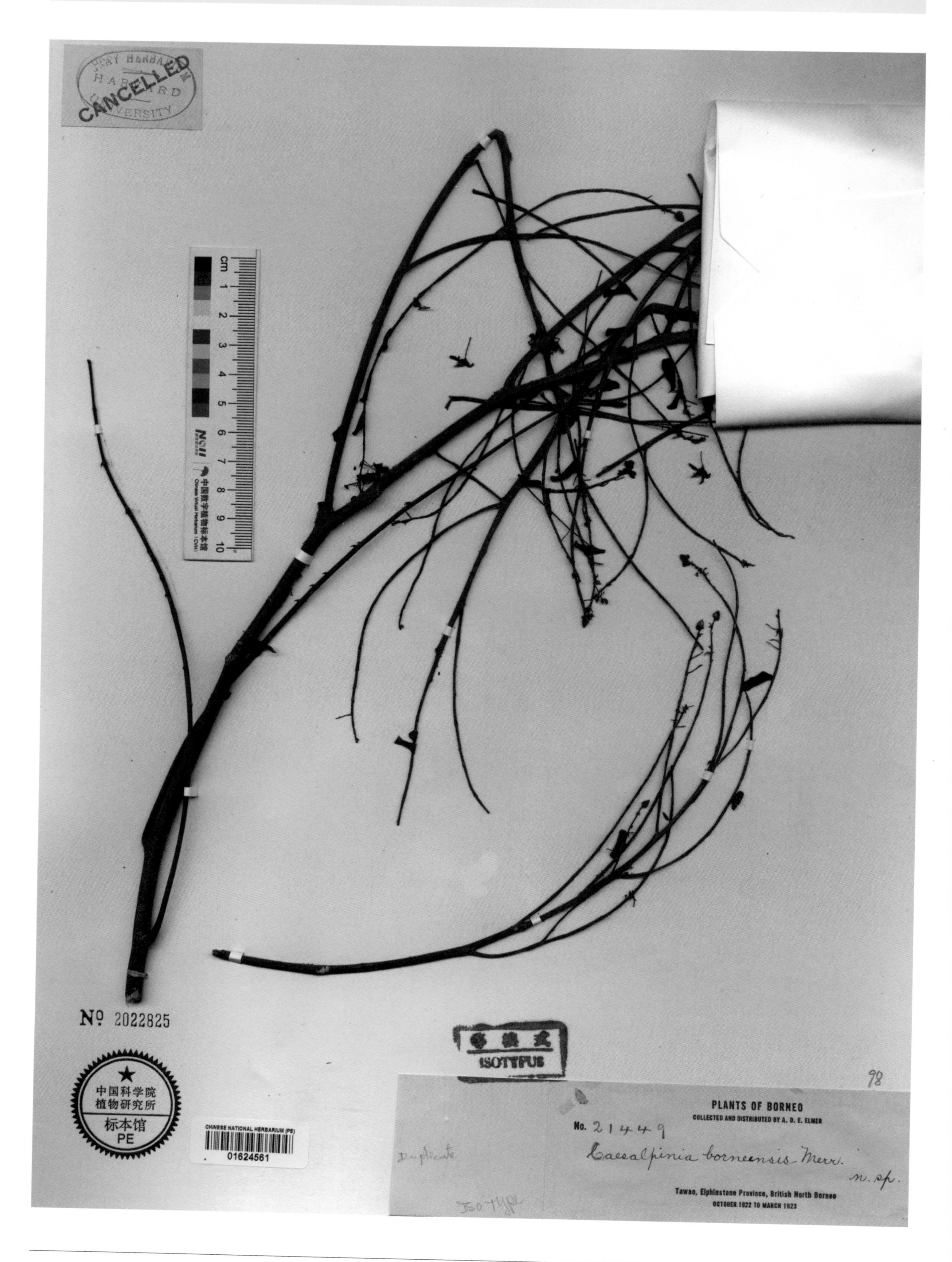

婆罗云实 ***Caesalpinia borneensis*** Merr. in Univ. Calif. Publ. Bot. 15: 104. 1929. **Isotype:** Indonesia. Elphinstone: Tawao, 1922-10-??, Elmer 21449.

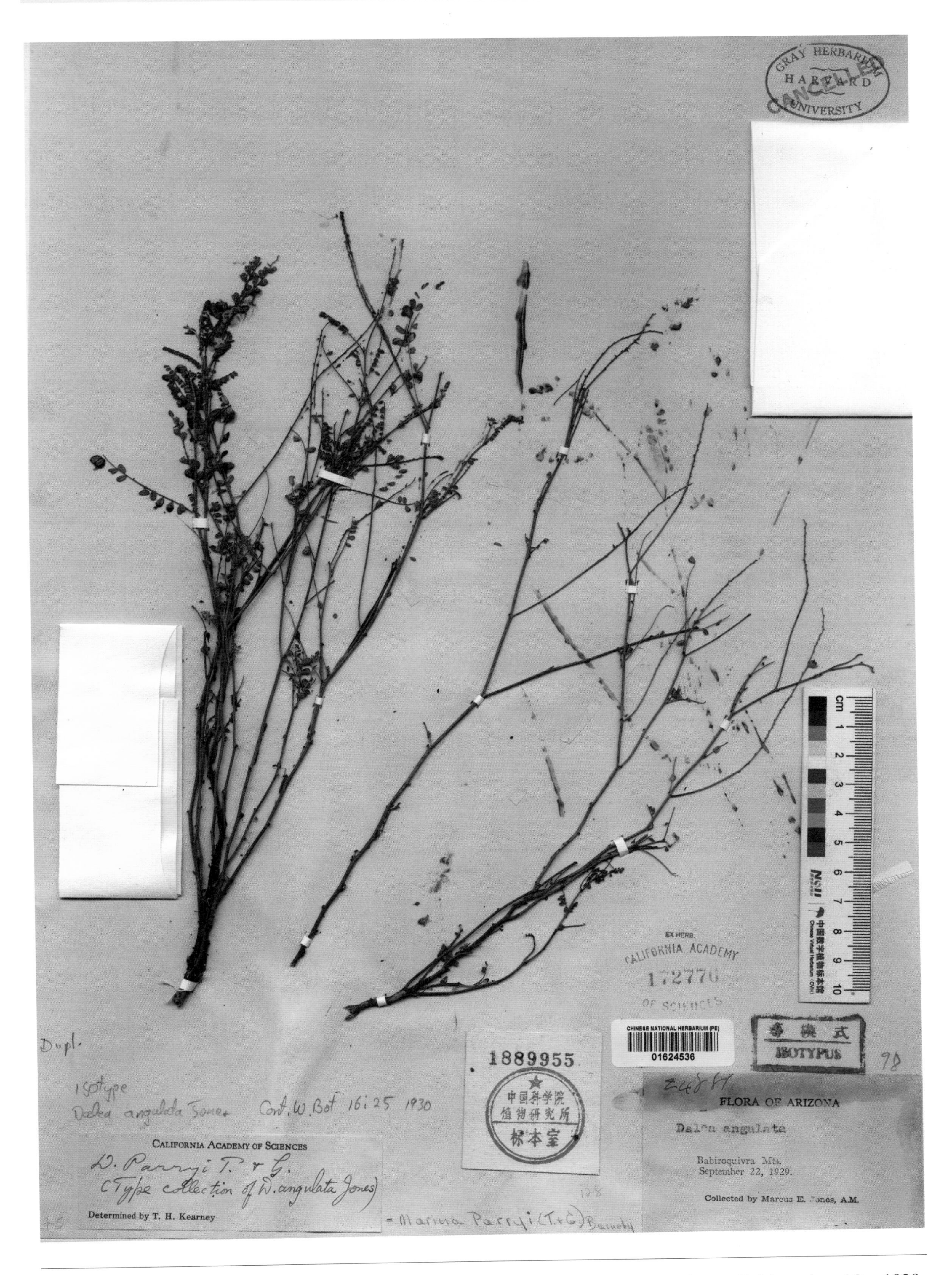

角豆 ***Dalea angulata*** M. E. Sones in Contr. W. Bot. 16: 25. 1930. **Isotype:** USA. Arizona: Babiroquivra Mts. 1929-09-22, E. Marcus & A. M. Jones 24881.

巴拉望鱼藤 ***Derris palawanensis*** Elmer in Leafl. Philipp. Bot. 5: 1800. 1913. **Isotype:** Philippines. Palawan: Mt. Pulgar 1911-04-??, A. D. E. Elmer 13063.

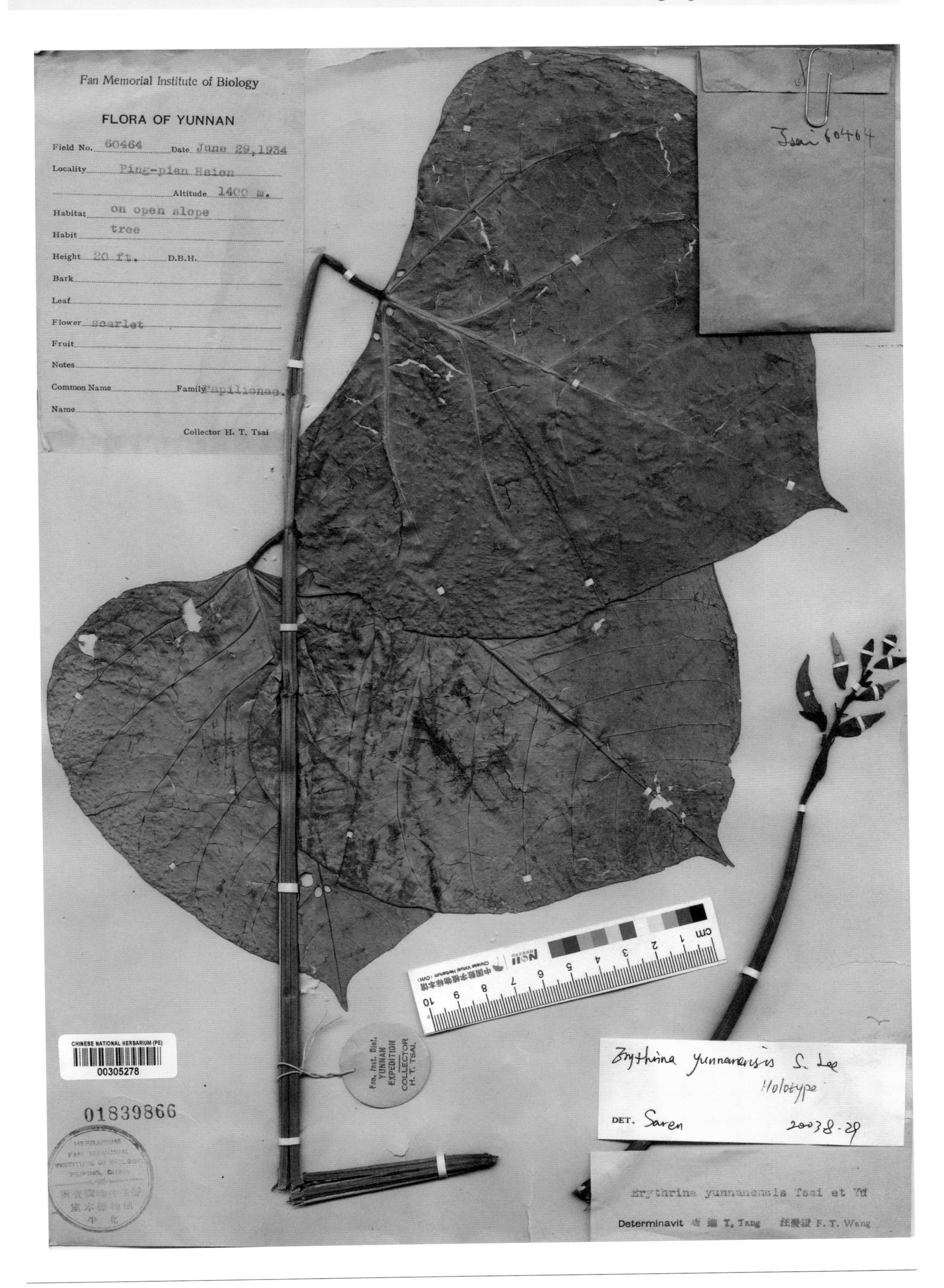

云南刺桐 **Erythrina yunnanensis** H. T. Tsai & T. T. Yu ex S. K. Lee in Guihaia 13(2): 101. 1993. **Holotype:** China. Yunnan: Pingbian, alt. 1 400 m, 1934-06-29, H. T. Tsai 60464.

Rutaceae

芸香科

Yunxiang Ke

大吴萸 ***Evodia robusta*** C. C. Huang in Acta Phytotax. Sin. 6(1): 119. 1957. **Holotype:** China. Yunnan: Luxi, alt. 1 750 m, 1934-02-03, H. T. Tsai 56776.

Euphorbiaceae

大戟科

Daji Ke

狭叶斑籽 ***Baliospermum angustifolium*** Y. T. Chang in Acta Phytotax. Sin. 27(2): 148. 1989. **Holotype:** China. Xizang: Mêdog, alt. 1 100 m, 1974-08-12, Qinghai-Xizang Exped. 74-1799.

加蓬闭花木 ***Cleistanthus bambidianus*** Breteler in Adansonia sér. 3, 33(2): 236, f. 3-4. 2011. **Isotype:** Gabon. Ogooué-Lolo, Bambidie, alt. 300 m, 1991-11-27, F. J. Breteler & C. C. H. Jongkind 10786.

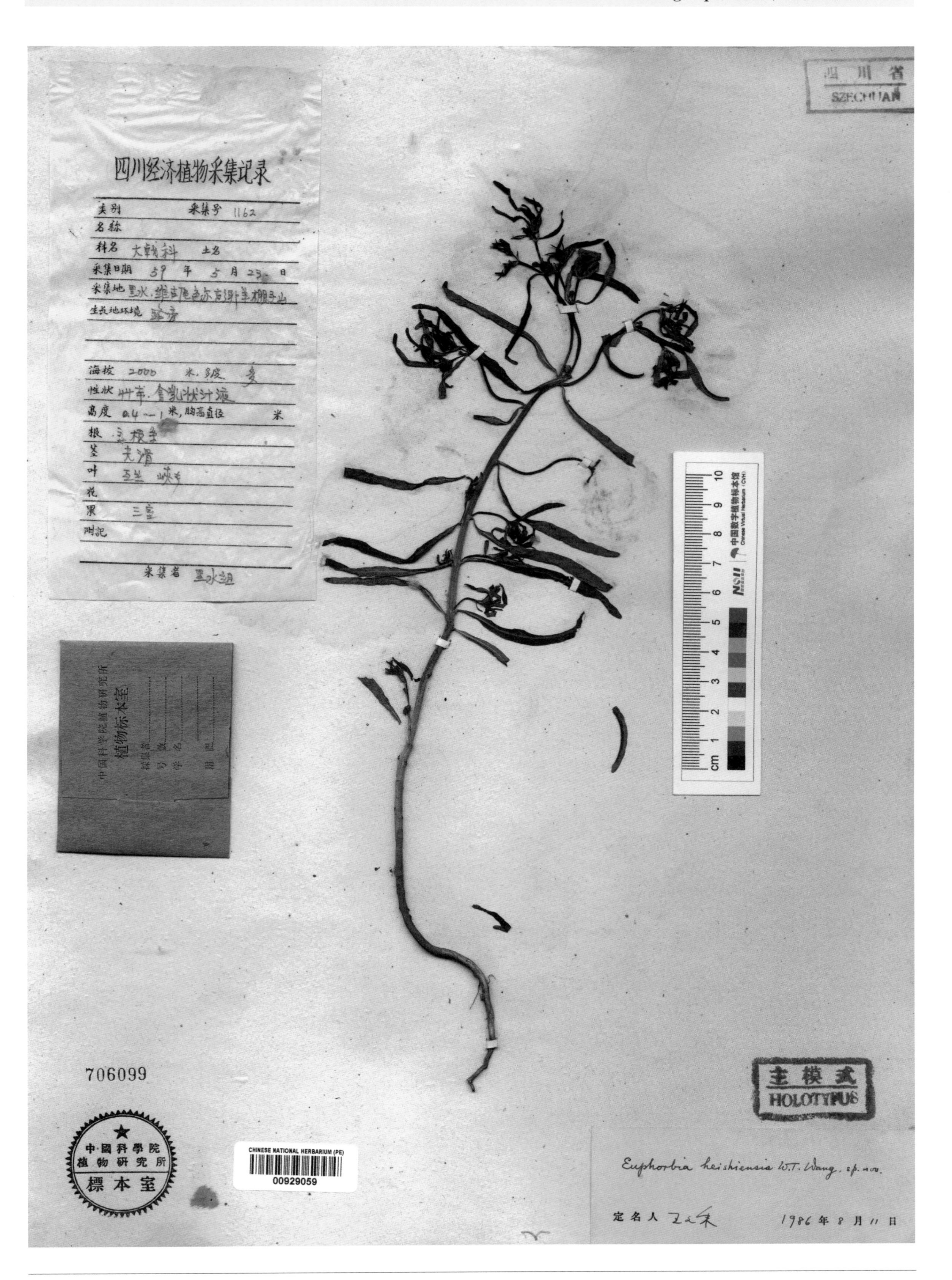

黑水大戟 ***Euphorbia heishuiensis*** W. T. Wang in Acta Bot. Yunnan. 10(1): 42, f. 4: 4-5. 1988. **Holotype:** China. Sichuan: Heishui, alt. 2 000 m, 1959-05-23, Heishui Exped. 1162.

康定大戟 ***Euphorbia kangdingensis*** W. T. Wang in Acta Bot. Yunnan. 10(1): 43, f. 2: 1-2. 1988. **Holotype:** China. Sichuan: Kangding, 1934-07-13, Z. S. Liu 721.

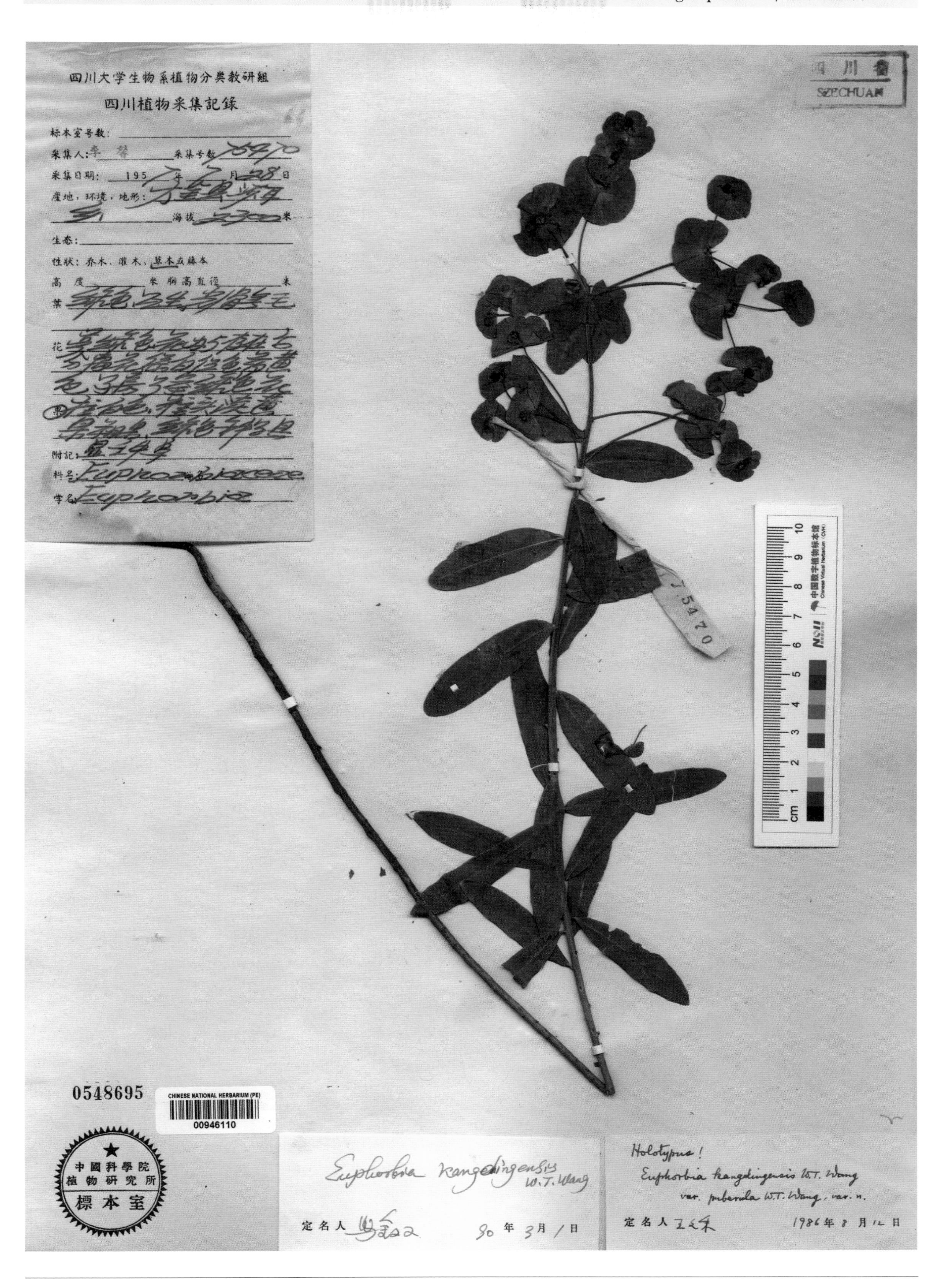

毛茎康定大戟 ***Euphorbia kangdingensis*** W. T. Wang var. ***puberula*** W. T. Wang in Acta Bot. Yunnan. 10(1): 45. 1988.
Holotype: China. Sichuan: Dajin (=Jinchuan), alt. 2 300 m. 1957-07-28, H. Li 75470.

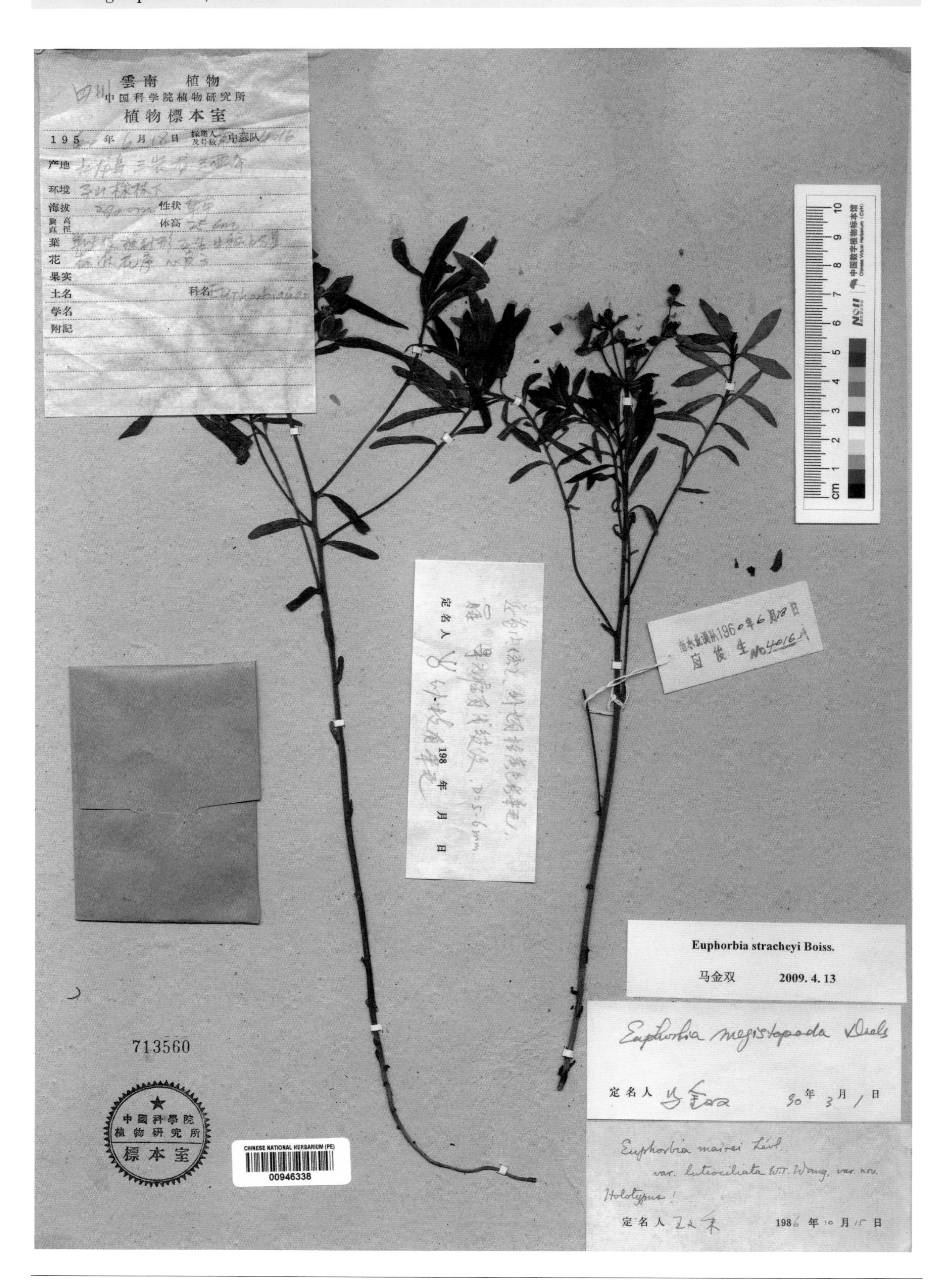

黄缘毛柴胡状大戟 ***Euphorbia mairei*** Lévl. var. ***luteociliata*** W. T. Wang in Acta Bot. Yunnan. 10(1): 40, f. 1: 1-2. 1988. **Holotype:** China. Sichuan: Jiulong, alt. 2 900 m, 1960-06-18, T. S. Ying 4016.

Daphniphyllaceae

虎皮楠科

Hupinan Ke

披针叶虎皮楠 ***Daphniphyllum oldhamii*** (Hemsl.) Rosenth. var. ***oblongo-lanceolatum*** J. X. Wang in Acta Phytotax. Sin. 19(1): 81. 1981. **Holotype:** China. Hunan: Yizhang, 1944-11-01, P. H. Liang 85157.

Aquifoliaceae

冬青科

Dongqing Ke

毛枝福建冬青 ***Ilex fukienensis*** S. Y. Hu f. ***puberula*** C. J. Tseng & H. H. Liu in Bull. Bot. Res., Harbin 1(1-2): 34. 1981. **Holotype:** China. Fujian: Chong'an (=Wuyishan), 1958-08-07, P. S. Chiu 1685.

长叶枸骨 ***Ilex georgei*** H. F. Comber in Notes Roy. Bot. Gard. Edinburgh 18: 50. 1933. **Isotype:** China. Yunnan: Tengyueh (=Tengchong), alt. 1 830 m, 1925-03-??, G. Forrest 26254.

秀英冬青 ***Ilex huiana*** C. J. Tseng ex S. K. Chen & Y. X. Feng in Acta Phytotax. Sin. 37(2): 143. 1999. **Holotype:** China. Hainan: Lehui (=Ledong), 1954-05-15, E. Hainan Exped. 324.

文培冬青 ***Ilex latifolia*** Thunb. var. ***fangii*** Rehd. in J. Arnold Arbor. 11: 163. 1930. **Isosyntype:** China. Sichuan: Emei, Emeishan, alt. 1 373 ~ 1 525 m, 1928-08-18, W. P. Fang 3144.

粗枝冬青 ***Ilex robusta*** C. J. Tseng in Bull. Bot. Res., Harbin 1(1-2): 6, photo. 1. 1981. **Isotype:** China. Guangxi: Pingnan, C. Wang 40342.

具沟冬青 ***Ilex unicanaliculata*** C. J. Tseng in Bull. Bot. Res., Harbin 1(1-2): 12. 1981. **Holotype:** China. Yunnan: Pingbian, alt. 1 600 m, 1939-12-17, C. W. Wang 83102.

Aceraceae

槭树科

Qishu Ke

五脉木里槭 ***Acer muliense*** W. P. Fang & W. K. Hu var. ***pentaneurum*** W. P. Fang & W. K. Hu in Acta Phytotax. Sin. 11(2): 183. 1966. **Holotype:** China. Yunnan: Gongshan, alt. 3 600 m, 1938-09-29, T. T. Yu 23168.

Balsaminaceae

凤仙花科

Fengxianhua Ke

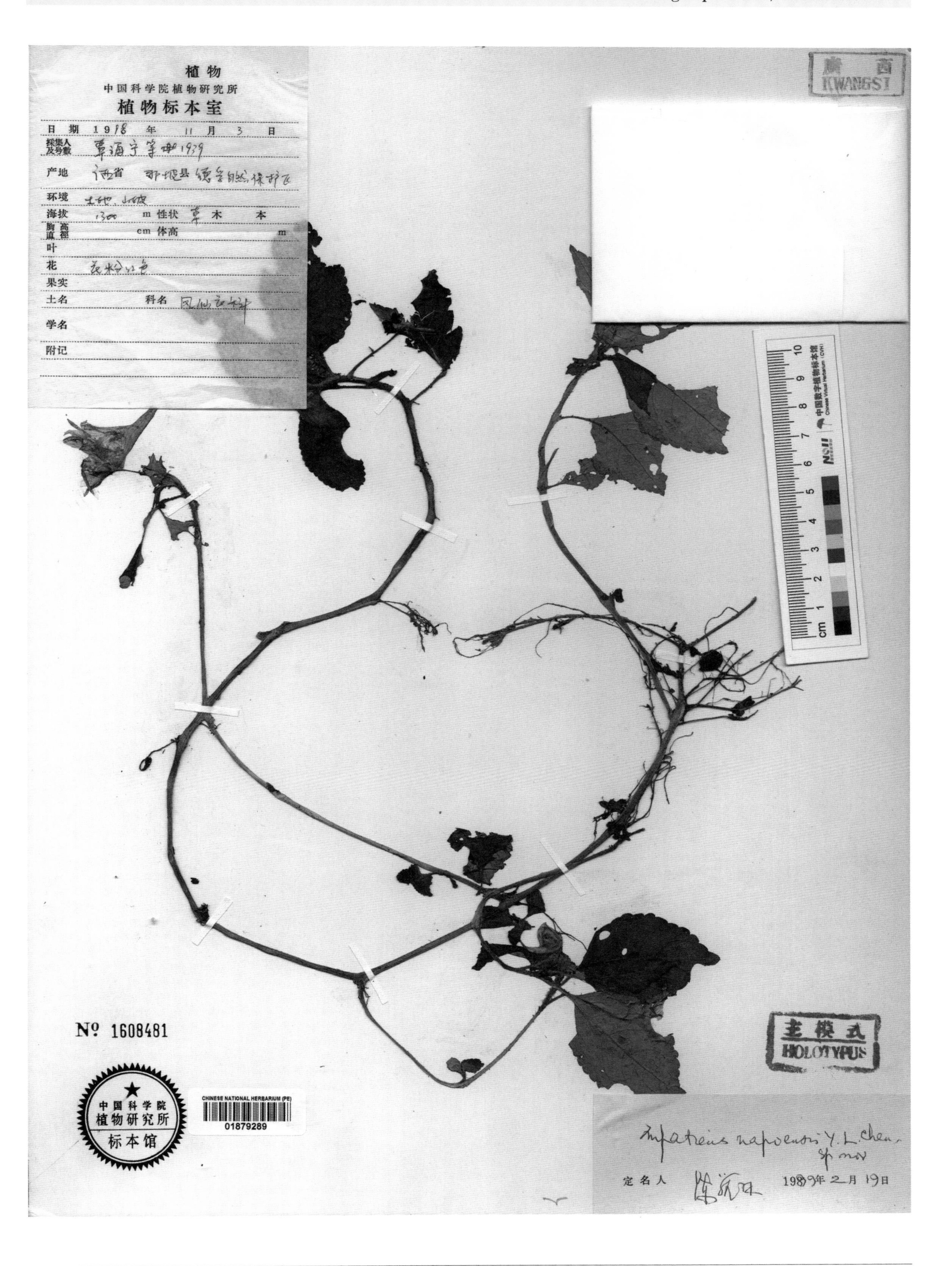

那坡凤仙花 ***Impatiens napoensis*** Y. L. Chen in Acta Phytotax. Sin. 38(6): 557, f. 1. 2000. **Holotype:** China. Guangxi: Napo, alt. 1 300 m, 1998-11-03, H. N. Qin & al. 1939.

Rhamnaceae

鼠李科

Shuli Ke

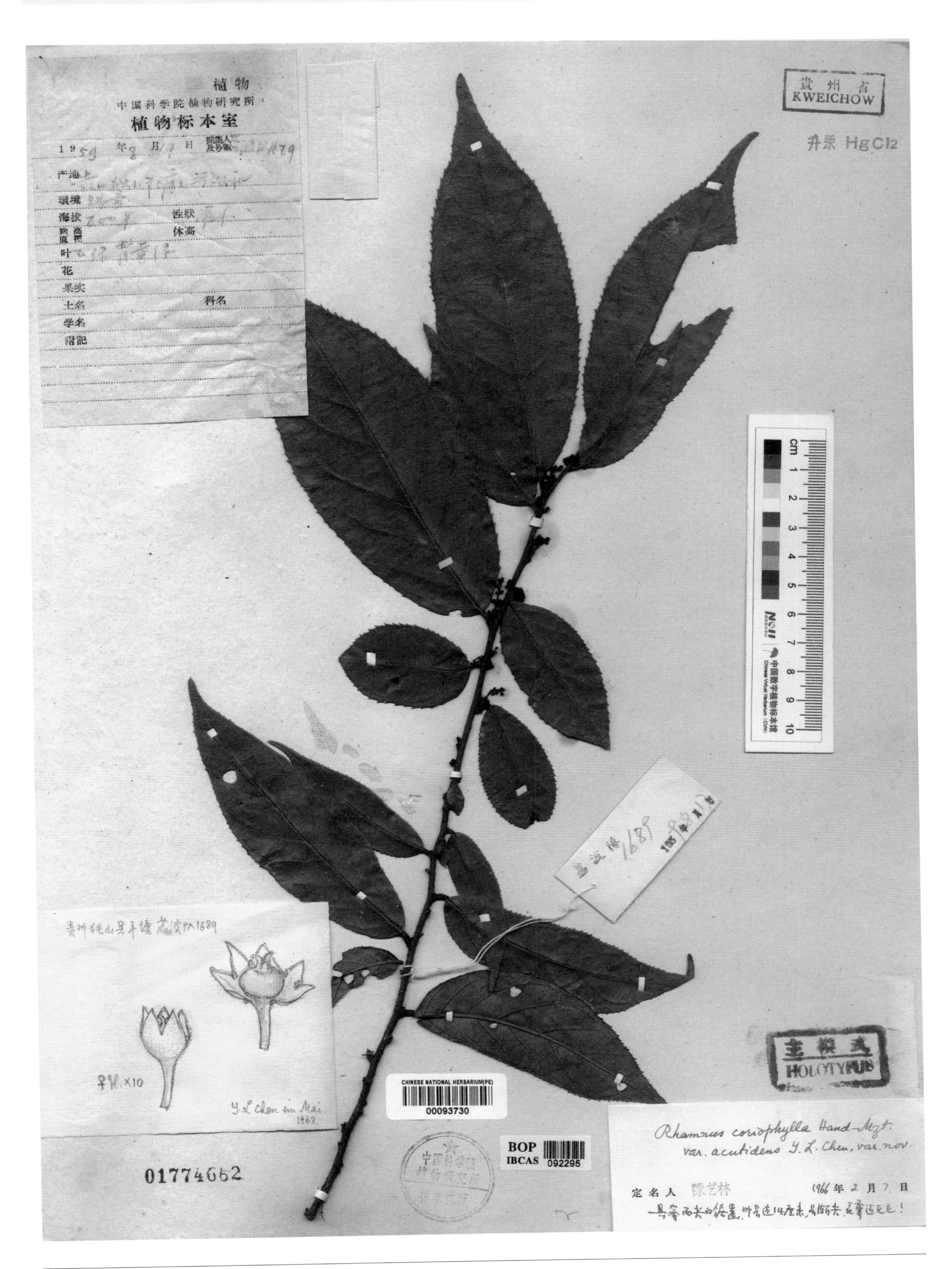

锐齿革叶鼠李 ***Rhamnus coriophylla*** Hand.-Mazz. var. ***acutidens*** Y. L. Chen & P. K. Chou in Bull. Bot. Lab. N. E. Forest. Inst., Harbin. 1979(5): 79. 1979. **Holotype:** China. Guizhou: Dushan, alt. 800 m, 1959-08-17, Libo Exped. 1689.

木子花 ***Rhamnus esquirolii*** Lévl. var. ***glabrata*** Y. L. Chen & P. K. Chou in Bull. Bot. Lab. N. E. Forest. Inst., Harbin 1979(5): 78. 1979. **Holotype:** China. Sichuan: Emei, Emeishan, alt. 1 000 m, 1957-09-06, G. H. Yang 57140.

西藏鼠李 ***Rhamnus xizangensis*** Y. L. Chen & P. K. Chou Acta Phytotax. Sin. 18(2): 248, f. 1: 1-4. 1980. **Holotype:** China. Xizang: Bomi, alt, 2 400 m, 1973-09-09, Qinghai-Xizang Exped. 73-1421.

Vitaceae

葡萄科

Putao Ke

毛叶蛇葡萄 ***Ampelopsis mollifolia*** W. T. Wang in Bull. Bot. Res., Harbin 6(4): 21, pl. 1: 2-4. 1986. **Holotype:** Sichuan: Yanyuan, alt. 1 300 m, 1983-07-14, Qinghai-Xizang Exped. 11998.

绣毛乌蔹莓 ***Cayratia japonica*** (Thumb.) Gagnep var. ***ferruginea*** W. T. Wang in Acta Phytotax. Sin. 17(3): 81. 1979.
Holotype: China. Yunnan: Pingbian, alt. 1 400 m, 1934-07-03, H. T. Tsai 60626.

毛枝细齿崖爬藤 ***Tetrastigma serrulatum*** (Roxb.) Planch. var. ***puberulum*** W. T. Wang in Acta Phytotax. Sin. 17(3): 83. 1979. **Holotype:** China. Yunnan: Jingdong, alt. 2 100 m, 1956-10-13, B. Y. Qiu 52775.

无毛云南崖爬藤 *Tetrastigma yunnanense* Gagnep. var. ***glabrum*** W. T. Wang in Bull. Bot. Res., Harbin 6(4): 23. 1986.
Holotype: China. Yunnan: Cangyuan, alt. 1 200 m, 1936-04-??, C. W. Wang 73155.

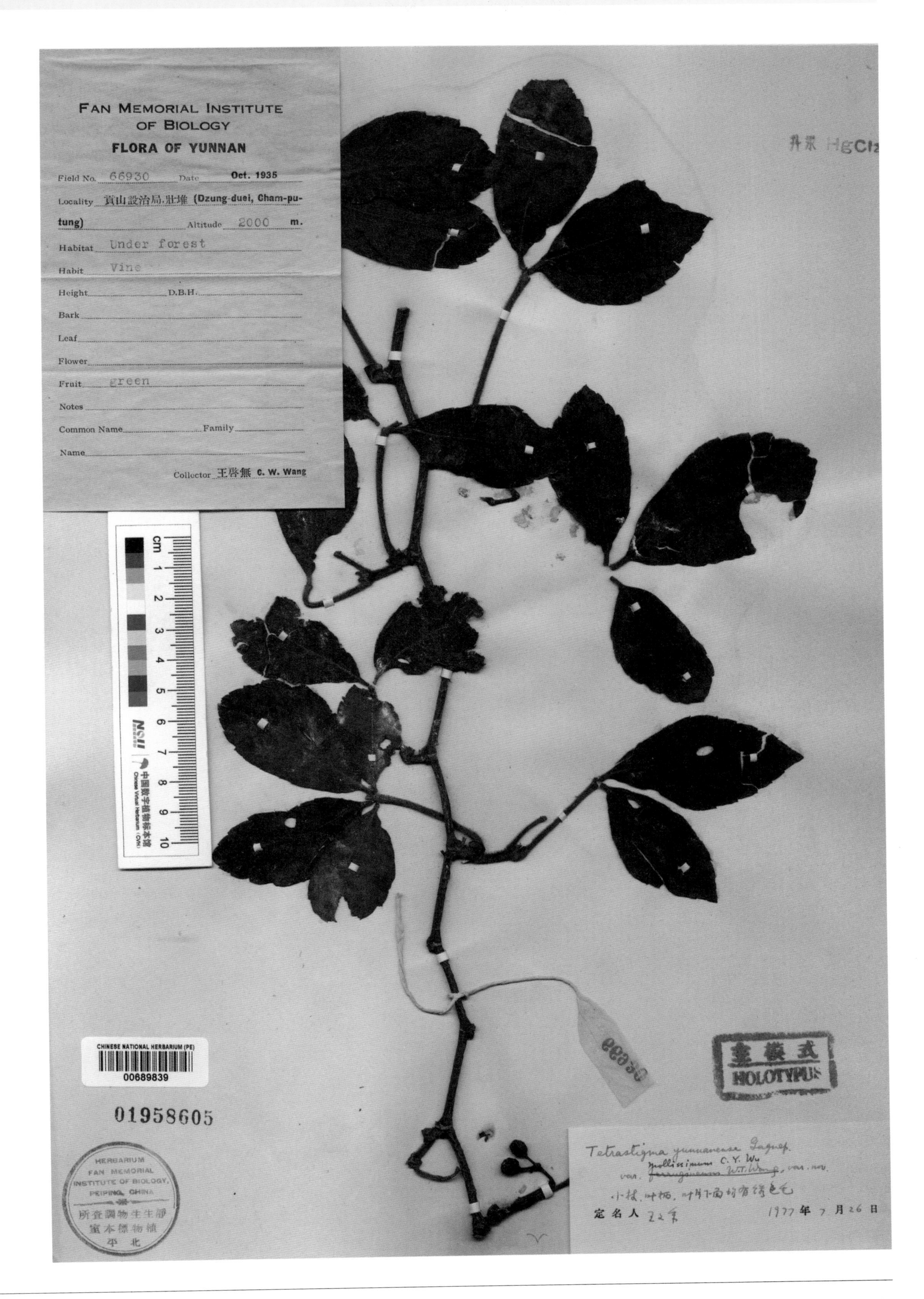

贡山崖爬藤 ***Tetrastigma yunnanense*** Gagnep. var. ***mollissimum*** C. Y. Wu in Acta Phytotax. Sin. 17(3): 84. 1979.
Holotype: China. Yunnan: Gongshan, alt. 2 000 m, 1935-10-??, C. W. Wang 66930.

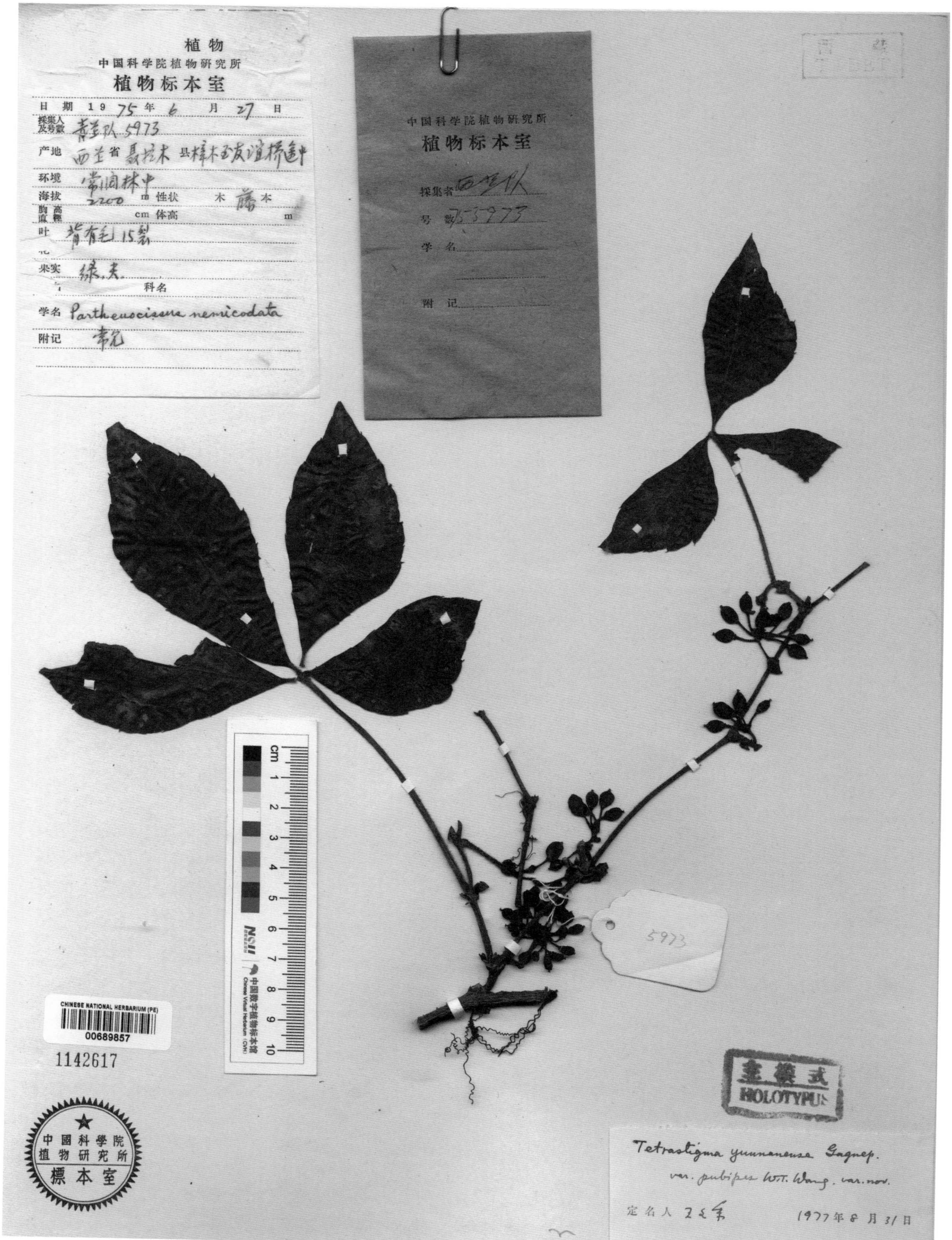

毛柄云南崖爬藤 ***Tetrastigma yunnanense*** Gagnep. var. ***pubipes*** W. T. Wang in Acta Phytotax. Sin. 17(3): 84. 1979.
Holotype: China. Xizang: Nyalam, alt. 2 200 m, 1975-06-27, Qinghai-Xizang Exped. 5973.

龙州葡萄 ***Vitis ficifolioides*** W. T. Wang in Acta Phytotax. Sin. 17(3): 75, pl. 5: 2. 1979. **Holotype:** China. Guangxi: Longzhou, 1953-07-??, Guangxi Exped. 2953.

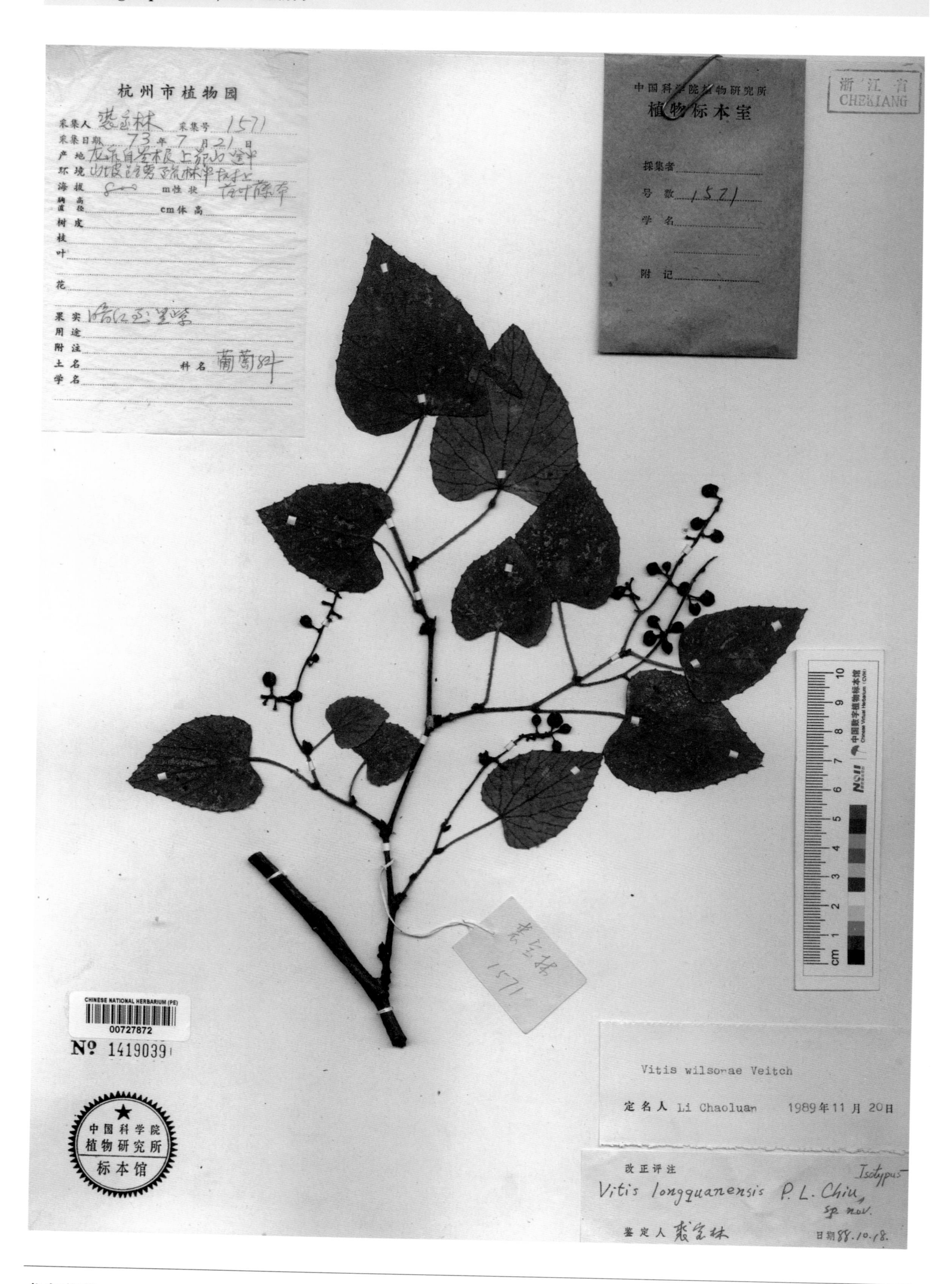

龙泉葡萄 ***Vitis longquanensis*** P. L. Chiu in Bull. Bot. Res., Harbin 10(3): 41. 1990. **Isotype:** China. Zhejiang: Longquan, alt. 800 m, 1973-07-21, P. L. Chiu 1571.

小叶葡萄 ***Vitis sinocinerea*** W. T. Wang in Acta Phytotax. Sin. 17(3): 75, f. 1: 2. 1979. **Holotype:** China. Hubei: Jianshi, alt. 600 m, 1951-07-23, L. Y. Dai & Z. H. Qian 352.

Actinidiaceae

猕猴桃科

Mihoutao Ke

雷波藤山柳 ***Clematoclethra leiboensis*** C. F. Liang & Y. C. Chen, Fl. Sichuan. 4: 67, pl. 19: 1-3. 1988. **Holotype:** China. Sichuan: Leibo, alt. 1 900 m, 1934-06-27, T. T. Yu 3288.

哥伦比亚水东哥 ***Saurauia omichlophila*** R. E. Schult. in Caldasia 2: 319, tab. 1944. **Isotype:** Colombia. Putumayo: Paramo, alt. 3 000 ~ 3 200 m, 1942-02-13, R. E. Schultes 3236.

Theaceae

山茶科

Shancha Ke

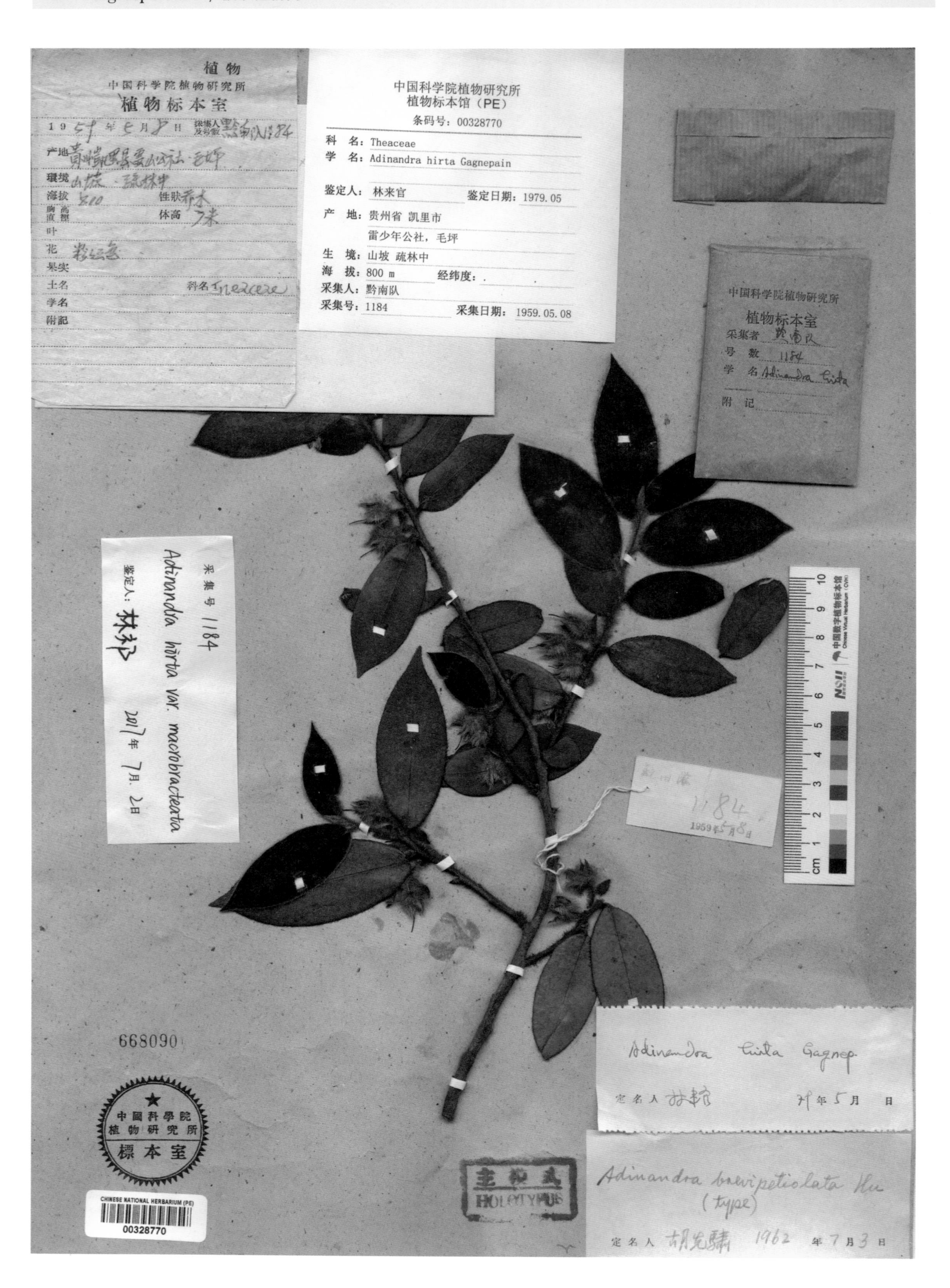

大苞粗毛杨桐 ***Adinandra hirta*** Gagnep. var. ***macrobracteata*** (L. K. Ling) L. K. Ling, Fl. Reip. Pop. Sin. 50(1): 42, pl. 13: 6-11. Add. 191. 1998. **Holotype:** China. Guizhou: Kaili, alt. 800 m, 1959-05-08, S. Guizhou Exped. 1184.

厚瓣短蕊茶 ***Camellia crassipetala*** Hung T. Chang in Acta Sci. Nat. Univ. Sunyatseni 1981(1): 96. 1981. **Holotype:** China. Yunnan: Mianning (=Lincang), alt. 2 700 m, 1938-10-05, T. T. Yu 17900.

短萼折柄茶 ***Hartia brevicalyx*** Hung T. Chang, Fl. Xizang. 3: 261, f. 109: 1. 1986. **Holotype:** Xizang: Mêdog, alt. 1 600 m, 1974-09-11, Qinghai-Xizang Exped. 2458.

角柄厚皮香 ***Ternstroemia biangulipes*** Hung T. Chang in Acta Sci. Nat. Univ. Sunyatseni 1983(3): 65. 1983. **Holotype:** China. Xizang: Mêdog, alt. 1 600 m, 1974-09-11, Qinghai-Xizang Exped. 2457.

尖萼厚皮香 ***Ternstroemia luteoflora*** L. K. Ling, Fl. Reip. Pop. Sin. 50(1): 6, pl. 2. Add. 183. 1998. **Holotype:** China. Guangdong: Ruyuan, 1938-10-14, S. K. Lau 28963.

厚叶厚皮香 ***Ternstroemia pachyphylla*** Ling in Acta Phytotax. Sin. 1(2): 211. 1951. **Holotype:** China. Fujian: Jiangle, alt. 1 360 m, 1945-06-05, L. K. Ling 535.

思茅厚皮香 ***Ternstroemia simaoensis*** L. K. Ling, Fl. Reip. Pop. Sin. 50(1): 16, pl. 5: 1-6. Add. 187. 1998. **Holotype:** China. Yunnan: Che-li (=Jinghong), alt. 840 m, 1936-10-??, C. W. Wang 79551.

云南厚皮香 ***Ternstroemia yunnanensis*** L. K. Ling, Fl. Reip. Pop. Sin. 50(1): 3, pl. 1: 6-8. Add. 182. 1998. **Holotype:** China. Yunnan: Pingbian, alt.1 300 m, 1954-04-18, P. I Mao 03870.

Violaceae

堇菜科

Jincai Ke

加蓬三角车 ***Rinorea apertior*** Achound. & Bos in Adansonia sér. 3, 21(1): 126. 1999. **Paratype:** Gabon. Ogooué-Maritime, Rabi-Kounga, 1991-11-30, J. Schoenmaker 250.

Begoniaceae

秋海棠科

Qiuhaitang Ke

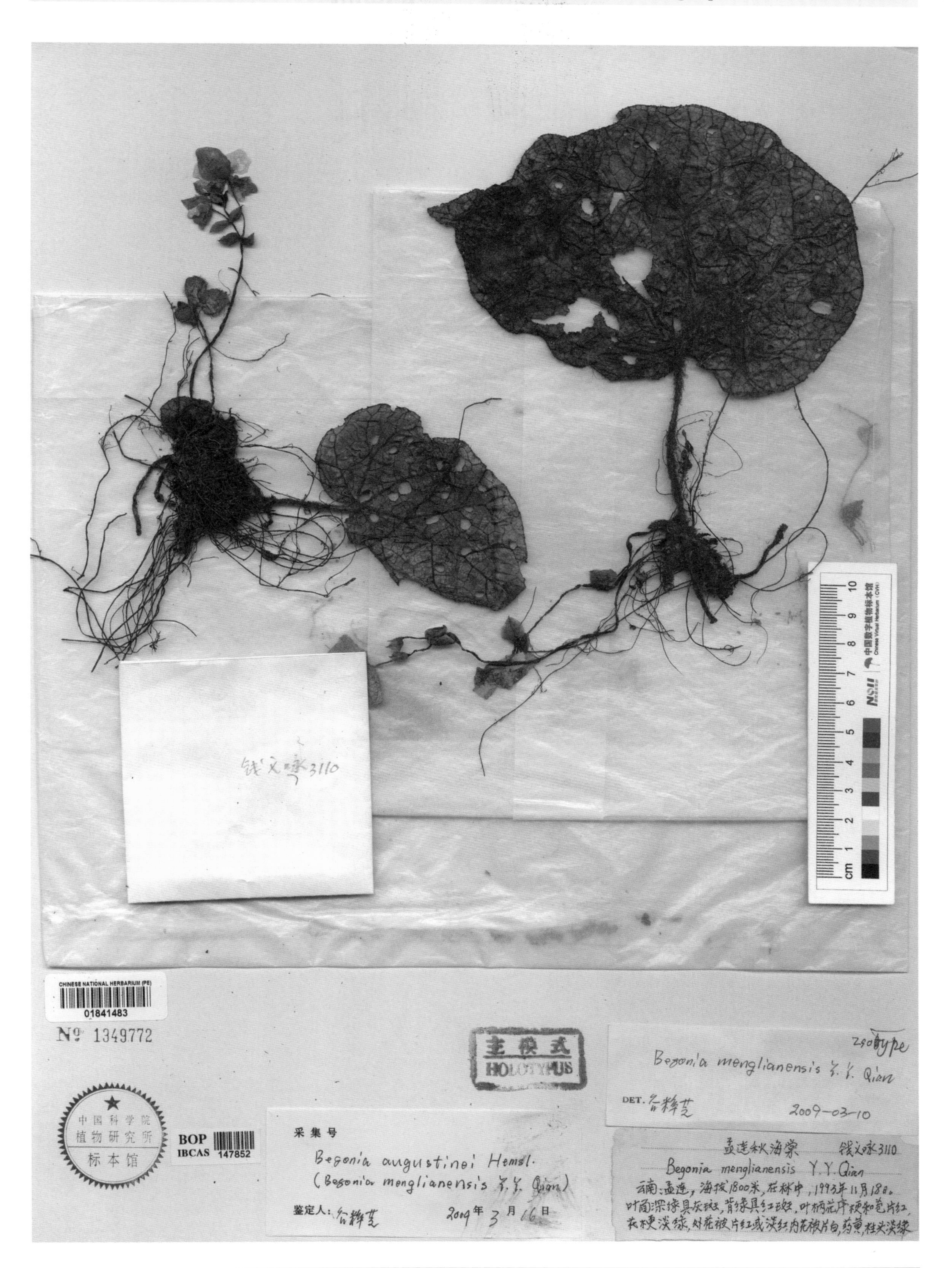

孟连秋海棠 ***Begonia menglianensis*** Y. Y. Qian in Acta Phytotax. Sin. 39(5): 461, f. 1. 2001. **Holotype:** China. Yunnan: Menglian, alt. 1 800 m, 1993-11-18, Y. Y. Qian 3110.

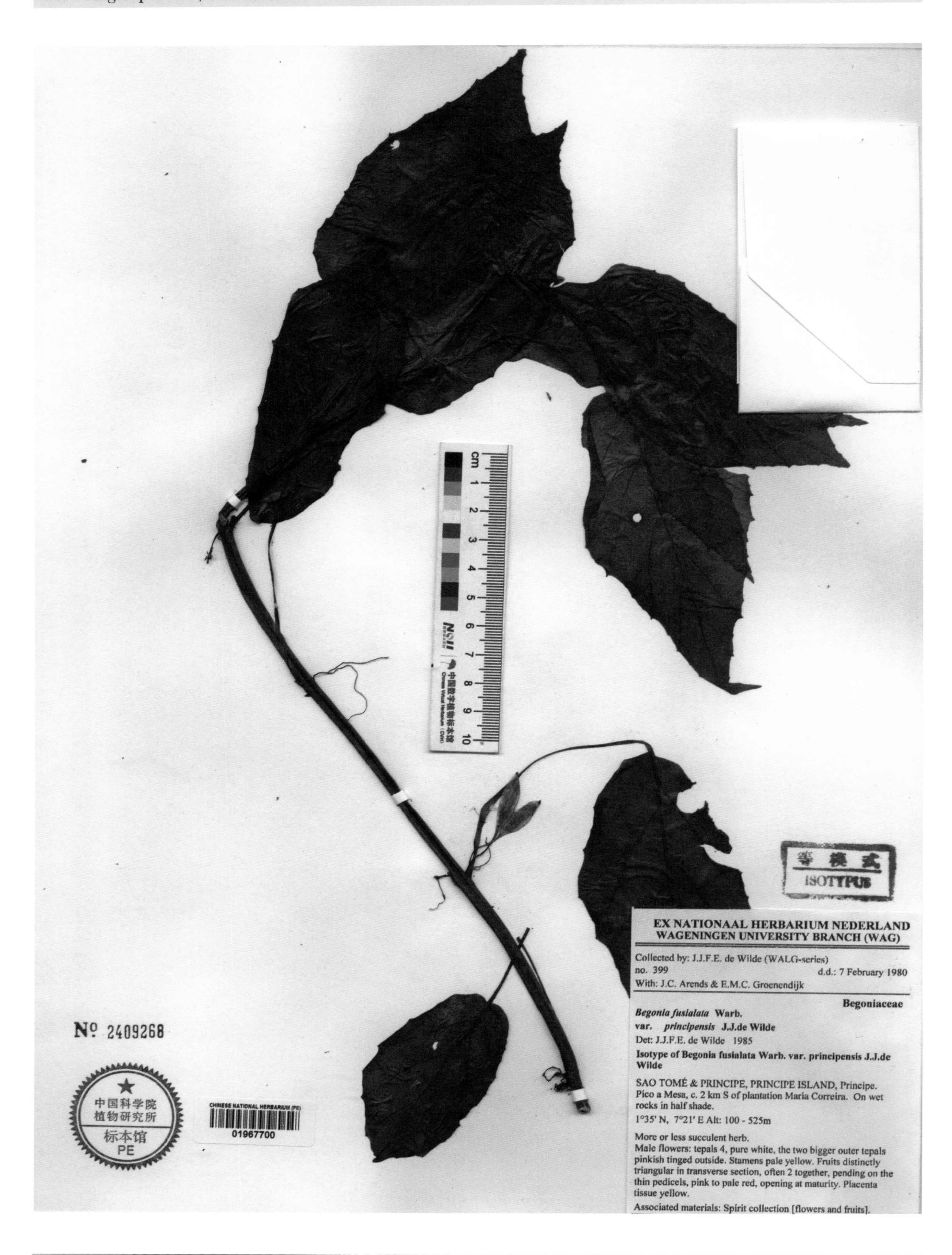

普林西比秋海棠 ***Begonia fusialata*** Warb. var. ***principensis*** J. J. de Wilde in Wageningen Univ. Pap. 2001(2): 103. 2002. **Isotype:** Sao Tomé & Principe, Principe Island, Principe, alt. 100 ~ 525 m, 1980-02-07, De Wilde, Arends & Groenendijk 399.

Alangiaceae

八角枫科

Bajiaofeng Ke

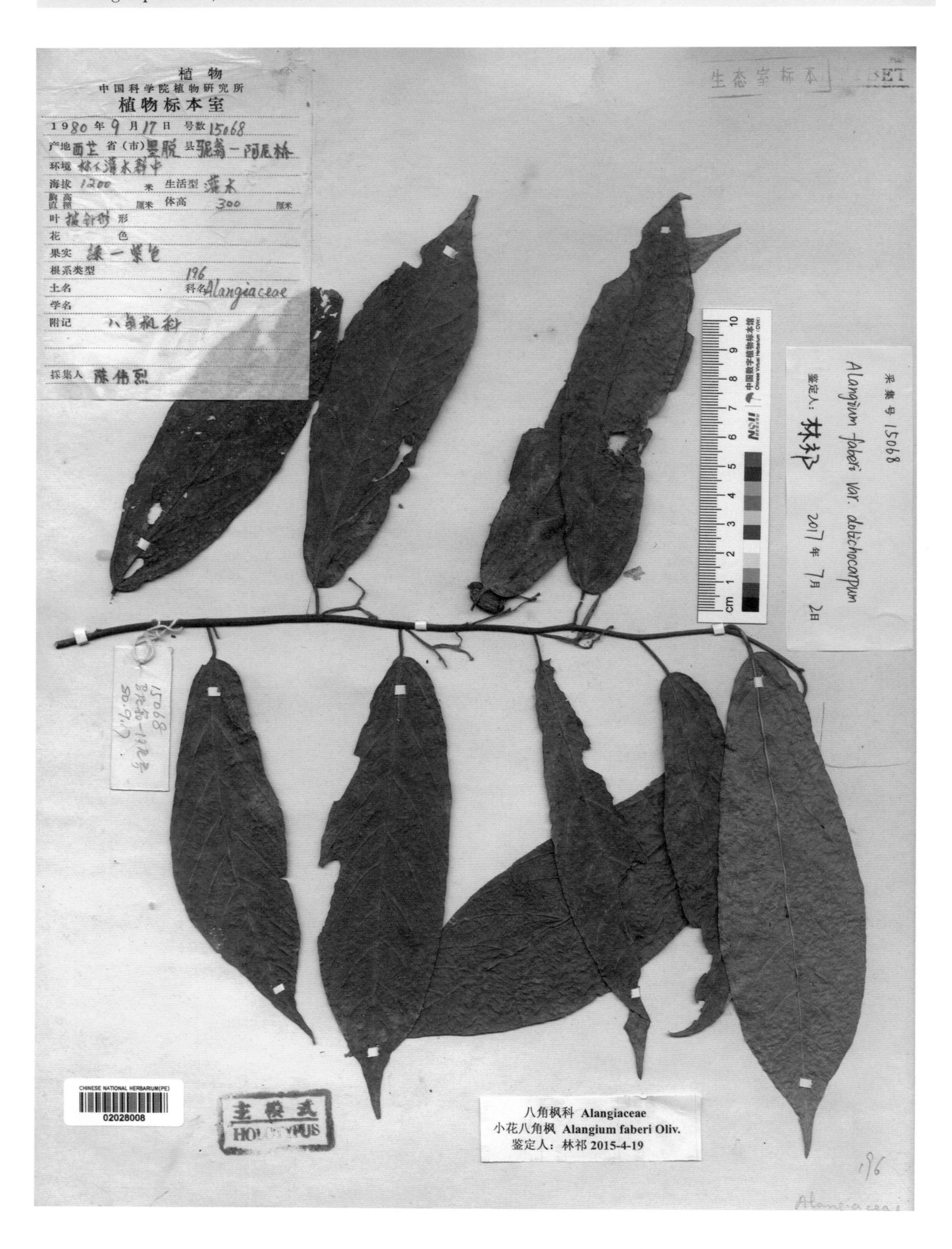

长果八角枫 ***Alangium faberi*** Oliver var. ***dolichocarpum*** Z. Y. Li in Bull. Bot. Res., Harbin 8(3): 129, f. 1. 1988. **Holotype:** China. Xizang: Mêdog, alt. 1 200 m, 1980-09-17, W. L. Chen 15068.

Araliaceae

五加科

Wujia Ke

西藏五加 ***Acanthopanax xizangensis*** Y. R. Li in Acta Bot. Yunnan. 2(1): 106, f. 1. 1980. **Holotype:** China. Xizang: Gyirong, alt. 2 900 m, 1972-06-01, Xizang Medic. Pl. Exped. 45.

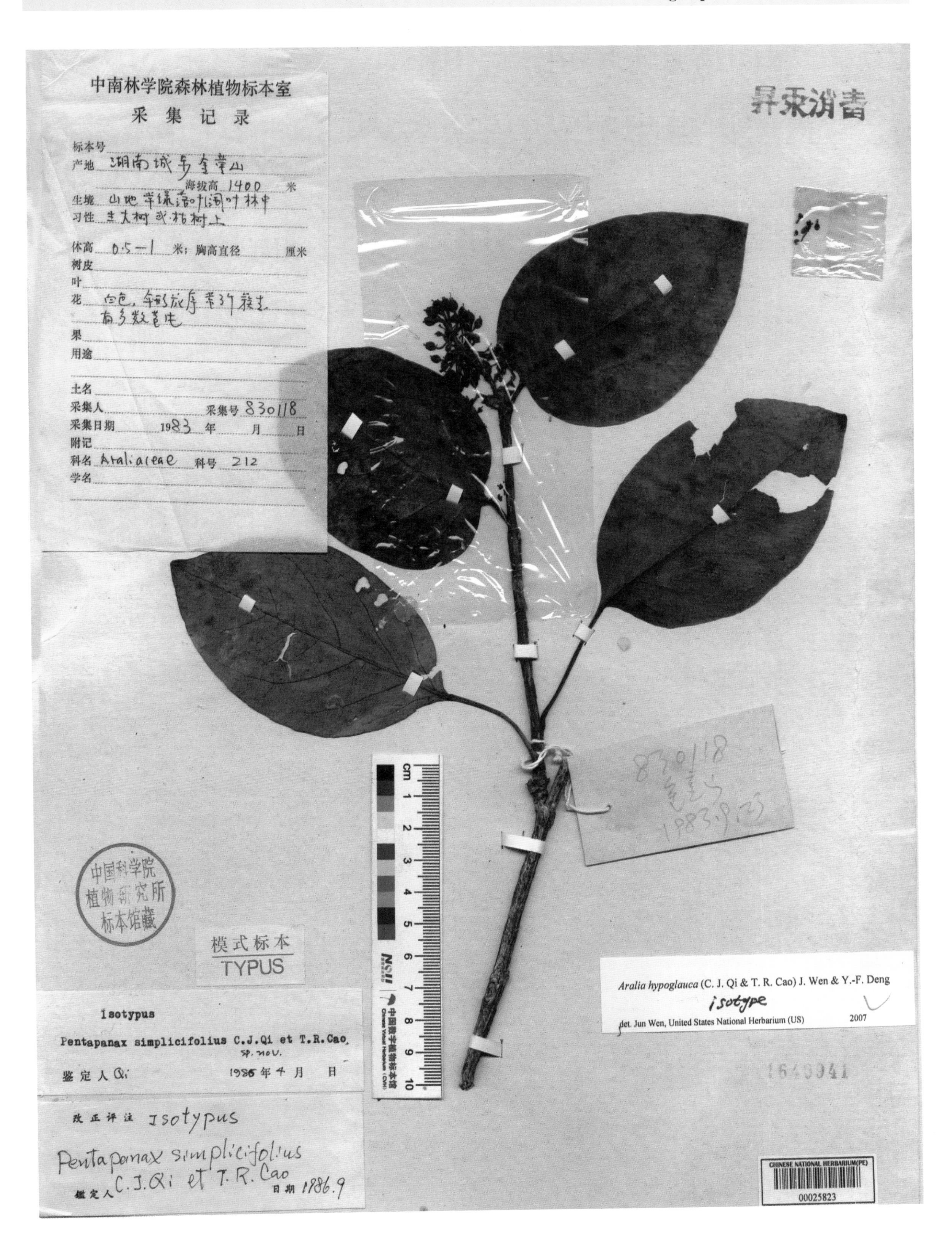

湖南参 ***Hunaniopanax hypoglaucus*** C. J. Qi & T. R. Cao in Acta Phytotax. Sin. 26(1): 49, f. 1. 1988. **Isotype:** China. Hunan: Chengbu, alt. 1 400 m, 1983-09-23, T. R. Cao 830118.

Umbelliferae (Apiaceae)

伞形科

Sanxing Ke

钝裂天胡荽 ***Hydrocotyle salwinica*** R. H. Shan & S. L. Liou var. ***obtusiloba*** S. L. Liou in Acta Phytotax. Sin. 28(2): 152, f. 4. 1990. **Holotype:** China. Xizang: Mainling, alt. 3 100 m, 1972-07-26, Xizang Medic. Pl. Exped. 4181.

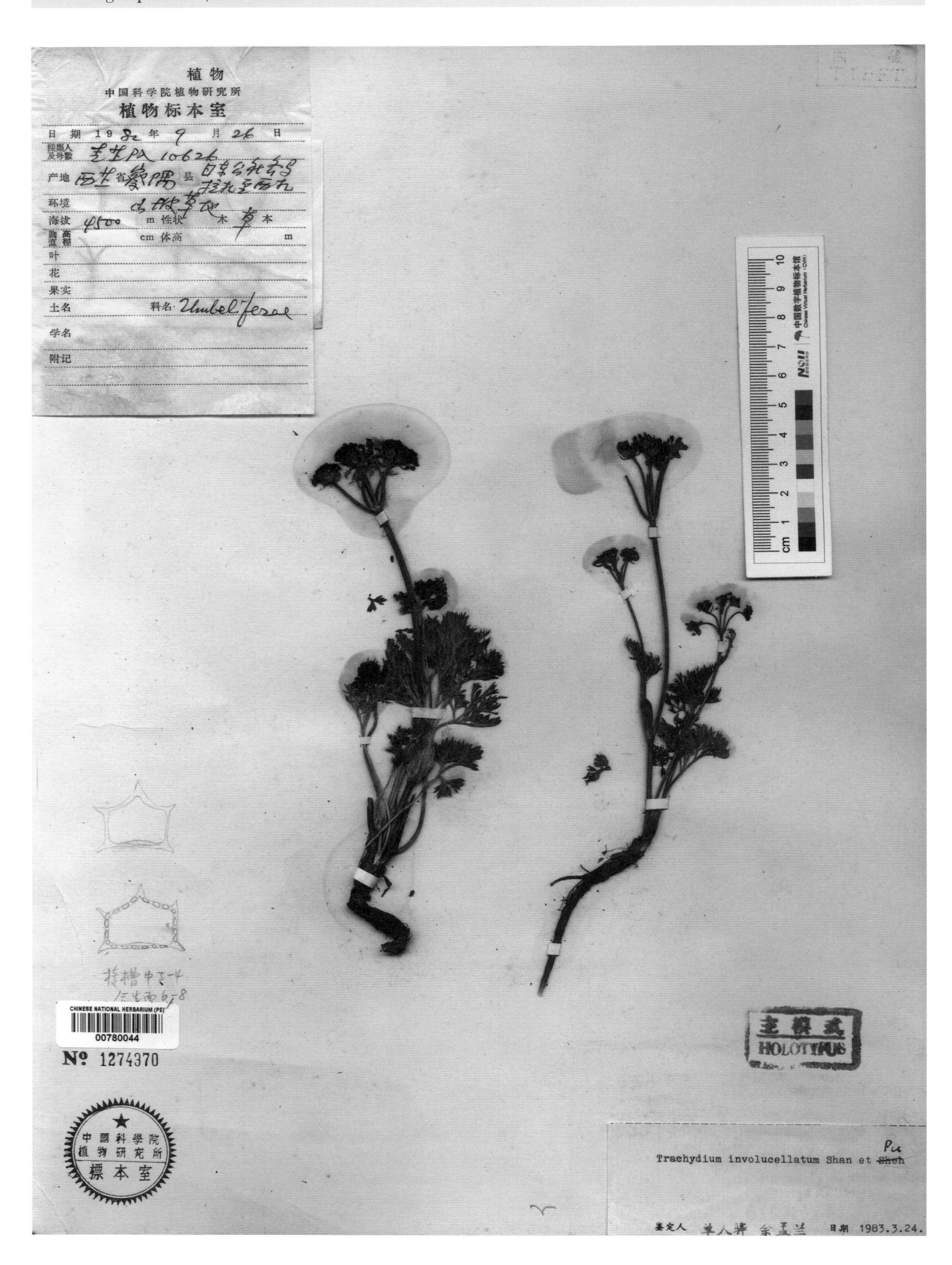

裂苞瘤果芹 ***Trachydium involucellatum*** R. H. Shan & P. T. Pu in Acta Phytotax. Sin. 24(4): 313, f. 8. 1986. **Holotype:** China. Xizang: Zayü, alt. 4 500 m, 1982-09-26, Qinghai-Xizang Exped. 10626.

Cornaceae

山茱萸科

Shanzhuyu Ke

灰色青荚叶 ***Helwingia japonica*** (Thunb.) Dietr. var. ***grisea*** W. P. Fang & T. P. Soong, Fl. Sichuan. 1: 473, pl. 144: 9-10. 1981. **Holotype:** China. Sichuan: Guan Xian (=Dujiangyan), alt. 914~1 097 m, 1928-07-14, W. P. Fang 2197.

Eriaceae

杜鹃花科

Dujuanhua Ke

道孚杜鹃 ***Rhododendron dawuense*** H. P. Yang in Bull. Bot. Res., Harbin 3(2): 98, pl. 4: 1-6. 1983. **Isotype:** China. Sichuan: Dawu, alt. 4 500 m, 1974-06-30, B. C. Gao & Y. T. Wu 111668.

陡生杜鹃 ***Rhododendron declivatum*** Ching & H. P. Yang in Bull. Bot. Res., Harbin 3(2): 89, pl. 1: 6-10. 1983. **Holotype:** China. Shaanxi: Taibai, Taibaishan, alt. 3 200~3 600 m, 1955-10-02, F. T. Wang & al.171.

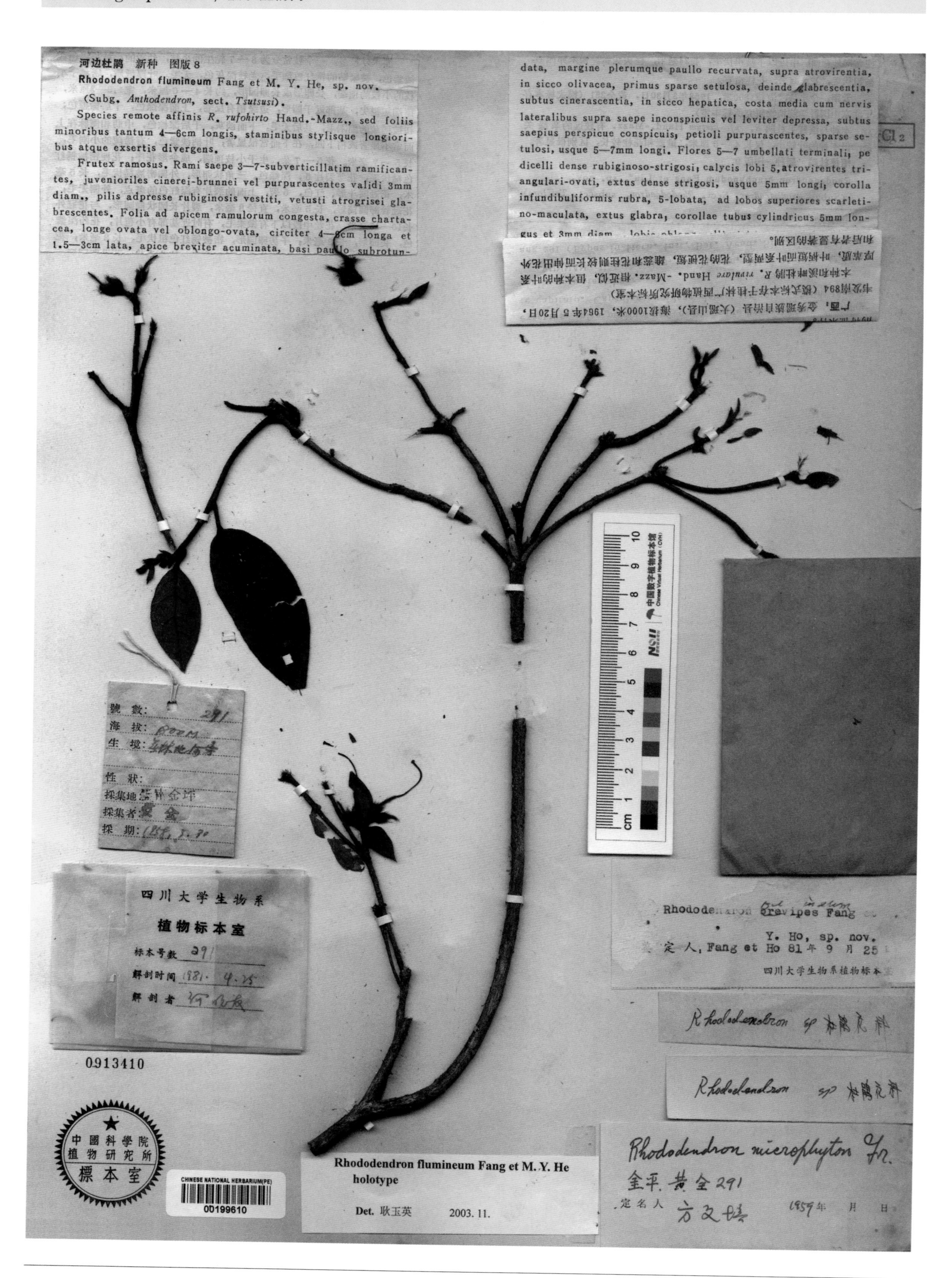

河边杜鹃 ***Rhododendron flumineum*** W. P. Fang & M. Y. He in Bull. Bot. Res., Harbin 2(2): 91, f. 8. 1982. **Holotype:** China. Yunnan: Jinping, alt. 1 800 m, 1958-03-30, Q. Huang 291.

凯里杜鹃 ***Rhododendron kaliense*** W. P. Fang & M. Y. He in Bull. Bot. Res., Harbin 2(2): 83, f. 2. 1982. **Isotype:** China. Guizhou: Kaili, 1959-08-31, S. Guizhou Exped. 03834.

拉卜楞杜鹃 ***Rhododendron labolengense*** Ching & H. P. Yang in Bull. Bot. Res., Harbin 3(2): 94, pl. 2: 1-5. 1983.
Paratype: China. Gansu: Langshan, 1937-08-18, T. P. Wang 7526.

墨脱杜鹃 ***Rhododendron megalanthum*** M. Y. Fang in Acta Phytotax. Sin. 26(1): 66, f. 1. 1988. **Isotype:** China. Xizang: Mêdog, alt. 2 200 m, 1983-03-26, B. S. Li & S. Z. Cheng 03596.

林芝杜鹃 ***Rhododendron nyingchiense*** R. C. Fang & S. H. Huang, Fl. Xizang. 3: 674, f. 270: 1-5. 1986. **Paratype:** China. Xizang: Nyingchi, alt. 4 300 m, 1966-06-03, J. W. Zhang & C. T. Wang 0180.

毛柱杜鹃 ***Rhododendron pilostylum*** W. K. Hu in Bull. Bot. Res., Harbin 8(3): 49, f. 1. 1988. **Isotype:** China. Yunnan: Jinping, alt. 2 500 m, 1958-03-24, Q. Huang 220.

斑叶杜鹃 ***Rhododendron punctifolium*** L. C. Hu in Acta Phytotax. Sin. 22(4): 316, f. 1. 1984. **Holotype:** China. Yunnan: Dali, 1940-03-29, R. C. Ching 22807.

Primulaceae

报春花科

Baochunhua Ke

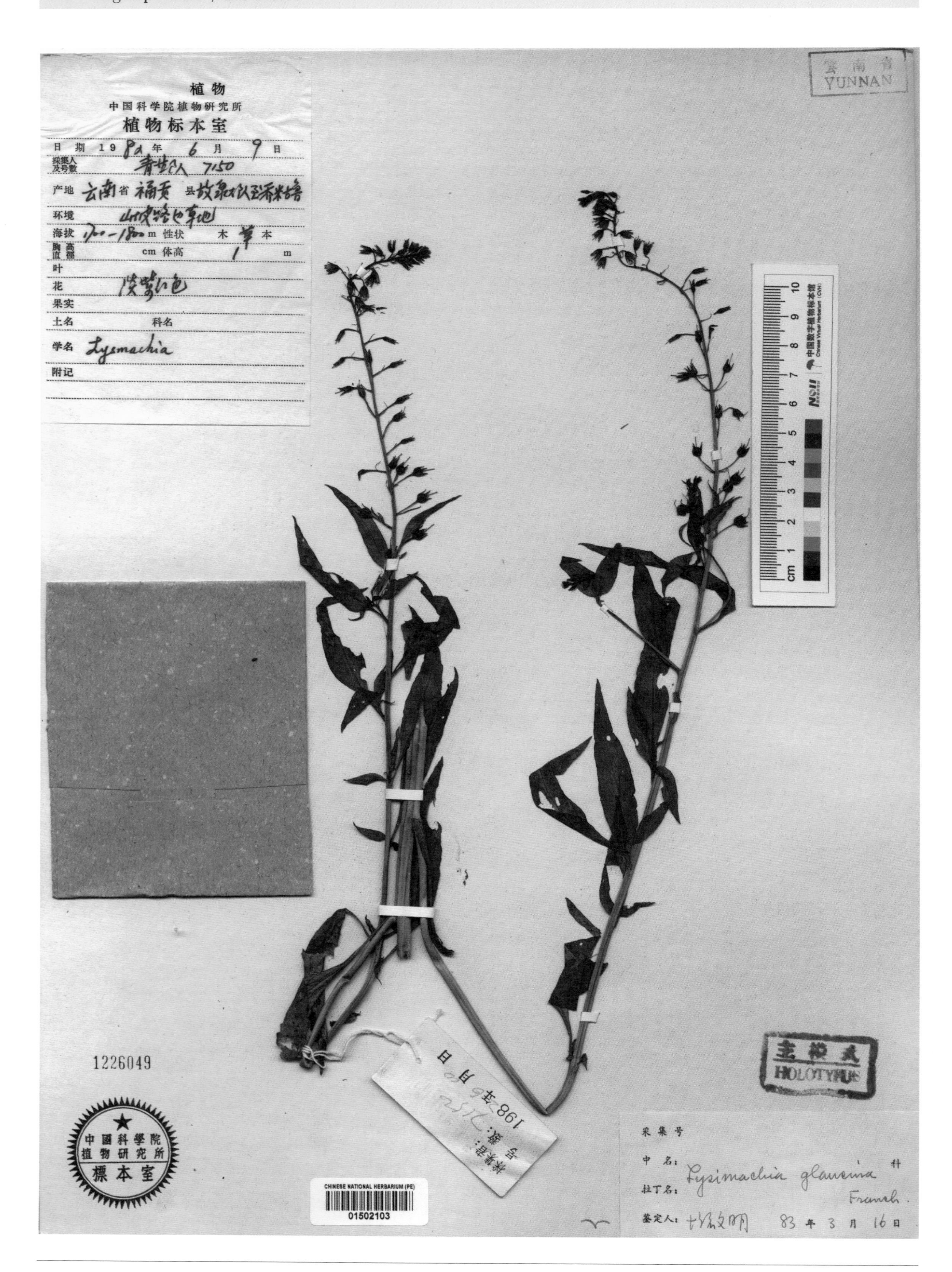

短花珍珠菜 ***Lysimachia breviflora*** C. M. Hu in Acta Bot. Aust. Sin. 2: 201, f. 1: 6-8. 1986. **Holotype:** China. Yunnan: Fugong, alt. 1 700~1 800 m, 1982-06-09, Qinghai-Xizang Exped. 7150.

Ebenaceae

柿树科

Shishu Ke

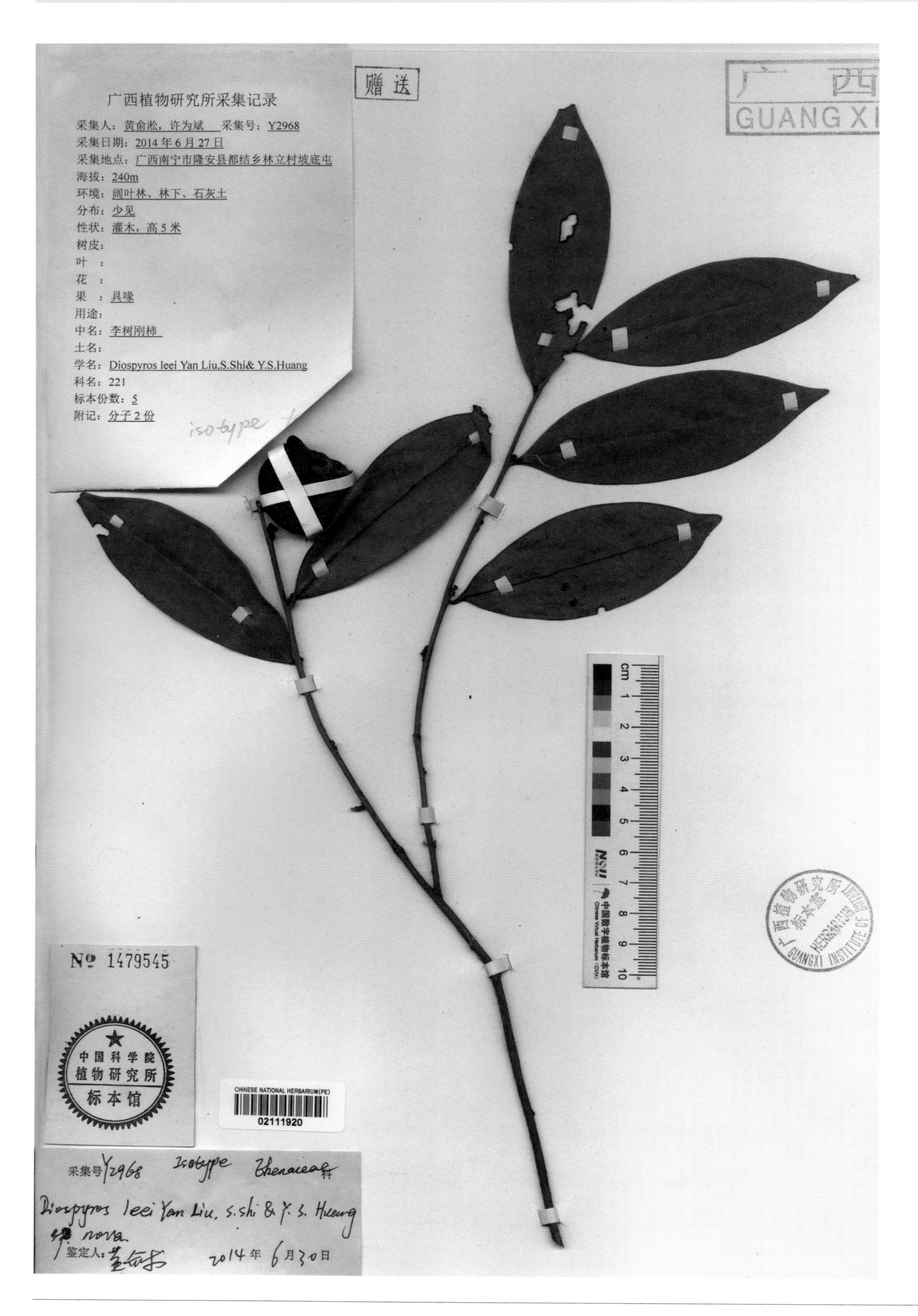

李树刚柿 ***Diospyros leei*** Yan Liu, S. Shi & Y. S. Huang in Ann. Bot. Fennici 52(5-6): 335, f. 1. 2015. **Isotype:** China. Guangxi: Longan, alt. 240 m, 2014-06-27, Y. S. Huang & W. B. Xu Y2968.

Styracaceae

野茉莉科

Yemoli Ke

绒毛山茉莉 ***Huodendron tomentosum*** Y. C. Tang ex S. M. Hwang in Acta Phytotax. Sin. 18(2): 164, f. 4. 1980. **Holotype:** China. Yunnan: Gongshan, alt. 1 900 m, 1938-07-07, T. T. Yu 19219.

Gentianaceae

龙胆科

Longdan Ke

尖叶喉毛花 ***Comastoma cyanathiflorum*** (Franch. ex Hemsl.) Holub var. ***acutifolium*** Ma & H. W. Li ex T. N. Ho in Acta Biol. Plateau Sin. 1: 37. 1982. **Holotype:** China. Yunnan: Gongshan, alt. 3 500 ~ 3 700 m, 1940-09-10, K. M. Feng 7672.

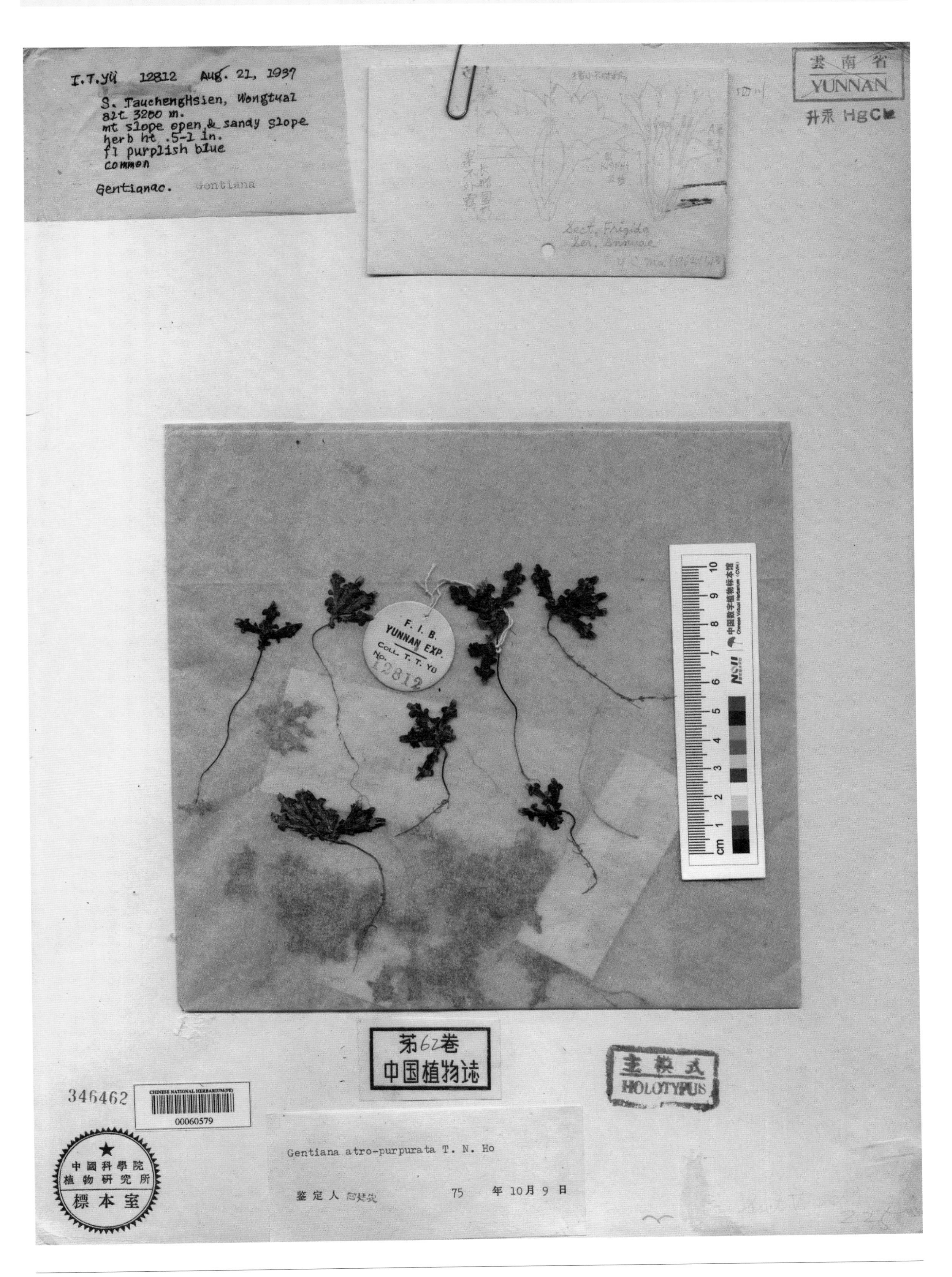

黑紫龙胆 ***Gentiana atropurpurea*** T. N. Ho in Bull. Bot. Res., Harbin 4(1): 76, pl. 3: 1-5. 1984. **Holotype:** China. Sichuan: Daocheng, alt. 3 200 m, 1937-08-21, T. T. Yu 12812.

滨川漳牙菜 ***Swertia binchuanensis*** T. N. He & S. W. Liu in Acta Phytotax. Sin. 18(1): 84. 1980. **Holotype:** China. Yunnan: Binchuan, 1946-10-14, T. N. Liu 21544.

清河獐牙菜 ***Swertia obtusa*** Ledeb. var. ***quingheensis*** T. N. He & S. W. Liu in Acta Phytotax. Sin. 18(1): 76. 1980.
Holotype: China. Xinjiang: Qinghe, alt. 2 500 m, 1956-08-05, R. C. Ching 1155.

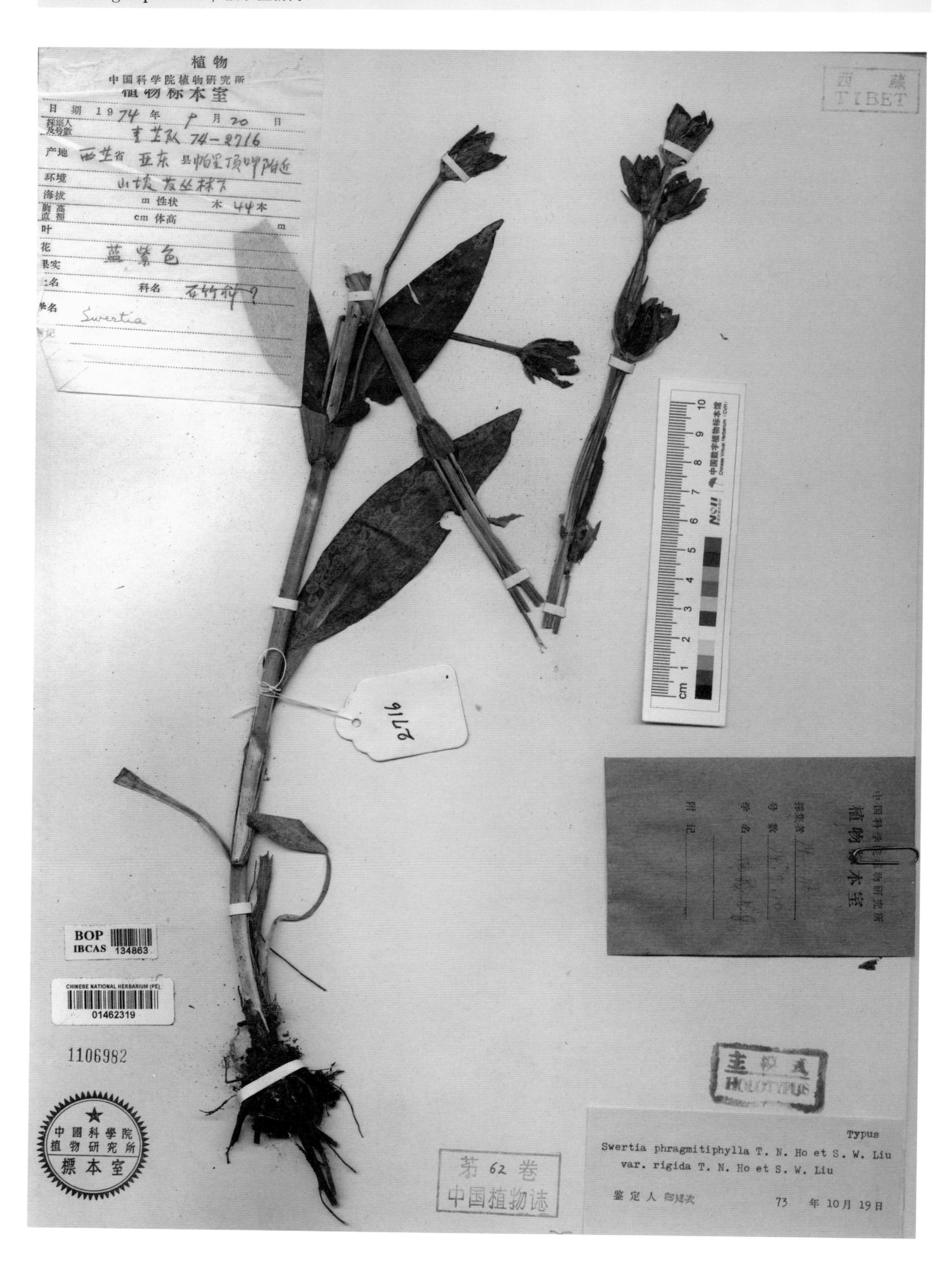

坚硬獐牙菜 ***Swertia phragmitiphylla*** T. N. He & S. W. Liu var. ***rigida*** T. N. He & S. W. Liu in Acta Phytotax. Sin. 18(1): 79. 1980. **Holotype:** China. Xizang: Yadong, 1974-09-20, Qinghai-Xizang Exped. 74-2716.

Boraginaceae

紫草科

Zicao Ke

长柱斑种草 ***Bothriospermum longistylum*** Q. W. Lin & Bing Liu in Nordic J. Bot. e 01694: 4, f. 2-3, 4: A-E. 2018. **Holotype:** China. Beijing: Mentougou, Qianlingshan, alt. 218 m, 2016-04-17, Q. W. Lin 1190.

甘青琉璃草 *Cynoglossum gansuense* Y. L. Liu in Acta Phytotax. Sin. 19(4): 519. 1981. **Holotype:** China. Qinghai: Huangyuan, 1958-07-11, P. C. Tsoong 8882.

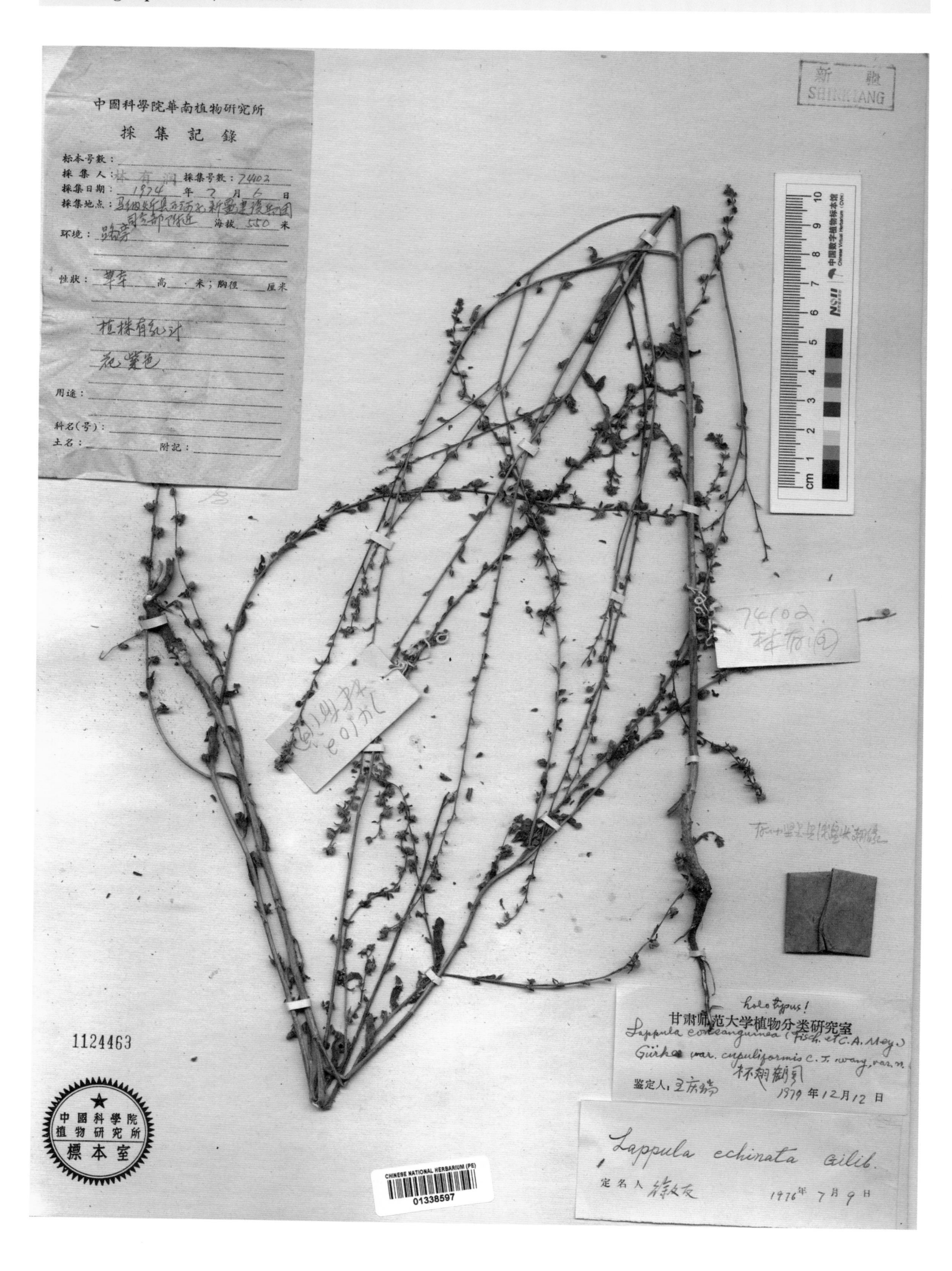

杯翅鹤虱 ***Lappula consanguinea*** (Fisch. & C. A. Mey.) Gurke var. ***cupuliformis*** C. J. Wang in Bull. Bot. Res., Harbin 1(4): 88. 1981. **Holotype:** China. Xinjiang: Manas, alt. 550 m, 1974-07-06, Y. R. Lin 74102.

马尔康滇紫草 ***Onosma maaikangense*** W. T. Wang in Acta Phytotax. Sin. 18(1): 64, pl. 7: 2. 1980. **Holotype:** China. Sichuan: Barkam, alt. 2 650 m, 1957-07-13, H. F. Zhou & T. Y. Chang 23007.

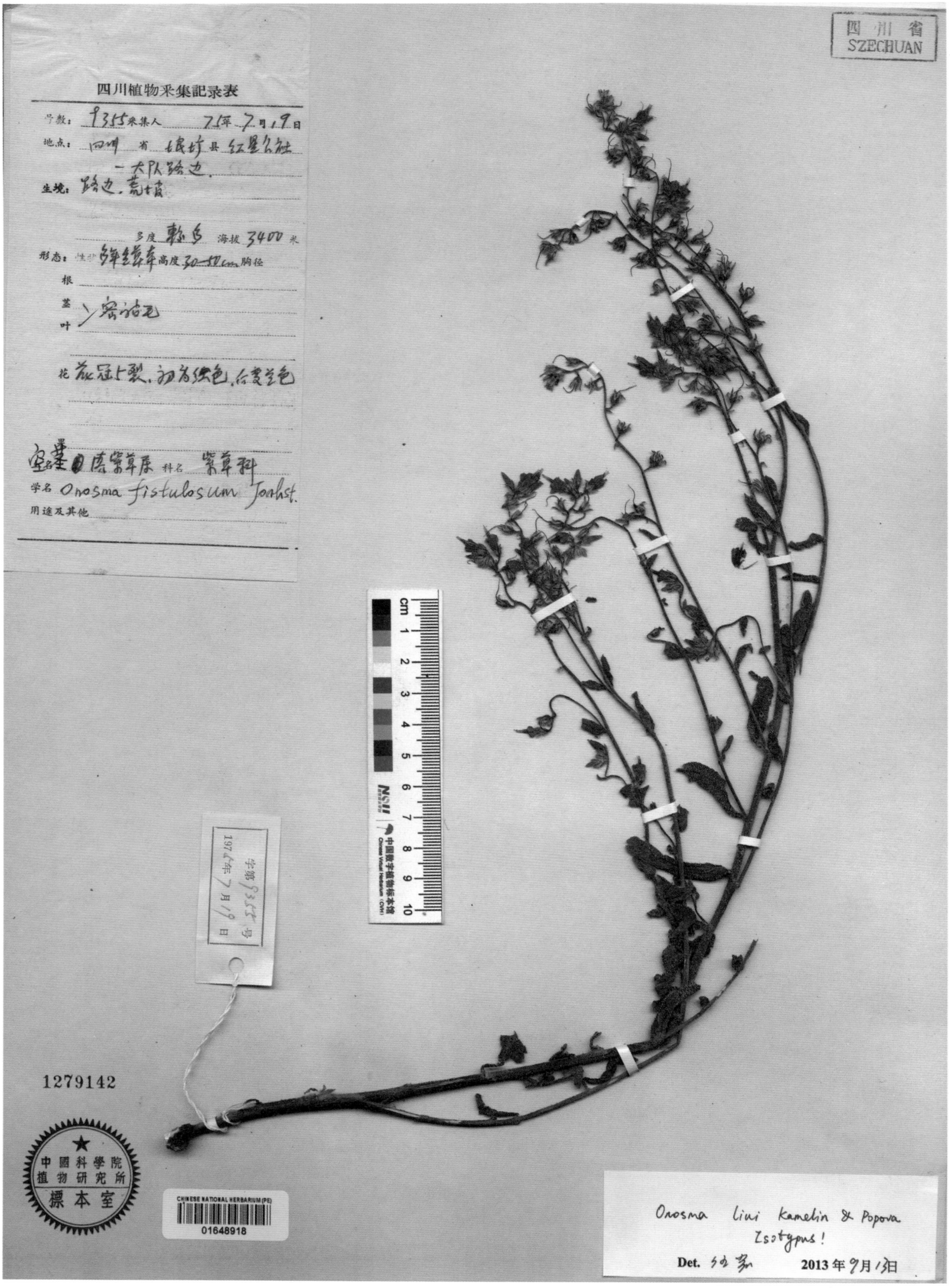

壤塘滇紫草 ***Onosma strigosum*** Y. L. Liu in Acta Phytotax. Sin. 18(1): 65, pl. 7: 3. 1980. **Isotype:** China. Sichuan: Rangtang, alt. 3 400 m, 1975-07-19, Anonymous 9355.

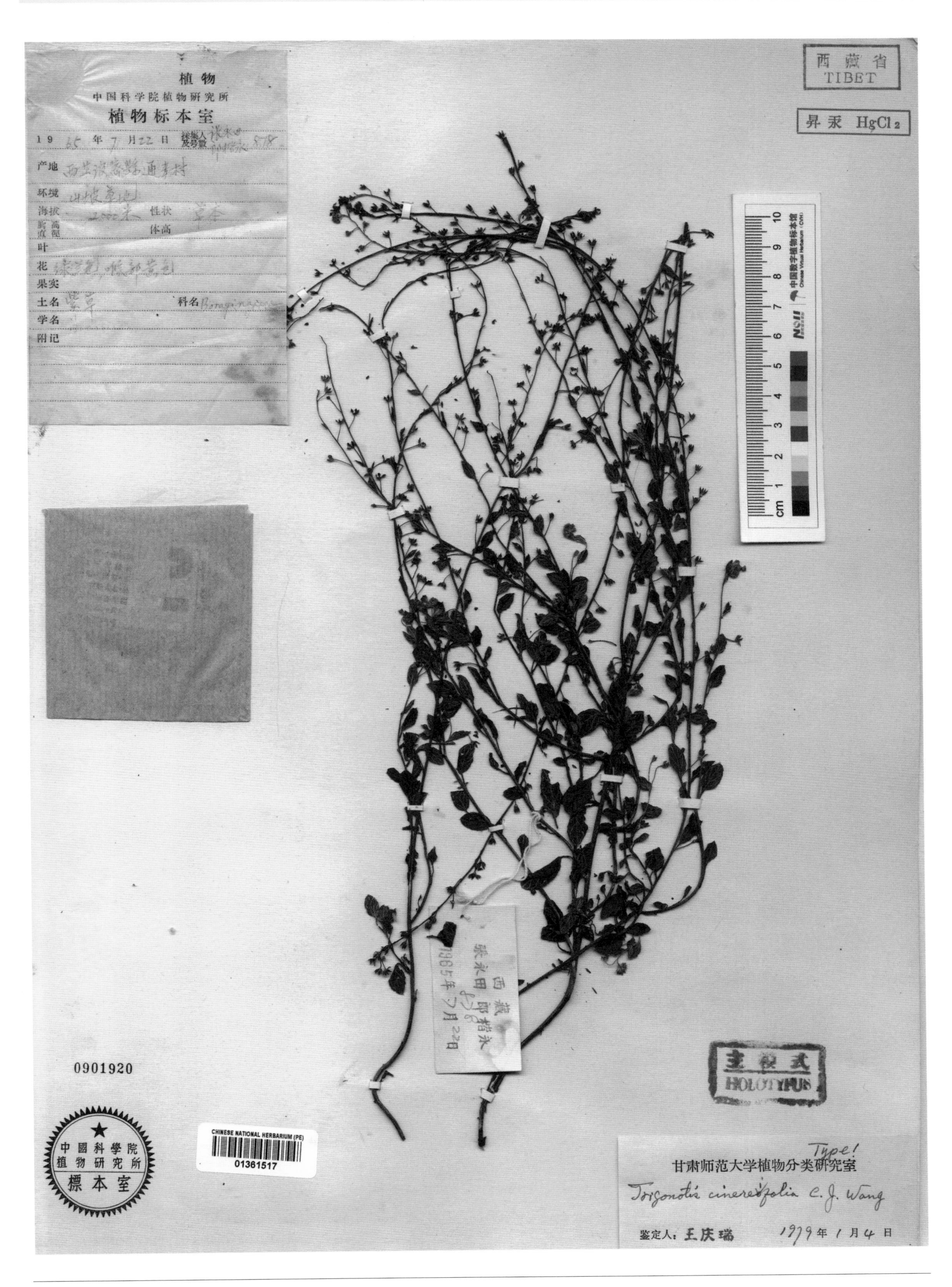

灰叶附地菜 ***Trigonotis cinereifolia*** C. J. Wang in Acta Pbytotax. Sin. 18(2): 254, f. 1: 4-8. 1980. **Holotype:** China. Xizang: Bomi, alt. 2 000 m, 1965-07-22, Y. T. Chang & K. Y. Lang 878.

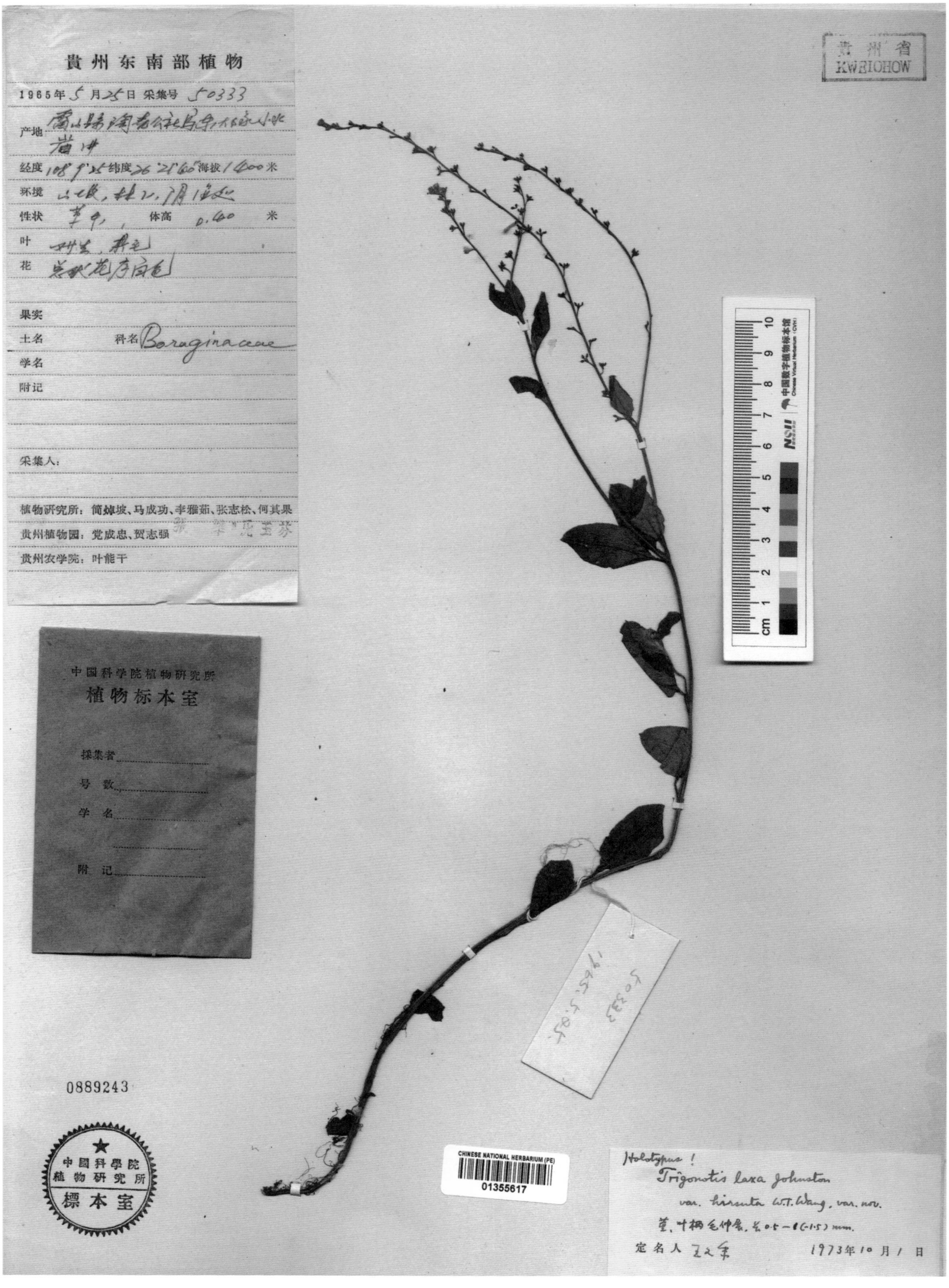

硬毛附地菜 ***Trigonotis laxa*** Johnst. var. ***hirsuta*** W. T. Wang in Acta Bot. Yunnan. 4(1): 39. 1982. **Holotype:** China. Guizhou: Leishan, alt.1 400 m, 1965-05-25, C. P. Tsien & al. 50333.

大花附地菜 ***Trigonotis peduncularis*** (Trev.) Benth. var. ***macrantha*** W. T. Wang in Bull. Bot. Res., Harbin 6(3): 89. 1986. **Holotype:** China. Gansu: Xifeng, alt. 1 100 m, 1954-04-15, T. P. Wang 17426.

Verbenaceae

马鞭草科

Mabiancao Ke

奇里卡瓦腺体草 ***Glandularia chiricahensis*** R. E. Umber in Syst. Bot. 4(1): 92. 1979. **Isotype:** USA. Arizona: Cochise, Chiricahua Mts., R. & J. Umber 640.

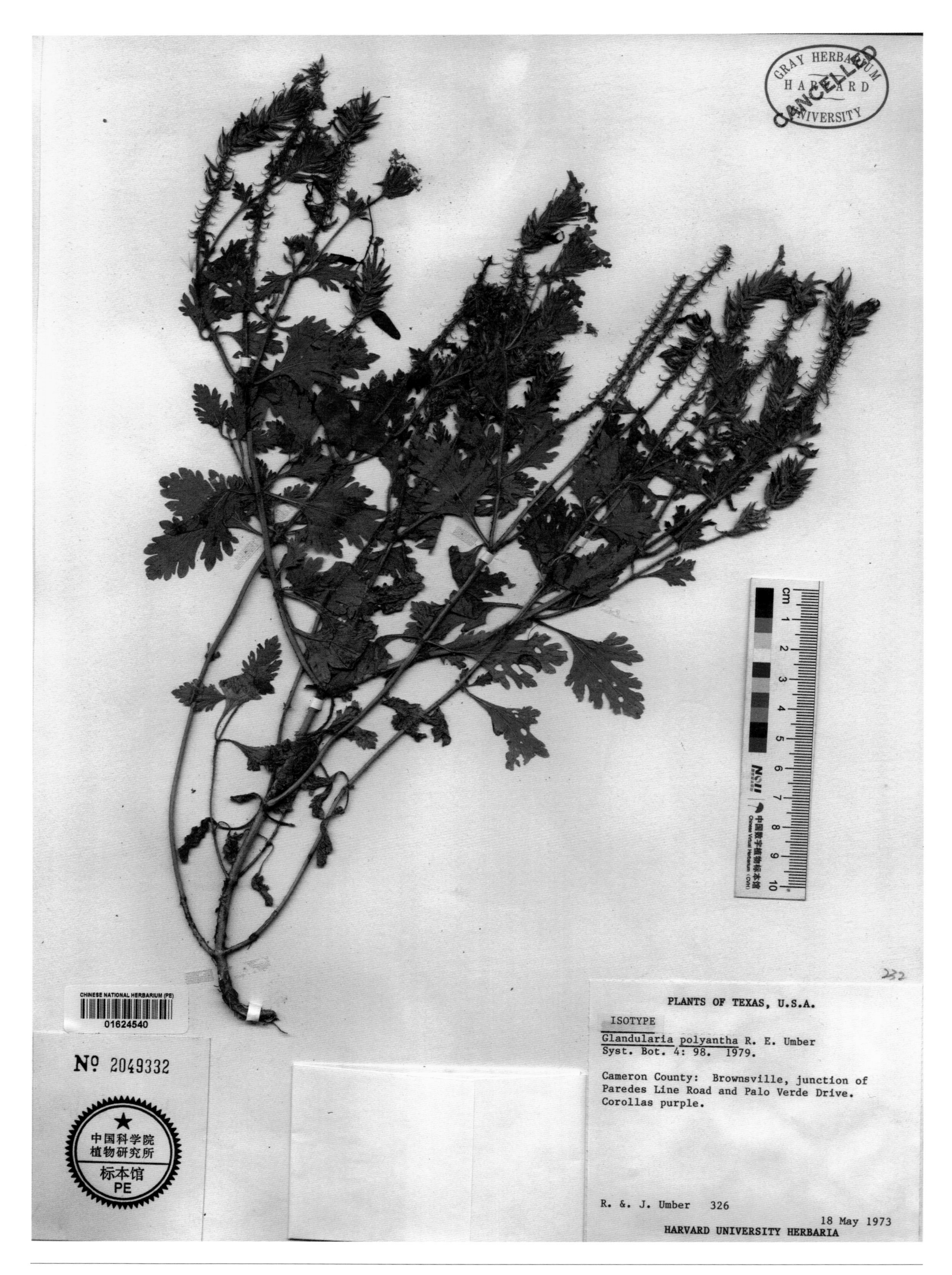

多花腺体草 ***Glandularia polyantha*** R. E. Umber in Syst. Bot. 4(1): 98. 1979. **Isotype:** USA. Texas: Cameron, 1973-05-18, R.&J. Umber 326.

Labiatae（Lamiaceae）

唇形科

Chunxing Ke

筋骨草倒披针叶变种 ***Ajuga decumbens*** Thunb. var. ***oblancifolia*** Y. Z. Sun in Acta Phytotax. Sin. 11(1): 35. 1966. **Holotype:** China. Chongqing: Nanchuan, alt. 1 829~2 134 m, 1928-05-27, W. P. Fang 1078.

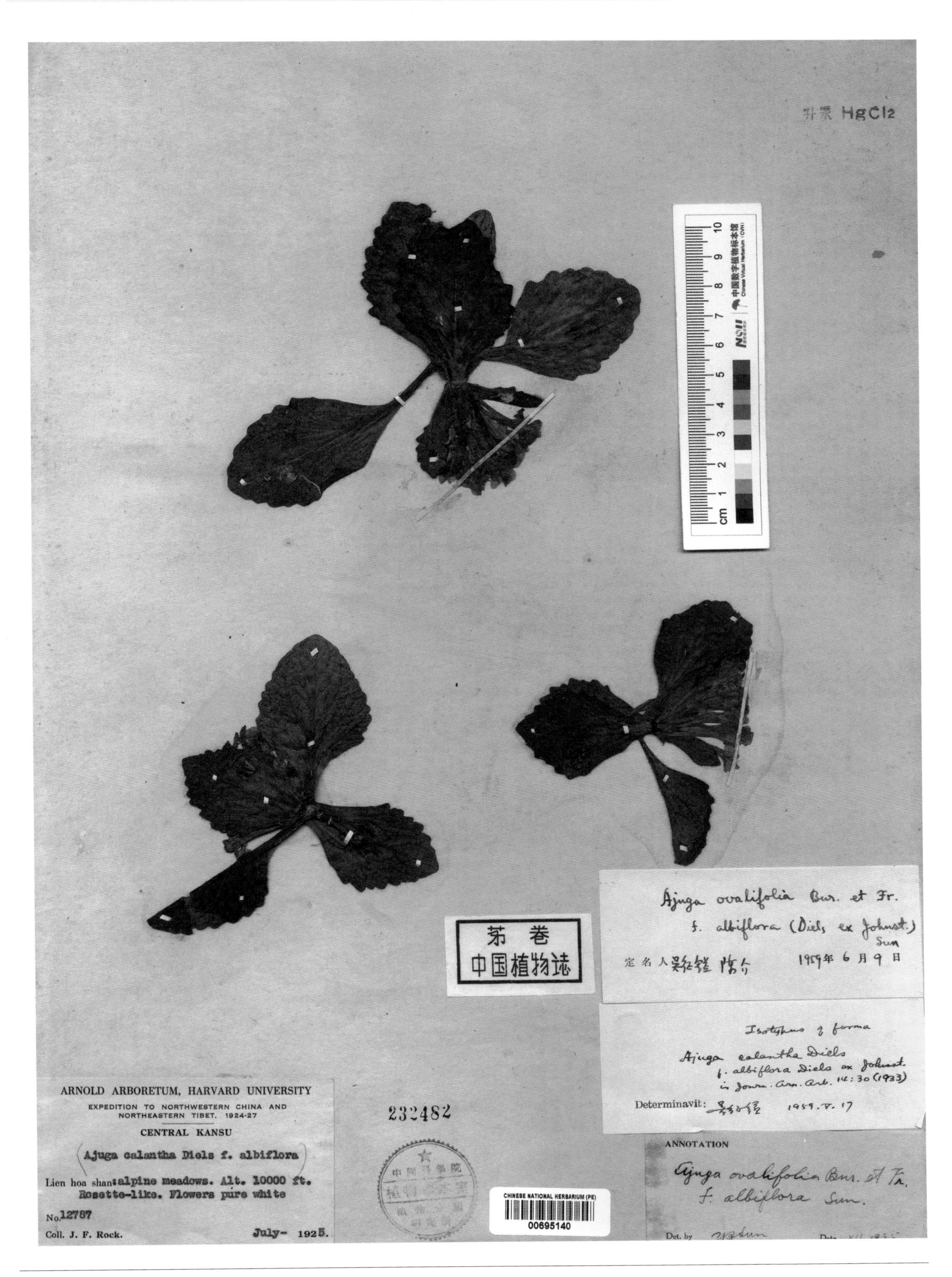

圆叶筋骨草美花变种白花变型 ***Ajuga ovalifolia*** Bur. & Fr. var. ***calantha*** (Diels) C. Y. Wu & C. Chen f. ***albiflora*** Y. Z. Sun ex C. Y. Wu & C. Chen in Acta Phytotax. Sin. 12(1): 23. 1974. **Isotype:** China. Gansu: Lianhuashan, alt. 3 048 m, 1925-07-??, J. F. Rock 12787.

羽叶枝子花短裂变种 ***Dracocephalum bipinnatum*** Rupr. var. ***brevilobum*** C. Y. Wu & W. T. Wang, Fl. Reip. Pop. Sin. 65(2): 591. 1977. **Holotype:** China. Xinjiang: Wenquan, 1957-08-27, K. C. Kuan 4658A.

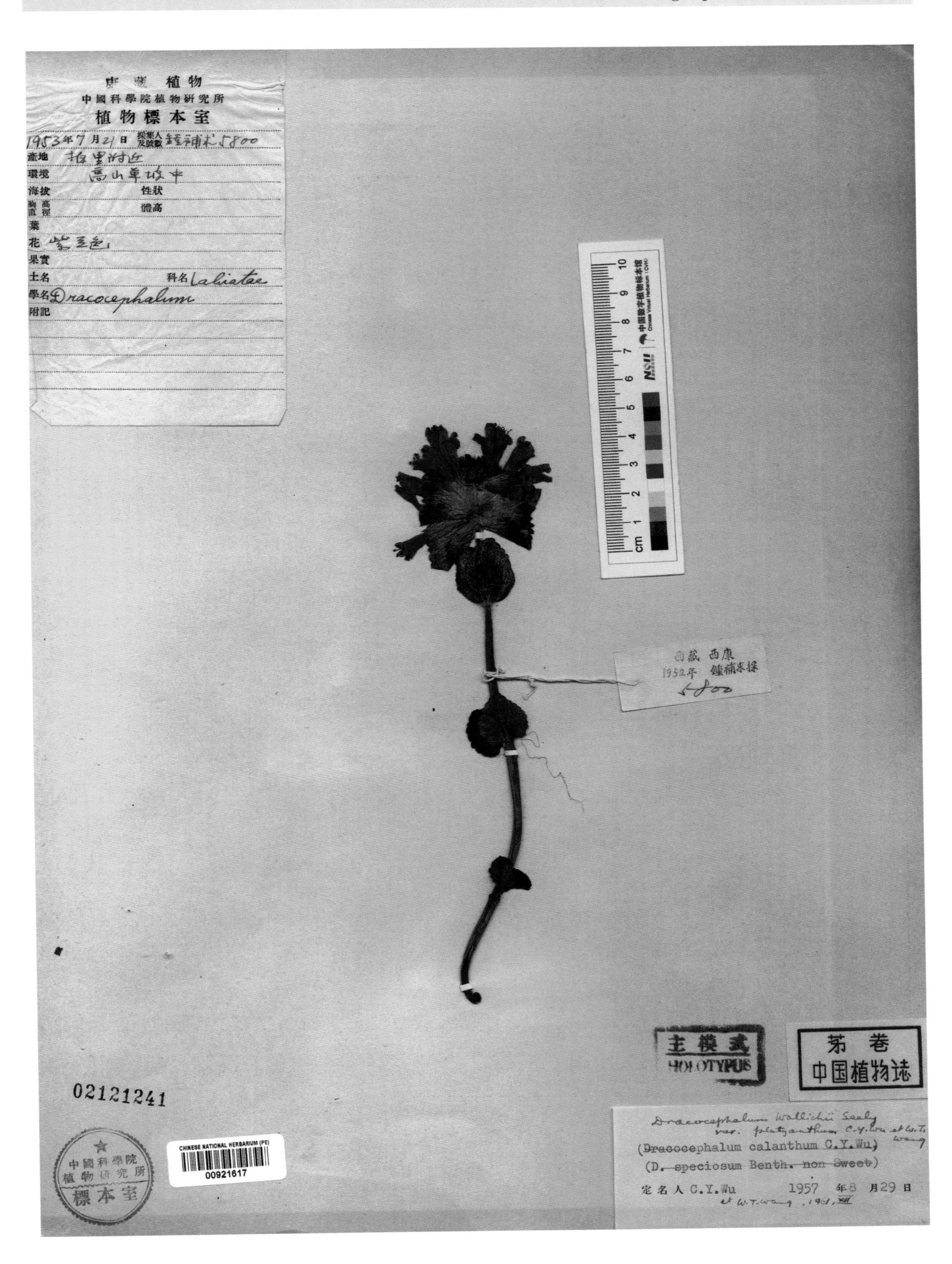

美花毛建草宽花变种 ***Dracocephalum wallichii*** Sealy var. ***platyanthum*** C. Y. Wu & W. T. Wang, Fl. Reip. Pop. Sin. 65(2): 593. 1977. **Holotype:** China. Xizang: Pagri, 1953-07-21, P. C. Tsoong 5800.

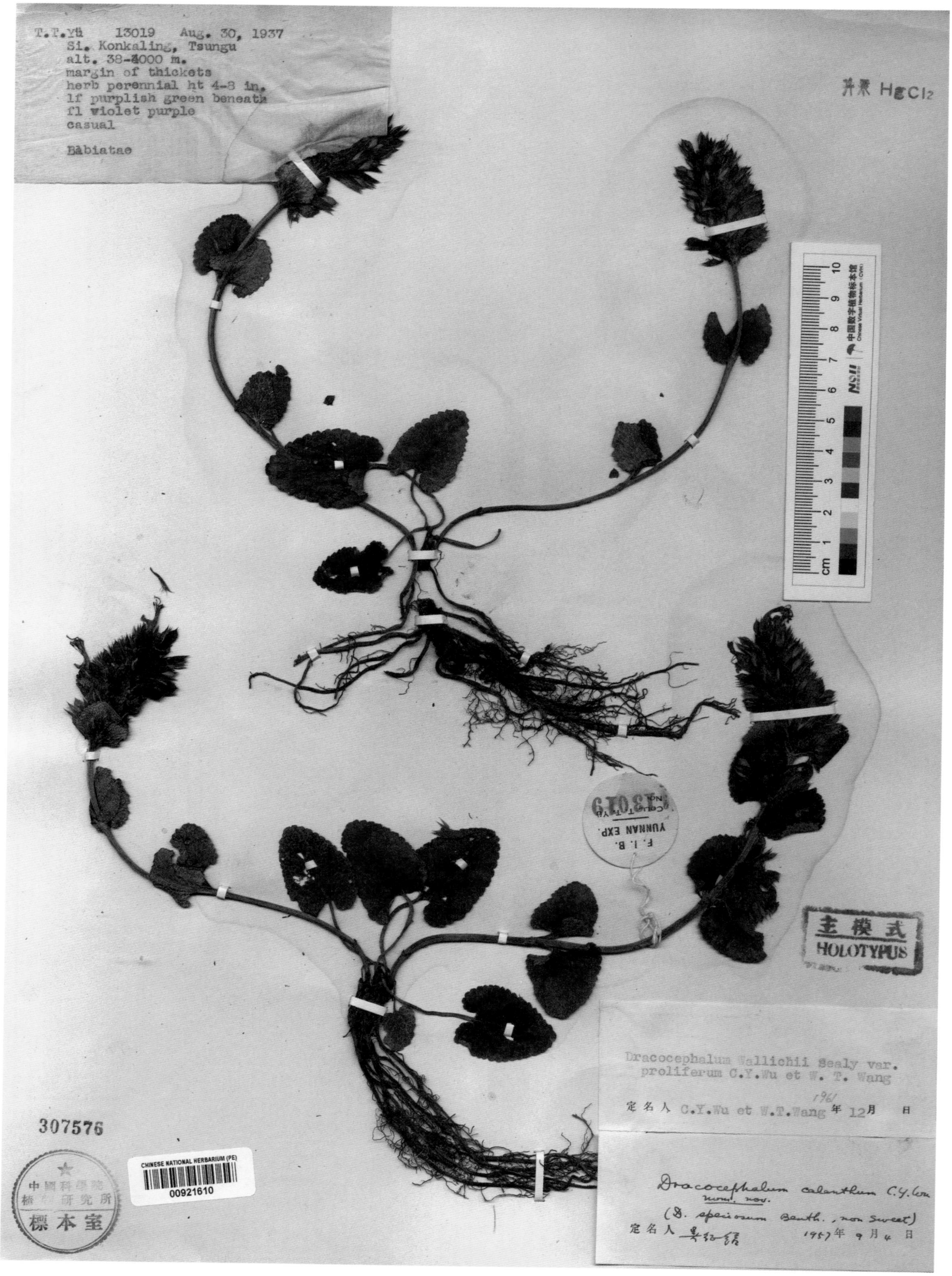

美花毛建草复序变种 ***Dracocephalum wallichii*** Sealy var. ***proliferum*** C. Y. Wu & W. T. Wang, Fl. Reip. Pop. Sin. 65(2): 593. 1977. **Holotype:** China. Sichuan: Gongga Ling, alt. 3 800~4 000 m, 1937-08-30, T. T. Yu 13019.

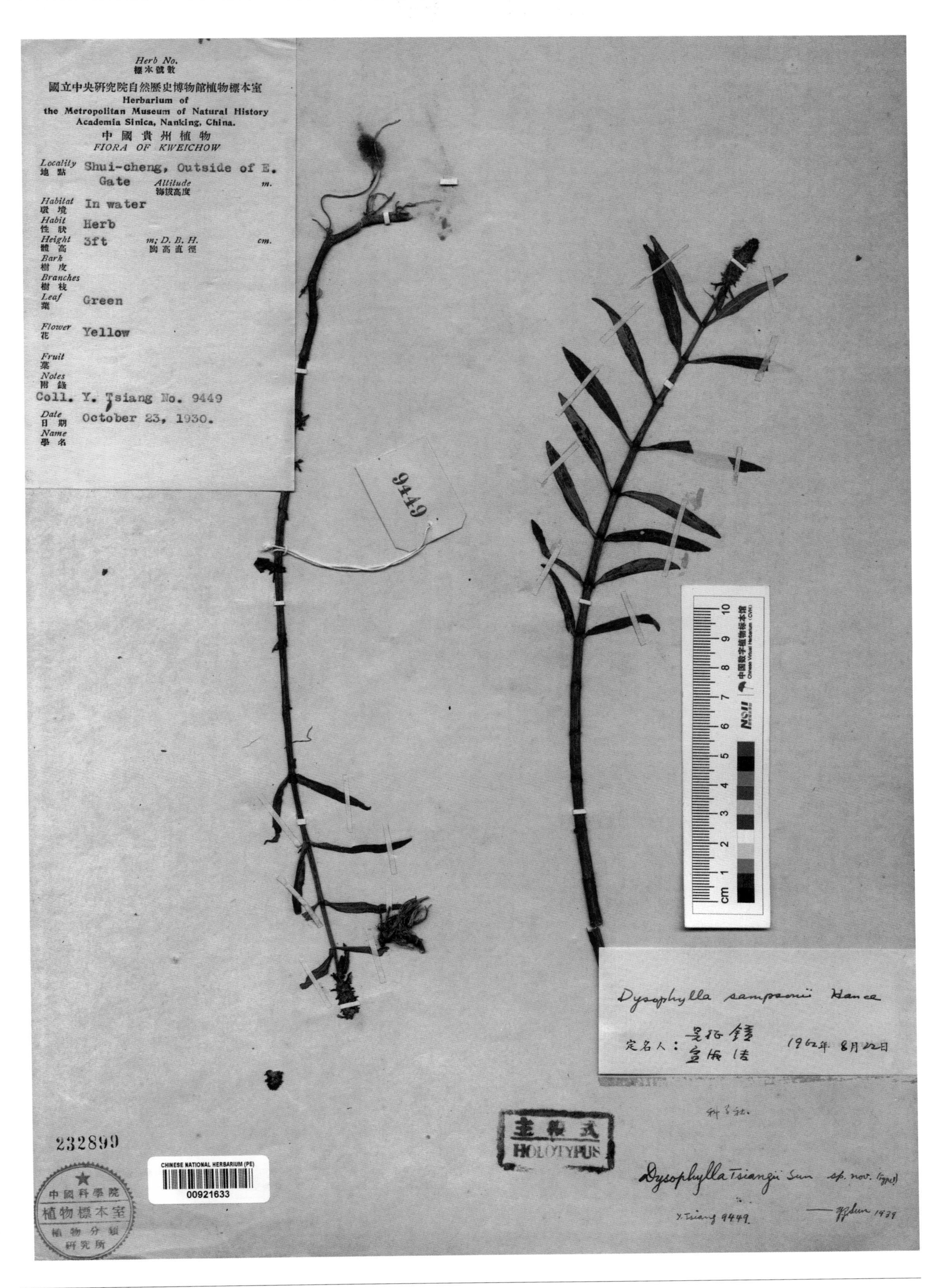

蒋氏水蜡烛 ***Dysophylla tsiangii*** Y. Z. Sun in Acta Phytotax. Sin. 11(1): 50, pl. 6: 20-22. 1966. **Holotype:** China. Guizhou: Shuicheng, 1930-10-23, Y. Tsiang 9449.

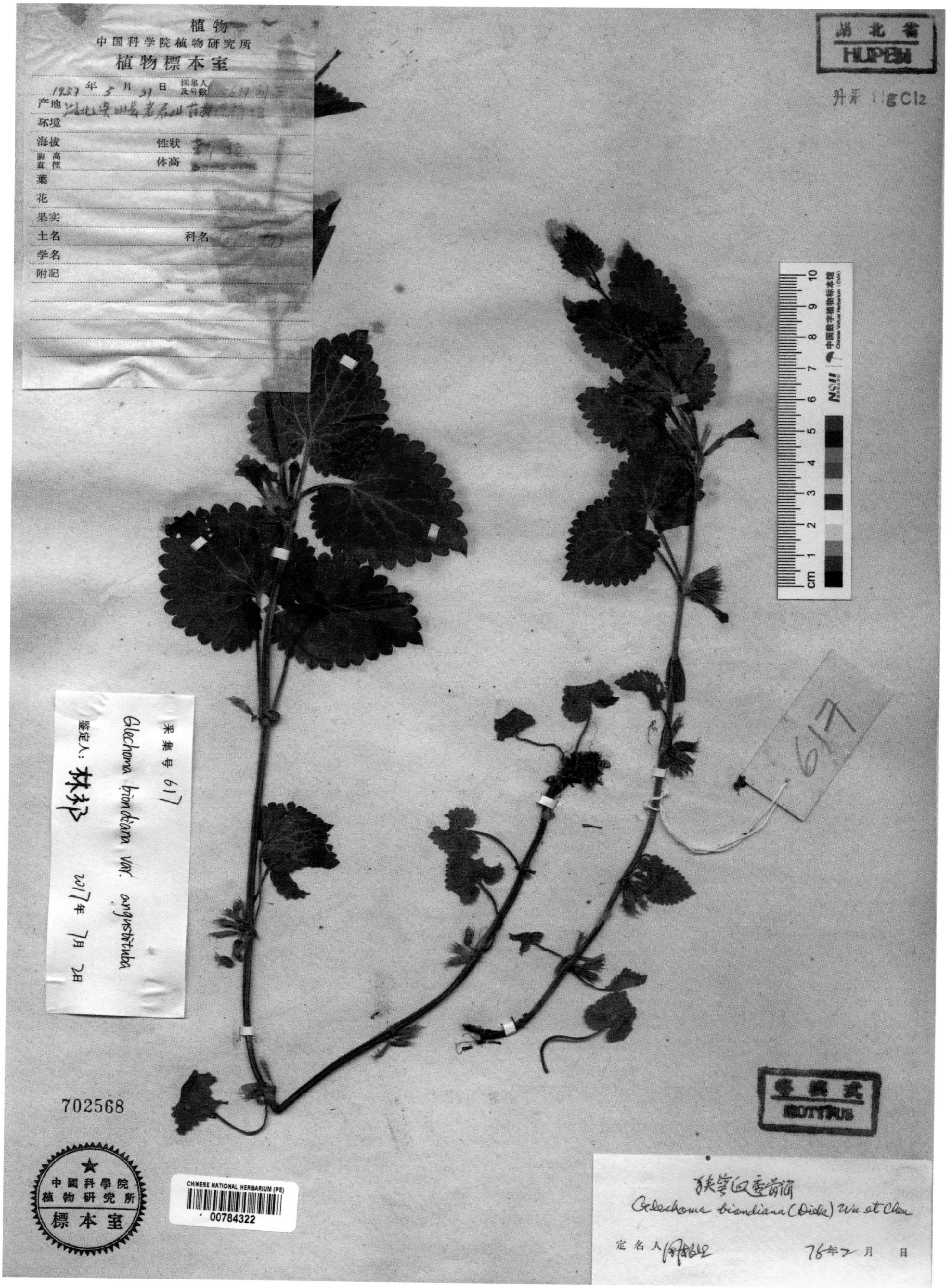

白透骨消狭萼变种 ***Glechoma biondiana*** (Diels) C. Y. Wu & C. Chen var. ***angustituba*** C. Y. Wu & C. Chen in Acta Phytotax. Sin. 12(1): 31, pl. 9: 1-3. 1974. **Isotype:** China. Hubei: Xingshan, Laojunshan, 1957-05-31, Y. Liu 617.

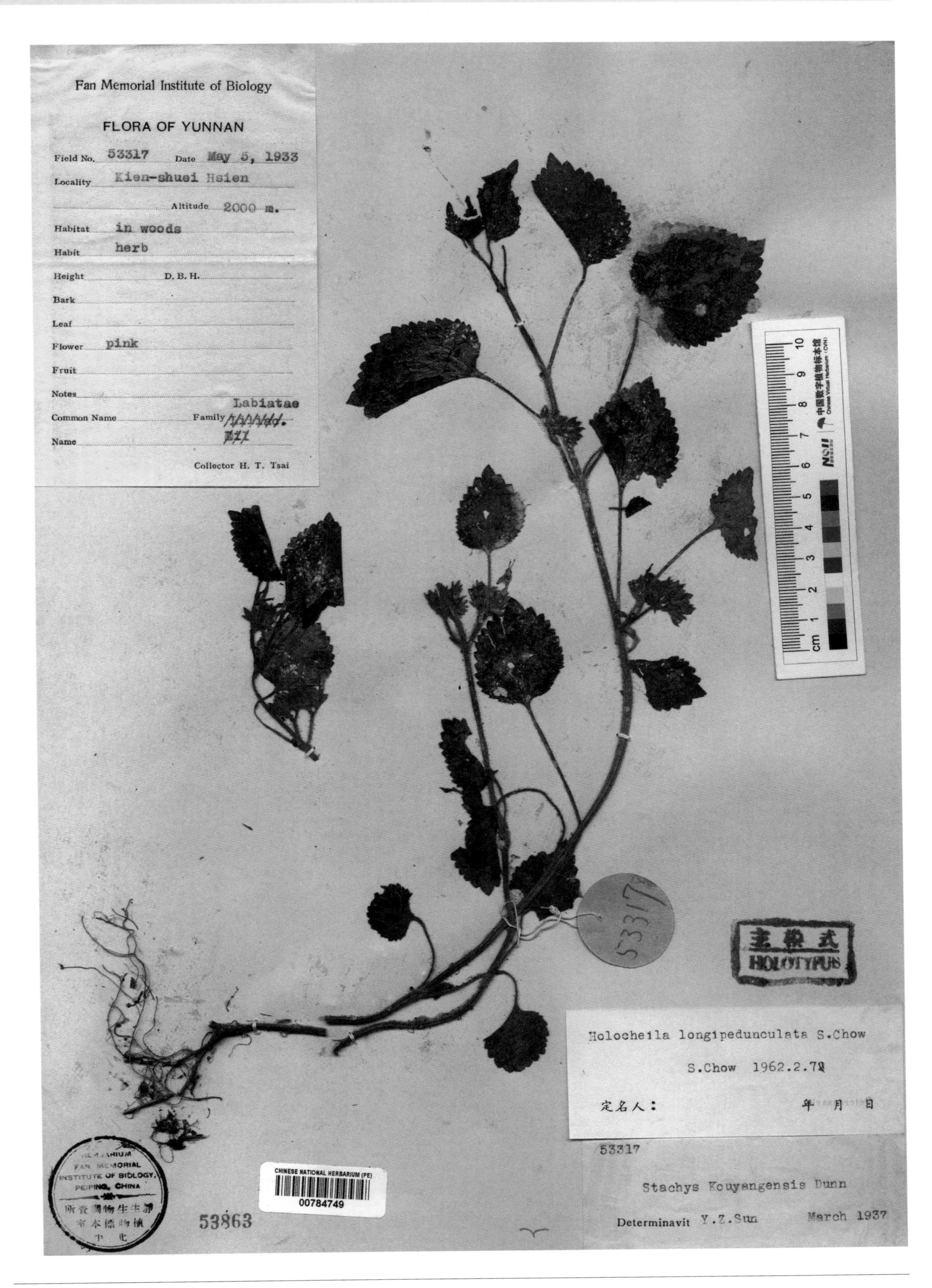

全唇花 ***Holocheila longipedunculata*** S. Chow in Acta Bot. Sin. 10(3): 250, pl. 2: 1-5. 1962. **Holotype:** China. Yunnan: Kien-shuei (=Jianshui), alt. 2 000 m, 1933-05-05, H. T. Tsai 53317.

硬尖神香草白花变种 ***Hyssopus cuspidatus*** Boriss. var. ***albiflorus*** C. Y. Wu & H. W. Li in Acta Phytotax. Sin. 10(3): 229. 1965. **Holotype:** China. Xinjiang: Tacheng, 1957-08-13, K. C. Kuan 2940.

宽唇神香草 ***Hyssopus latilabiatus*** C. Y. Wu & H. W. Li in Acta Phytotax. Sin. 10(3): 229. 1965. **Holotype:** China. Xinjiang: Tianshan, 1957-08-03, K. C. Kuan 2375.

橙黄香茶菜 ***Isodon aurantiacus*** Y. P. Chen & C. L. Xiang in Ann. Bot. Fennici 54: 239, f. 1-2. 2017. **Isotype:** China. Xizang: Mainling, alt. 3 138 m, 2016-09-16, C. L. Xiang, Y. P. Chen, F. Zhao & D. X. Chen 1488.

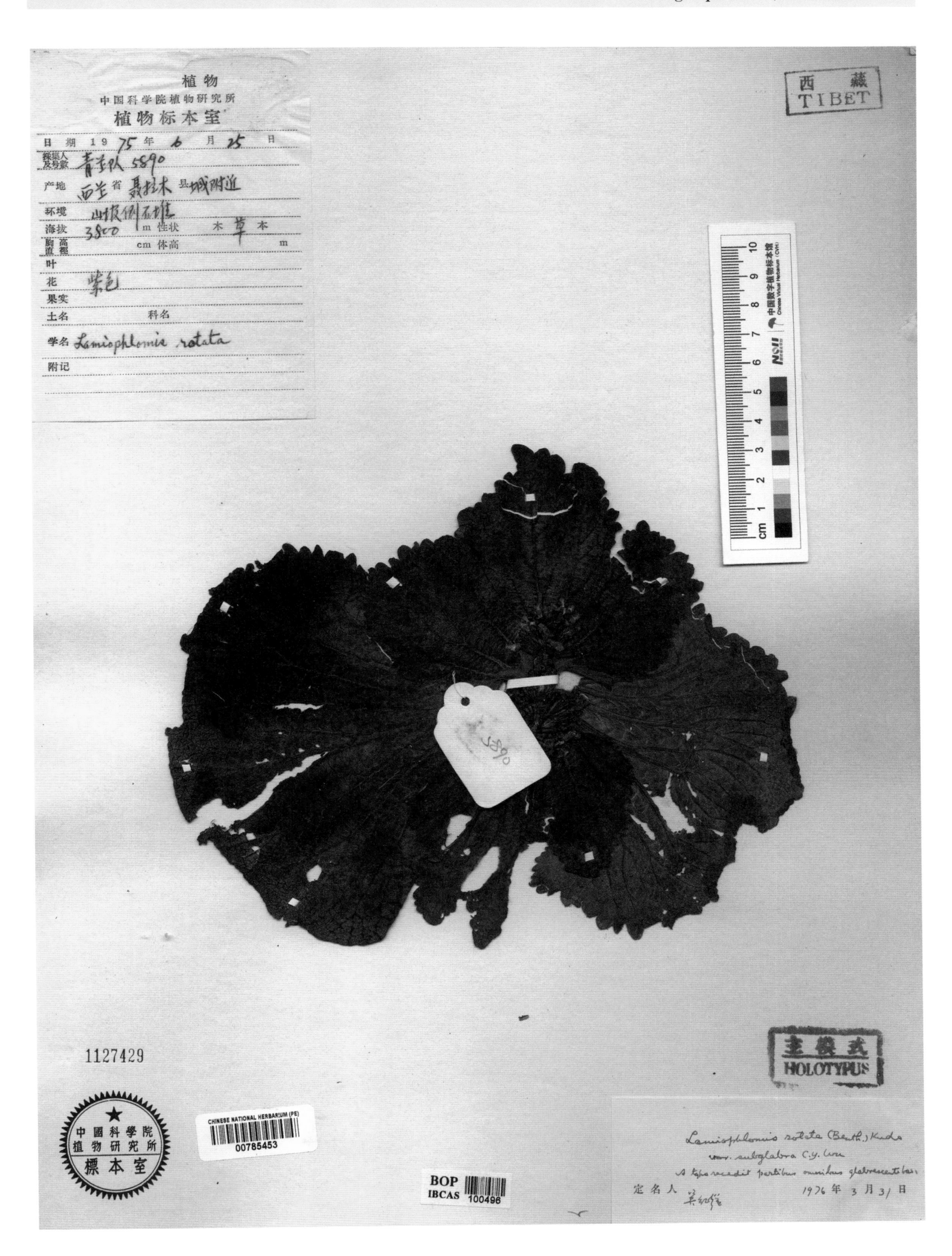

无毛独一味 ***Lamiophlomis rotata*** (Benth.) Kudo var. ***subglabra*** C. Y. Wu, Fl. Xizang. 4: 159. 1985. **Holotype:** China. Xizang: Nyalam, alt. 3 800 m, 1975-06-25, Qinghai-Xizang Exped. 5890.

鬃尾草状益母草 ***Leonurus chaituroides*** C. Y. Wu & H. W. Li in Acta Phytotax. Sin. 10(2): 161. 1965. **Holotype:** China. Hubei: Lichuan, alt. 1 000 m, 1951-09-02, L. Y. Dai & C. H. Chien 967.

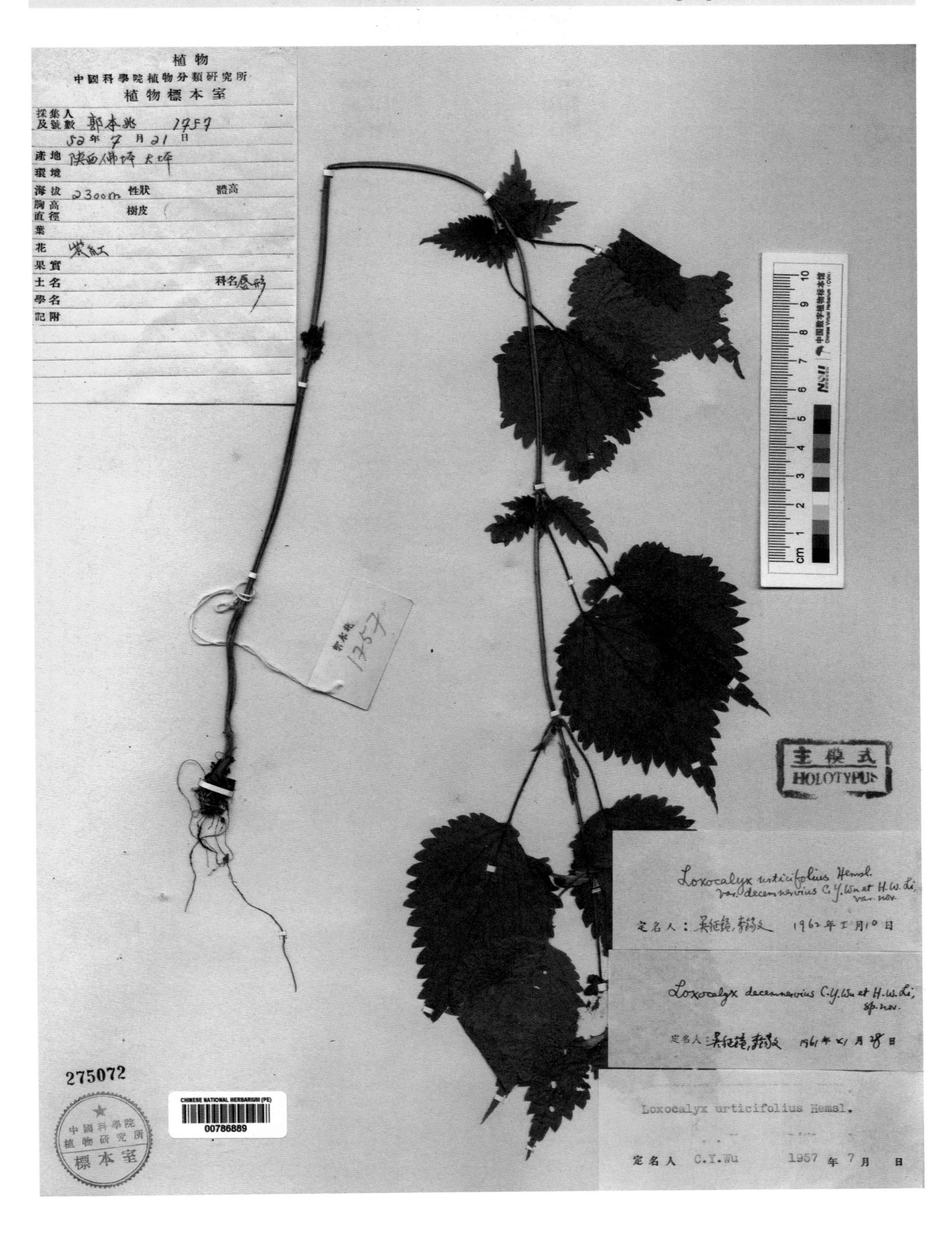

斜萼草十脉变种 ***Loxocalyx urticifolius*** Hemsl. var. ***decemnervius*** C. Y. Wu & H. W. Li in Acta Phytotax. Sin. 10(3): 220. 1965. **Holotype:** China. Shaanxi: Foping, alt. 2 300 m, 1952-07-21, B. Z. Guo 1757.

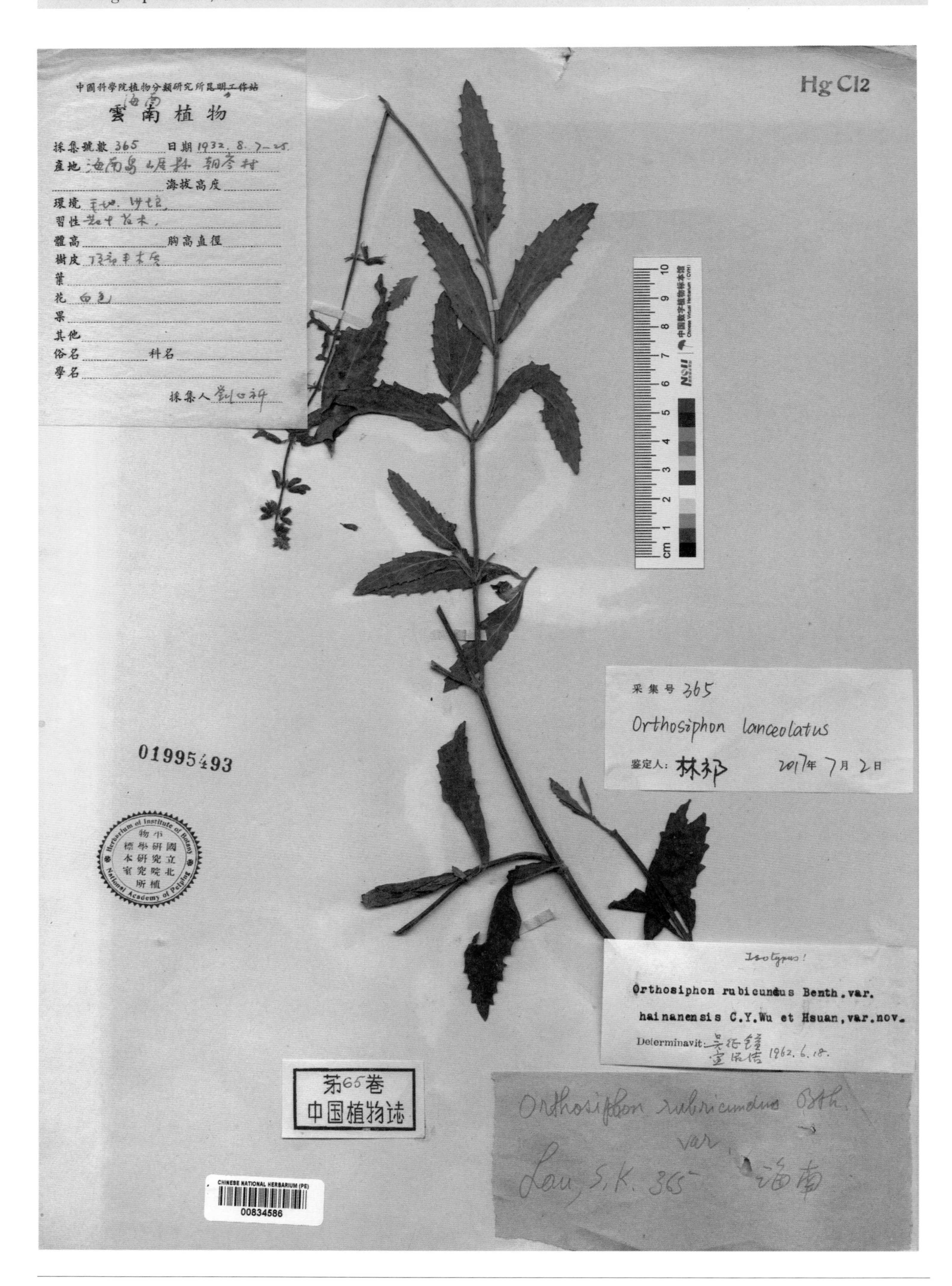

披针叶直管草 ***Orthosiphon lanceolatus*** Y. Z. Sun in Acta Phytotax. Sin. 11(1): 55, pl. 7: 45-48. 1966. **Isotype:** China. Hainan: Ya Xian (=Sanya), 1932-08-(07~25), S. K. Lau 365.

罗甸假糙苏 ***Paraphlomis lutienensis*** Y. Z. Sun in Acta Phytotax. Sin. 4(1): 48. 1955. **Holotype:** China. Guizhou: Luodian, alt. 330 m, Y. Tsiang 7198.

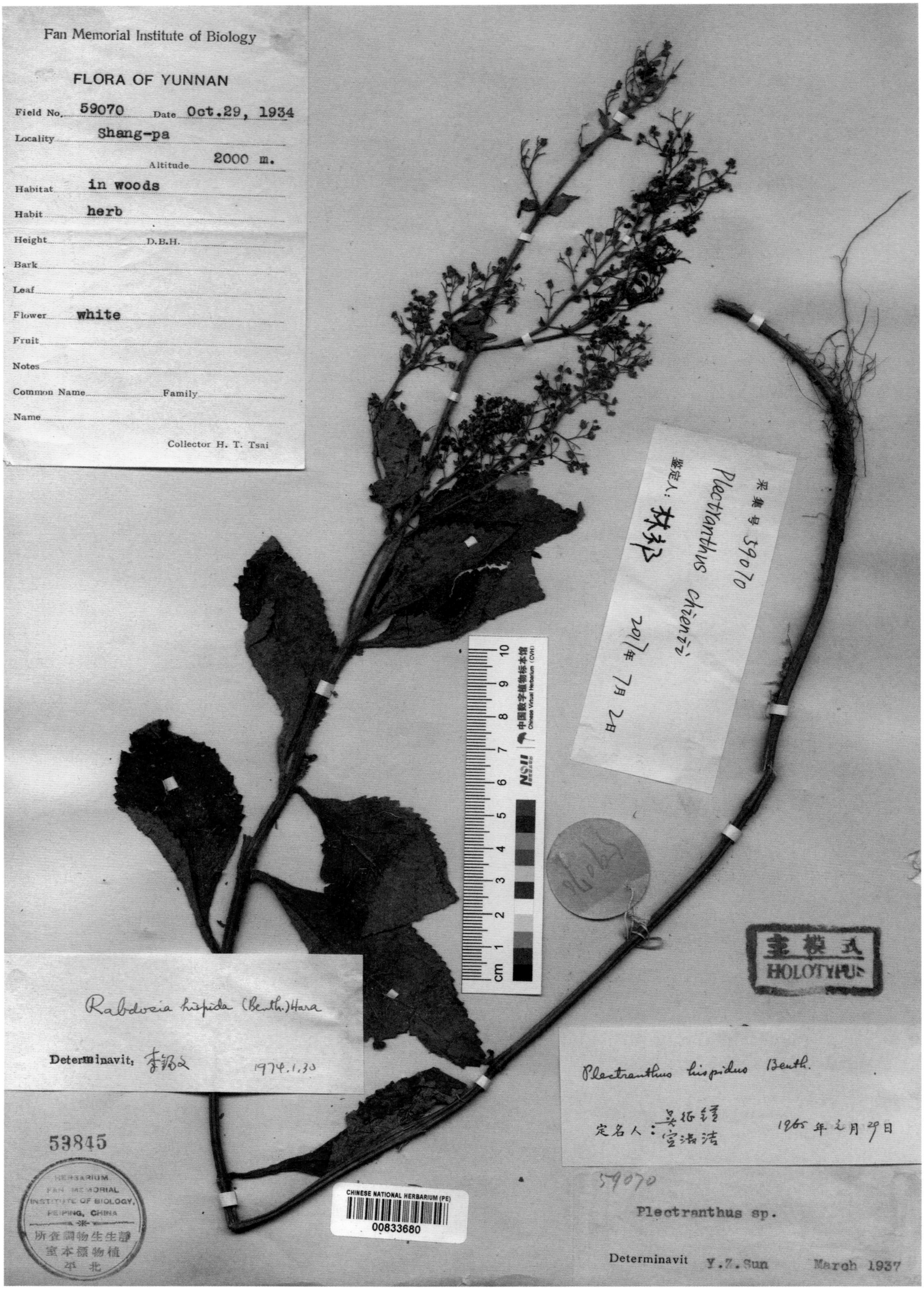

钱氏香茶菜 ***Plectranthus chienii*** Y. Z. Sun in Acta Phytotax. Sin. 11(1): 52, pl. 7: 28-31. 1966. **Holotype:** China. Yunnan: Shangpa (=Fugong), alt. 2 000 m, 1934-10-29, H. T. Tsai 59070.

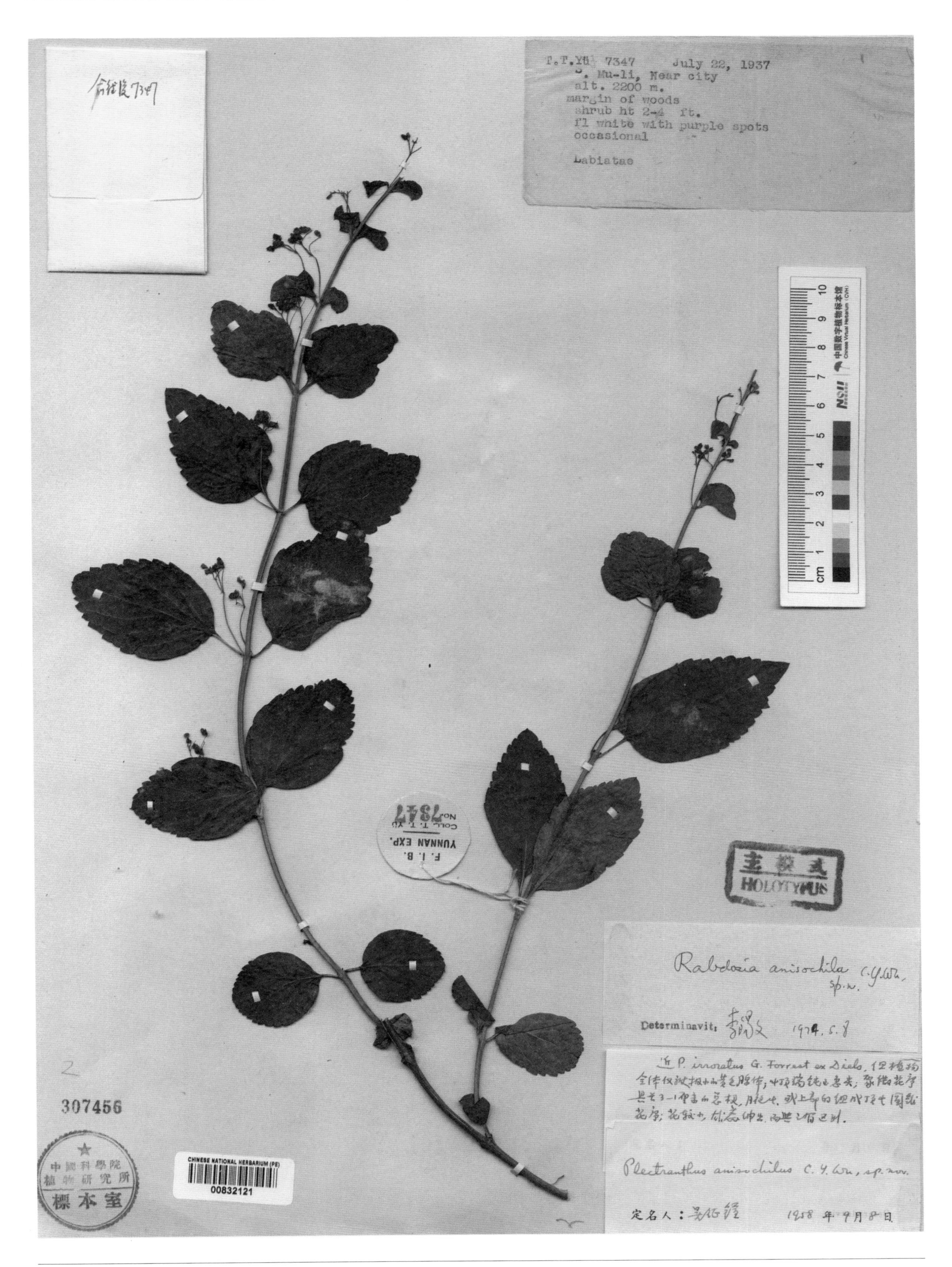

异唇香茶菜 ***Rabdosia anisochila*** C. Y. Wu, Fl. Reip. Pop. Sin. 66: 588. 1977. **Holotype:** China. Sichuan: Muli, alt. 2200 m, 1937-07-22, T. T. Yu 7347.

雪花香茶菜 ***Rabdosia chionantha*** C. Y. Wu, Fl. Reip. Pop. Sin. 66: 589, pl. 91. 1977. **Holotype:** China. Sichuan: Muli, alt. 3 300 m, 1937-06-17, T. T. Yu 6350.

扇脉香茶菜 ***Rabdosia flabelliformis*** C. Y. Wu, Fl. Yunnan. 1: 801, pl. 189: 7-8. 1977. **Holotype:** China. Yunnan: Binchuan, 1946-10-17, T. N. Liou 21728.

麦地龙香茶菜 ***Rabdosia medilungensis*** C. Y. Wu & H. W. Li, Fl. Reip. Pop. Sin. 66: 587. 1977. **Holotype:** China. Sichuan: Muli, alt. 2 200 m, 1960-06-22, S. Jiang 4140.

宝兴鼠尾草 ***Salvia paohsingensis*** C. Y. Wu, Fl. Reip. Pop. Sin. 66: 580. 1977. **Holotype:** China. Sichuan: Baoxing, alt. 2 800 m, 1933-07-04, T. T. Yu 2186.

阿尔泰黄芩 ***Scutellaria altaicola*** C. Y. Wu & H. W. Li, Fl. Reip. Pop. Sin. 65(2): 586. 1977. **Holotype:** China. Xinjiang: Toli, 1957-08-06, K. C. Kuan 2646.

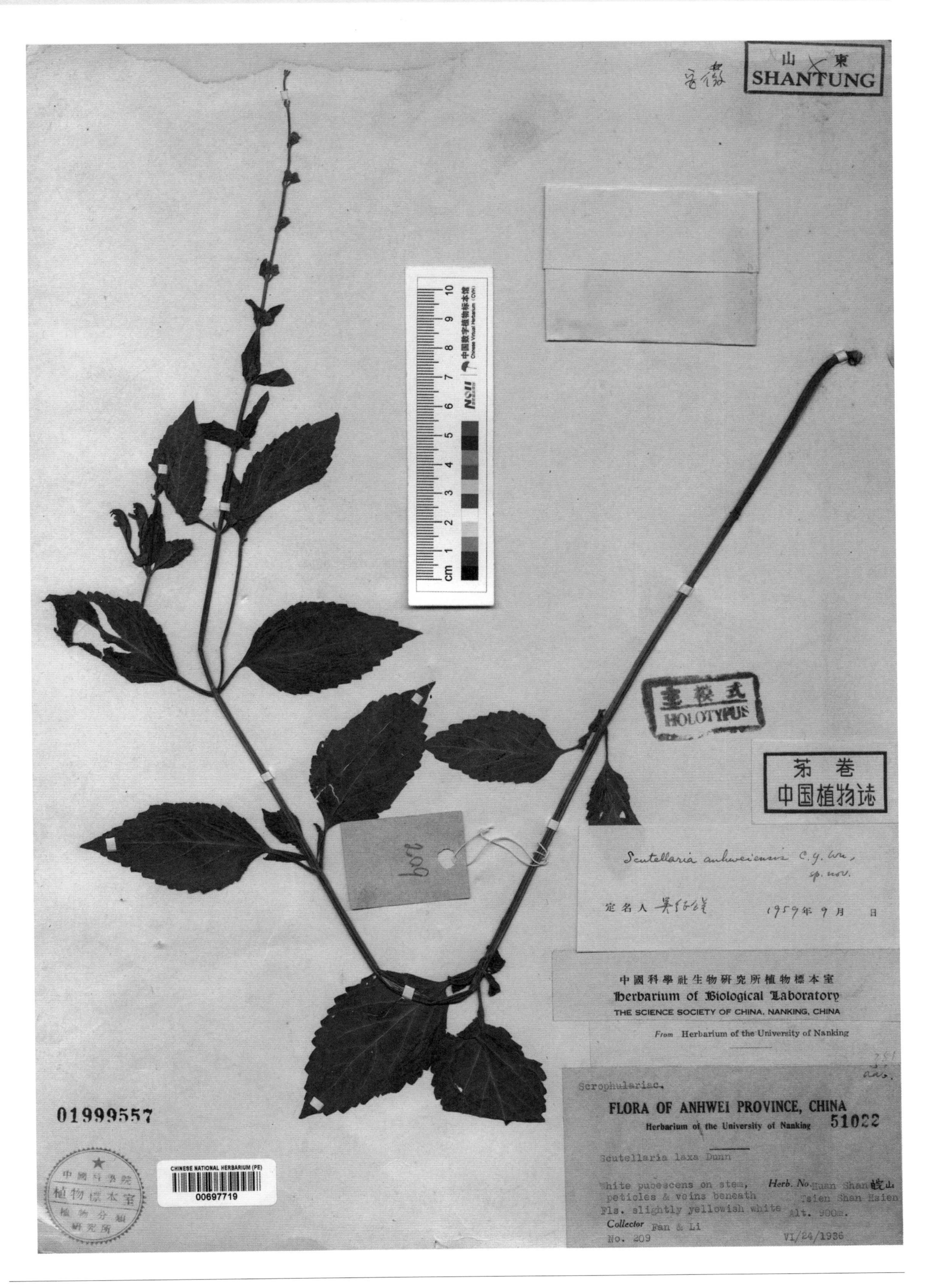

安徽黄芩 ***Scutellaria anhweiensis*** C. Y. Wu, Fl. Reip. Pop. Sin. 65(2): 579. 1977. **Holotype:** China. Anhui: Huangshan, alt. 900 m, 1936-06-24, Q. S. Fan & Li 209.

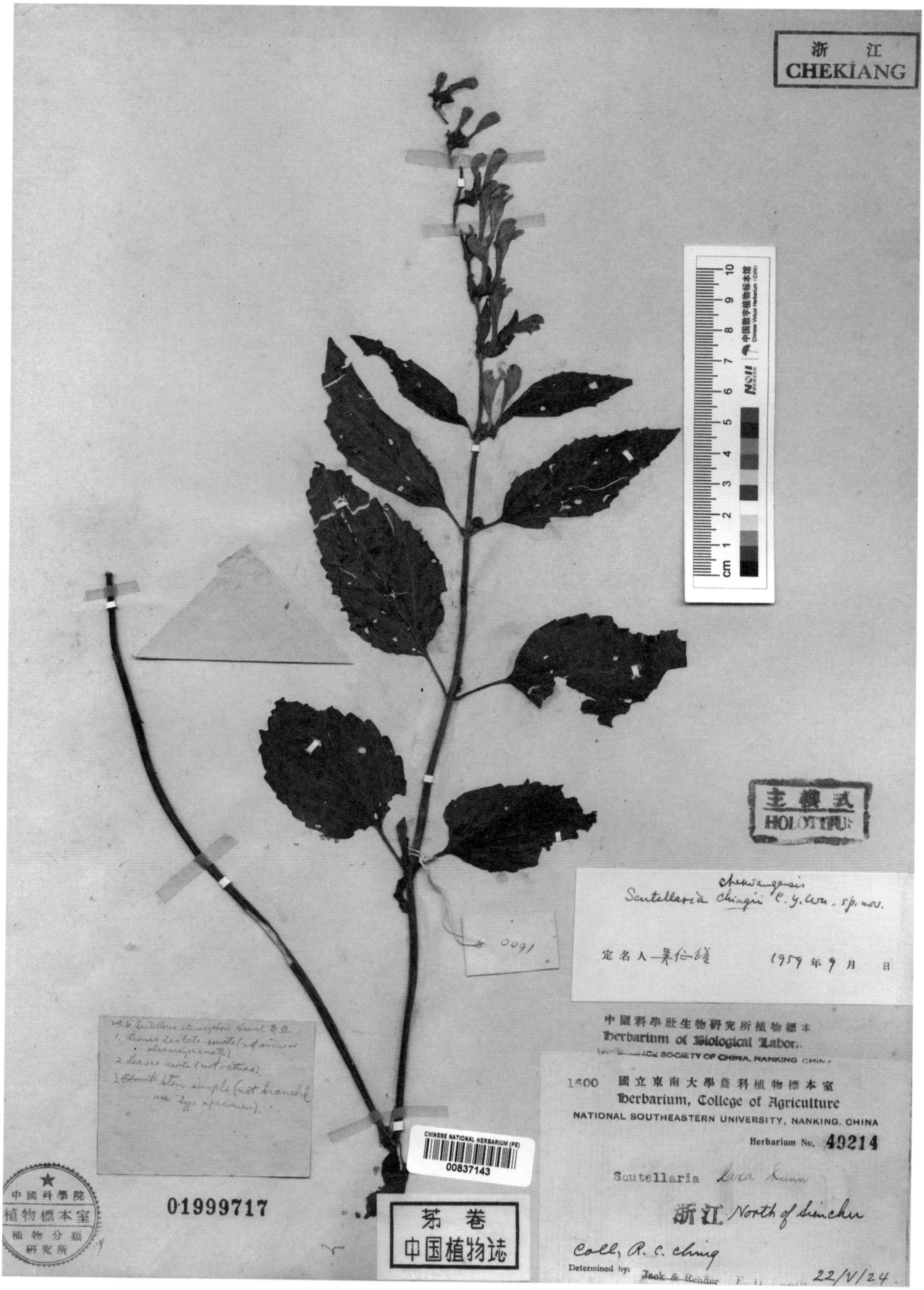

浙江黄芩 ***Scutellaria chekiangensis*** C. Y. Wu, Fl. Reip. Pop. Sin. 65(2): 579. 1977. **Holotype:** China. Zhejiang: Xianju, 1924-05-22, R. C. Ching 1600.

多毛台湾黄芩 ***Scutellaria formosana*** N. E. Br. var. ***pubescens*** C. Y. Wu & H. W. Li, Fl. Hainan. 4: 532. 1977. **Holotype:** China. Hainan: Dan Xian, 1927-09-13, W. T. Tsang 854.

灰岩黄芩木里变种 ***Scutellaria forrestii*** Diels var. ***muliensis*** C. Y. Wu, Fl. Reip. Pop. Sin. 65(2): 582. 1977. **Holotype:** China. Sichuan: Muli, alt. 2 900 m, 1937-06-10, T. T. Yu 6058.

湖南黄芩 ***Scutellaria hunanensis*** C. Y. Wu, Fl. Reip. Pop. Sin. 65(2): 583. 1977. **Holotype:** China. Hunan: Nanyue, L. J. Bi 10324.

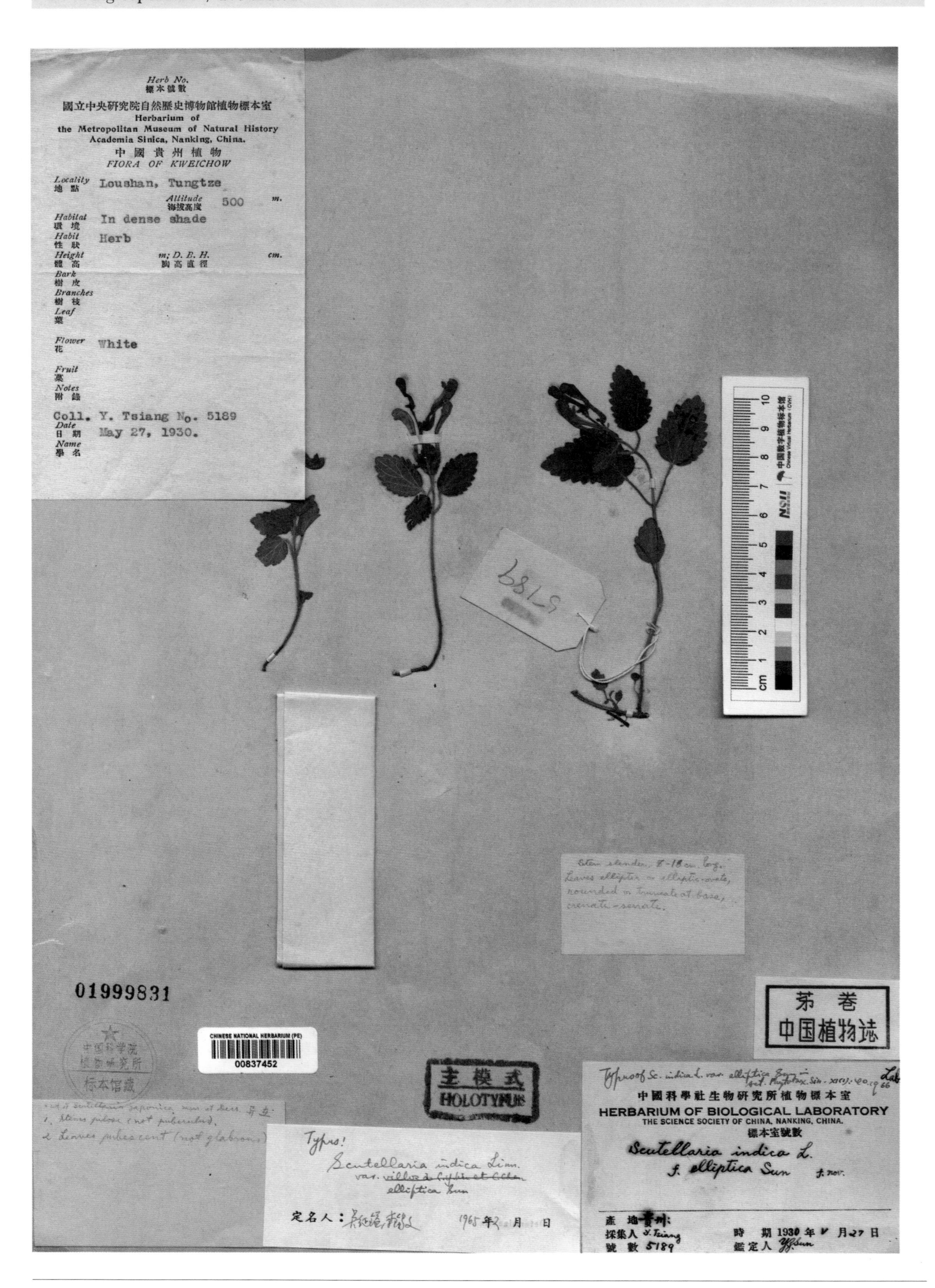

韩信草椭叶变种 ***Scutellaria indica*** L. var. ***elliptica*** Y. Z. Sun in Acta Phytotax. Sin. 11(1): 39. 1966. **Holotype:** China. Guizhou: Tongzi, alt. 500 m, 1930-05-27, Y. Tsiang 5189.

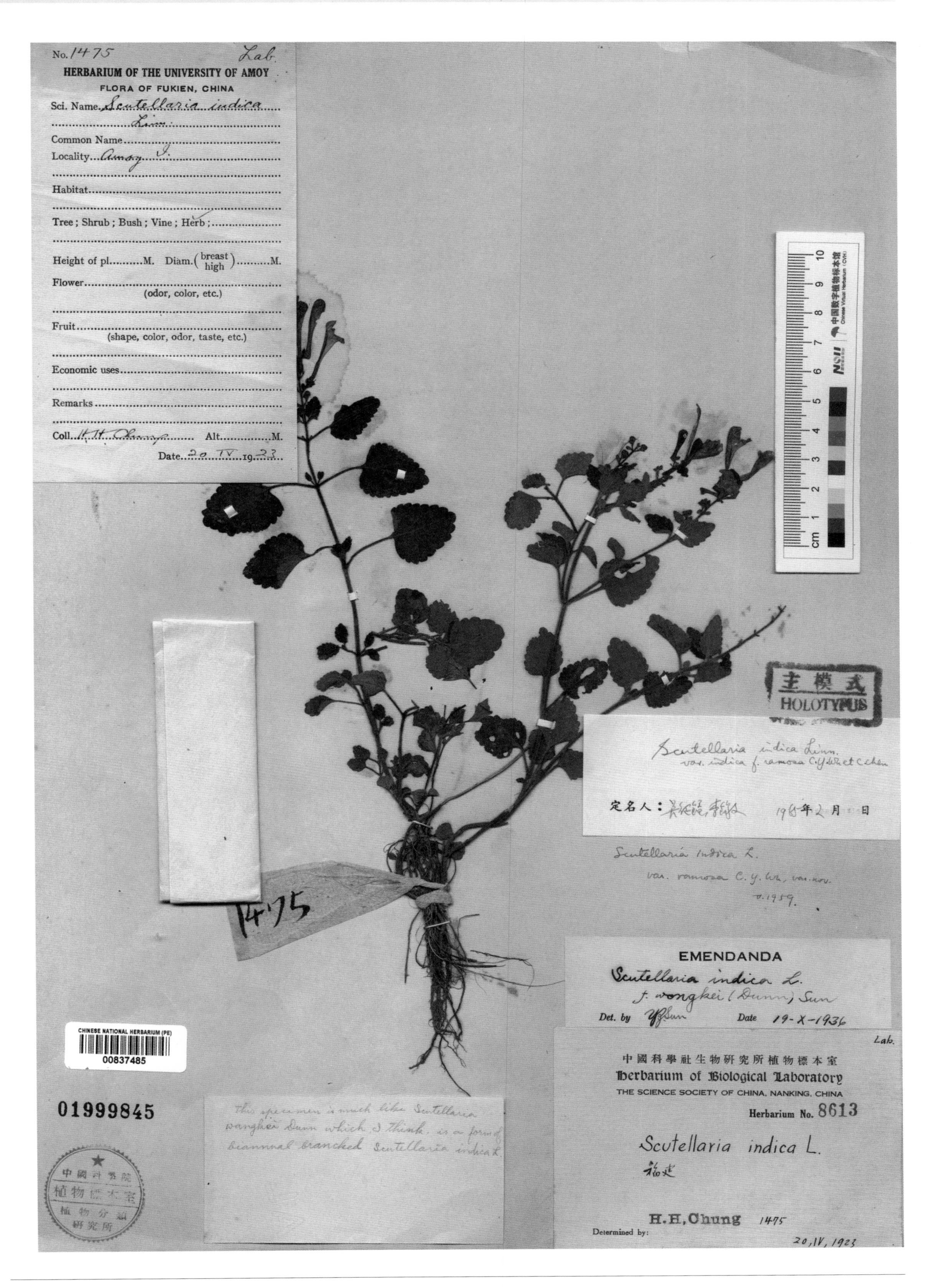

韩信草多枝变型 ***Scutellaria indica*** L. var. ***indica*** L. f. ***ramosa*** C. Y. Wu & C. Chen, Fl. Reip. Pop. Sin. 65(2): 580. 1977. **Holotype:** China. Fujian: Xiamen, 1923-04-20, H. H. Chung 1475.

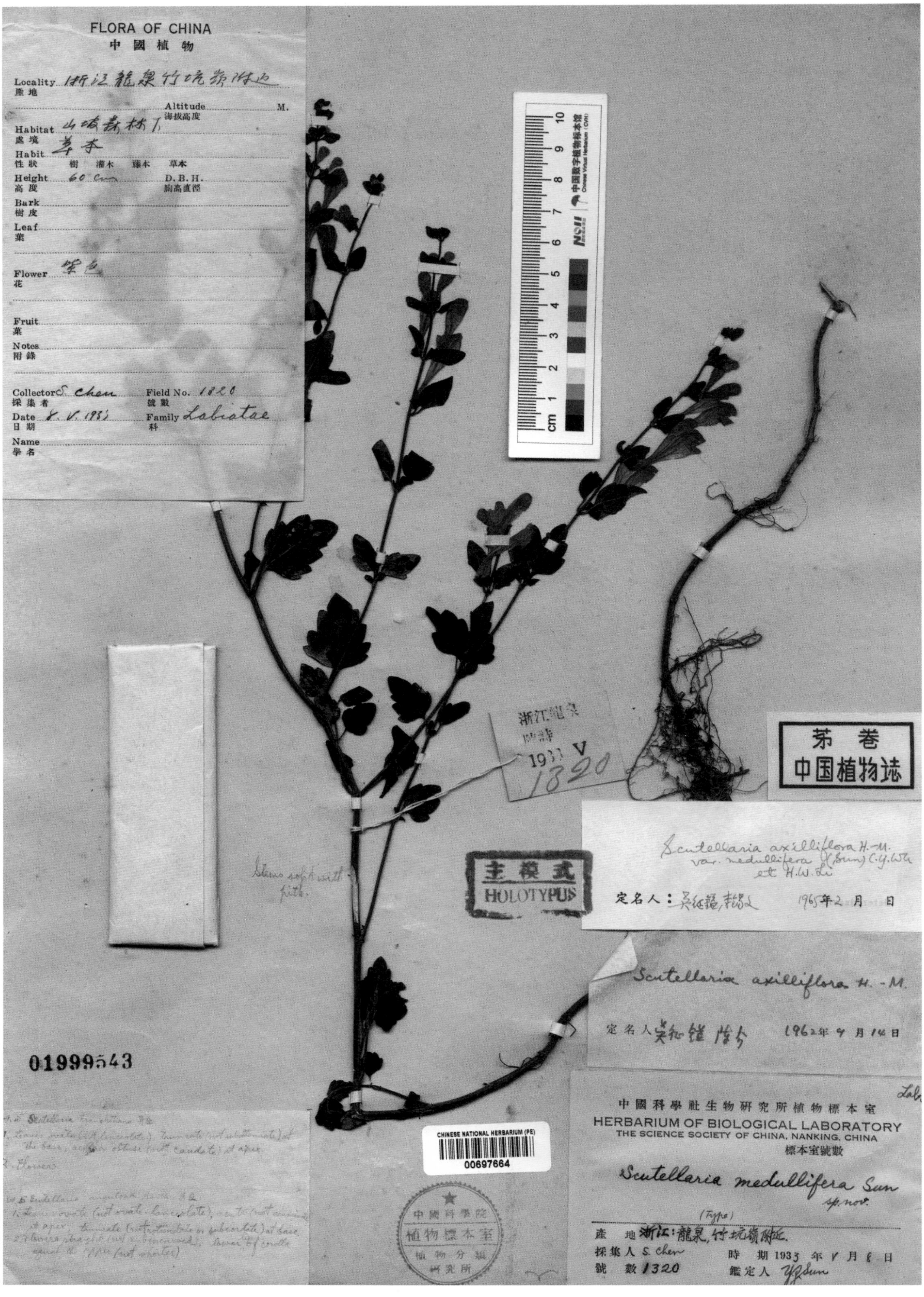

髓黄芩 ***Scutellaria medullifera*** Y. Z. Sun in Acta Phytotax. Sin. 11(1): 40. 1966. **Holotype:** China. Zhejiang: Longquan, 1933-05-08, S. Chen 1320.

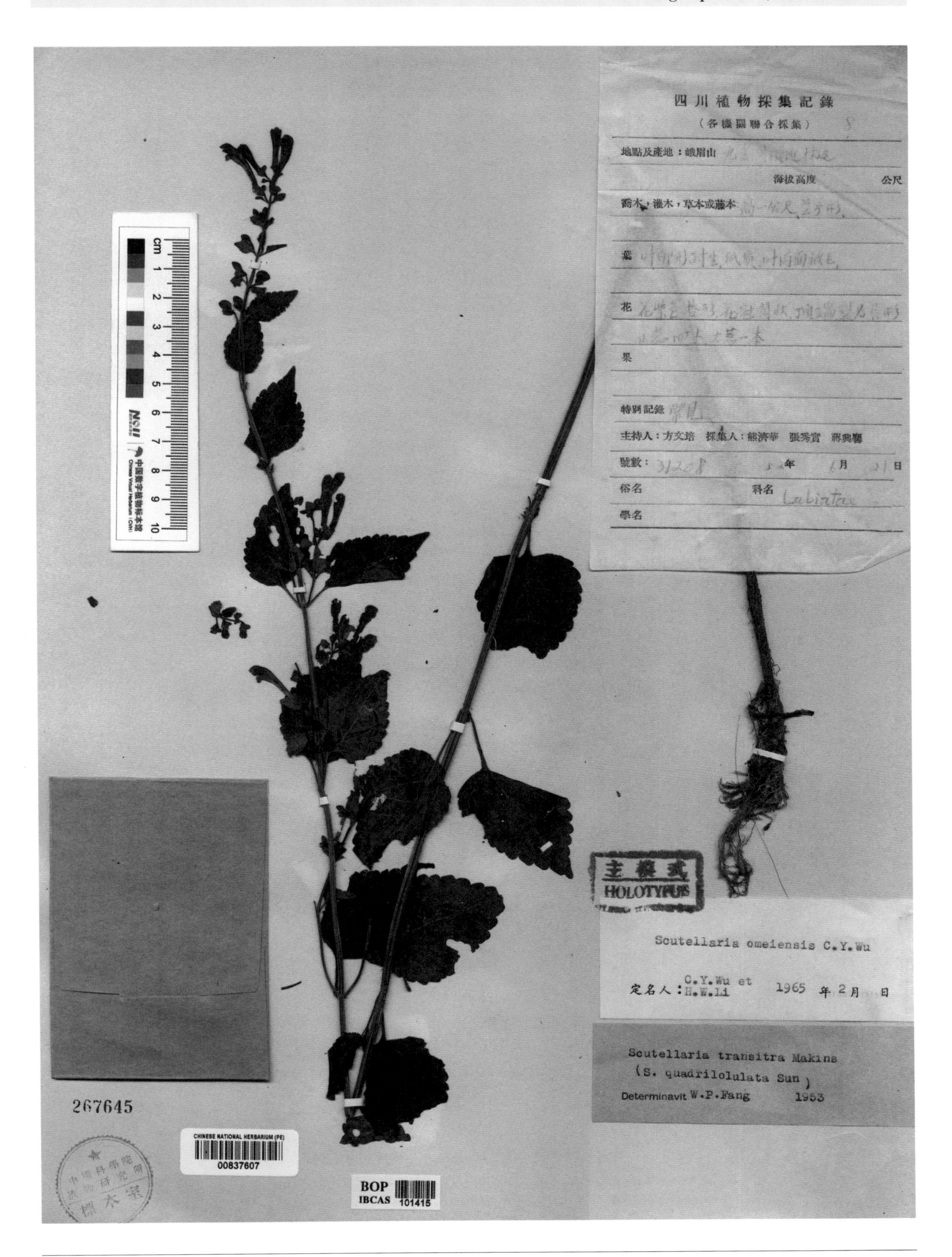

峨眉黄芩 ***Scutellaria omeiensis*** C. Y. Wu, Fl. Reip. Pop. Sin. 65(2): 584. 1977. **Holotype:** China. Sichuan: Emei, Emeishan, 1952-06-21, C. H. Hsiung, S. S. Chang & H. L. Tsiang 31208.

峨眉黄芩锯叶变种 ***Scutellaria omeiensis*** C. Y. Wu var. ***serratifolia*** C. Y. Wu & S. Chow, Fl. Reip. Pop. Sin. 65(2): 584. 1977. **Holotype:** China. Hubei: Badong, alt. 2 500 m, 1957-07-25, G. X. Fu & Z. S. Zhang 1035.

展毛黄芩 ***Scutellaria orthotricha*** C. Y. Wu & H. W. Li, Fl. Reip. Pop. Sin. 65(2): 587. 1977. **Holotype:** China. Xinjiang, Precise locality not known, 1956-08-??, Anonymous s. n. (= PE Herb. Bar Code No. 00837637).

石蜈蚣枝花变型 ***Scutellaria sessilifolia*** Hemsl. f. ***ramiflora*** C. Y. Wu & S. Chow, Fl. Reip. Pop. Sin. 65(2): 585. 1977.
Isotype: China. Sichuan: Pingshan, alt. 800 m, 1959-06-22, Sichuan Econ. Pl. Exped. (Yi) 1222.

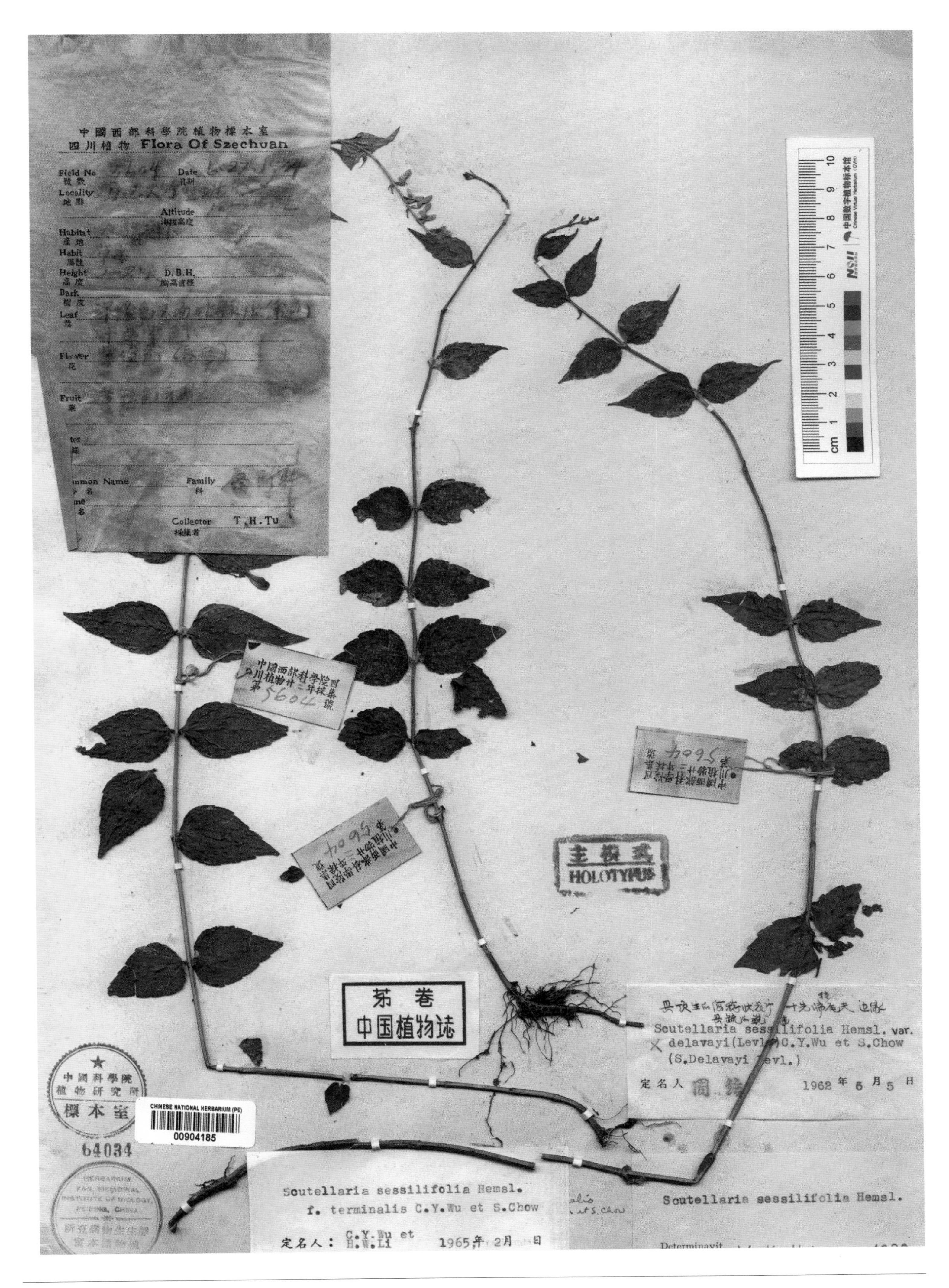

石蜈蚣草顶序变型 ***Scutellaria sessilifolia*** Hemsl. f. ***terminalis*** C. Y. Wu & S. Chow, Fl. Reip. Pop. Sin. 65(2): 585. 1977.
Holotype: China. Sichuan: Mabian, alt. 1 000 m, 1934-06-27, T. H. Tu 5604.

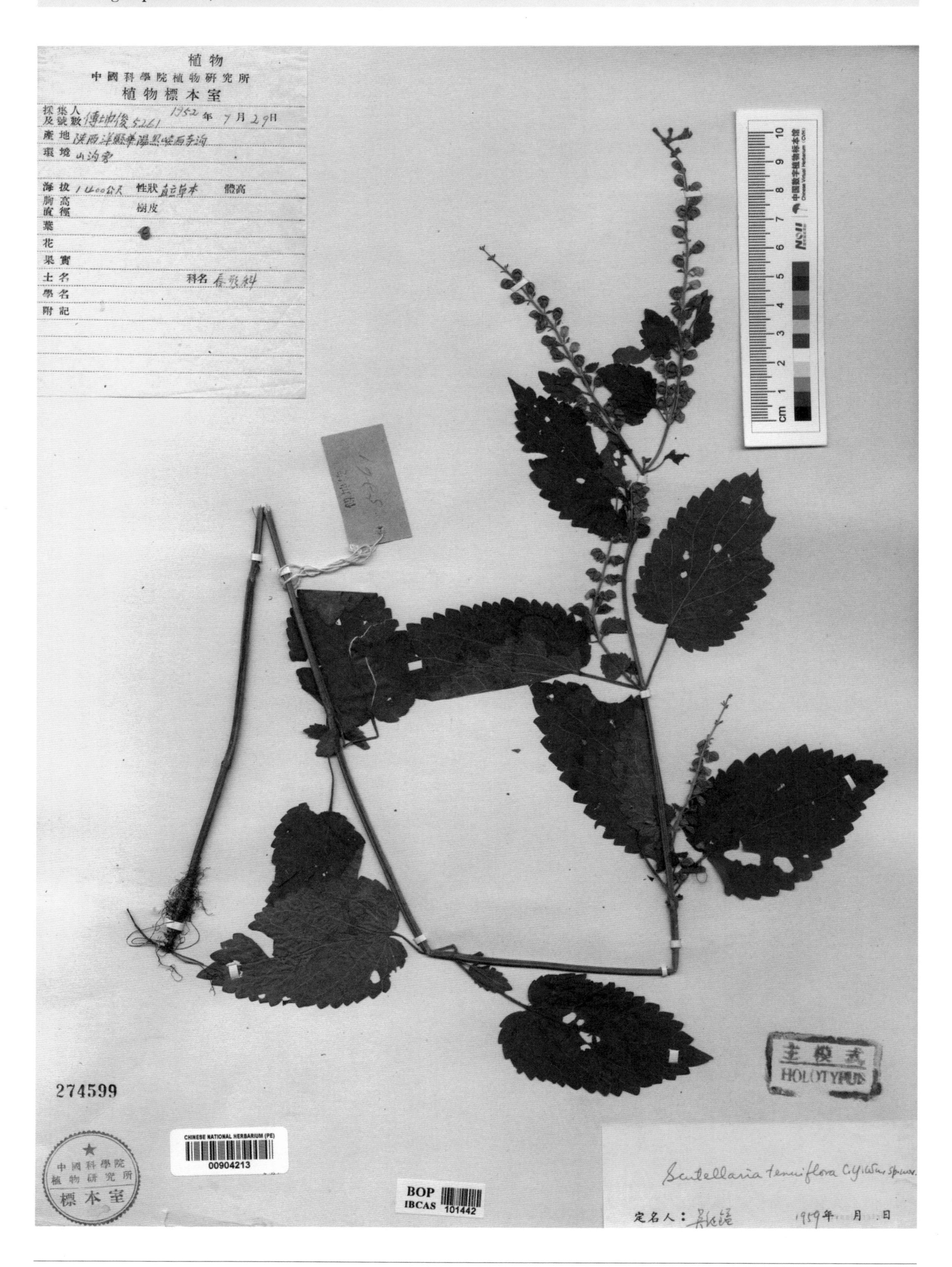

细花黄芩 ***Scutellaria tenuiflora*** C. Y. Wu, Fl. Reip. Pop. Sin. 65(2): 584. 1977. **Holotype:** China. Shaanxi: Yang Xian, alt. 1 400 m, 1952-07-29, K. T. Fu 5261.

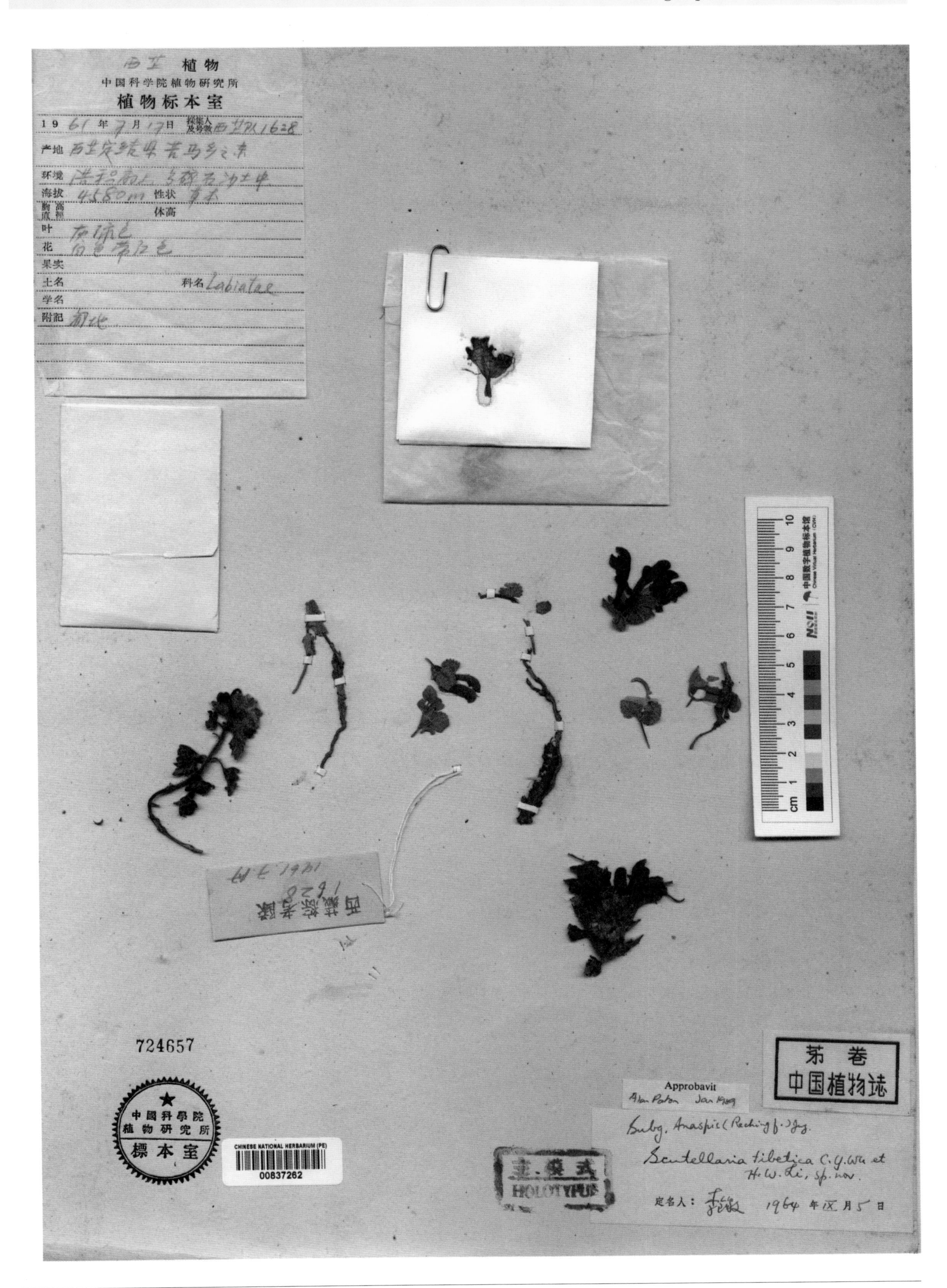

藏黄芩 ***Scutellaria tibetica*** C. Y. Wu & H. W. Li, Fl. Reip. Pop. Sin. 65(2): 587. 1977. **Holotype:** China. Xizang: Dinggyê, alt. 4 580 m, 1961-07-17, Xizang Exped. 1628.

征镒黄芩 ***Scutellaria wuana*** C. L. Xiang & F. Zhao in Perrj.3624: 5, f. 4-5. 2017. **Isotype:** China. Sichuan: Muli, alt. 3 080 m, 2015-08-25, C. L. Xiang 1200.

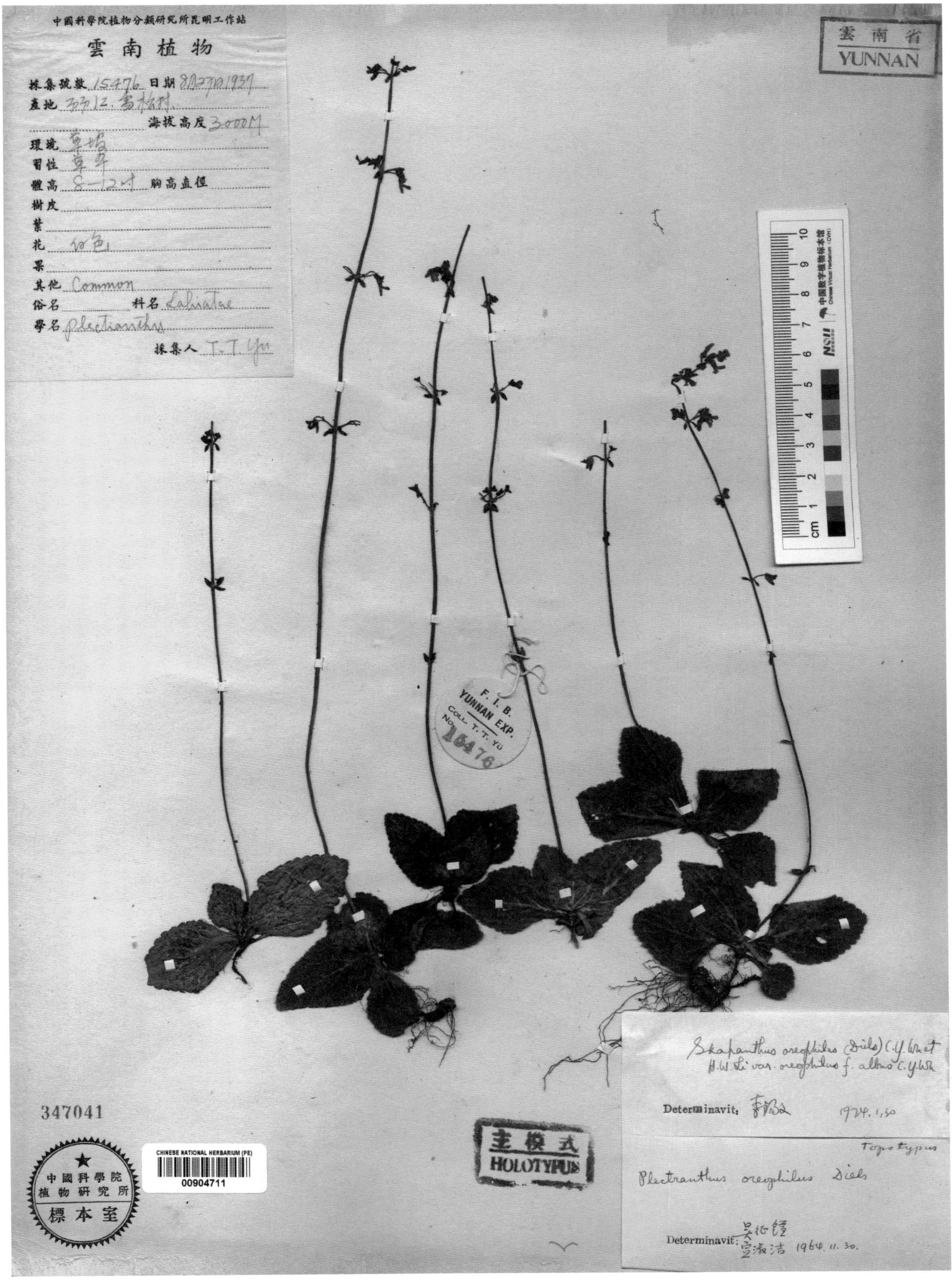

子宫草白花变型 ***Skapanthus oreophilus*** (Diels) C. Y. Wu & H. W. Li var. ***oreophilus*** (Diels) C. Y. Wu & H. W. Li f. ***albus*** C. Y. Wu in Acta Phytotax. Sin. 13(1): 78. 1975. **Holotype:** China. Yunnan: Lijiang, alt. 3 000 m, 1937-08-27, T. T. Yu 15476.

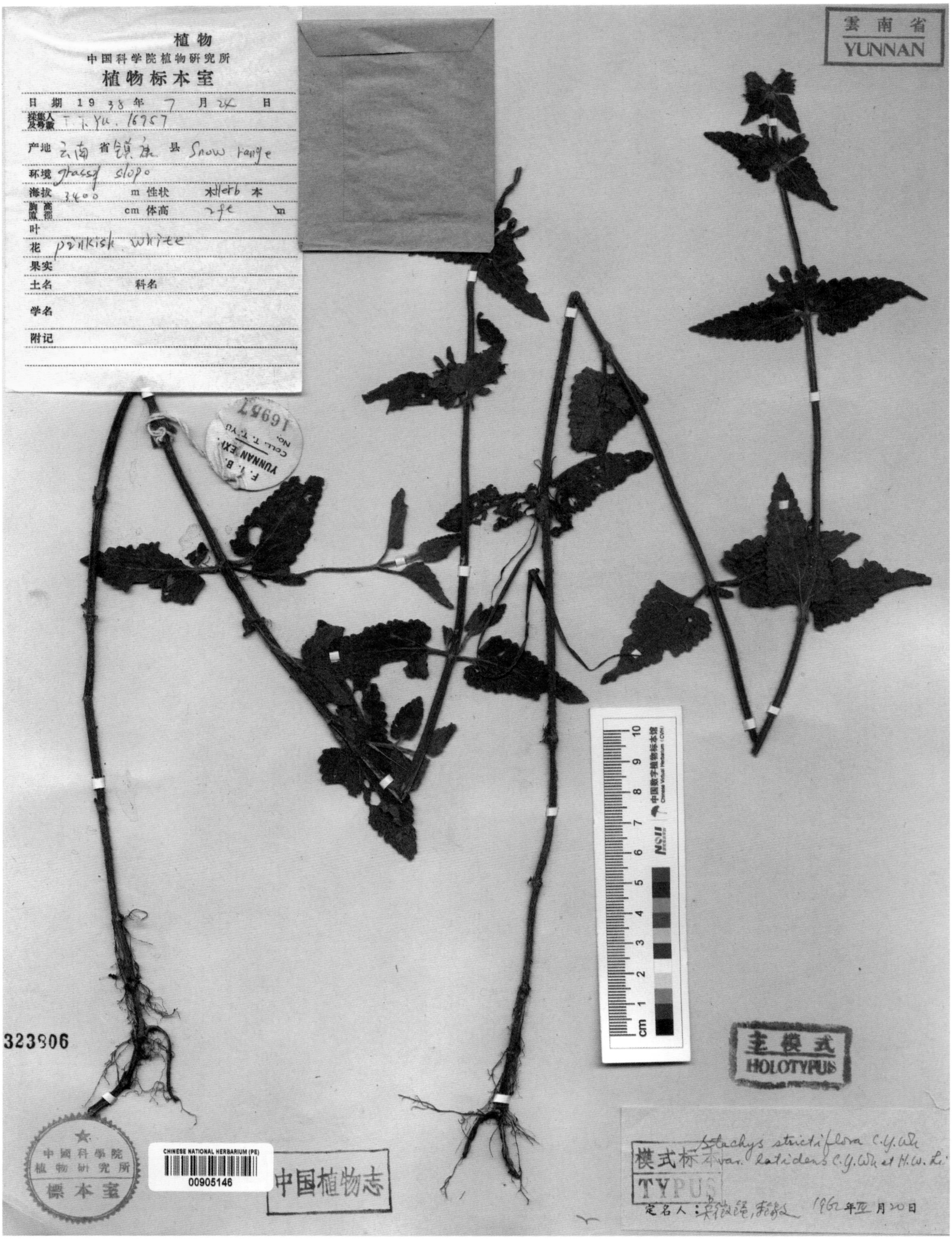

直花水苏宽齿变种 ***Stachys strictiflora*** C. W. Wu var. ***latidens*** C. Y. Wu & H. W. Li in Acta Phytotax. Sin. 10(3): 221. 1965. **Holotype:** China. Yunnan: Zhenkang, alt. 3 400 m, 1938-07-24, T. T. Yu 16957.

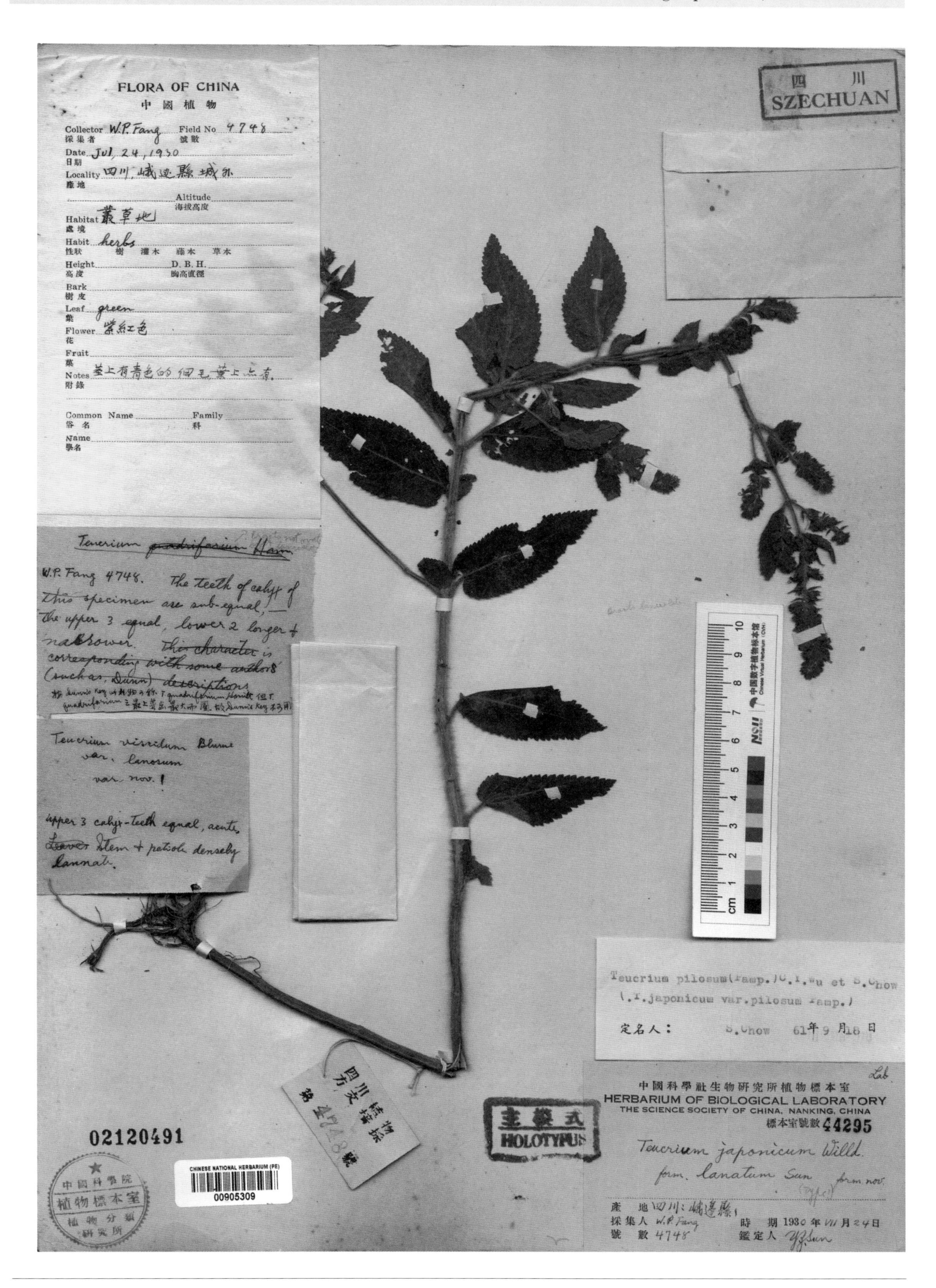

石蚕绵毛变型 ***Teucrium japonicum*** Willd. f. ***lanatum*** Y. Z. Sun in Acta Phytotax. Sin. 11(1): 36. 1966. **Holotype:** China. Sichuan: Ebian, 1930-07-24, W. P. Fang 4748.

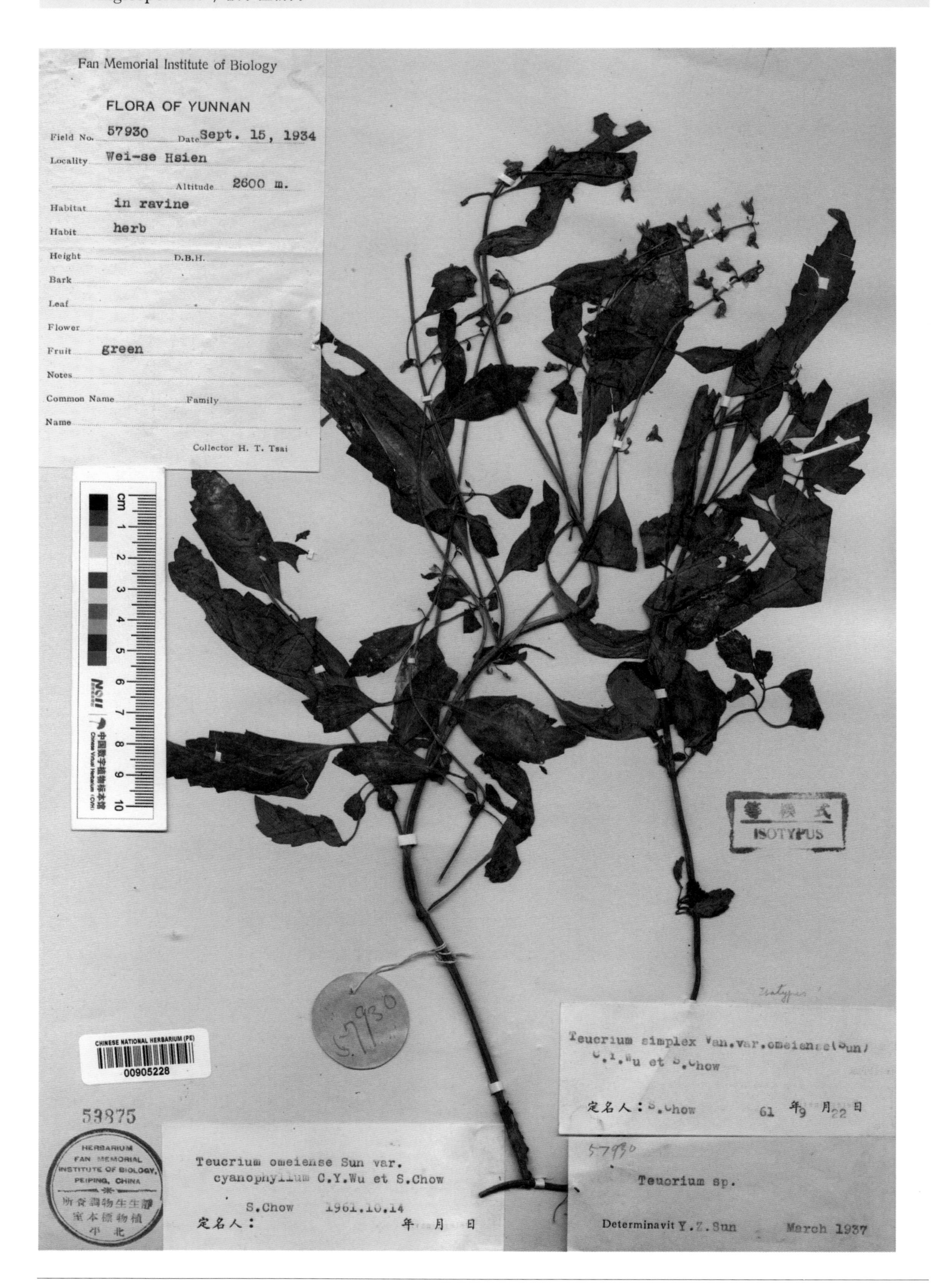

峨眉香科蓝叶变种 ***Teucrium omeiense*** Y. Z. Sun var. ***cyanophyllum*** C. Y. Wu & S. Chow in Acta Phytotax. Sin. 10(4): 341. 1965. **Isotype:** China. Yunnan: Weixi, alt. 2 600 m, 1934-09-15, H. T. Tsai 57930.

血见愁光萼变种 ***Teucrium viscidum*** Bl. var. ***leiocalyx*** C. Y. Wu & S. Chow in Acta Phytotax. Sin. 10(4): 332, pl. 67: 8. 1965. **Holotype:** China. Gansu: Xigu, alt. 2 400 m, 1951-07-12, T. P. Wang 14299.

Solanaceae

茄科

Qie Ke

单果红丝线 ***Lycianthes solitaria*** C. Y. Wu & A. M. Lu in Acta Phytotax. Sin. 16(2): 76, pl. 3: 2- 4. 1978. **Holotype:** China. Xizang: Zayü, alt. 1 700 m, 1973-07-14, Qinghai-Xizang Exped. 73- 672.

Scrophulariaceae

Xuanshen Ke

小米草四川亚种 ***Euphrasia pectinata*** Ten. ssp. ***sichuanica*** D. Y. Hong, Fl. Reip. Pop. Sin. 67(2): 406. 1979. **Holotype:** China. Sichuan: Heishui, alt. 3 200 m, 1957-08-12, H. Li 73948.

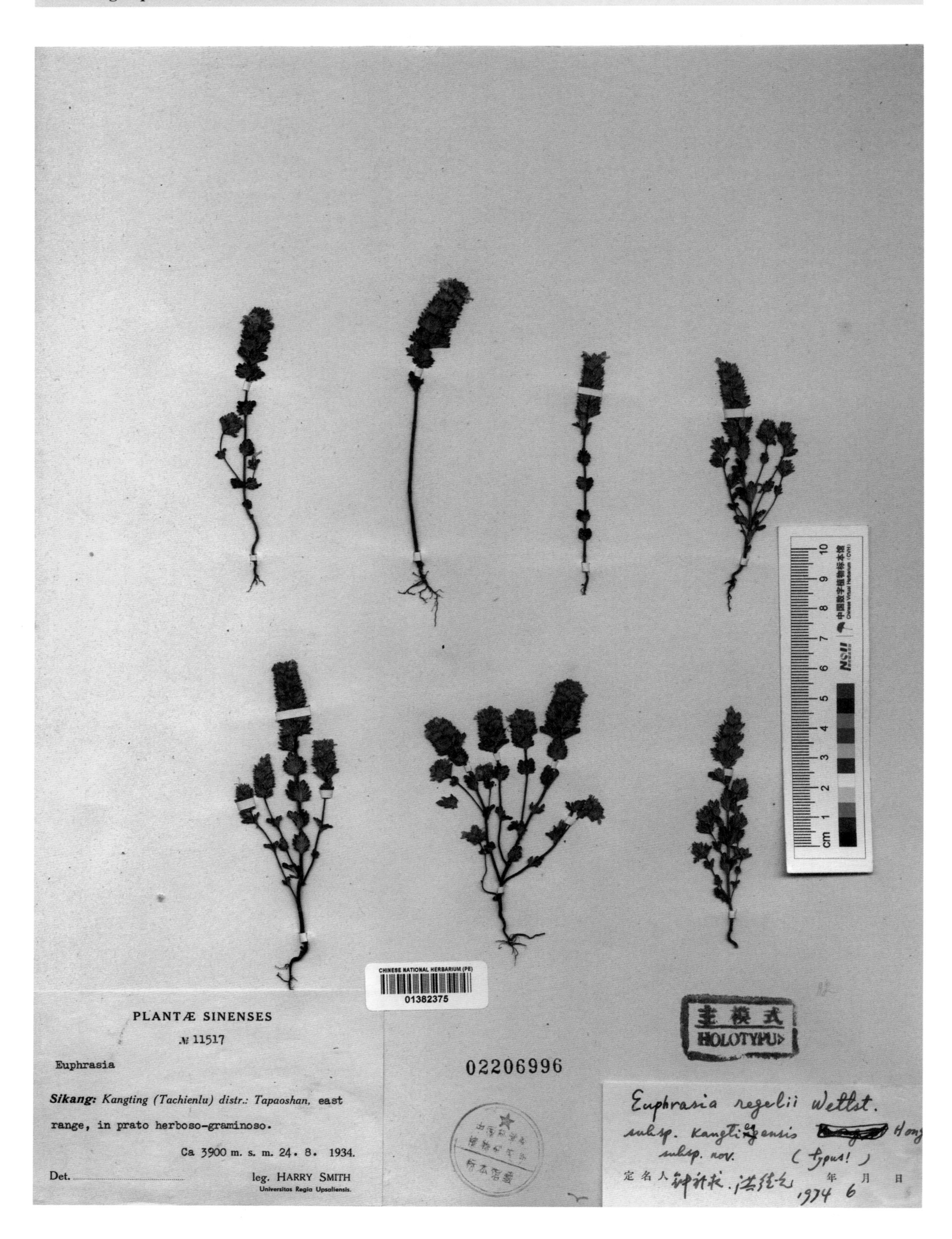

短腺小米草川藏亚种 ***Euphrasia regelii*** Wettst. ssp. ***kangtienensis*** D. Y. Hong, Fl. Reip. Pop. Sin. 67(2): 406. 1979. **Holotype:** China. Sichuan: Kangding, alt. 3 900 m, 1934-08-24, H. Smith 11517.

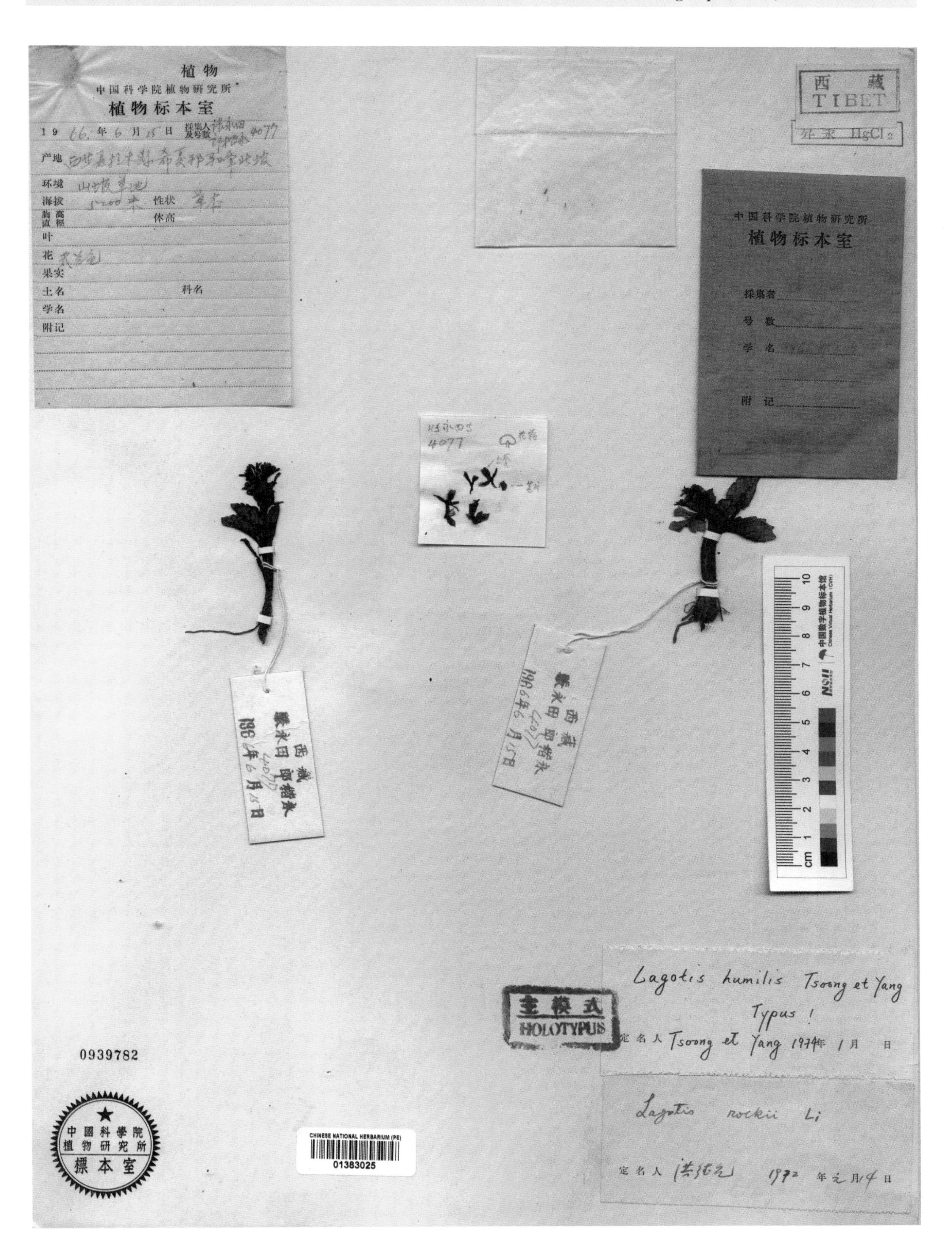

矮兔耳草 ***Lagotis humilis*** P. C. Tsoong & H. P. Yang, Fl. Reip. Pop. Sin. 67(2): 404, pl. 41: 6-10. 1979. **Holotype:** China. Xizang: Nyalam, alt. 5 200 m, 1966-06-15, Y. T. Chang & K. Y. Lang 4077.

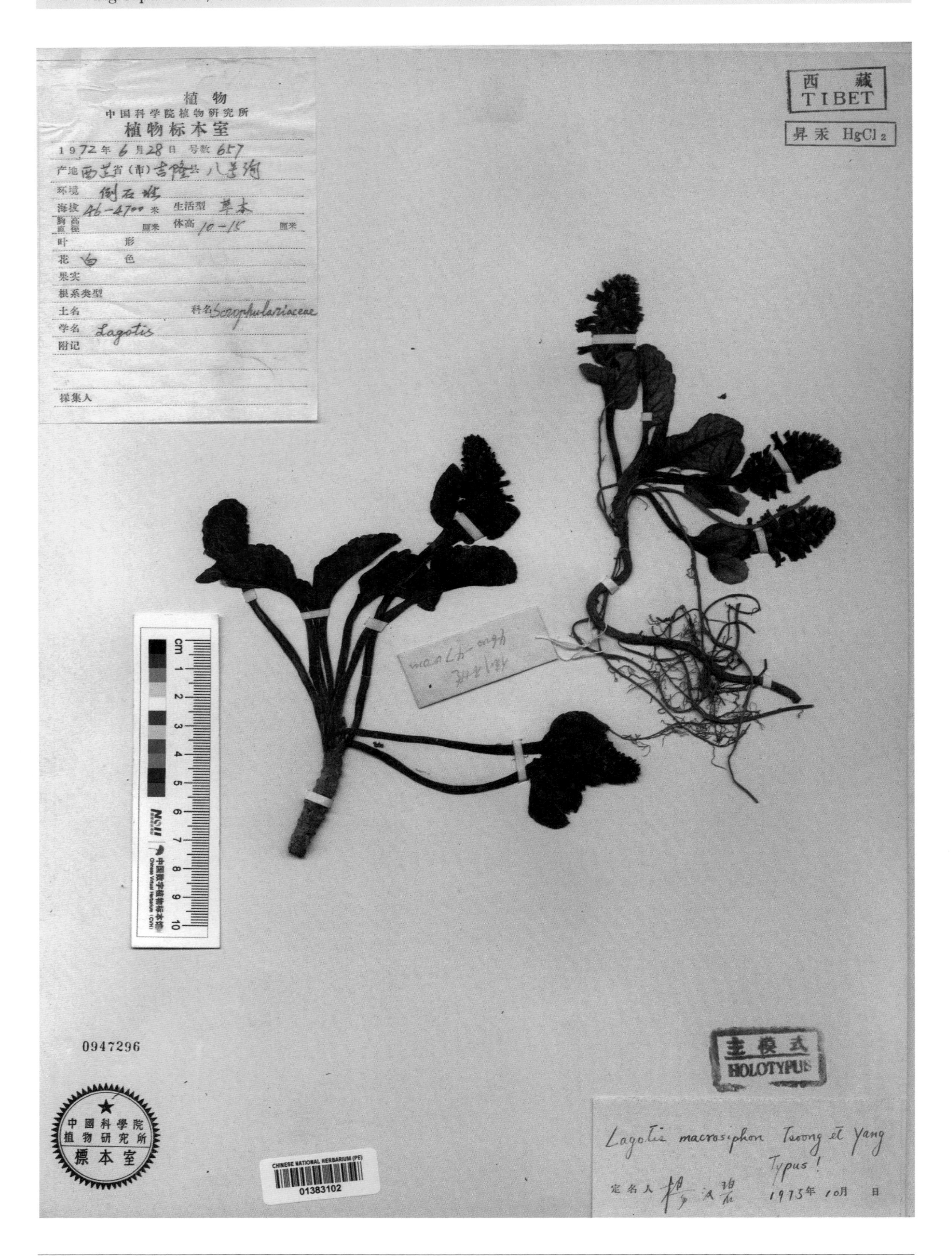

大筒兔耳草 ***Lagotis macrositphon*** P. C. Tsoong & H. P. Yang, Fl. Reip. Pop. Sin. 67(2): 405, pl. 42: 6-11. 1979. **Holotype:** China. Xizang: Gyirong, alt. 4 600~4 700 m, 1972-06-28, Xizang Medic. Pl. Exped. 657.

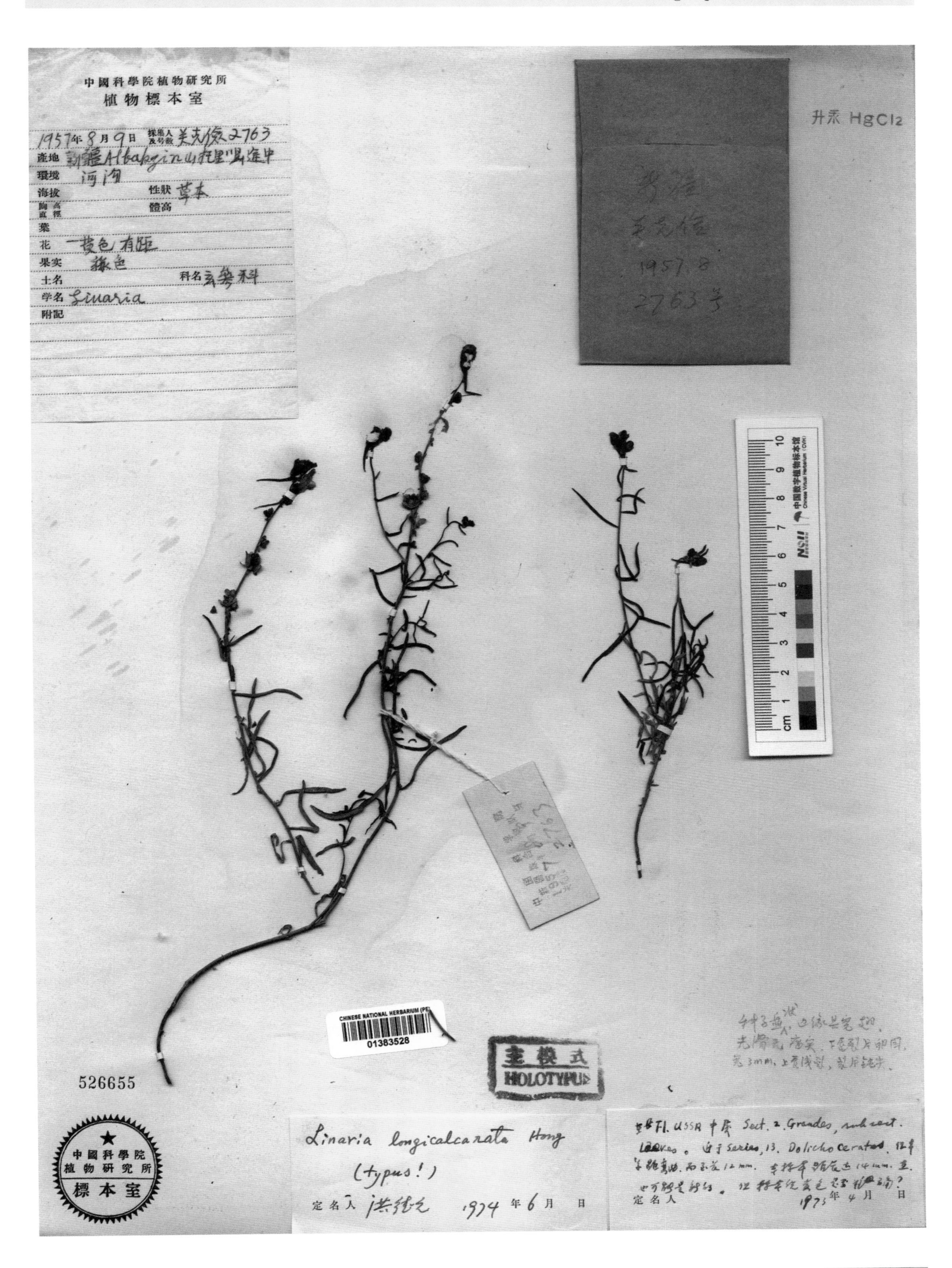

长距柳穿鱼 ***Linaria longicalcarata*** D. Y. Hong, Fl. Reip. Pop. Sin. 67(2): 399, pl. 26: 3-5. 1979. **Holotype:** China. Xinjiang: Toli, 1957-08-09, K. C. Kuan 2763.

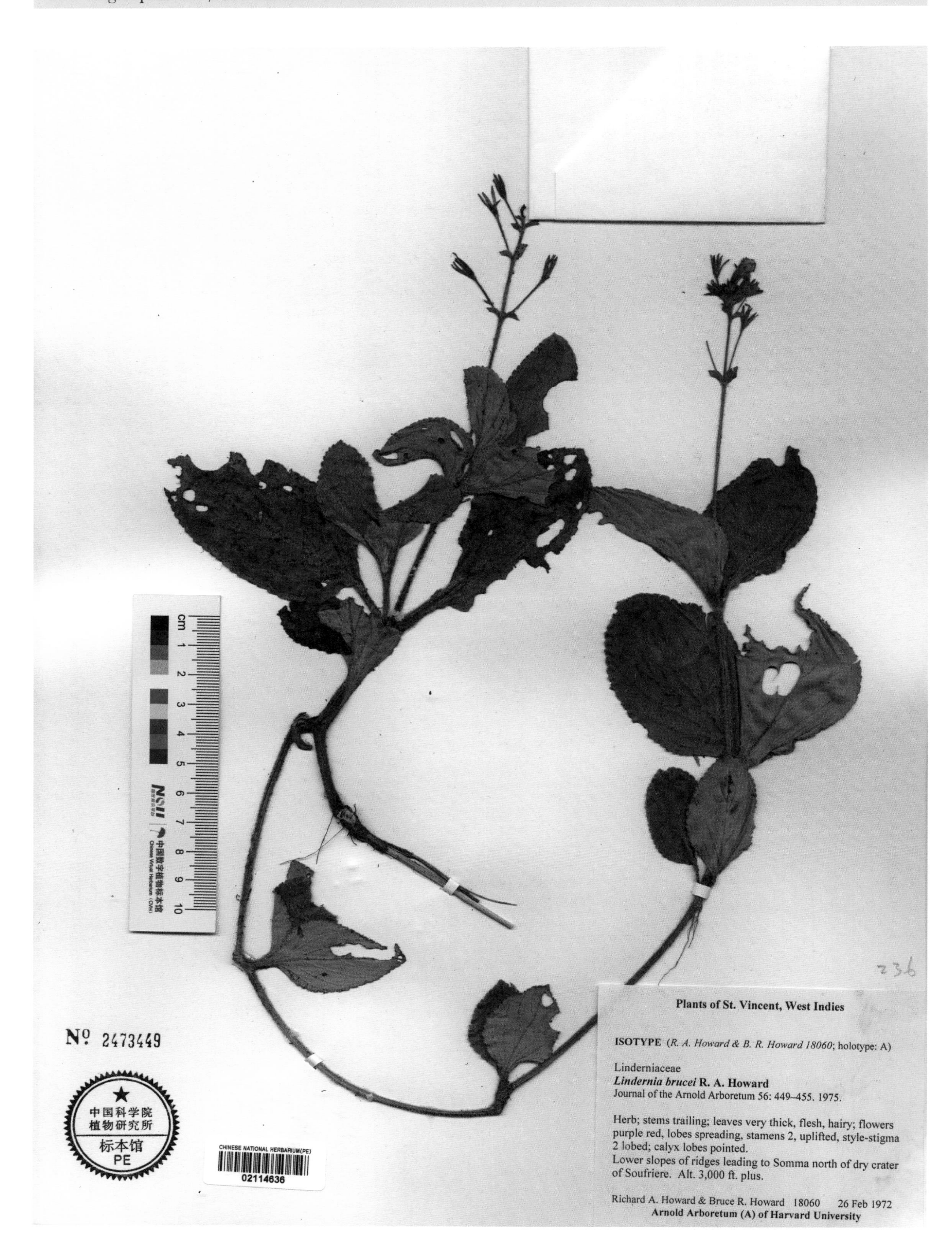

西印度群岛母草 ***Lindernia brucei*** R. A. Howard in J. Arnold Arbor. 56: 454, f. 3. 1975. **Isotype:** West Indies. St. Vincent, alt. 915 m, 1972-02-26, R. A. Howard & B. R. Howard 18060.

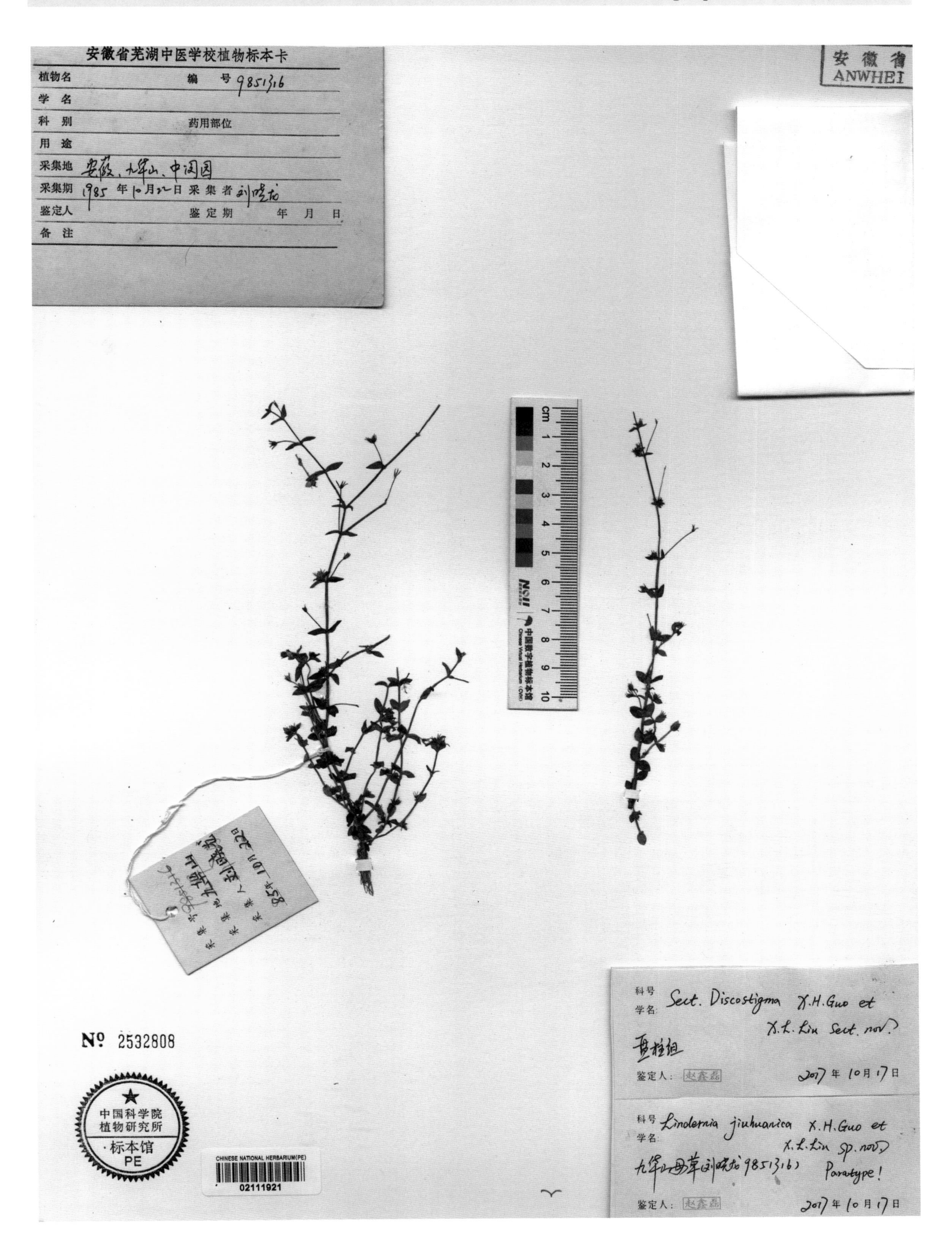

九华山母草 ***Lindernia jiuhuanica*** X. H. Guo & X. L. Liu in Acta Phytotax. Sin. 26(2): 153, f. 1. 1988. **Paratype:** China. Anhui: Jiuhuashan, alt. 700 m, 1985-10-22, X. L. Liu 9851316.

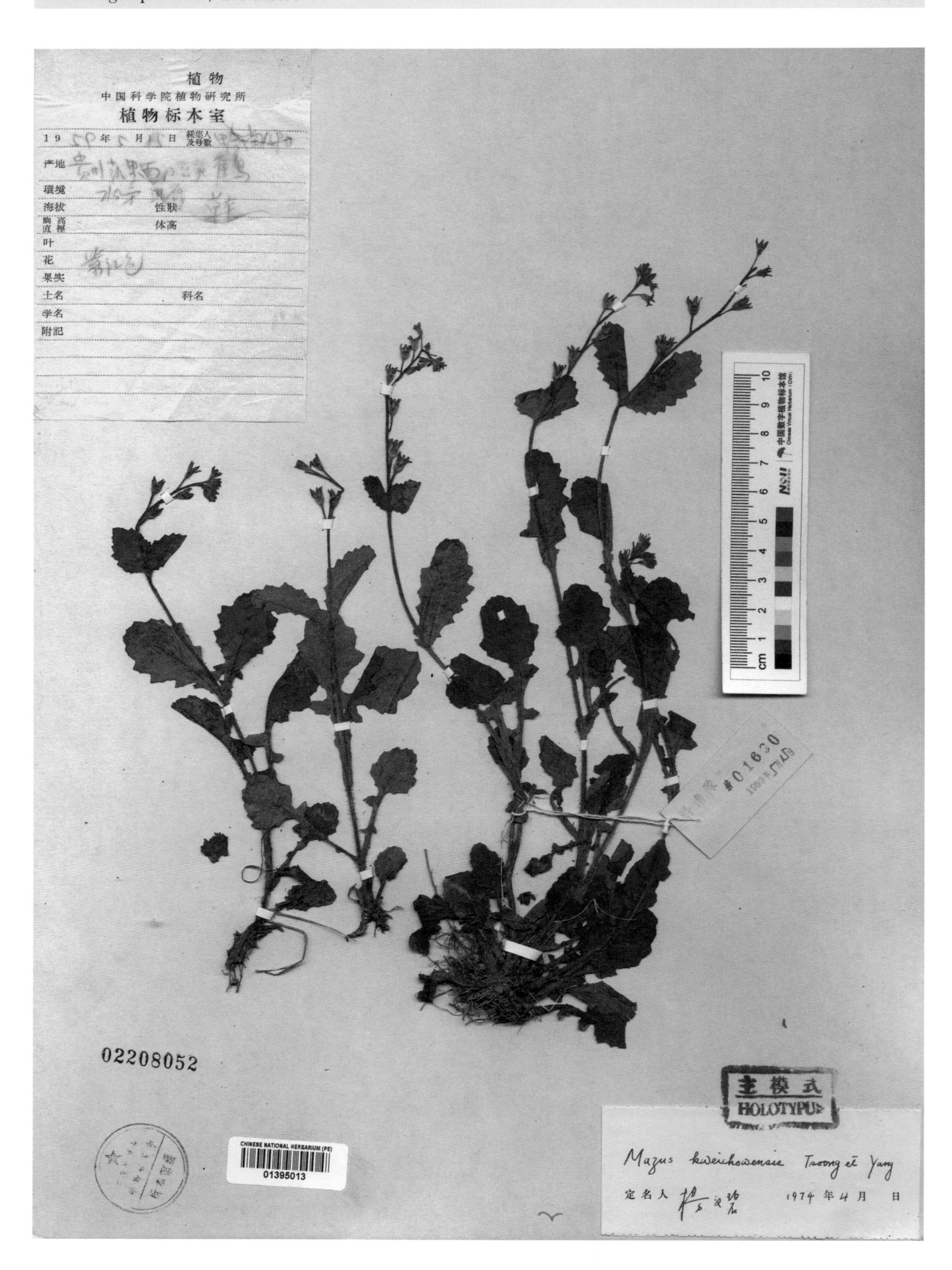

贵州通泉草 ***Mazus kweichowensis*** P. C. Tsoong & H. P. Yang, Fl. Reip. Pop. Sin. 67(2): 399, pl. 23: 1-4. 1979. **Holotype:** China. Guizhou: Kaili, 1959-05-15, S. Guizhou Exped. 01690.

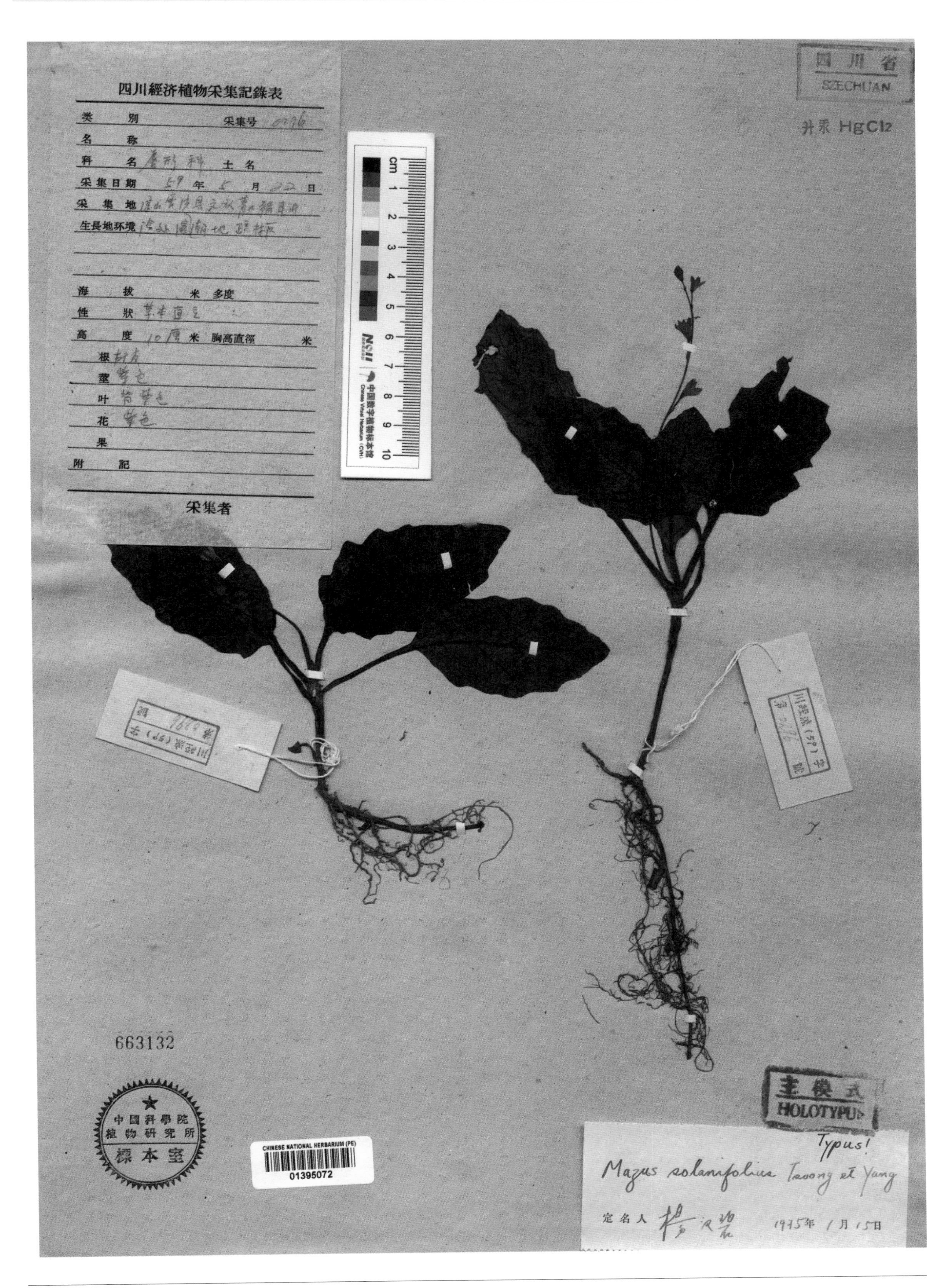

茄叶通泉草 ***Mazus solanifolius*** P. C. Tsoong & H. P. Yang, Fl. Reip. Pop. Sin. 67(2): 399, pl. 23: 5-6. 1979. **Holotype:** China. Sichuan: Leibo, 1959-05-22, Sichuan Econ. Pl. Exped. (Liang) 0296.

南方泡桐 ***Paulownia australis*** Gong Tong in Acta Phytotax. Sin. 14(2): 43, f. 3. 1976. **Holotype:** China. Fujian: Nanping, alt. 35 m, 1975-04-01, Paulownia Exped. 75001.

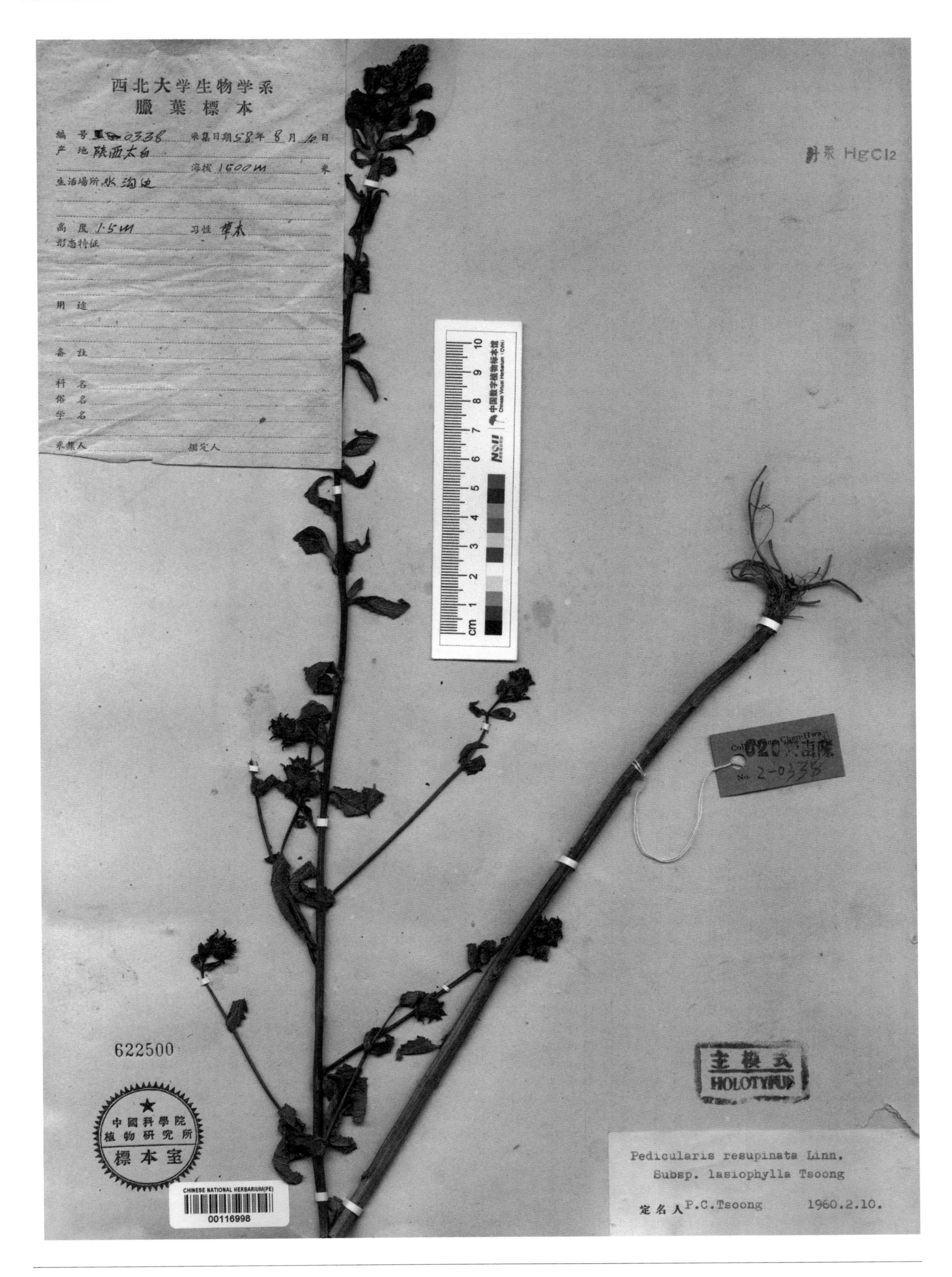

返顾马先蒿毛叶亚种 ***Pedicularis resupinata*** L. ssp. ***lasiophylla*** P. C. Tsoong, Fl. Reip. Pop. Sin. 68: 402. 1963. **Holotype:** China. Shaanxi: Taibai, Taibaishan, alt. 1 500 m, 1958-08-10, C. H. Wang 2-0338.

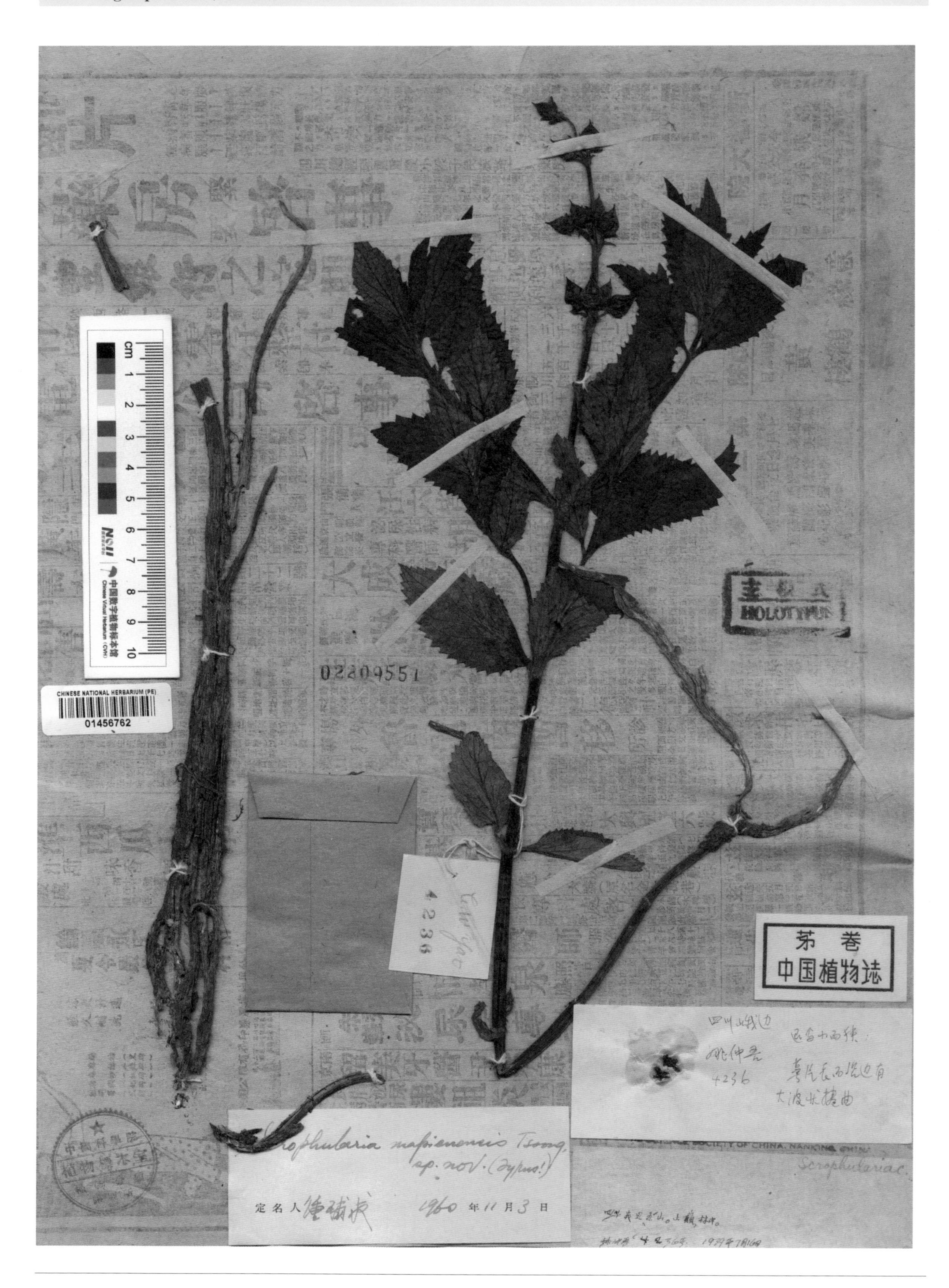

马边玄参 ***Scrophularia mapienensis*** P. C. Tsoong, Fl. Reip. Pop. Sin. 67(2): 395, pl. 6: 1-4. 1979. **Holotype:** China. Sichuan: Ebian, 1939-07-16, C. W. Yao 4236.

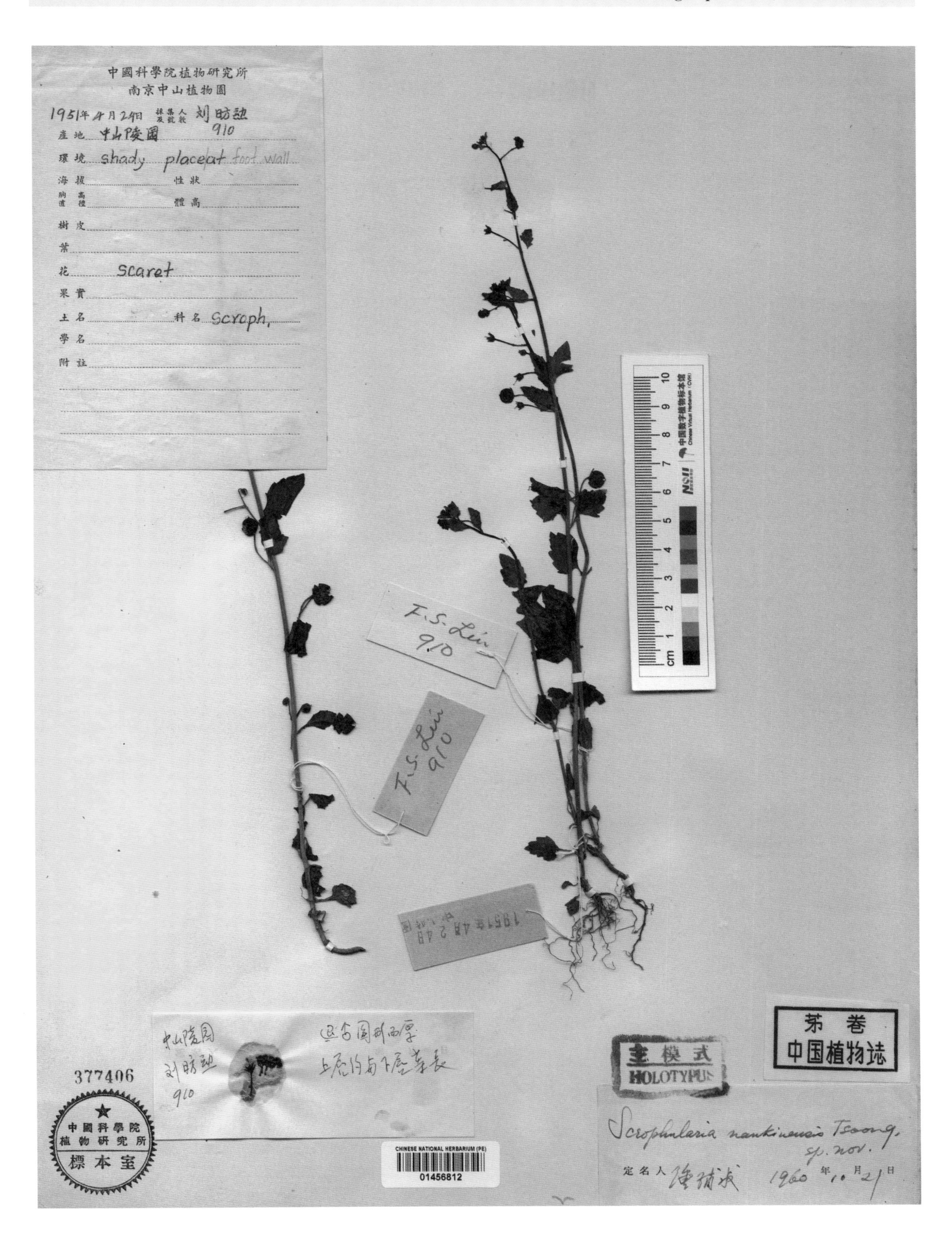

南京玄参 ***Scrophularia nankinensis*** P. C. Tsoong, Fl. Reip. Pop. Sin. 67(2): 394. 1979. **Holotype:** China. Jiangsu: Nanjing, 1951-04-24, F. S. Liu 910.

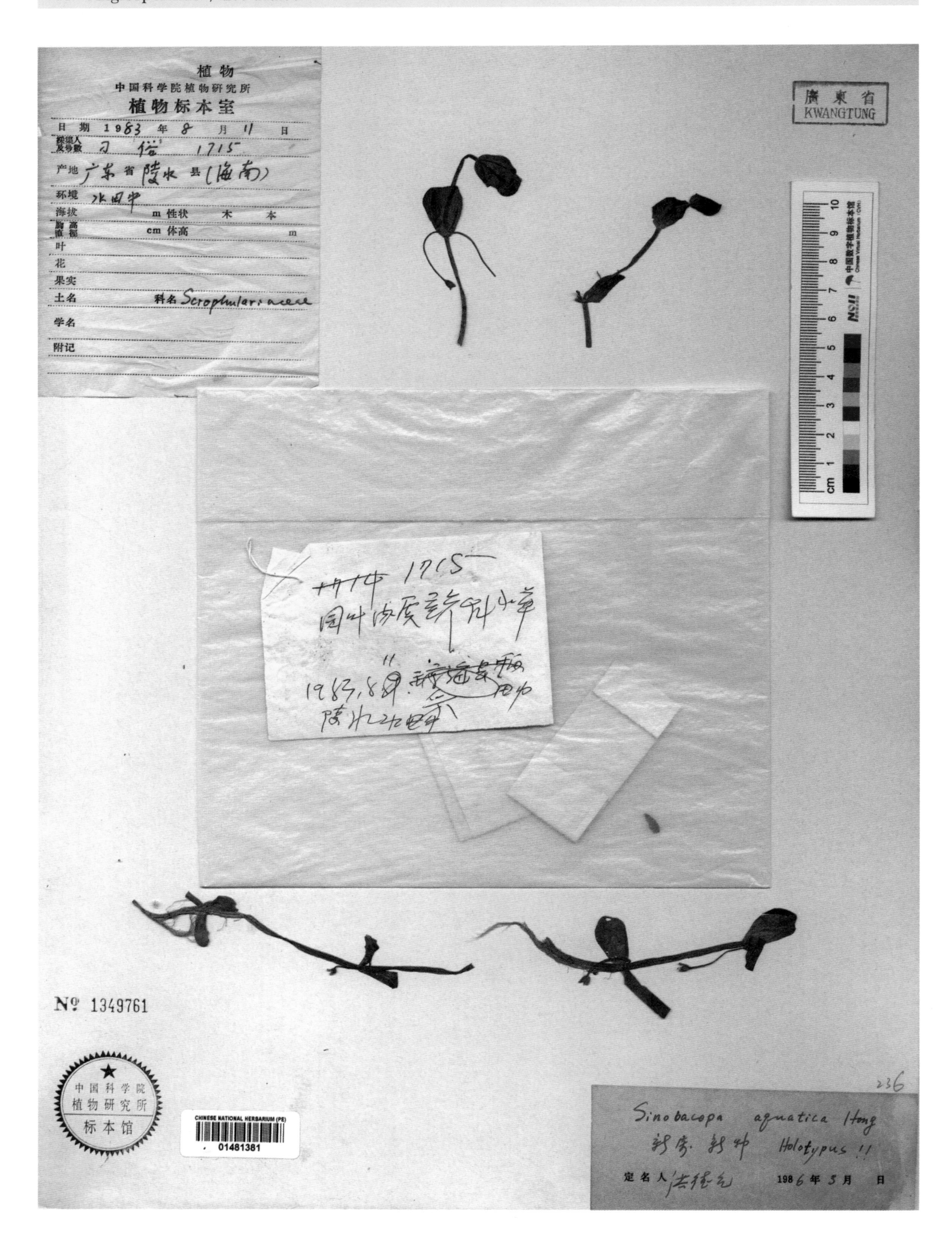

田玄参 ***Sinobacopa aquatica*** D. Y. Hong in Acta Phytotax. Sin. 25(5): 395, f. 1. 1987. **Holotype:** China. Hainan: Lingshui, 1983-08-11, S. Diao 1715.

长果婆婆纳中甸亚种 ***Veronica ciliata*** Fisch. ssp. ***zhongdianensis*** D. Y. Hong in Acta Phytotax. Sin. 16(3): 24, f. 3. 1978. **Holotype:** China. Yunnan: Zhongdian (=Shangri-La), alt. 3 400 m, 1937-07-12, T. T. Yu 12142.

丝梗婆婆纳 ***Veronica filipes*** P. C. Tsoong, Fl. Reip. Pop. Sin. 67(2): 403, pl. 35: 7-9. 1979. **Holotype:** China. Sichuan: N. Sichuan, Precise locality not known, alt. 4 300~4 500 m, 1922-08-22, H. Smith 3196.

大花婆婆纳多腺变种 ***Veronica himalensis*** D.Don var. ***yunnanesis*** P. C. Tsoong, Fl. Reip. Pop. Sin. 67(2): 402. 1979. **Holotype:** China. Yunnan: Bijiang, alt. 4 000 m, 1934-08-25, H. T. Tsai 58169.

长柄婆婆纳 ***Veronica longipetiolata*** D. Y. Hong, Fl. Reip. Pop. Sin. 67(2): 403, pl. 38: 1-2. 1979. **Holotype:** China. Xizang: Nyalam, alt. 2 400~2 700 m, 1966-06-24, Y. T. Chang & K. Y. Lang 4524.

半抱茎婆婆纳 ***Veronica semiamplexicaulis*** D. Y. Hong, Fl. Reip. Pop. Sin. 67(2): 404, pl. 37: 6. 1979. **Holotype:** China. Xizang: Nyalam, alt. 2 700 m, 1966-06-24, Y. T. Chang & K. Y. Lang 4521.

西藏婆婆纳 ***Veronica tibetica*** D. Y. Hong, Fl. Reip. Pop. Sin. 67(2): 404, pl. 39: 1-3. 1979. **Holotype:** China. Xizang: Gyirong, alt. 2 450 m, 1972-06-10, Xizang Medic. Pl. Exped. 208.

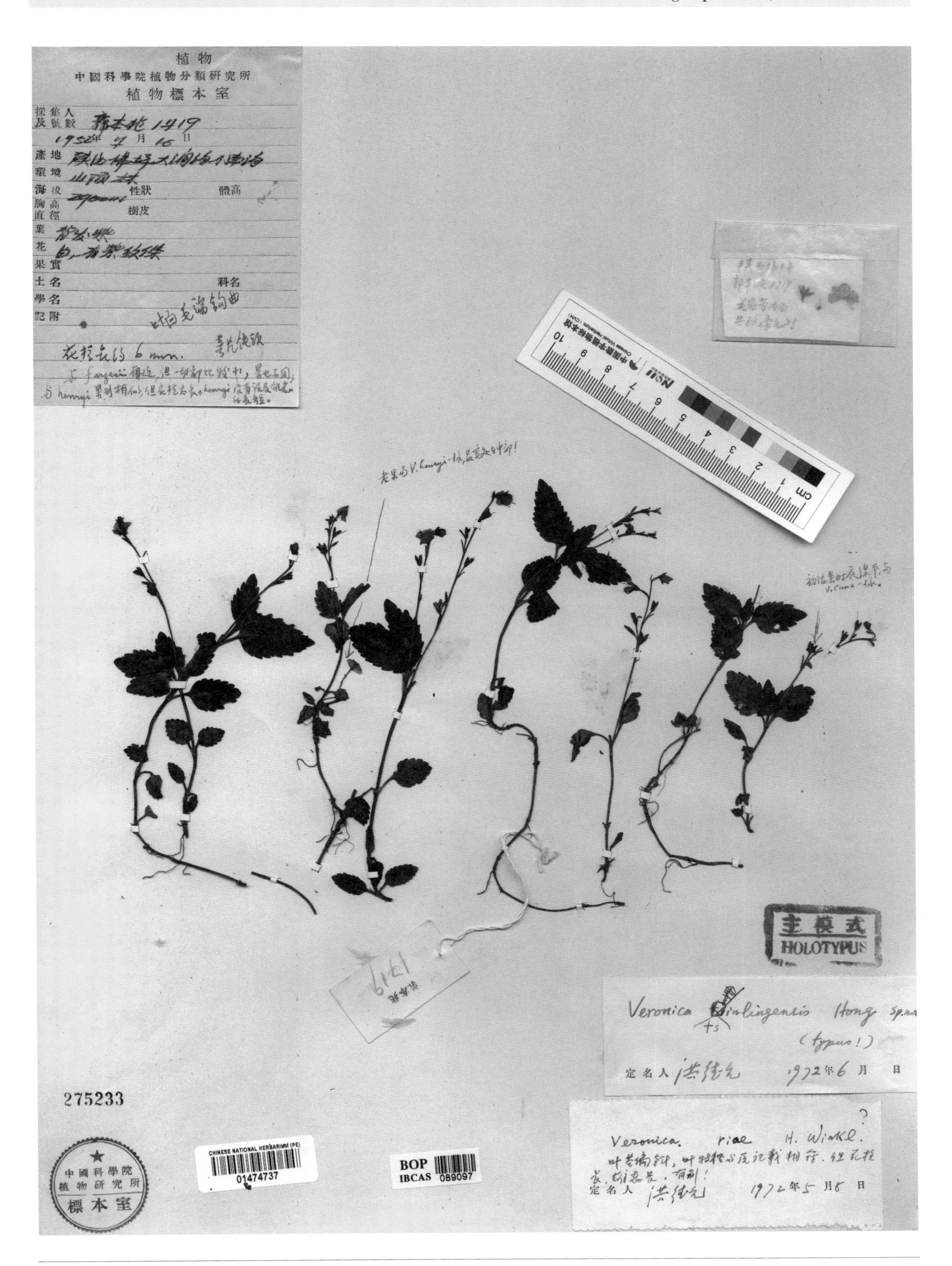

陕川婆婆纳 ***Veronica tsinglingensis*** D. Y. Hong, Fl. Reip. Pop. Sin. 67(2): 403, pl. 36: 1-2. 1979. **Holotype:** China. Shaanxi: Foping, alt. 2 900 m, 1952-07-16, B. Z. Guo 1719.

云南婆婆纳 ***Veronica yunnanensis*** D. Y. Hong, Fl. Reip. Pop. Sin. 67(2): 404, pl. 38: 5-7. 1979. **Holotype:** China. Yunnan: Lancang River, alt. 3 400~3 500 m, 1940-07-12, K. M. Feng 5363.

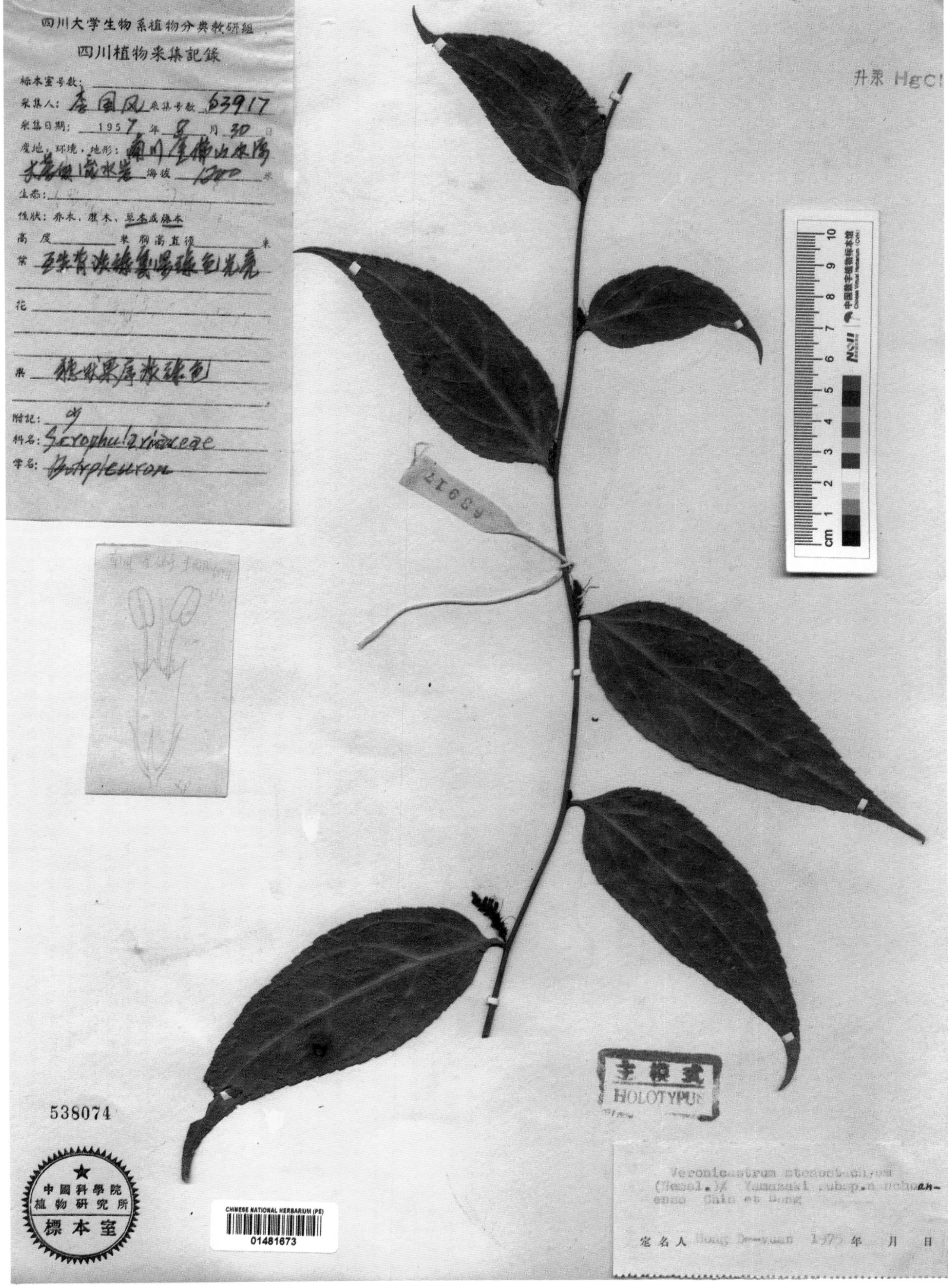

南川腹水草 ***Veronicastrum stenostachyum*** (Hemsl.) Yamazaki ssp. ***nanchuanense*** T. L. Chin & D. Y. Hong, Fl. Reip. Pop. Sin. 67(2): 401. 1979. **Holotype:** China. Chongqing: Nanchuan, alt. 1 200 m, 1957-08-30, G. F. Li 63917.

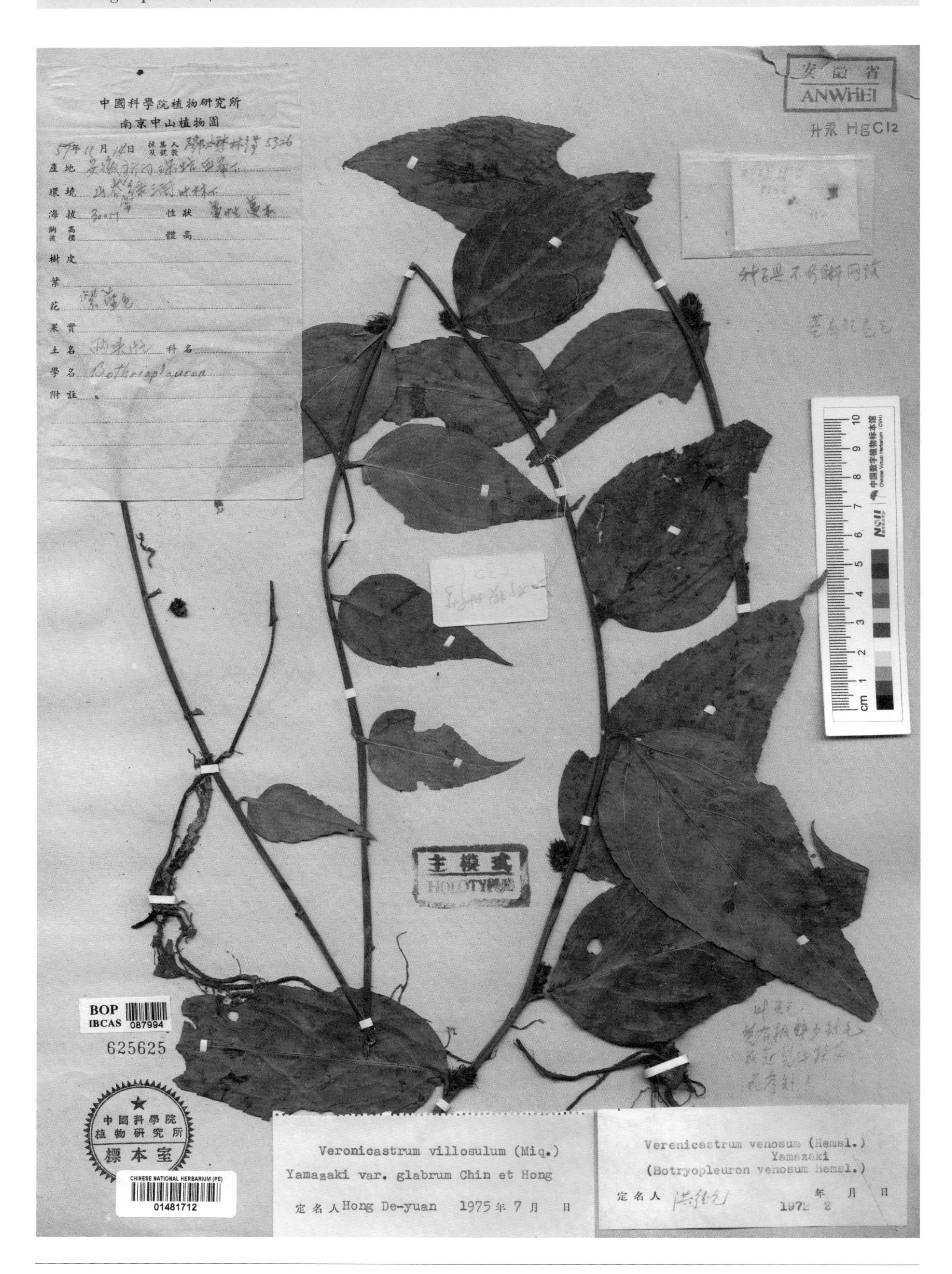

铁钓竿 ***Veronicastrum villosulum*** (Miq.) Yamazaki var. ***glabrum*** T. L. Chin & D. Y. Hong, Fl. Reip. Pop. Sin. 67(2): 402. 1979.
Holotype: China. Anhui: Qimen, alt. 300 m, 1957-11-14, M. B. Deng & al. 5326.

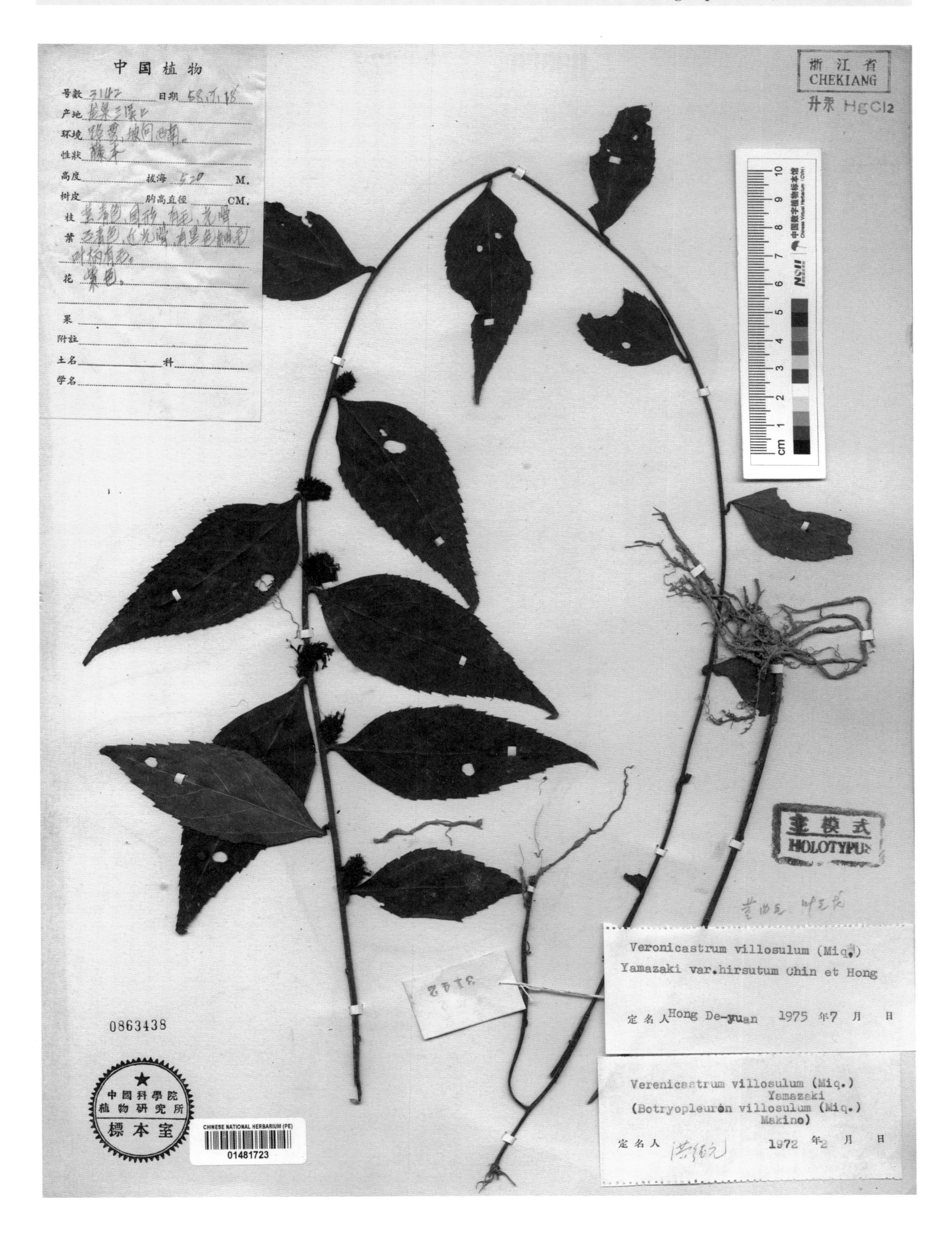

毛叶腹水草刚毛变种 ***Veronicastrum villosulum*** (Miq.) Yamazaki var. ***hirsutum*** T. L. Chin & D. Y. Hong, Fl. Reip. Pop. Sin. 67(2): 401. 1979. **Holotype:** China. Zhejiang: Longquan, alt. 520 m, 1958-07-18, S. Y. Chang 3142.

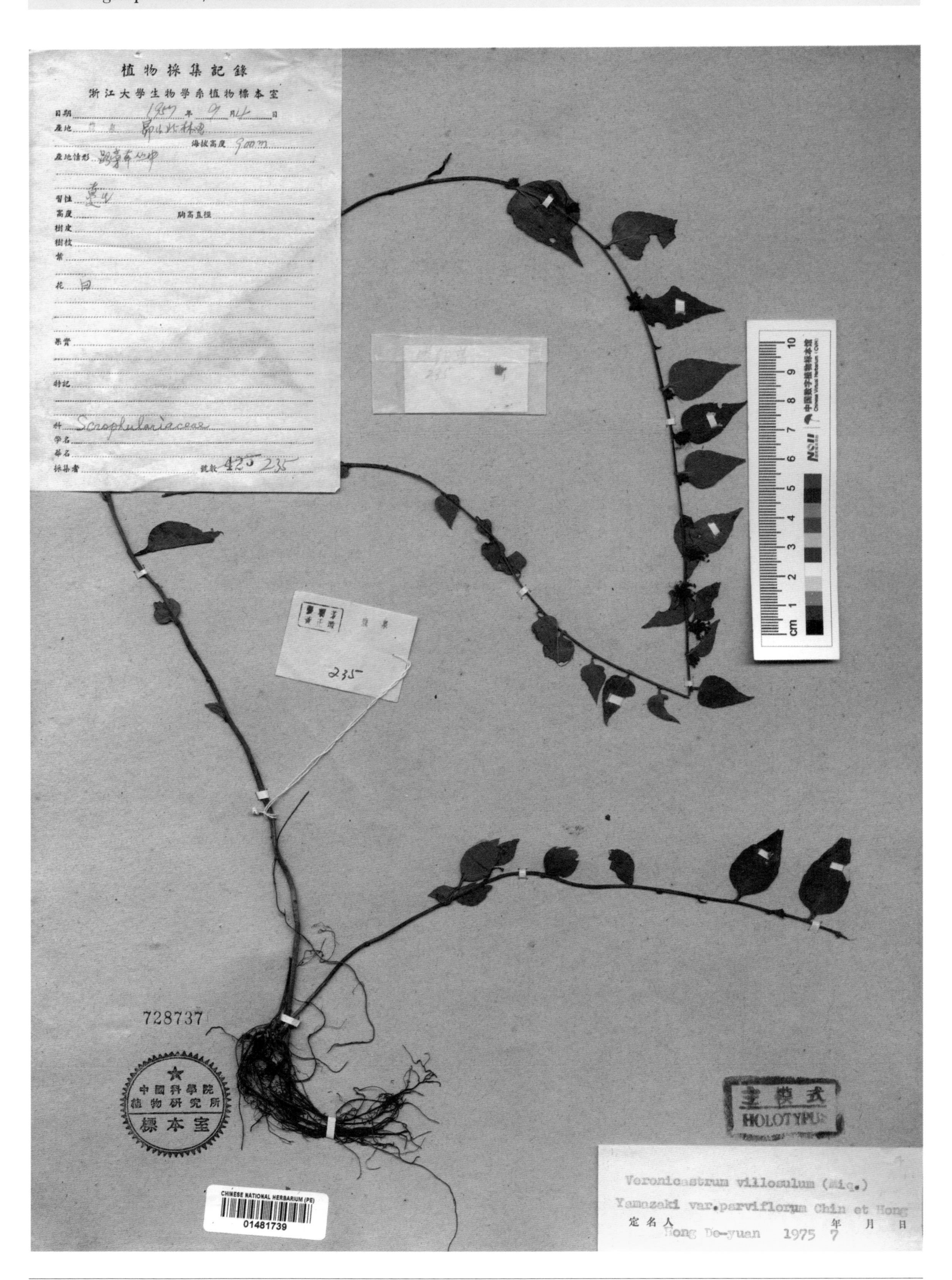

两头连 ***Veronicastrum villosulum*** (Miq.) Yamazaki var. ***parviflorum*** T. L. Chin & D. Y. Hong, Fl. Reip. Pop. Sin. 67(2): 401. 1979. **Holotype:** China. Zhejiang: Longquan, alt. 900 m, 1957-09-04, C. F Chang & Z. Z. Huang 235.

Gesneriaceae

苦苣苔科

Kujutai Ke

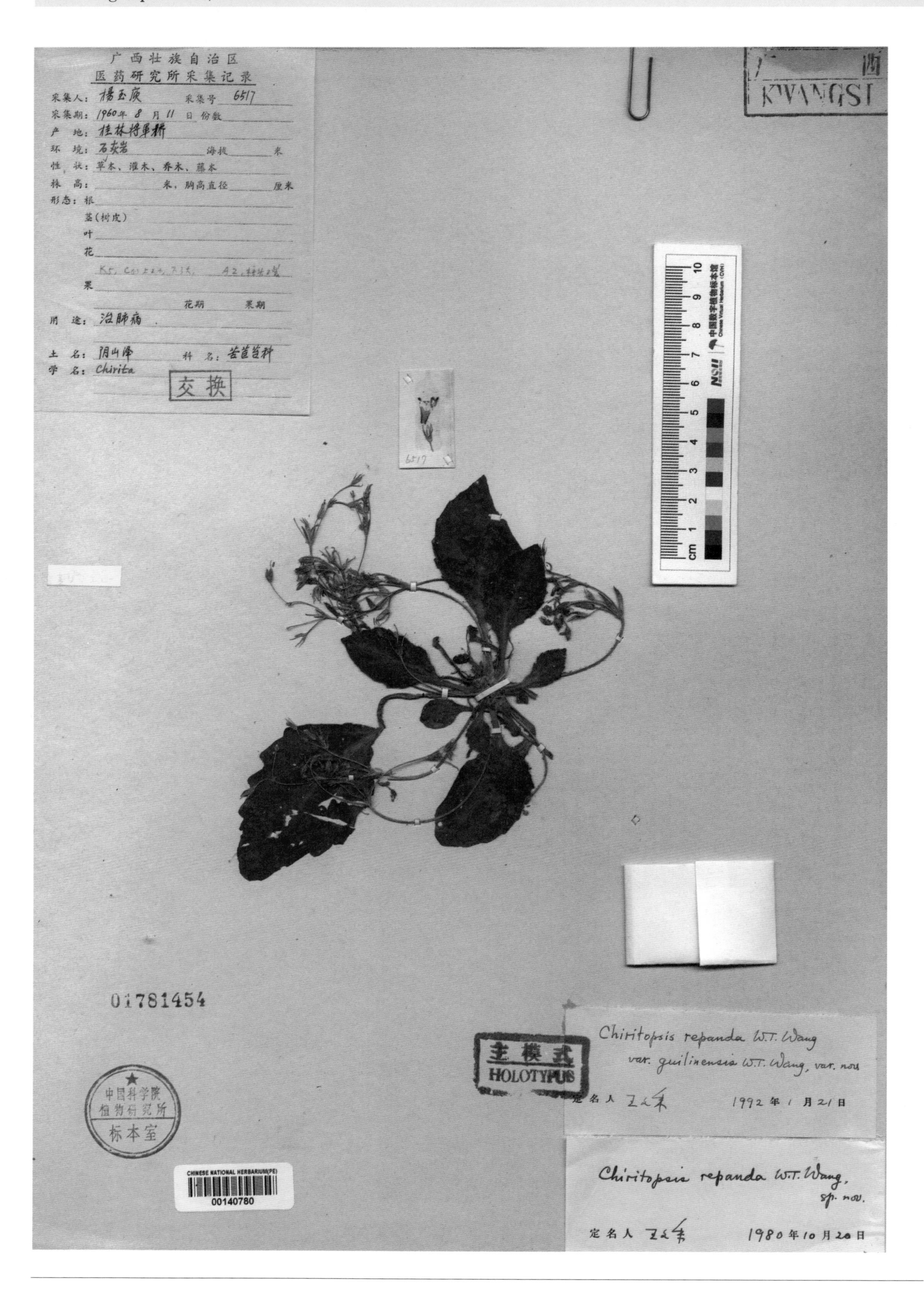

桂林小花苣苔 ***Chiritopsis repanda*** W. T. Wang var. ***guilinensis*** W. T. Wang in Guihaia 12(4): 299. 1992. **Holotype:** China. Guangxi: Guilin, 1960-08-11, Y. Y. Yang 6517.

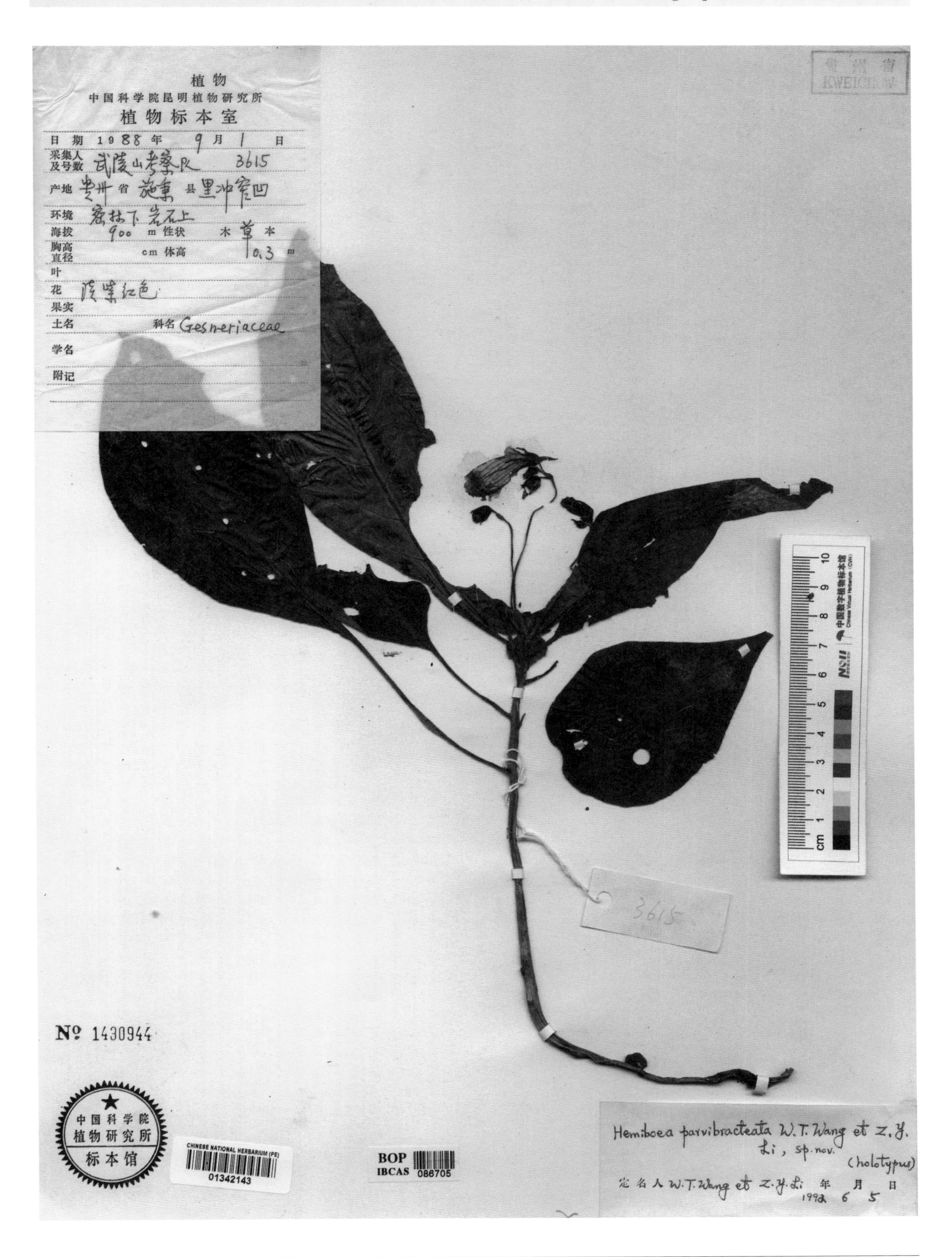

小苞半蒴苣苔 ***Hemiboea parvibracteata*** W. T. Wang & Z. Y. Li, Keys Vasc. Wuling Mts. 580. 1995. **Holotype:** China. Guizhou: Shibing, alt. 900 m, 1988-09-01, Wulingshan Exped. (KUN) 3615.

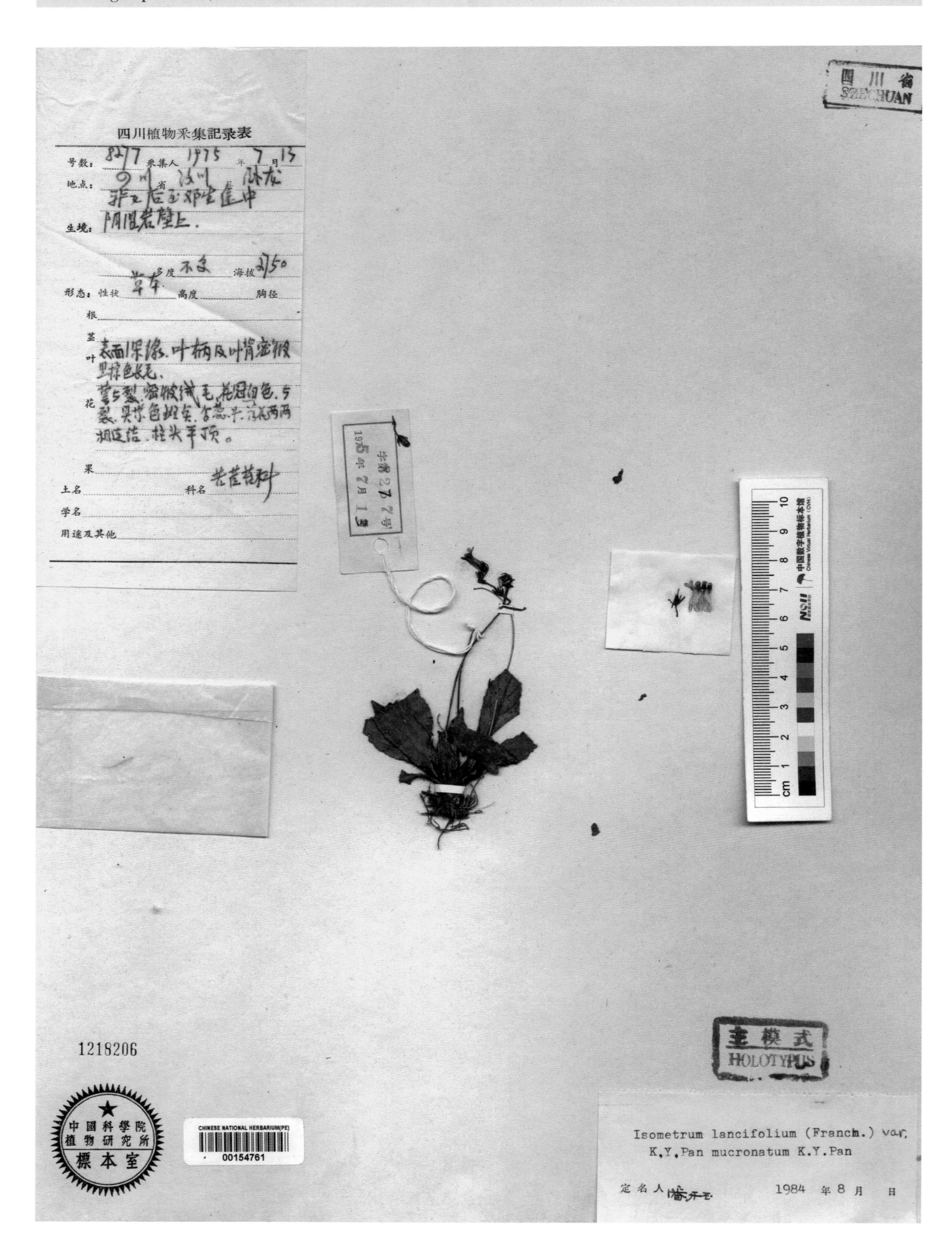

汶川金盏苣苔 ***Isometrum lancifolium*** (Franch.) K. Y. Pan var. ***mucronatum*** K. Y. Pan in Acta Bot. Yunnan. 8(1): 30. 1986.
Holotype: China. Sichuan: Wenchuan, alt. 2 750 m, 1975-07-13, Sichuan Veget. Exped. 8277.

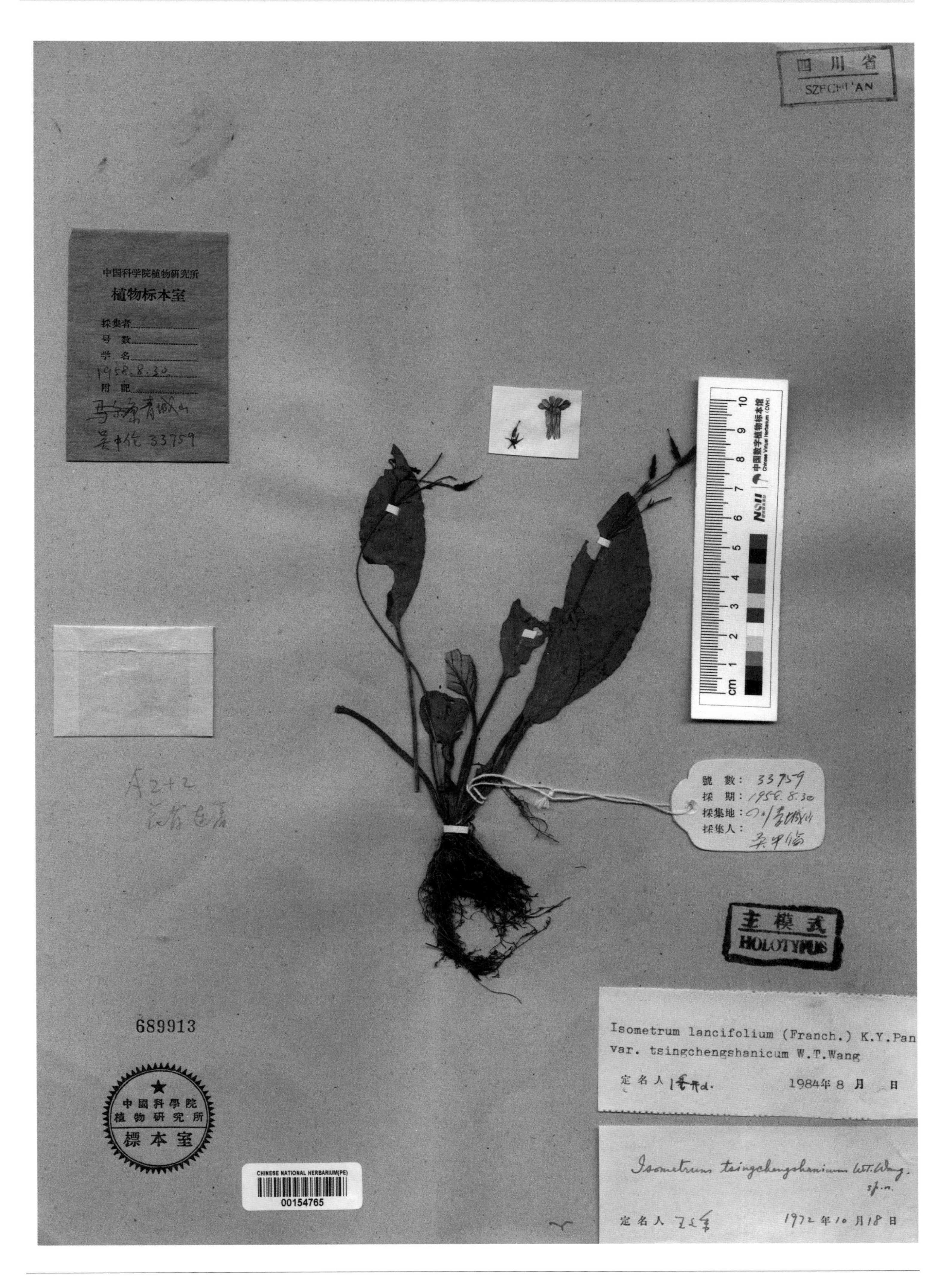

狭叶金盏苣苔 ***Isometrum lancifolium*** (Franch.) K. Y. Pan var. ***tsingchengshanicum*** W. T. Wang & K. Y. Pan in Acta Bot. Yunnan. 8(1): 30. 1986. **Holotype:** China. Sichuan: Guan Xian (=Dujiangyan), 1958-08-30, C. L. Wu 33759.

粗丝蛛毛苣苔 ***Paraboea crassifila*** W. B. Xu & J. Guo in Taiwania 61(1): 8, f. 1-2. 2016. **Isotype:** China. Guangxi: Rong Xian, alt. 270 m, 2015-03-24, W. B. Xu 12129.

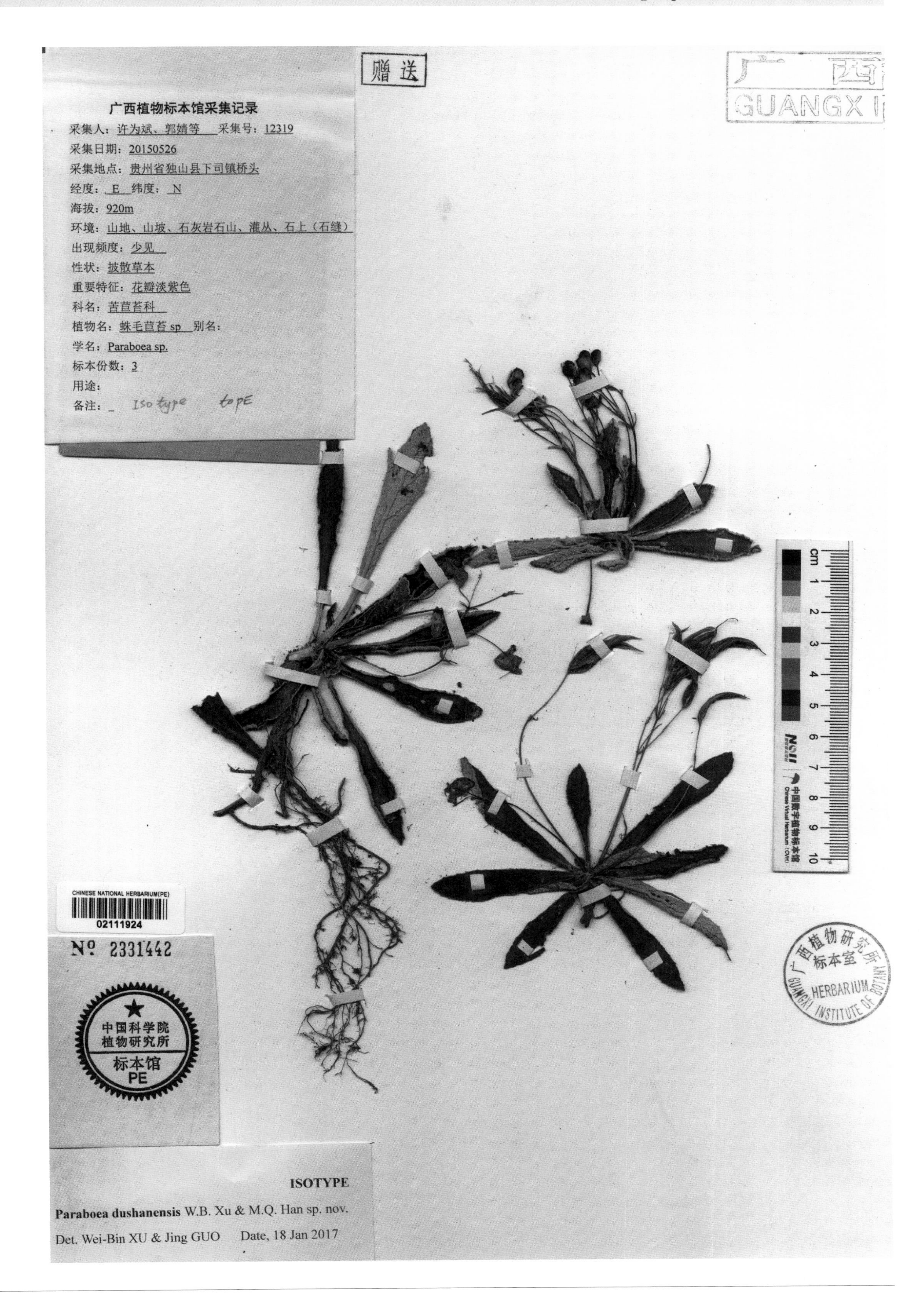

独山蛛毛苣苔 ***Paraboea dushanensis*** W. B. Xu & M. Q. Han in Bot. Stud. 58: 59, f. 2-3. 2017. **Isotype:** China. Guizhou: Dushan, alt. 920 m, 2015-05-26, W. B. Xu & al. 12319.

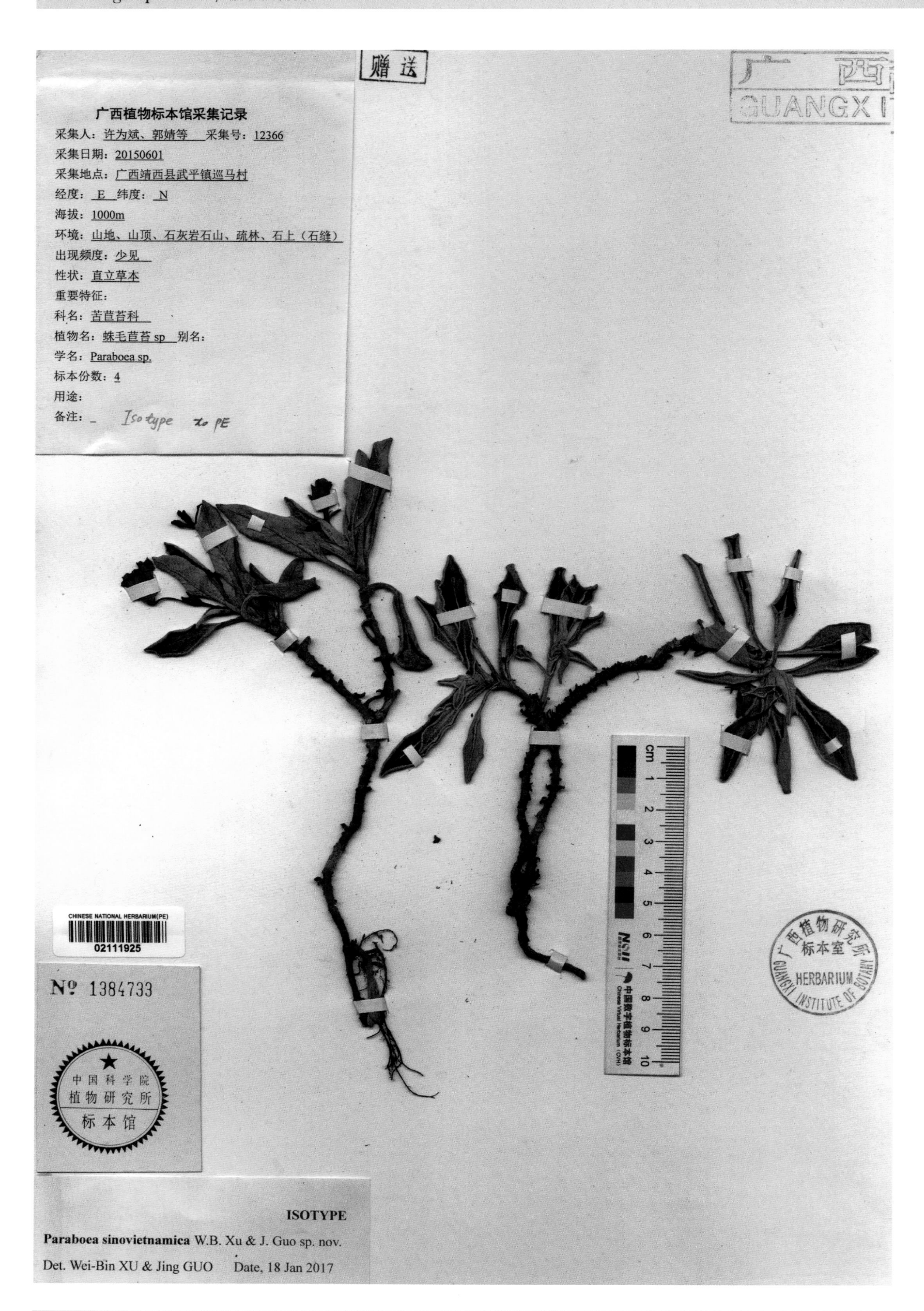

中越蛛毛苣苔 ***Paraboea sinovietnamica*** W. B. Xu & J. Guo in Bot. Stud. 58: 62, f. 4-5. 2017. **Isotype:** Guangxi: Jingxi, alt. 1 000 m, 2015-06-01, W. B. Xu & al. 12366.

湘桂蛛毛苣苔 ***Paraboea xiangguiensis*** W. B. Xu & B. Pan in Bot. Stud. 58: 66, f. 6-7. 2017. **Isotype:** China. Guangxi: Quanzhou, alt. 220 m, 2013-03-20, W. B. Xu & B. Pan 11918.

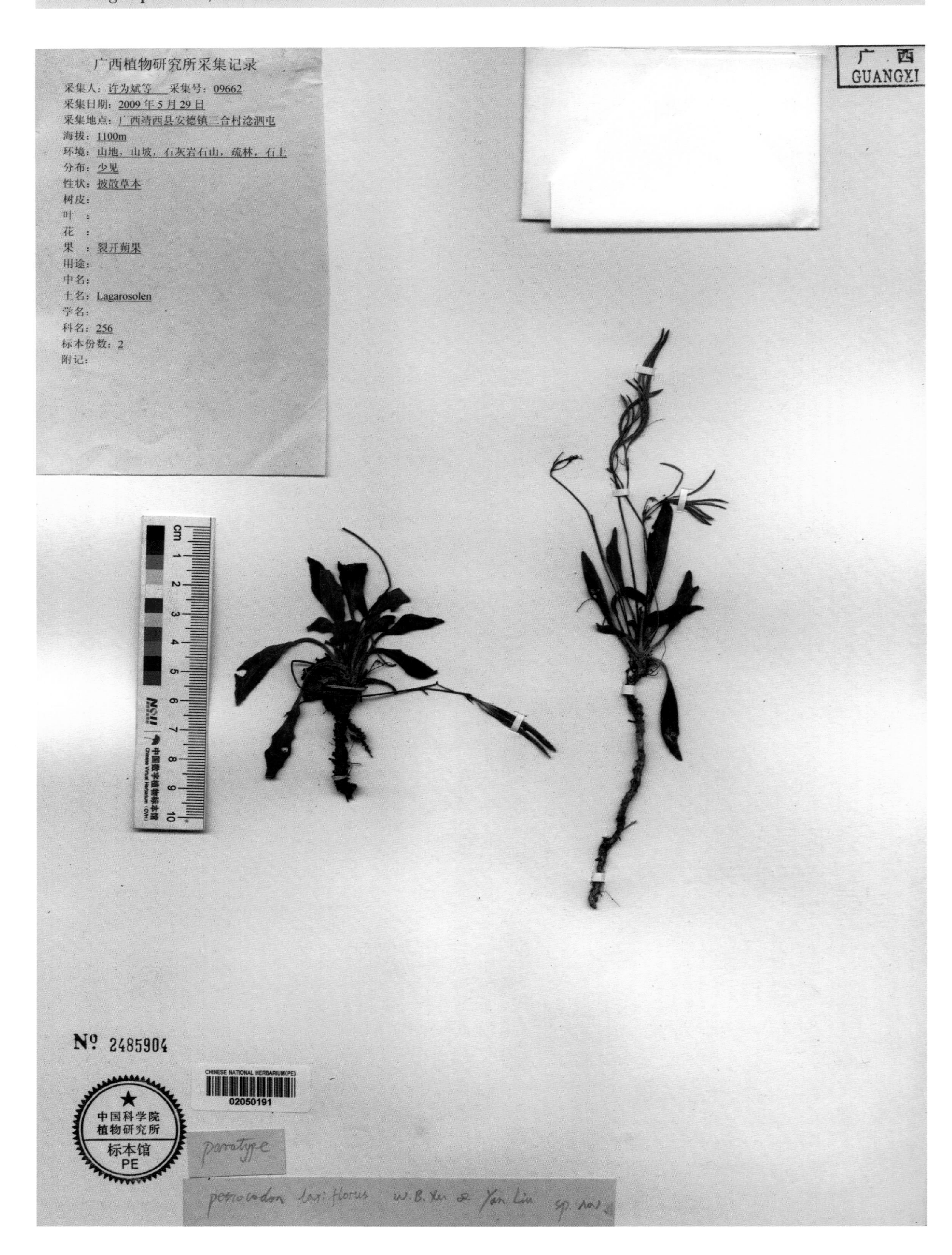

疏花序石山苣苔 ***Petrocodon laxicymosus*** W. B. Xu & Yan Liu in Syst. Bot. 39(3): 967, f. 2: a-b, 3. 2014. **Paratype:** Guangxi: Jingxi, alt. 1 100 m, 2009-05-29, W. B. Xu & al. 09662.

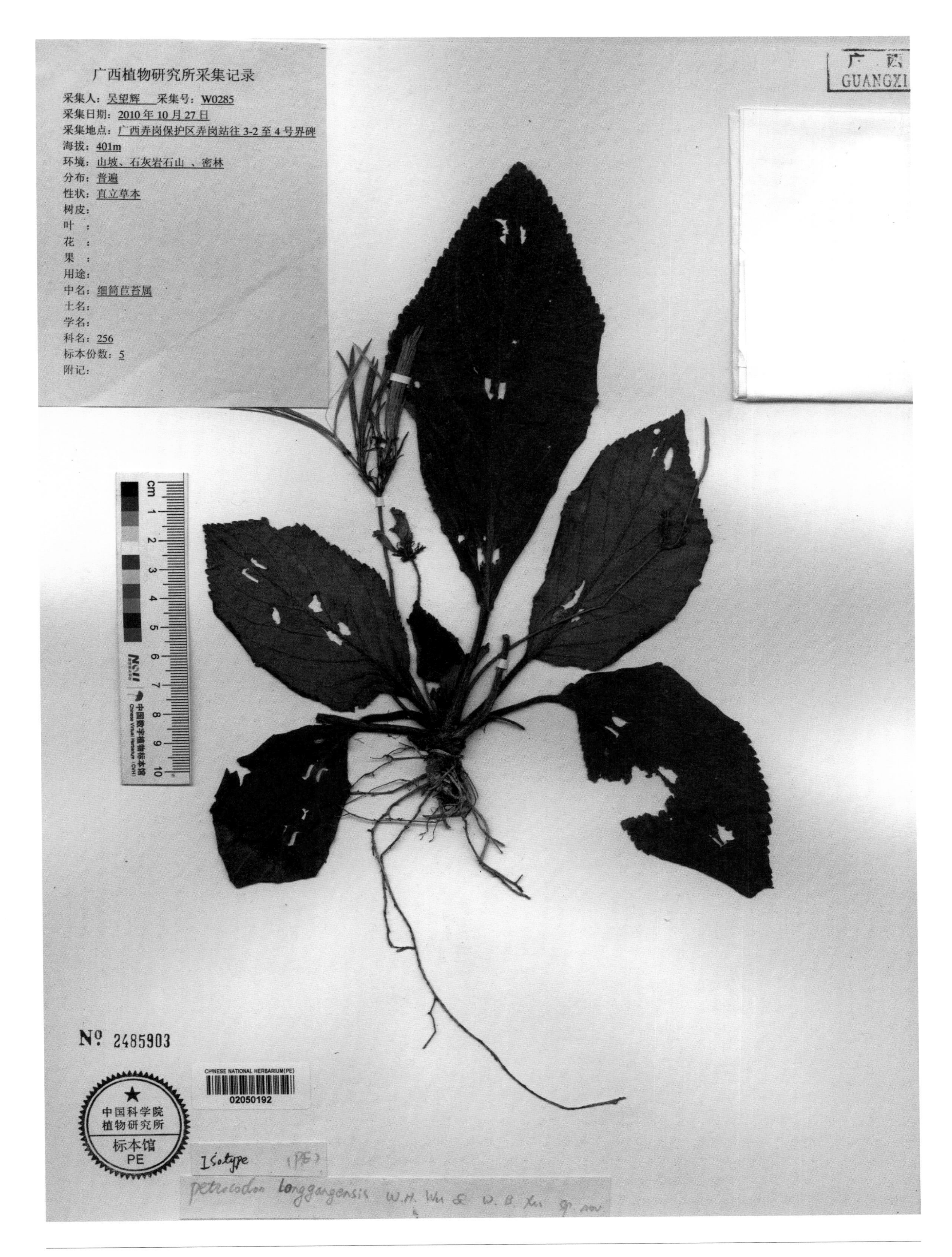

弄岗石山苣苔 ***Petrocodon longgangensis*** W. H. Wu & W. B. Xu in Syst. Bot. 39(3): 970, f. 2: c-d, 4. 2014. **Isotype:** China. Guangxi: Longzhou, alt. 401 m, 2010-10-27, W. H. Wu W0285.

假革叶石山苣苔 ***Petrocodon pseudocoriaceifolicus*** Yan Liu & W. B. Xu in Syst. Bot. 39(3): 970, f. 2: e-f, 5. 2014. **Isotype:** China. Guangxi: Luocheng, alt. 320 m, 2009-04-19, W. B. Xu & Yan Liu 09412.

博白报春苣苔 ***Primulina bobaiensis*** Q. K. Li, Q. Zhang & W. L. Li in Guihaia 35(2): 148, f. 2-3. 2015. **Isotype:** China. Guangxi: Bobai, alt. 123 m, 2010-10-09, Y. S. Huang & B. Pan 100839.

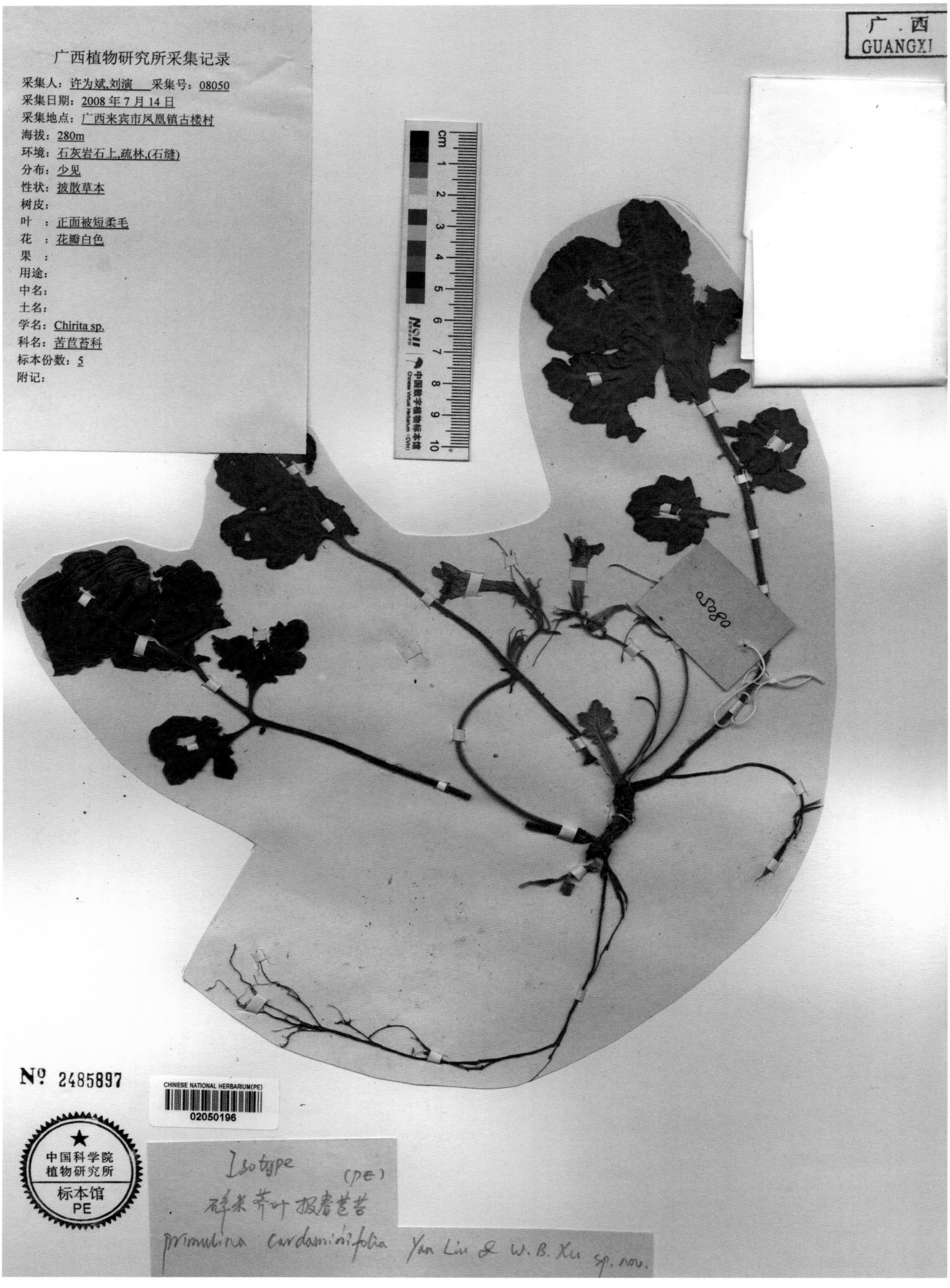

碎米荠叶报春苣苔 ***Primulina cardaminifolia*** Yan Liu & W. B. Xu in Bot. Stud. 54: 22, f. 1-2. 2013. **Isotype:** China. Guangxi: Laibin, alt. 280 m, 2008-07-14, W. B. Xu & Yan Liu 08050.

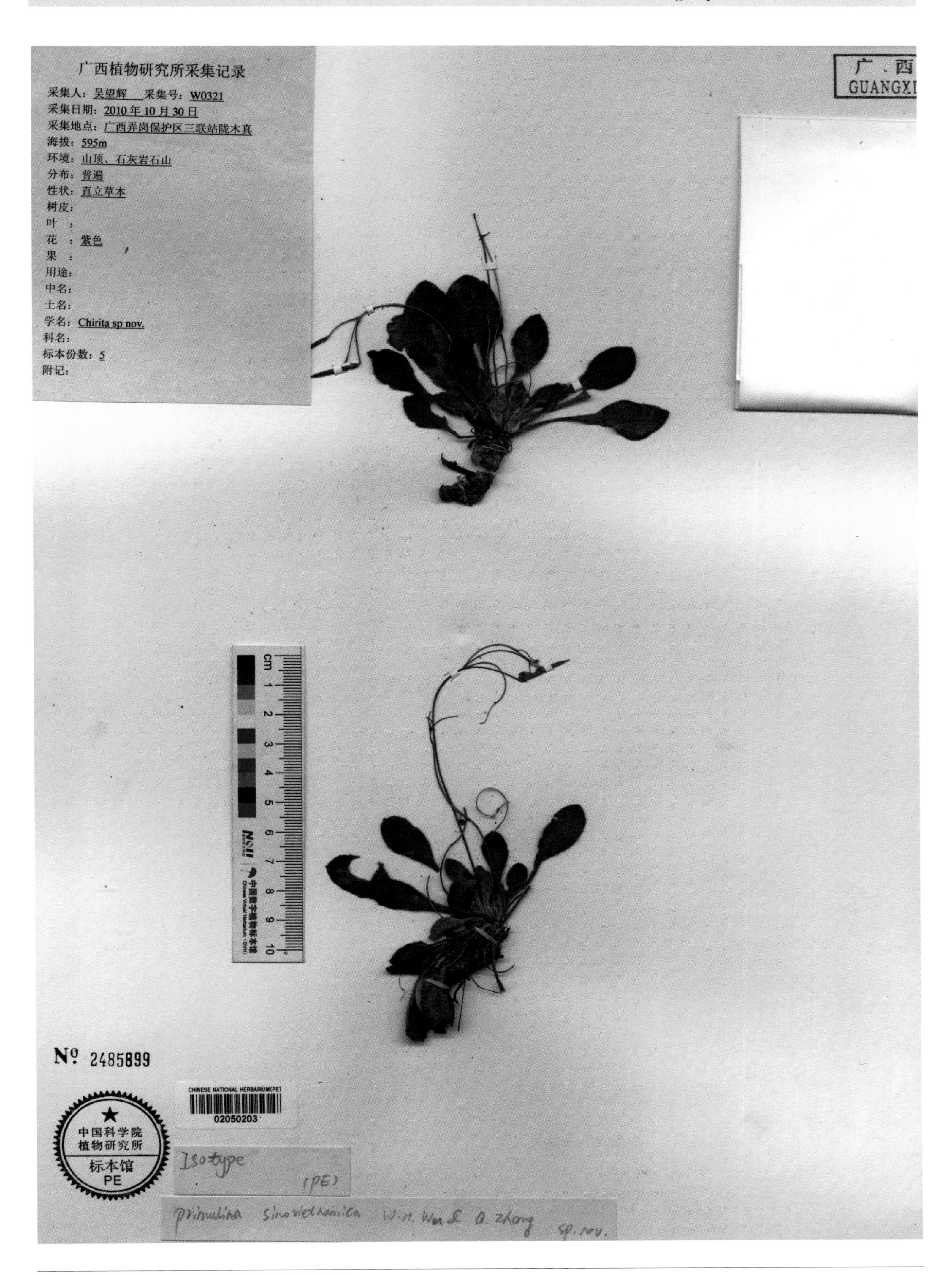

中越报春苣苔 ***Primulina sinovietnamica*** W. H. Wu & Q. Zhang in Phytotaxa 60: 36, f. 1, 2: a-d, h-k. 2012. **Isotype:** China. Guangxi: Longzhou, Longgang, alt. 595 m, 2010-10-30, W. H. Wu W0321.

Rubiaceae

茜草科

Qiancao Ke

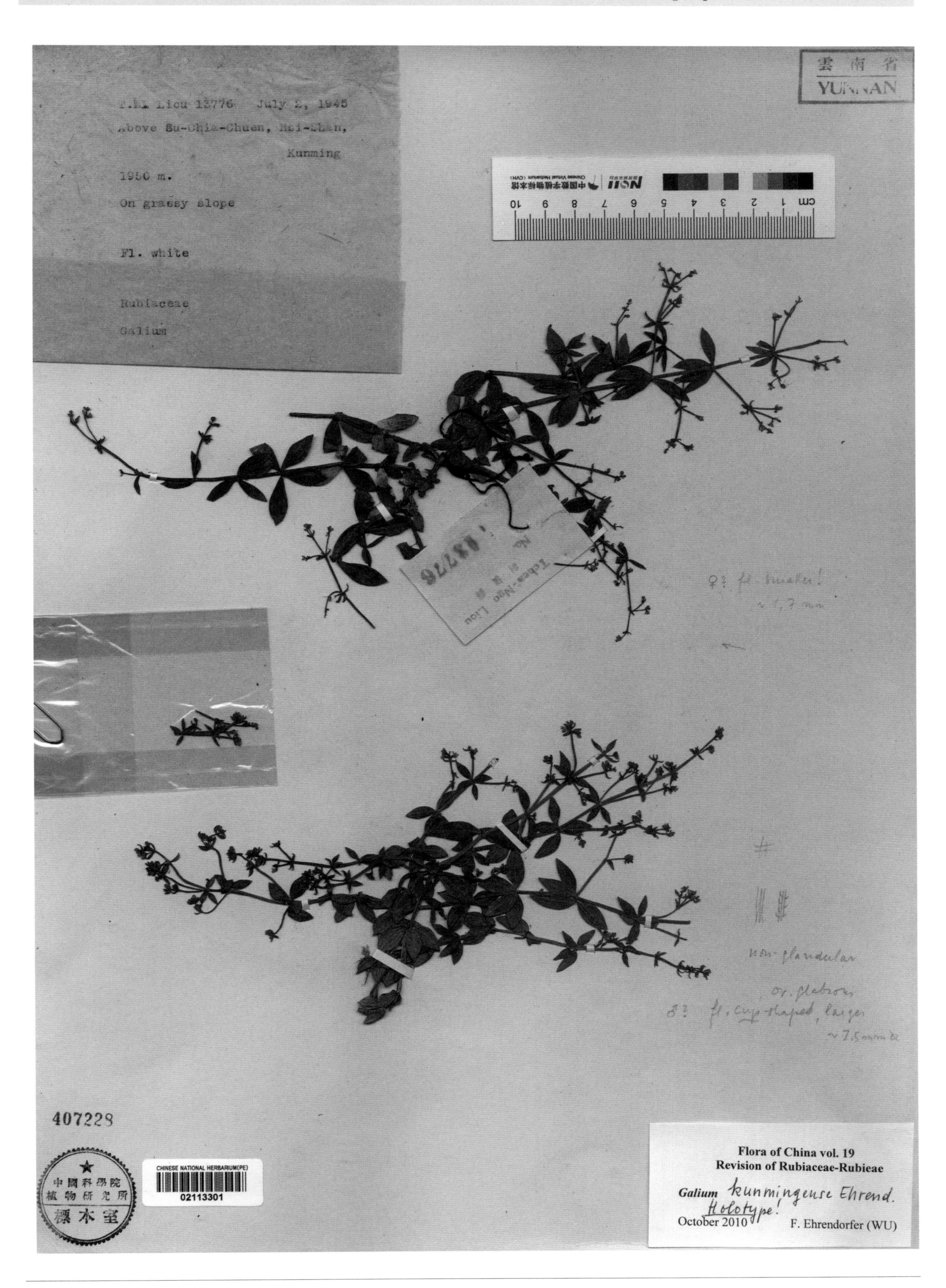

昆明拉拉藤 ***Galium kunmingense*** Ehrend. in Novon 20: 270, f. 3. 2010. **Holotype:** China. Yunnan: Kunming, alt. 1 950 m, 1945-07-02, T. N. Liou 13776.

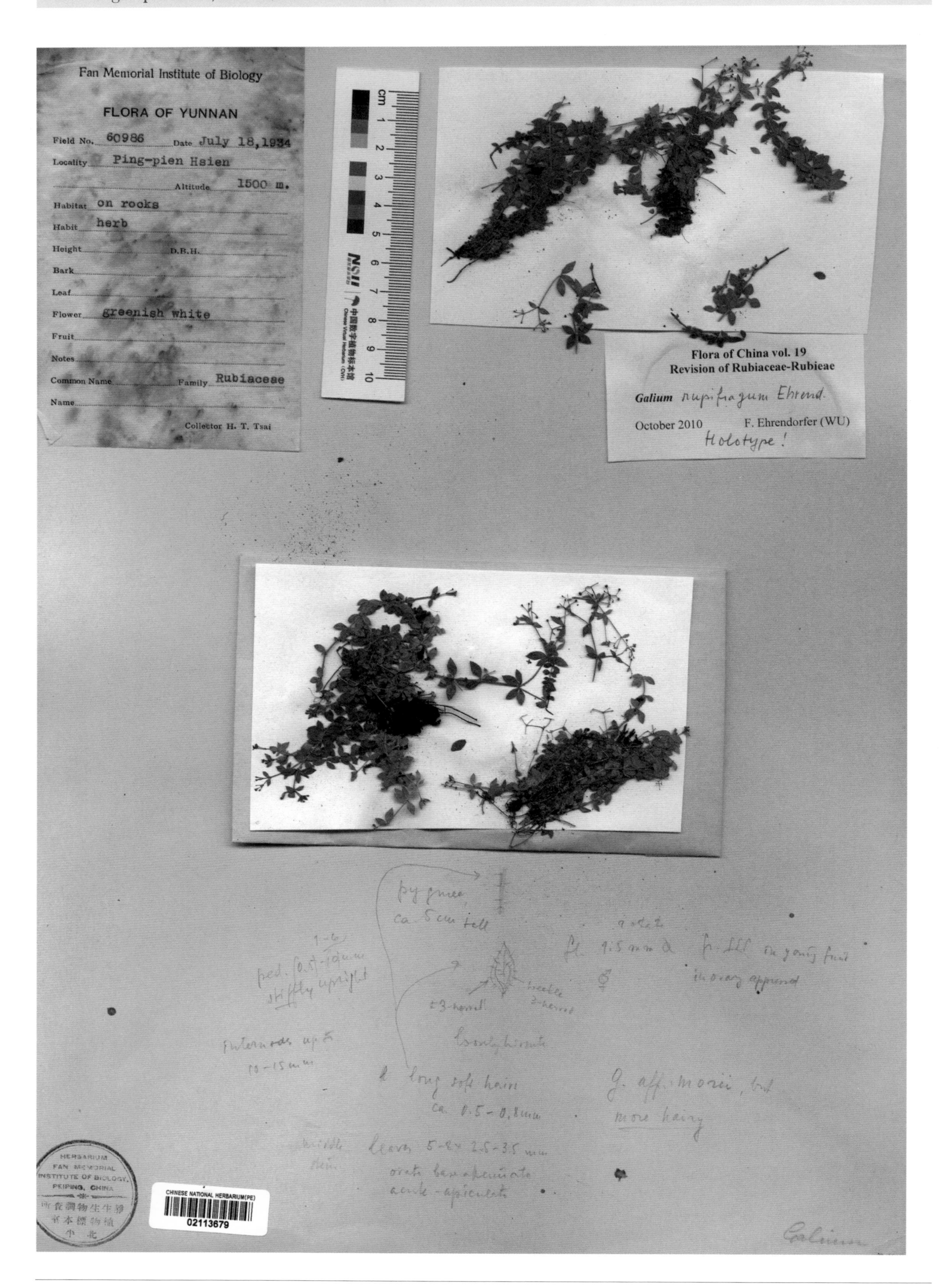

屏边拉拉藤 ***Galium rupifragum*** Ehrend. in Novon 20: 273, f. 4. 2010. **Holotype:** China. Yunnan: Pingbian, alt. 1 500 m, 1934-07-18, H. T. Tsai 60986.

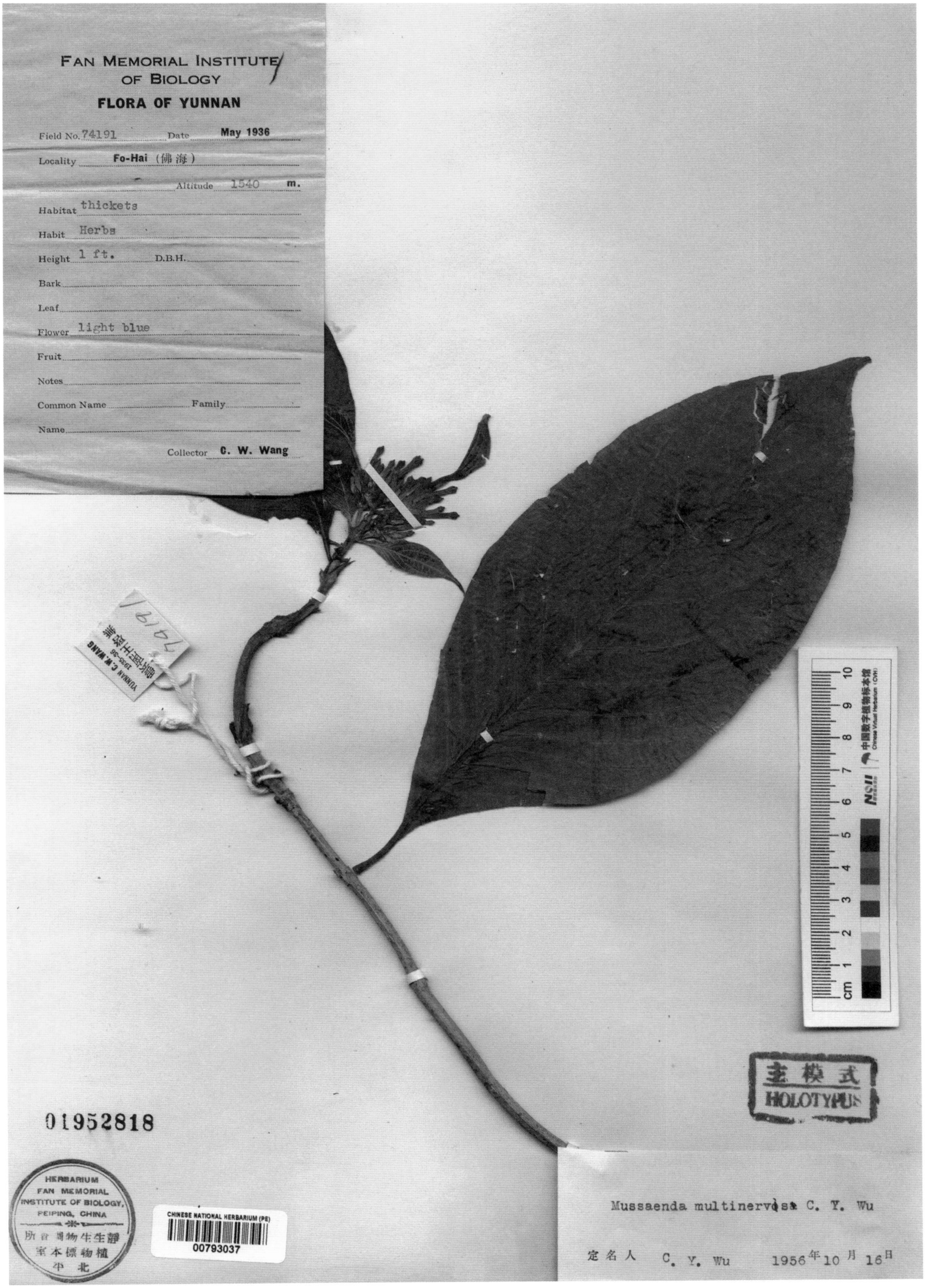

FAN MEMORIAL INSTITUTE OF BIOLOGY
FLORA OF YUNNAN

Field No. 74191 Date May 1936
Locality Fo-Hai (佛海)
Altitude 1540 m.
Habitat thickets
Habit Herbs
Height 1 ft. D.B.H.
Bark
Leaf
Flower light blue
Fruit
Notes
Common Name Family
Name
Collector C. W. Wang

74191
YUNNAN C. W. WANG 1935-36
静生生物调查所

cm 1 2 3 4 5 6 7 8 9 10
中国数字植物标本馆 Chinese Virtual Herbarium (CVH)

主模式 HOLOTYPUS

01952818

HERBARIUM FAN MEMORIAL INSTITUTE OF BIOLOGY, PEIPING, CHINA
静生生物调查所植物标本室 北平

CHINESE NATIONAL HERBARIUM (PE)
00793037

Mussaenda multinervis C. Y. Wu
定名人 C. Y. Wu 1956年10月16日

多脉玉叶金花 ***Mussaenda multinervis*** C. Y. Wu in Acta Phytotax. Sin. 24(3): 237, f. 3. 1986. **Holotype:** China. Yunnan: Fo-Hai (=Menghai), alt. 1 540 m, 1936-05-??, C. W. Wang 74191.

四川大学生物系植物分类教研組

四川植物采集記錄

标本室号数：

采集人：杨光辉 采集号数：57031

采集日期：1957 年 8 月 31 日

產地，环境，地形：[illegible]

海拔 600 米

生态：

性狀：乔木、灌木、草本或藤本

高度 0.3 米 胸高直徑 米

茎 [illegible]

花

果 [illegible]

附記：

科名： 俗名

学名：

中国科学院植物研究所

植物标本室

采集者

号数

学名

附记

57031

536030

中國科學院植物研究所標本室

CHINESE NATIONAL HERBARIUM (PE)

00839003

cm 1 2 3 4 5 6 7 8 9 10

中国数字植物标本馆 Chinese Virtual Herbarium (CVH)

Isotype!

螺序草属

K. H. Yang 57031 Ribiaceae

Spiradiclis emeiensis H. S. Lo

定名人 [illegible] 81.6.4

Ophiorrhiza

Rubia.

峨眉螺序草 ***Spiradiclis emeiensis*** H. S. Lo in Acta Bot. Austro Sin. 1: 36, 31. 1983. **Isotype:** China. Sichuan: Emei, Emeishan, alt. 600 m, 1957-08-31, G. H. Yang 57031.

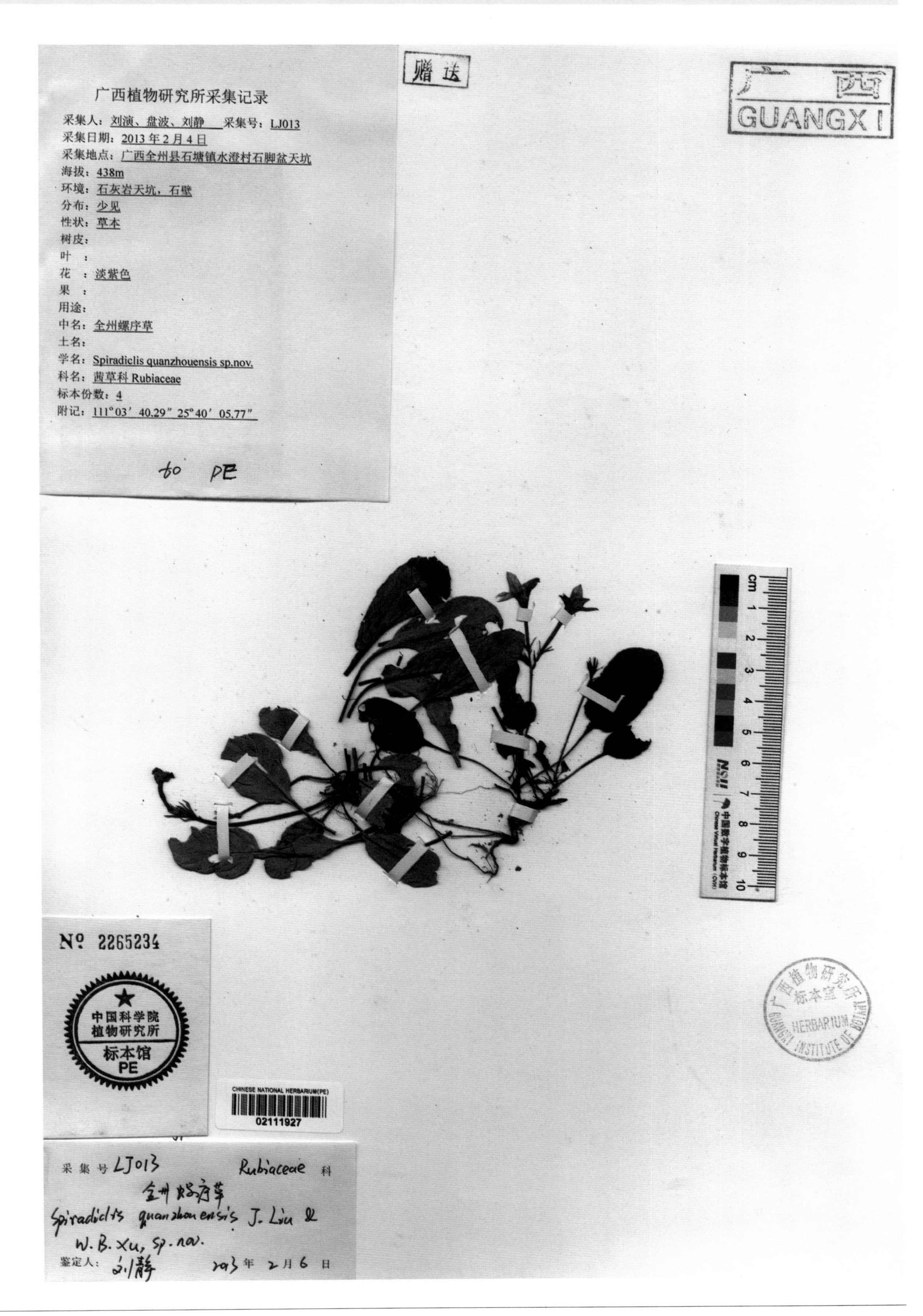

全州螺序草 ***Spiradiclis quanzhouensis*** J. Liu & W. B. Xu in Nordic J. Bot. e01595: 2, f. 1-2. 2018. **Isotype:** China. Guangxi: Quanzhou, alt. 438 m, 2013-02-04, Yan Liu, B. Pan & J. Liu LJ013.

Caprifoliaceae

忍冬科

Rendong Ke

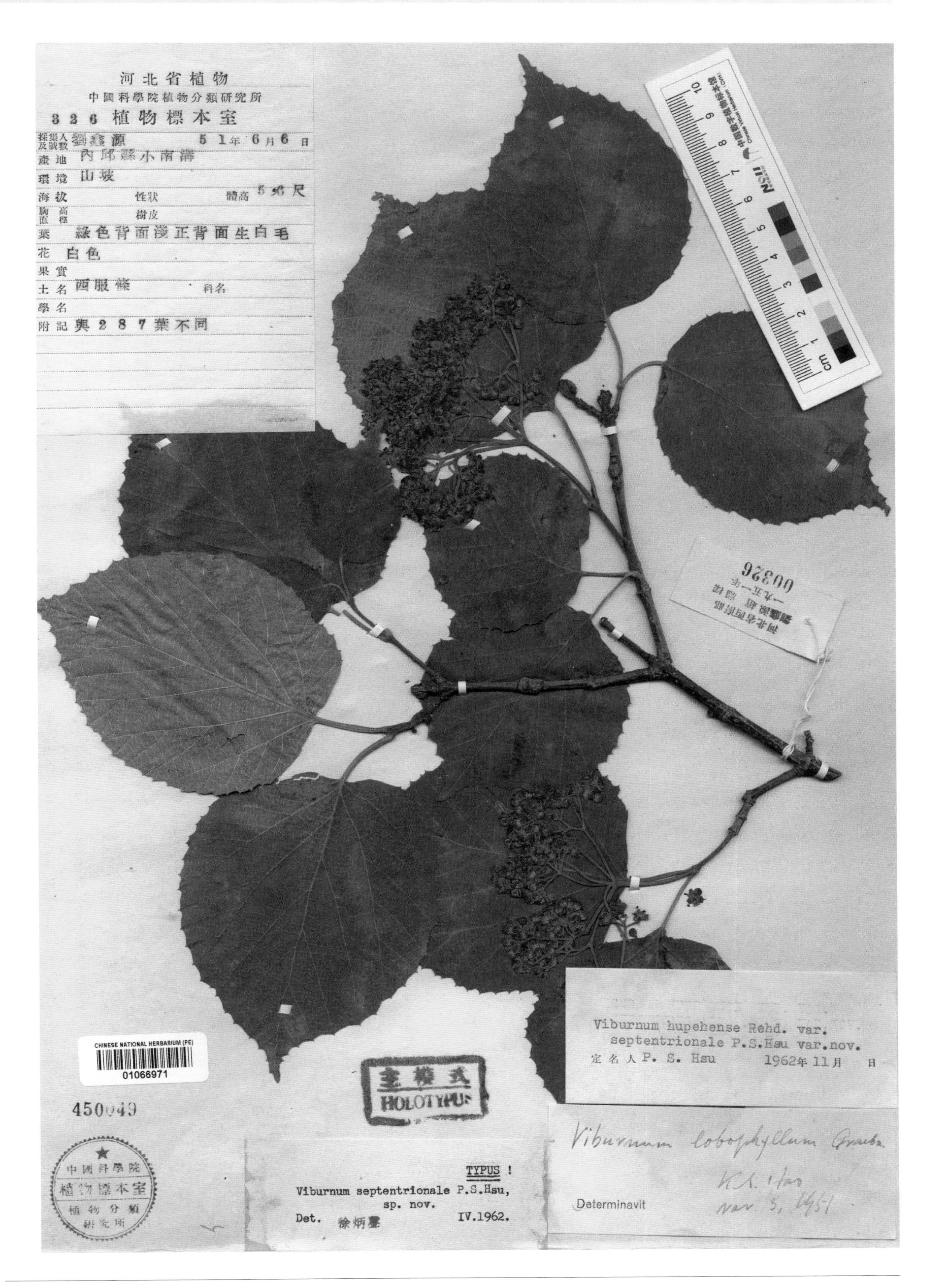

湖北荚蒾北方亚种 ***Viburnum hupehense*** Rehd. ssp. ***septentrionale*** P. S. Hsu in Acta Phytotax. Sin. 11(1): 77. 1966. **Holotype:** China. Hebei: Neiqiu, 1951-06-06, X. Y. Liu 326.

Valerianaceae

败酱科

Baijiang Ke

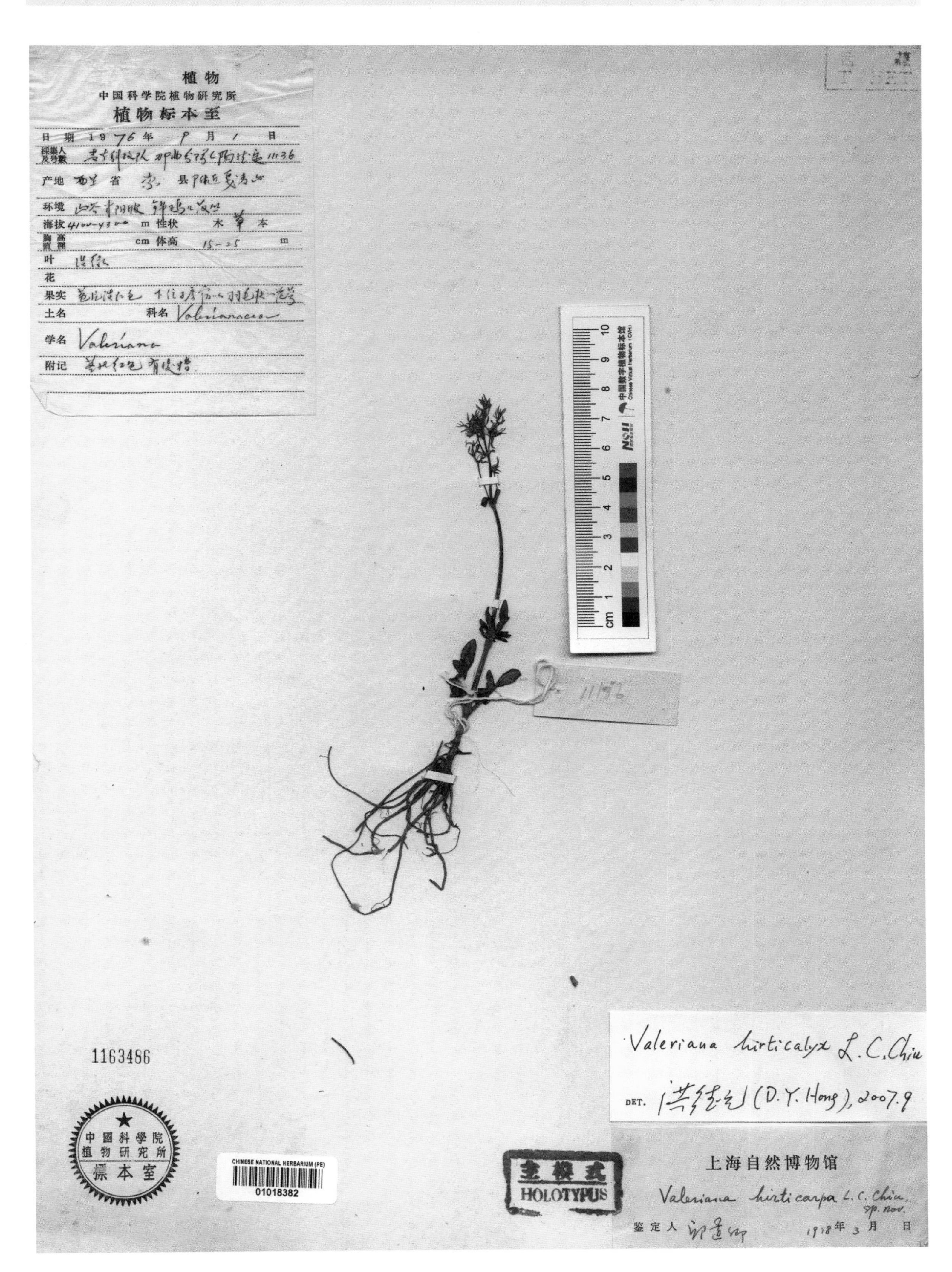

毛果缬草 ***Valeriana hirticalyx*** L. C. Chiu in Acta Phytotax. Sin. 17(3): 124, f. 1. 1979. **Holotype:** China. Xizang: Sog Xian, alt. 4 100–4 300 m, 1976-09-01, D. D. Tao 11136.

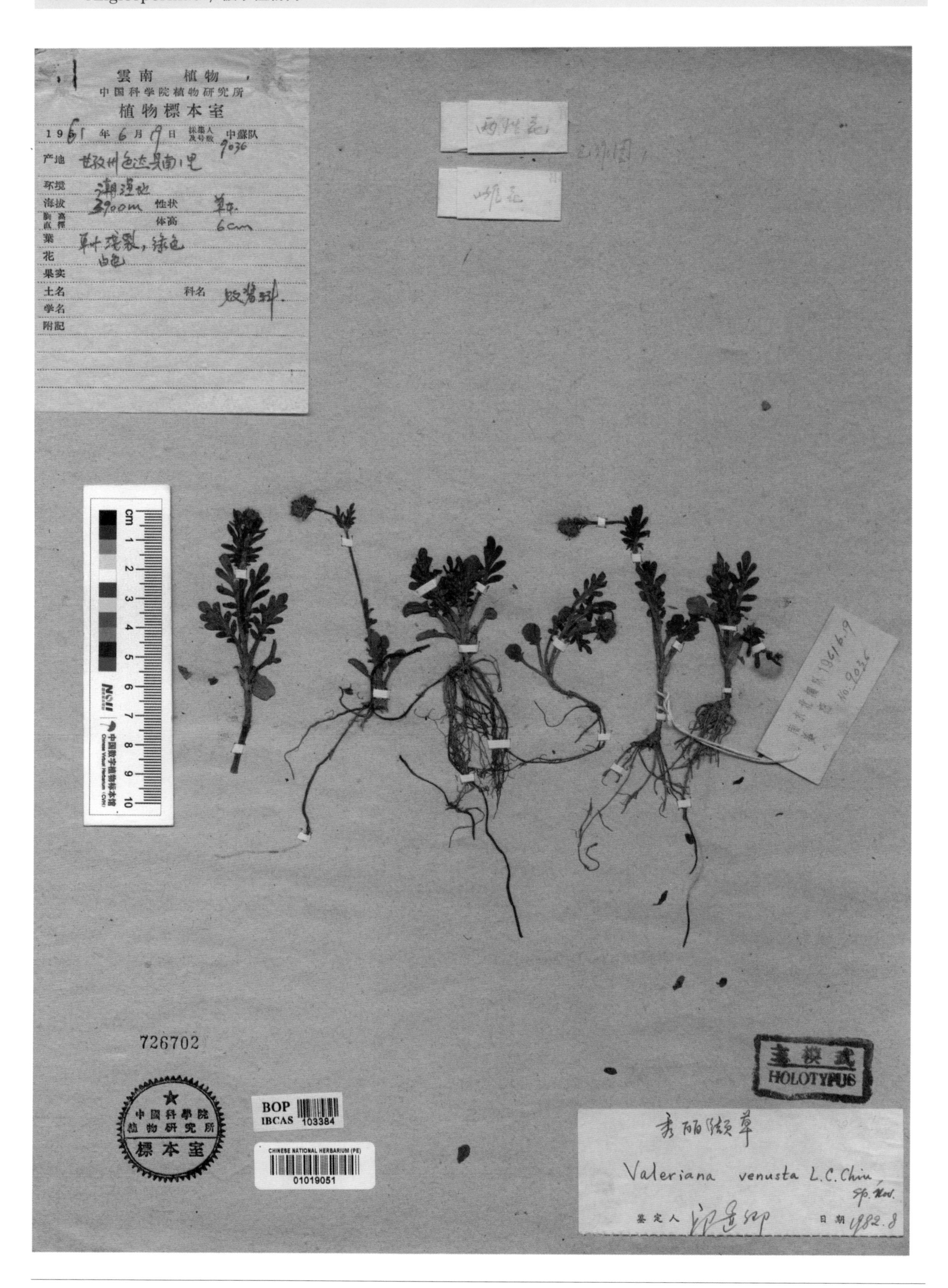

秀丽缬草 ***Valeriana venusta*** L. C. Chiu, Acta Bot. Yunnan. 8(1): 45, f. 1. 1986. **Holotype:** China. Sichuan: Sêrtar, alt. 3 900 m, 1961-06-19, S. Jiang 9036.

Cucurbitaceae

葫芦科

Hulu Ke

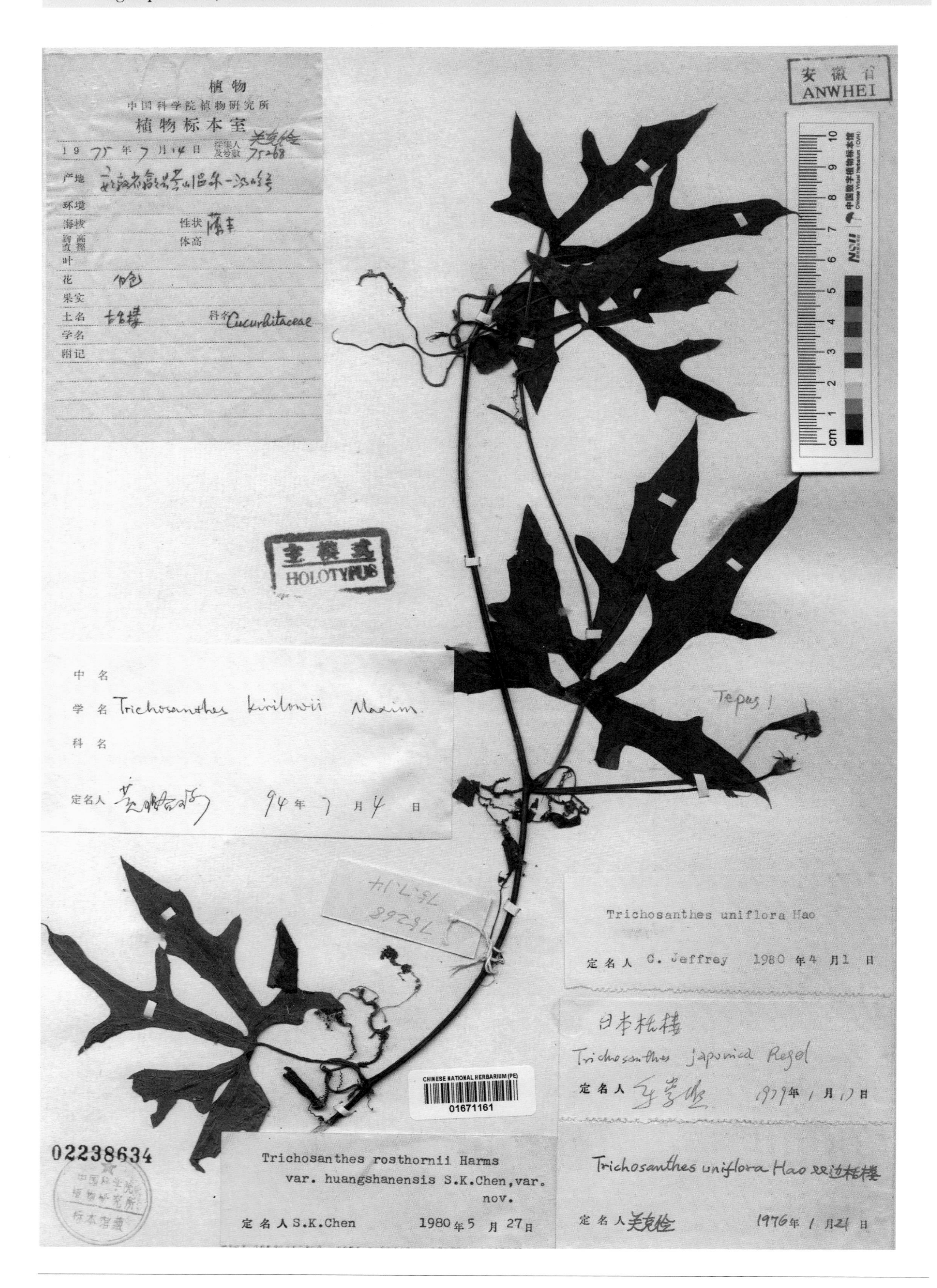

黄山栝楼 ***Trichosantes rosthornii*** Harms var. ***huangshanensis*** S. K. Chen in Bull. Bot. Res., Harbin 5(2): 116. 1985. **Holotype:** China. Anhui: She Xian, 1975-07-14, K. C. Kuan 75268.

Campanulaceae

桔梗科

Jiegeng Ke

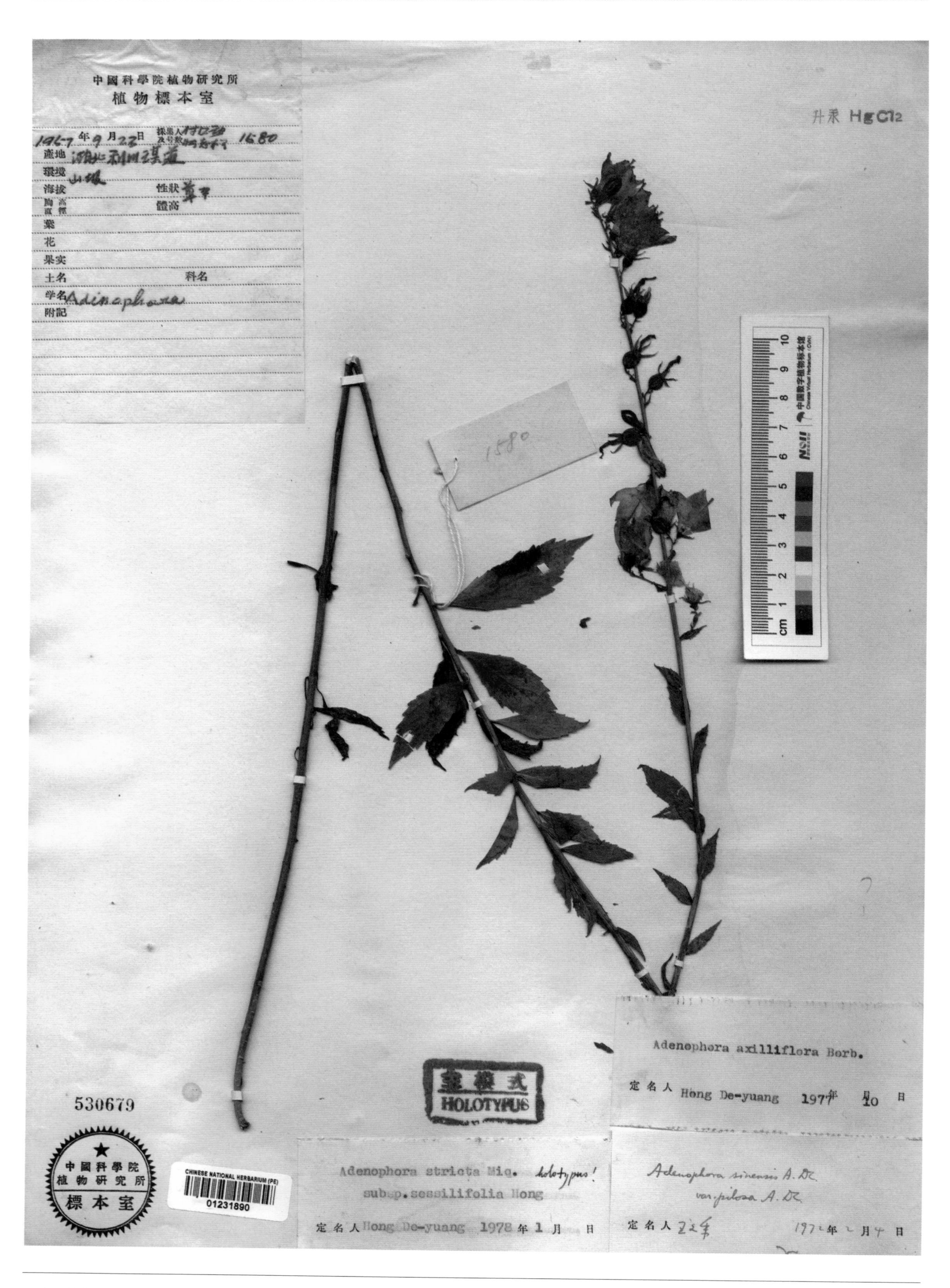

无柄沙参 ***Adenophora stricta*** Miq. ssp. ***sessilifolia*** D. Y. Hong, Fl. Reip. Pop. Sin. 73(2): 185. 1983. **Holotype:** China. Hubei: Lichuan, 1957-09-23, G. X. Fu & Z. S. Zhang 1580.

球果牧根草 ***Asyneuma chinense*** D. Y. Hong, Fl. Reip. Pop. Sin. 73(2): 188. 1983. **Holotype:** China. Yunnan: Zhongdian (=Shangri-La), 1939-09-07, K. M. Feng 2324.

钝叶新疆党参 ***Codonopsis clematidea*** (Schrenk) C. B. Cl. var. ***obtusa*** Nannf. in Acta Horti Gothob. 5: 28. 1929. **Isosyntype:** Afghanistan, Kurrum Valley, 1879-12-??, Aitchison 748.

Compositae (Asteraceae)

菊科

Ju Ke

短冠亚菊 ***Ajania brachyantha*** C. Shih in Acta Phytotax. Sin. 17(2): 114. 1979. **Holotype:** China. Xizang: Quxam, alt. 3 500~3 600 m, 1972-08-31, Xizang Medic. Pl. Exped. 1681.

光苞亚菊 ***Ajania nitida*** C. Shih in Bull. Bot. Lab. N. E. Forest. Inst., Harbin 6: 15. 1980. **Holotype:** China. Sichuan: Dêrong, alt. 3 900 m, 1973-09-28, Sichuan Veget. Exped. 4136.

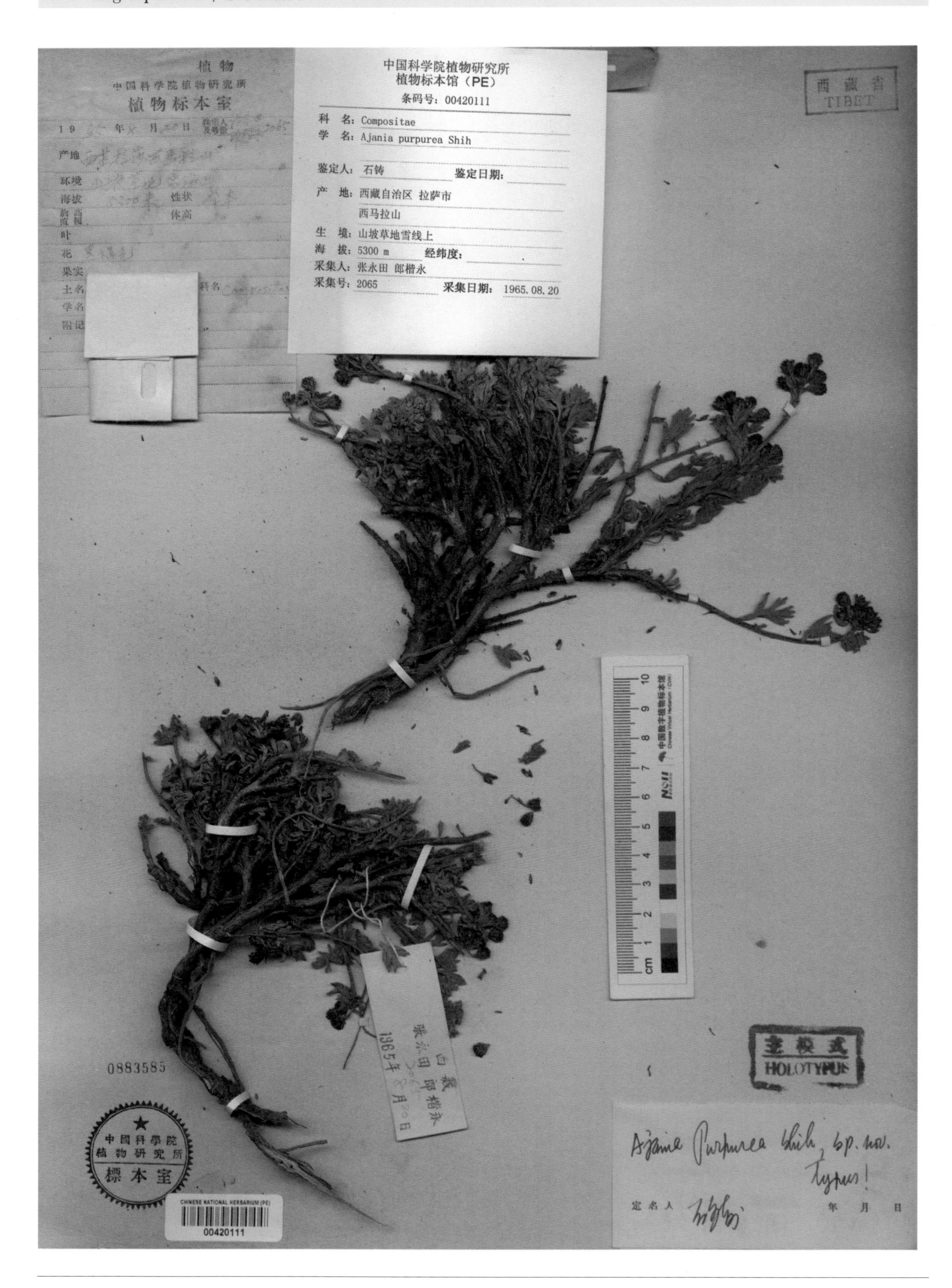

紫花亚菊 ***Ajania purpurea*** C. Shih in Acta Phytotax. Sin. 17(2): 115. 1979. **Holotype:** China. Xizang: Lhasa, alt. 5 300 m, 1965-08-20, Y. T. Chang & K. Y. Lang 2065.

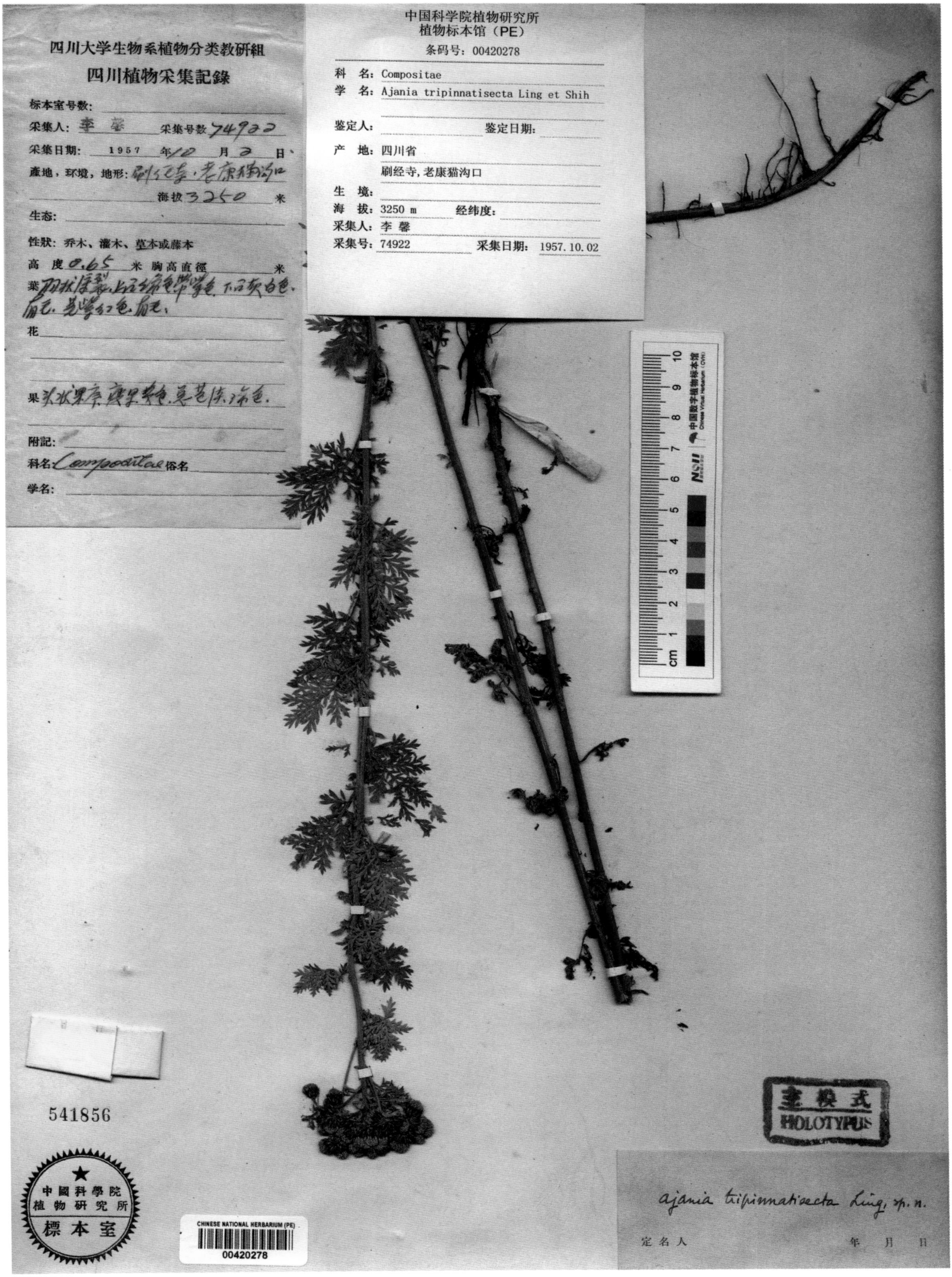

多裂亚菊 ***Ajania tripinnatisecta*** Y. Ling & C. Shih in Bull. Bot. Lab. N. E. Forest. Inst., Harbin 6: 14. 1980. **Holotype:** China. Sichuan: Hongyuan, alt. 3 250 m, 1957-10-02, H. Li 74922.

糙毛刺膜菊 ***Alfredia aspera*** C. Shih in Acta Phytotax. Sin. 22(6): 454. 1984. **Holotype:** China. Xinjiang: Ürümqi, 1970-??-??, C. Y. Yang y700585.

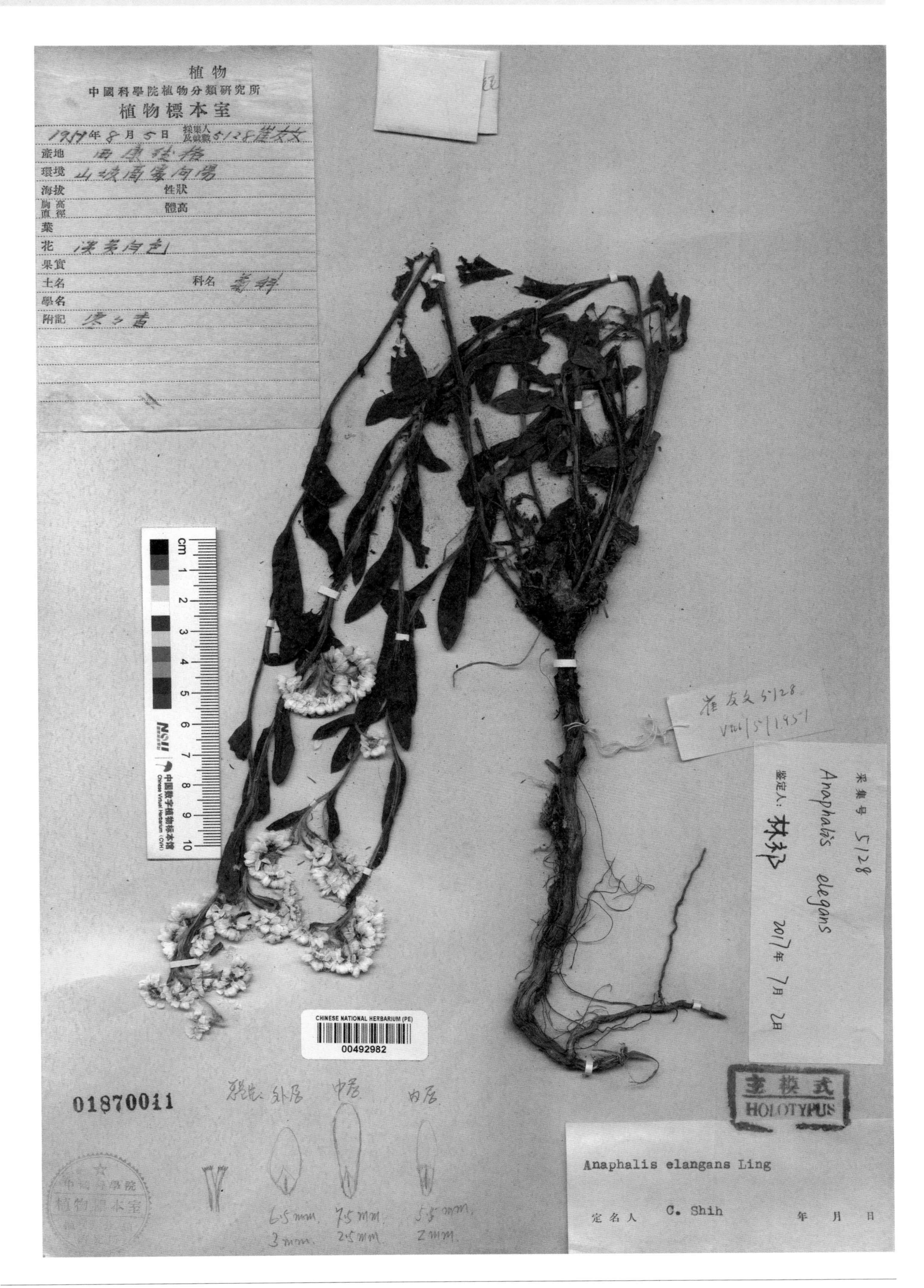

雅致香青 ***Anaphalis elegans*** Y. Ling in Acta Phytotax. Sin. 11(1): 101. 1966. **Holotype:** China. Sichuan: Dêgê, 1951-08-05, Y. W. Tsui 5128.

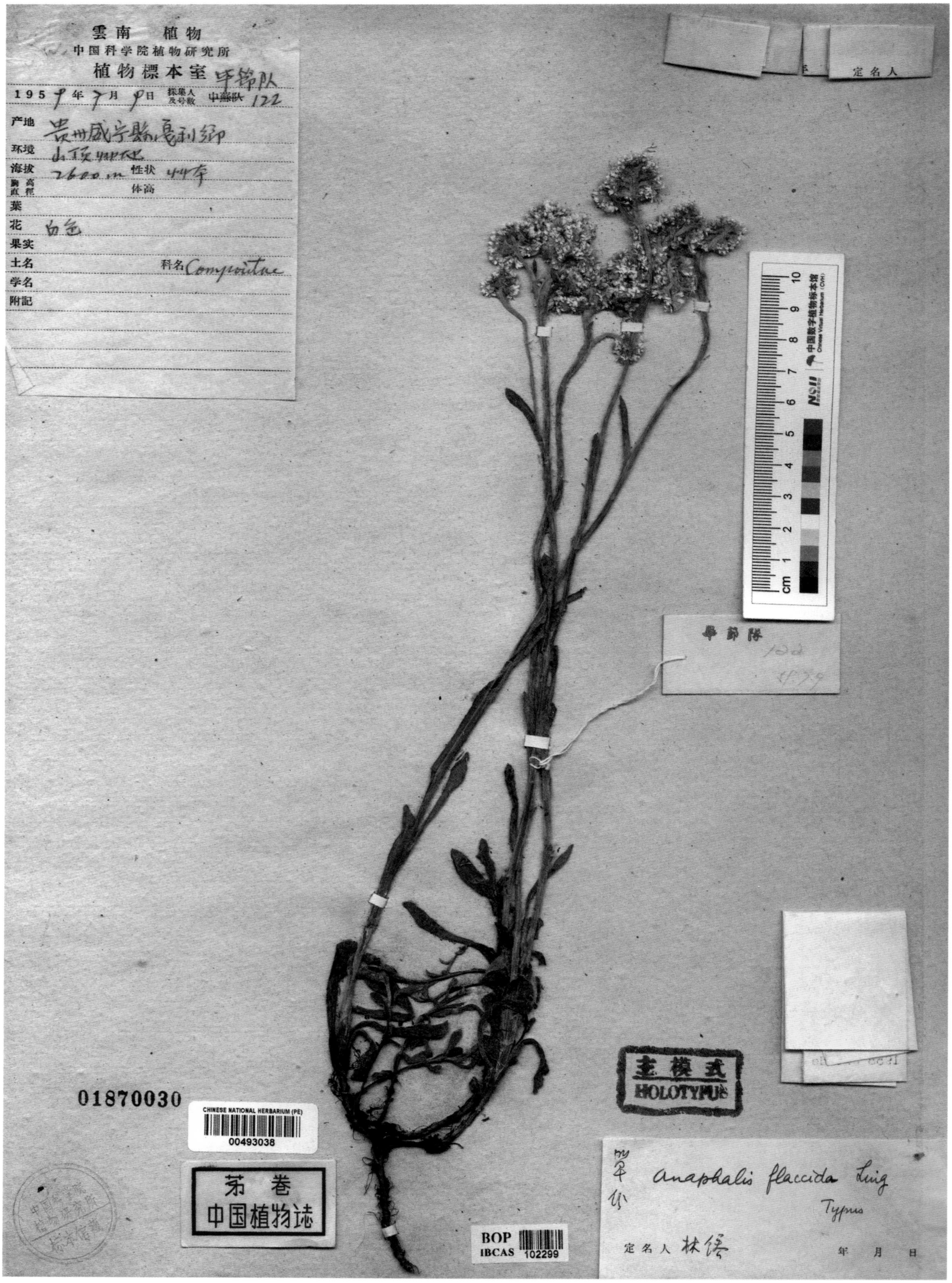

萎软香青 ***Anaphalis flaccida*** Y. Ling in Acta Phytotax. Sin. 11(1): 105. 1966. **Holotype:** China. Guizhou: Weining, alt. 2 600 m, 1959-07-09, Bijie Exped. 122.

锐叶香青 ***Anaphalis oxyphylla*** Y. Ling & C. Shih in Acta Phytotax. Sin. 11(1): 107. 1966. **Holotype:** China. Yunnan: Gongshan, 1940-10-11, K. M. Feng 8365.

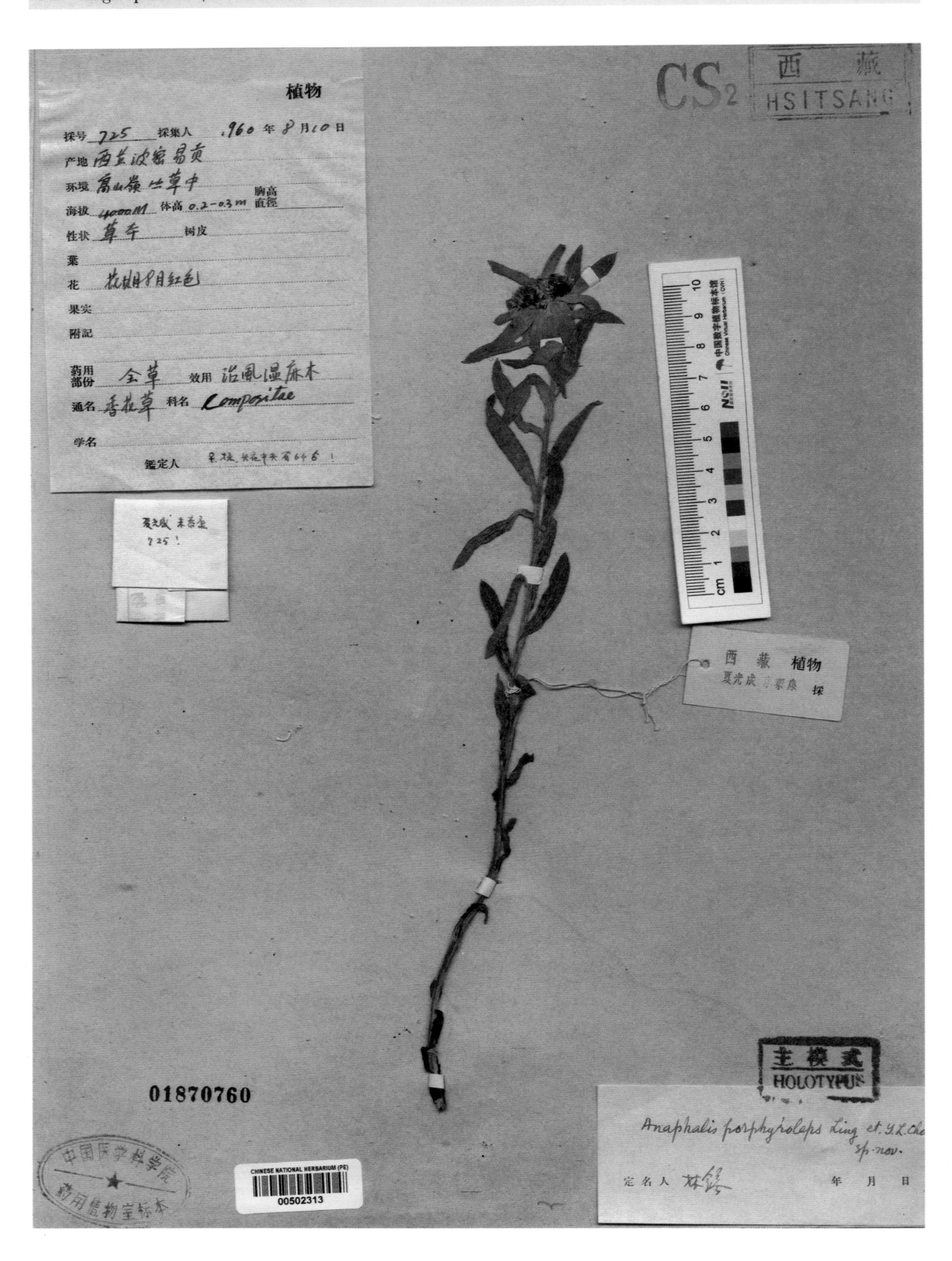

紫苞香青 ***Anaphalis porphyrolepis*** Y. Ling & Y. L. Chen in Acta Phytotax. Sin. 11(1): 107. 1966. **Holotype:** China. Xizang: Bomi, alt. 4 000 m, 1960-08-10, G. C. Xia & T. K. Mi 725.

灰叶香青 ***Anaphalis spodiophylla*** Y. Ling & Y. L. Chen in Acta Phytotax. Sin. 11(1): 103. 1966. **Holotype:** China. Xizang: Nyingchi, alt. 3 060 m, 1960-08-24, G. C. Xia & T. K. Mi 396.

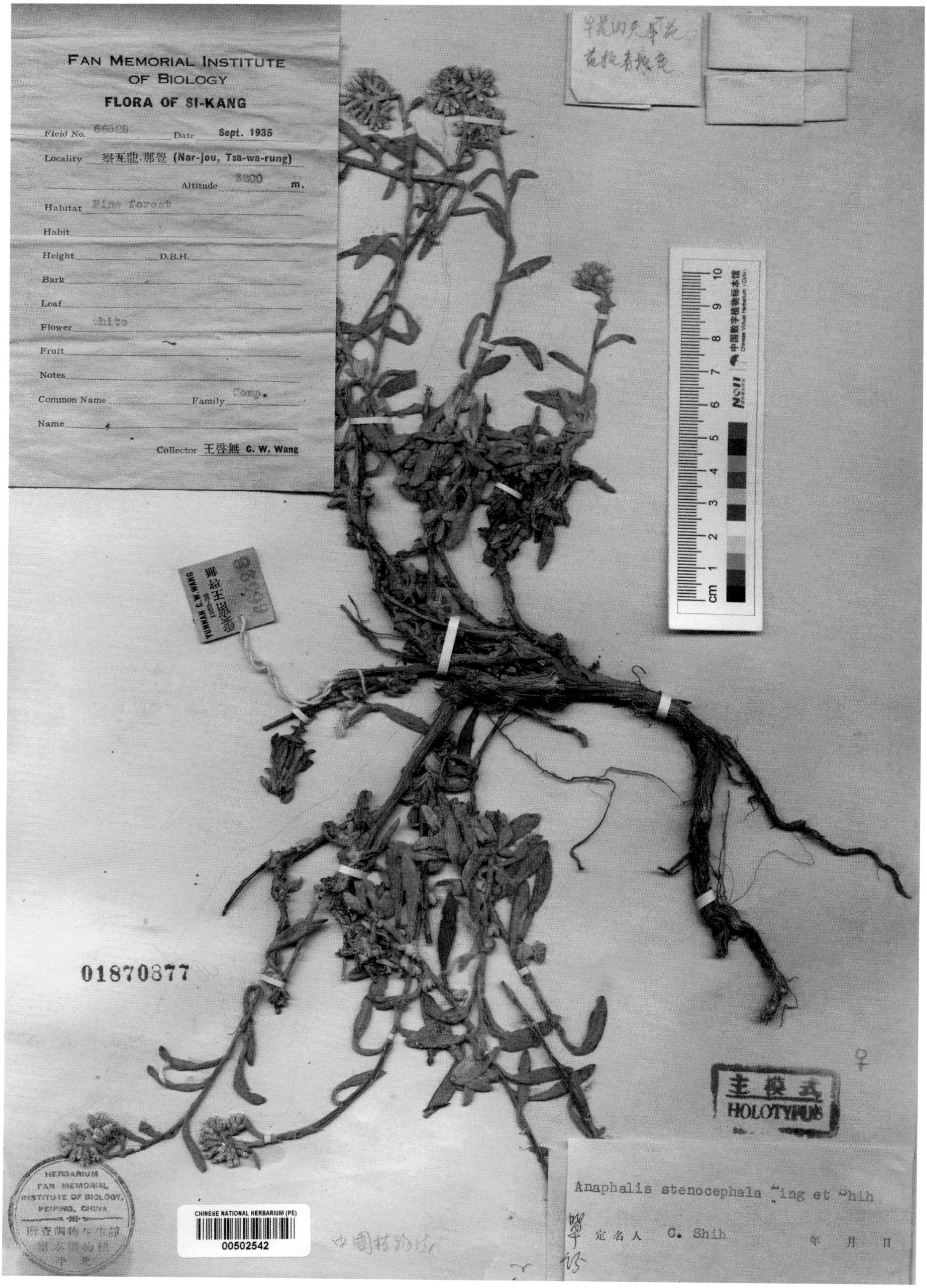

狭苞香青 ***Anaphalis stenocephala*** Y. Ling & C. Shih in Acta Phytotax. Sin. 11(1): 108. 1966. **Holotype:** China. Xizang: Cawarong (=Zayü), alt. 3 200 m, 1935-09-??, C. W. Wang 66528.

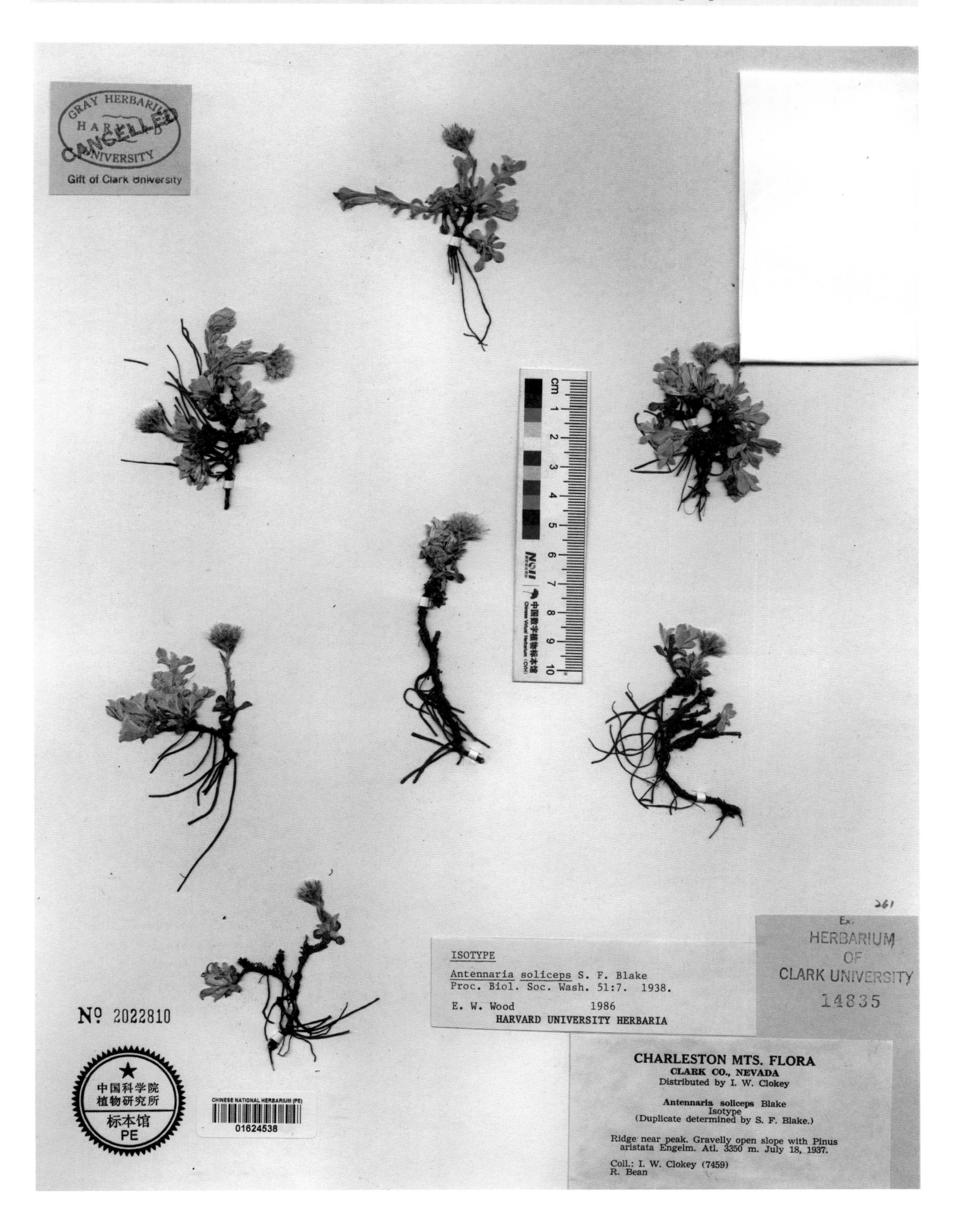

单头蝶须 ***Antennaria soliceps*** Blake in Proc. Biol. Soc. Wash. 51: 7. 1938. **Isotype:** USA. Nevada: Clark, Charleston Mts., alt. 3 350 m, 1937-07-18, I. W. Clokey & R. Bean 7459.

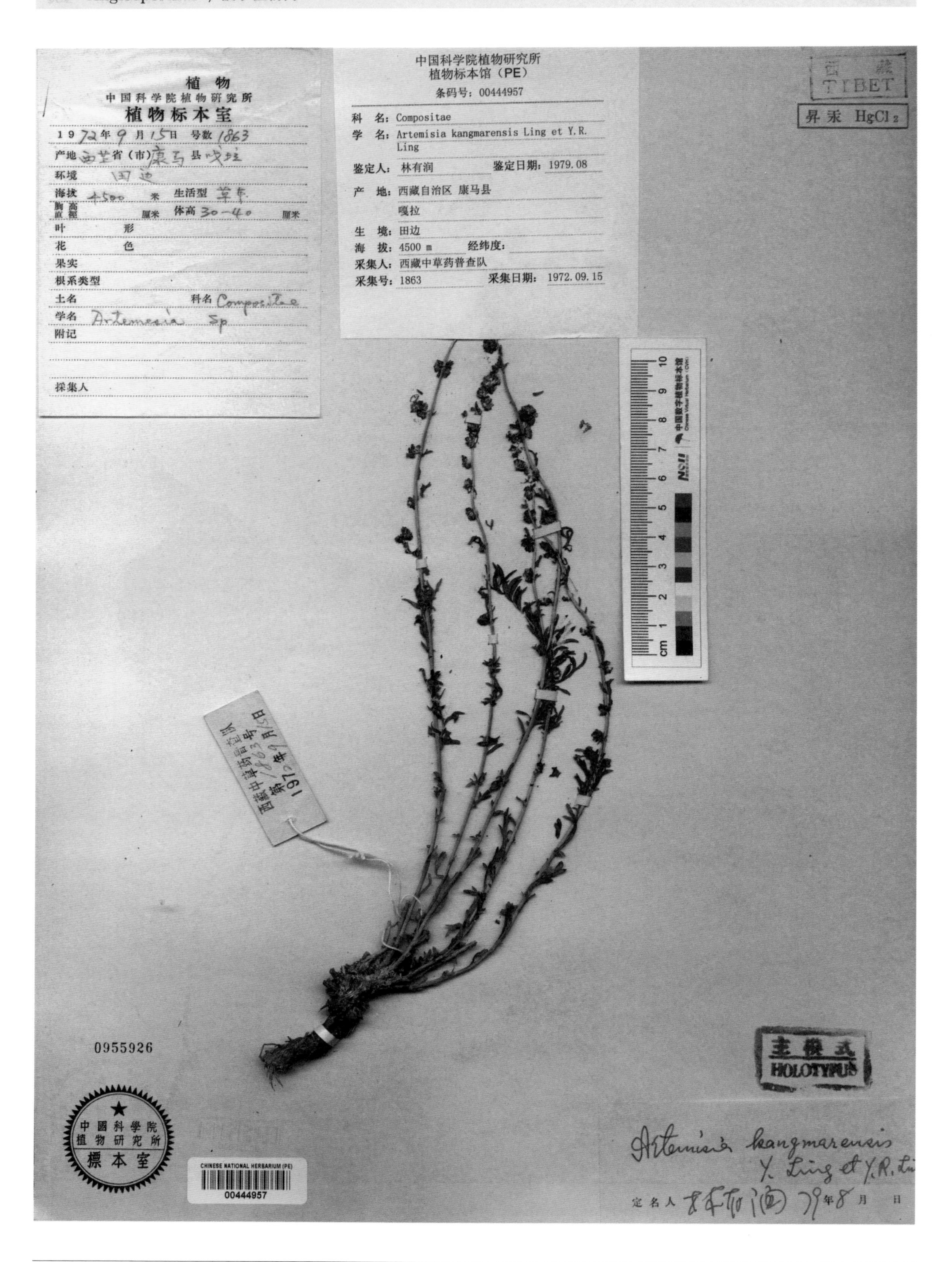

康马蒿 ***Artemisia kangmarensis*** Y. Ling & Y. R. Ling in Acta Phytotax. Sin. 18(4): 510, f. 7. 1980. **Holotype:** China. Xizang: Kangmar, alt. 4 500 m, 1972-09-15, Xizang Medic. Pl. Exped. 1863.

四川艾 ***Artemisia sichuanensis*** Y. Ling & Y. R. Ling in Bull. Bot. Res., Harbin 4(2): 21, f. 5. 1984. **Holotype:** China. Sichuan: Emei, Emeishan, alt. 2 500 m, 1957-09-29, G. H. Yang 57430.

密毛四川艾 ***Artemisia sichuanensis*** Y. Ling & Y. R. Ling var. ***tomentosa*** Y. R. Ling in Bull. Bot. Res., Harbin 4(2): 22. 1984. **Holotype:** China. Sichuan: Tianquan, 1939-09-01, F. J. Dai 4367.

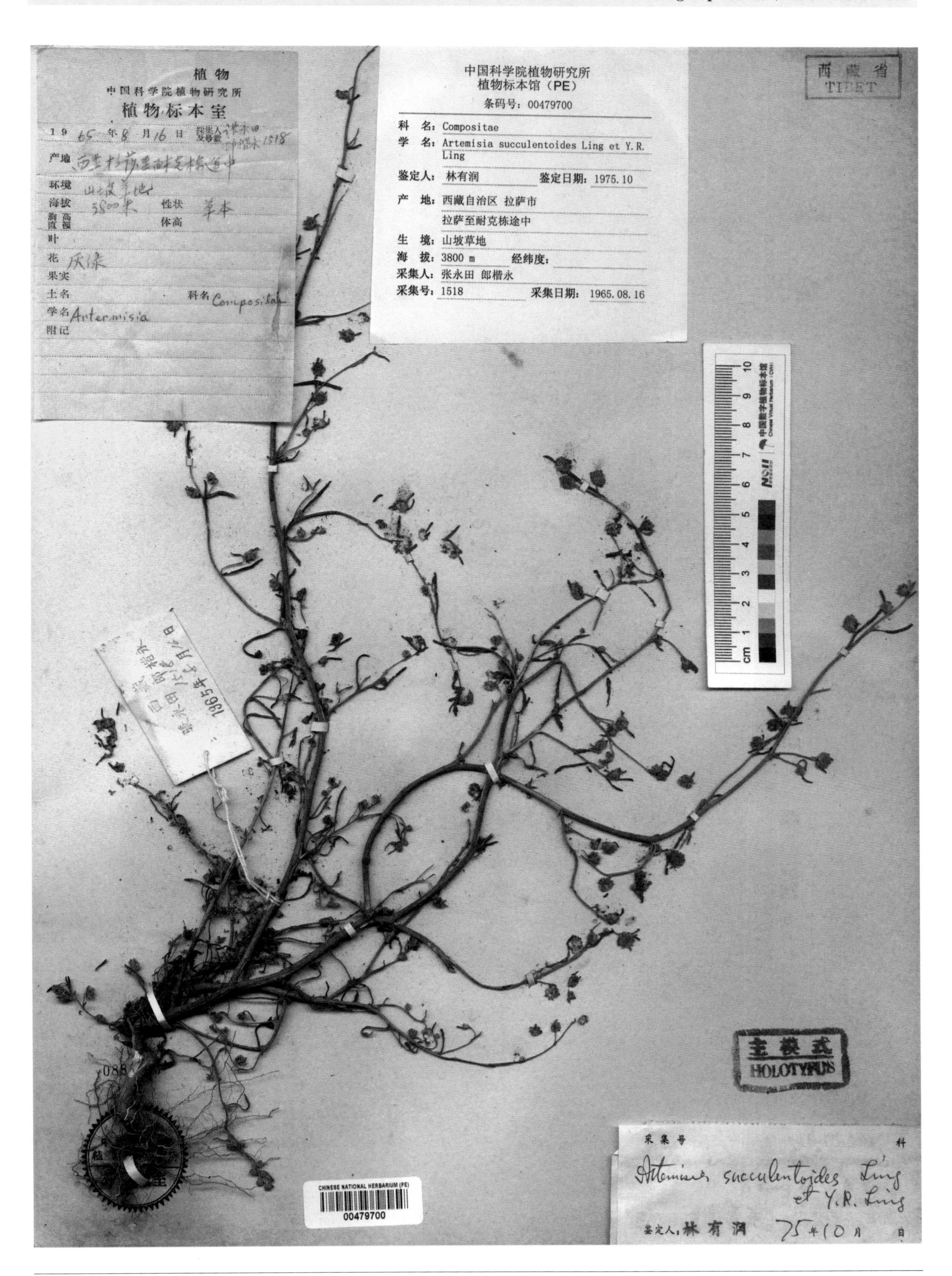

肉质叶蒿 ***Artemisia succulentoides*** Y. Ling & Y. R. Ling in Acta Phytotax. Sin. 18(4): 504, f. 1. 1980. **Holotype:** China. Xizang: Lhasa, alt. 3 800 m, 1965-08-16, Y. T. Chang & K. Y. Lang 1518.

高山紫菀异苞变种 ***Aster alpinus*** L. var. ***diversisquamus*** Y. Ling, Fl. Reip. Pop. Sin. 74: 359. 1985. **Holotype:** China. Xinjiang: Tacheng, alt. 1 700 m, 1959-07-05, A. J. Li & J. N. Zhu 10910.

银鳞紫菀白雪变种 ***Aster argyropholis*** Hand.-Mazz. var. ***niveus*** Y. Ling, Fl. Reip. Pop. Sin. 74: 358. 1985. **Holotype:** China. Sichuan: Huili, alt. 2 700 m, 1930-07-08, F. T. Wang 21626.

银鳞紫菀奇型变种 ***Aster argyropholis*** Hand.-Mazz. var. ***paradoxa*** Y. Ling, Fl. Reip. Pop. Sin. 74: 358. 1985. **Holotype:** China. Sichuan: Barkam, alt. 2 700 m, 1951-07-18, H. Li 23091.

短毛紫菀狭苞变种 ***Aster brachytrichus*** Franch. var. ***angustisquamus*** Y. Ling, Fl. Reip. Pop. Sin. 74: 360. 1985. **Holotype:** China. Yunnan: Zhongdian (=Shangri-La), alt. 2 700 m, 1937-06-04, T. T. Yu 11560.

短毛紫菀细舌变种 ***Aster brachytrichus*** Franch. var. ***tenuiligulatus*** Y. Ling, Fl. Reip. Pop. Sin. 74: 360. 1985. **Holotype:** China. Guizhou: Weining, alt. 2 600 m, 1950-07-09, Bijie Exped. 210.

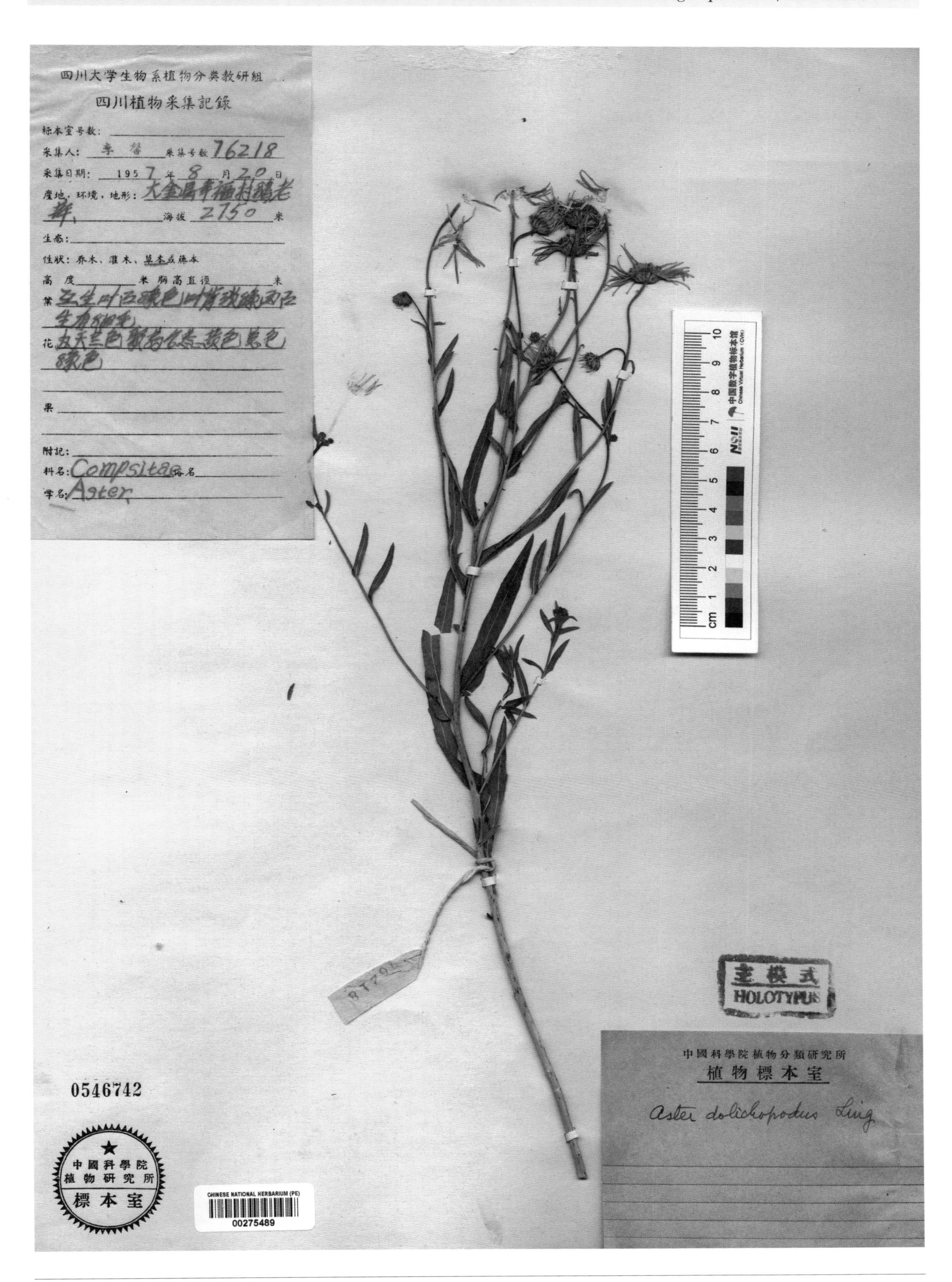

长梗紫菀 ***Aster dolichopodus*** Y. Ling, Fl. Reip. Pop. Sin. 74: 356, pl. 44: 5-8. 1985. **Holotype:** China. Sichuan: Dajin (=Jinchuan), alt. 2 750 m, 1957-08-20, H. Li 76218.

短冠毛小甘菊 ***Cancrinia brachypappos*** C. Winkler in Acta Horti Petrop. 12(1): 29. 1892. **Isotype:** Mongolia: Gobi, 1886-04-22, G. N. Potanin s. n.

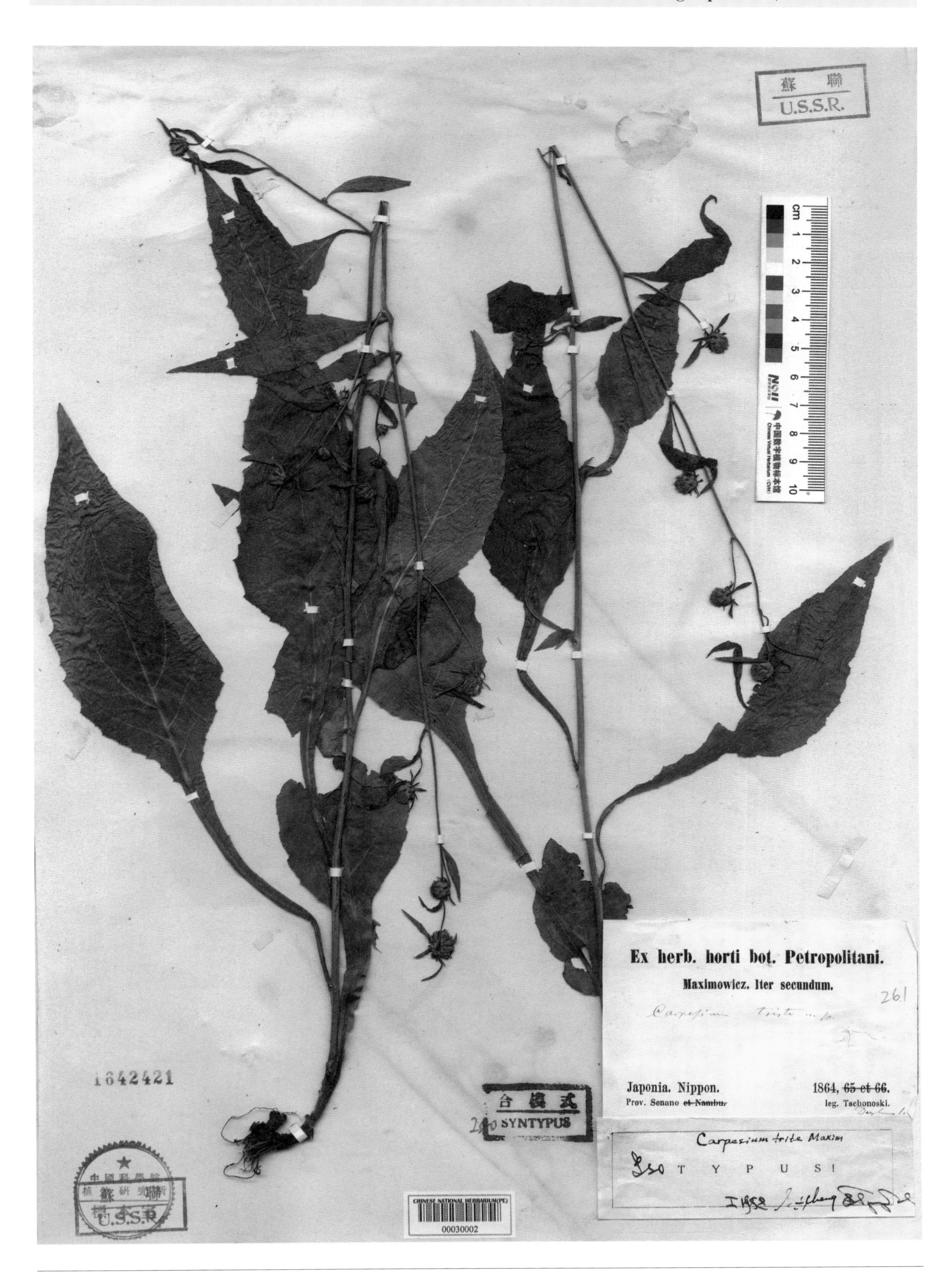

暗花金挖耳 ***Carpesium triste*** Maxim. in Bull. Acad. Imp. Sci. St.-Péterb. 19: 479. 1874. **Isosyntype:** Japan. Senano, 1864-??-??, Tschonoski s. n.

多裂矢车菊 ***Centaurea dschungarica*** C. Shih in Bull. Bot. Res., Harbin 4(2): 65, photo. 4. 1984. **Holotype:** China. Xinjiang: Shawan, alt. 1 600 m, 1957-07-26, K. C. Kuan 2262.

梵净蓟 ***Cirsium fanjingshanense*** C. Shih in Acta Phytotax. Sin. 22(5): 394, pl. 1: 3. 1984. **Holotype:** China. Guizhou: Fanjingshan, 1928-07-26, P. C. Tsoong 1006.

川蓟 ***Cirsium periacanthaceum*** C. Shih in Acta Phytotax. Sin. 22(5): 396, pl. 1: 4. 1984. **Holotype:** China. Sichuan: Kangding, alt. 2 550 m, 1963-07-14, K. C. Kuan & W. T. Wang 36.

总序蓟 ***Cirsium racemiforme*** Y. Ling & C. Shih ex C. Shih in Acta Phytotax. Sin. 22(6): 445, pl. 1: 1. 1984. **Holotype:** China. Jiangxi: Leping, 1959-06-15, Q. H. Li & al. 1287.

钻苞蓟 ***Cirsium subuliforme*** C. Shih in Acta Phytotax. Sin. 22(5): 391, pl. 1: 1. 1984. **Holotype:** China. Yunnan: Gongshan, alt. 2 200~2 500 m, 1937-08-02, T. T. Yu 19573.

薄叶蓟 ***Cirsium tenuifolium*** C. Shih in Acta Phytotax. Sin. 22(6): 452, pl. 1: 4. 1984. **Holotype:** China. Xinjiang: Altay, alt. 1 400 m, 1956-08-27, R. C. Ching 2539.

斑鸠蓟 ***Cirsium vernonioides*** C. Shih in Acta Phytotax. Sin. 22(6): 447, pl. 1: 2. 1984. **Holotype:** China. Guangxi: Yangshuo, R. H. Shan 668.

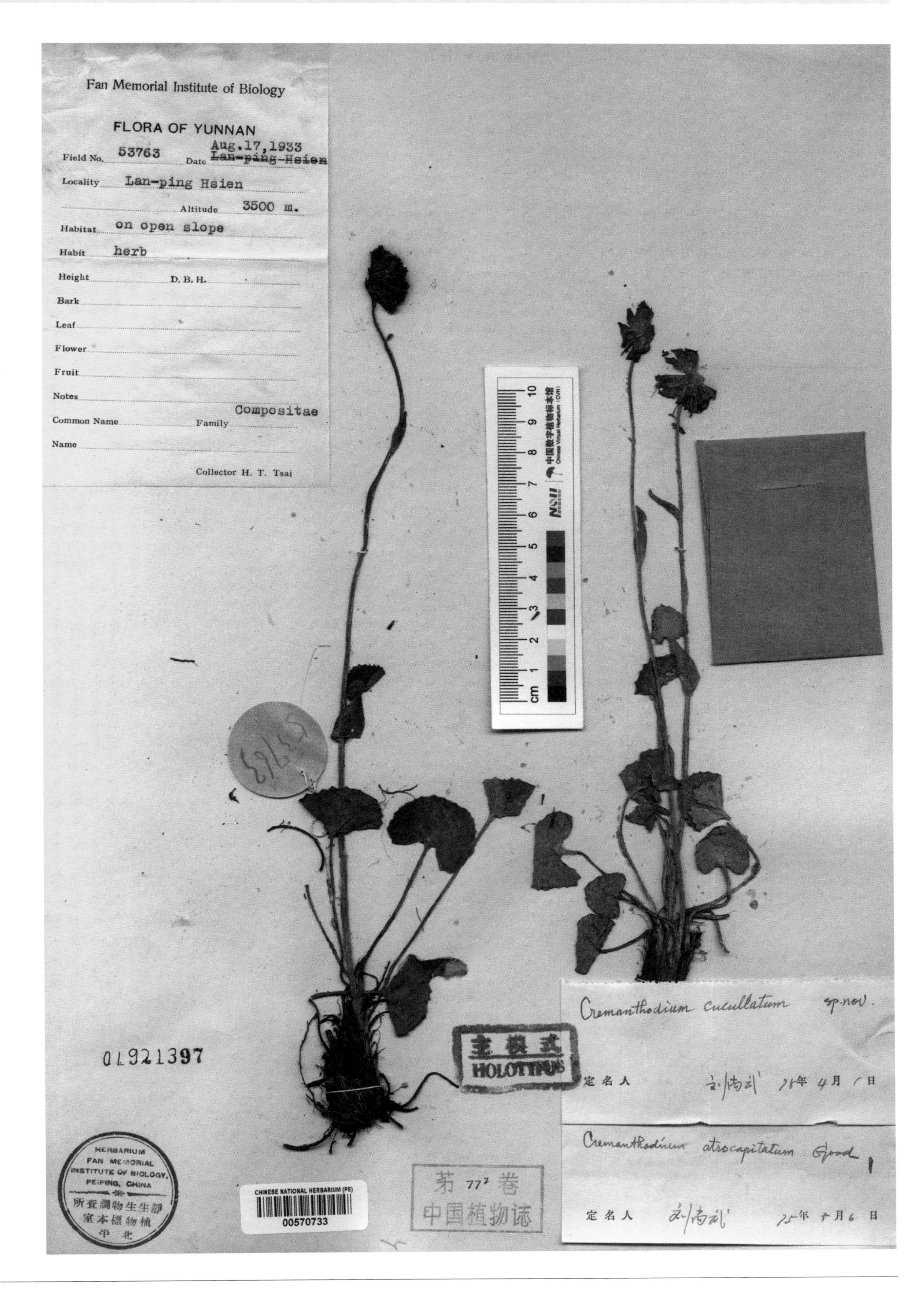

兜鞘垂头菊 ***Cremanthodium cucullatum*** Y. Ling & S. W. Liu in Acta Biol. Plateau Sin. 1: 53, pl. 1: 4-7. 1982. **Holotype:** China. Yunnan: Lanping, alt. 3 500 m, 1933-08-17, H. T. Tsai 53763.

稻城垂头菊 ***Cremanthodium daochengense*** Y. Ling & S. W. Liu in Acta Biol. Plateau Sin. 1: 54, pl. 2: 3-5. 1982. **Holotype:** China. Sichuan: Daocheng, alt. 4 700 m, 1973-08-18, Sichuan Veget. Exped. 3849.

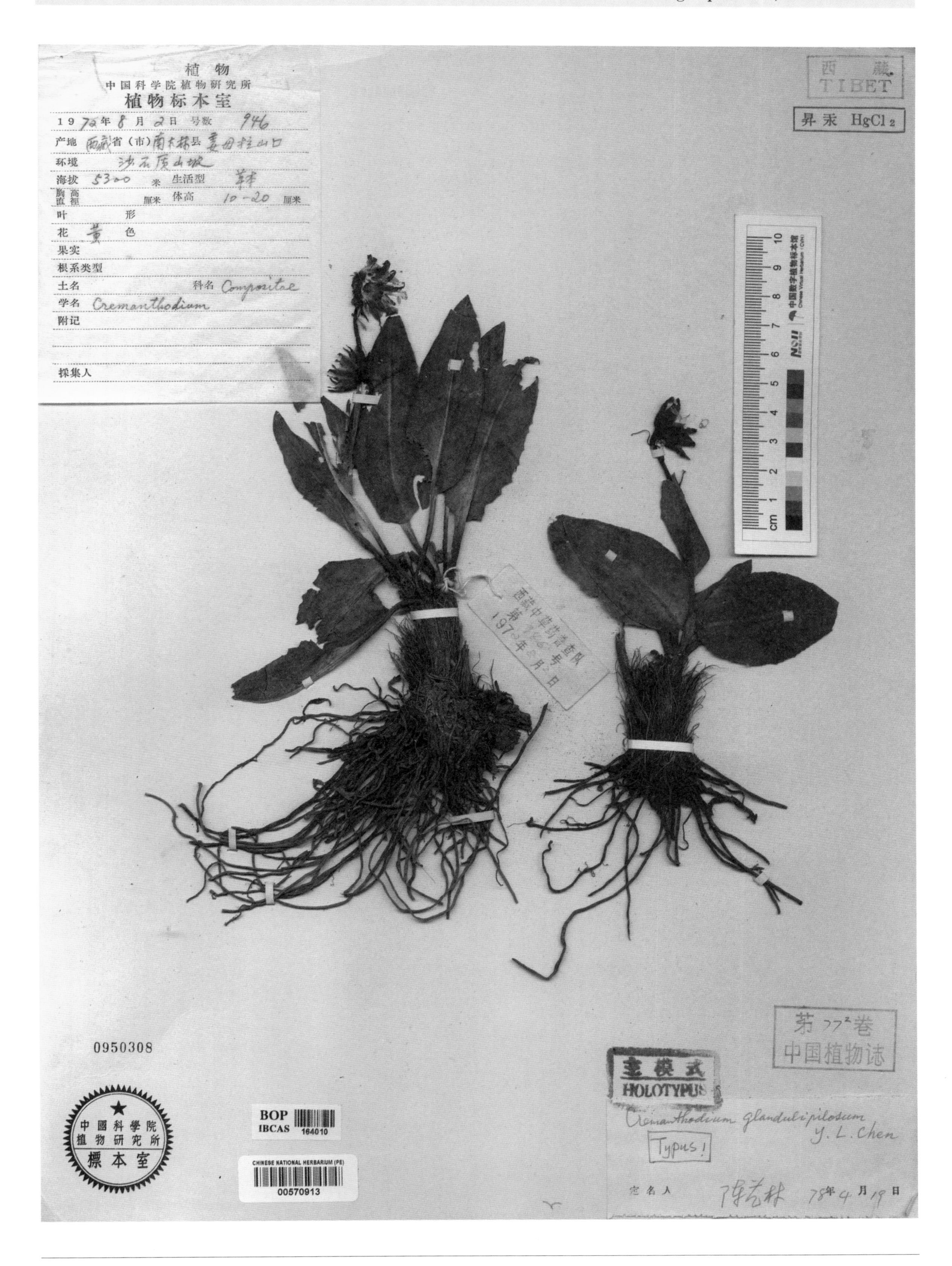

腺毛垂头菊 ***Cremanthodium glandulipilosum*** Y. L. Chen ex S. W. Liu in Acta Biol. Plateau Sin. 3: 58, pl. 2: 2. 1984.
Holotype: China. Xizang: Namlin, alt. 5 300 m, 1972-08-02, Xizang Medic. Pl. Exped. 946.

条裂垂头菊 ***Cremanthodium laciniatum*** Y. Ling & Y. L. Chen ex S. W. Liu in Acta Biol. Plateau Sin. 3: 65. 1984. **Holotype:** China. Xizang: Baxoi, alt. 4 100 m, 1973-08-14, Qinghai-Xizang Exped. 73-1153.

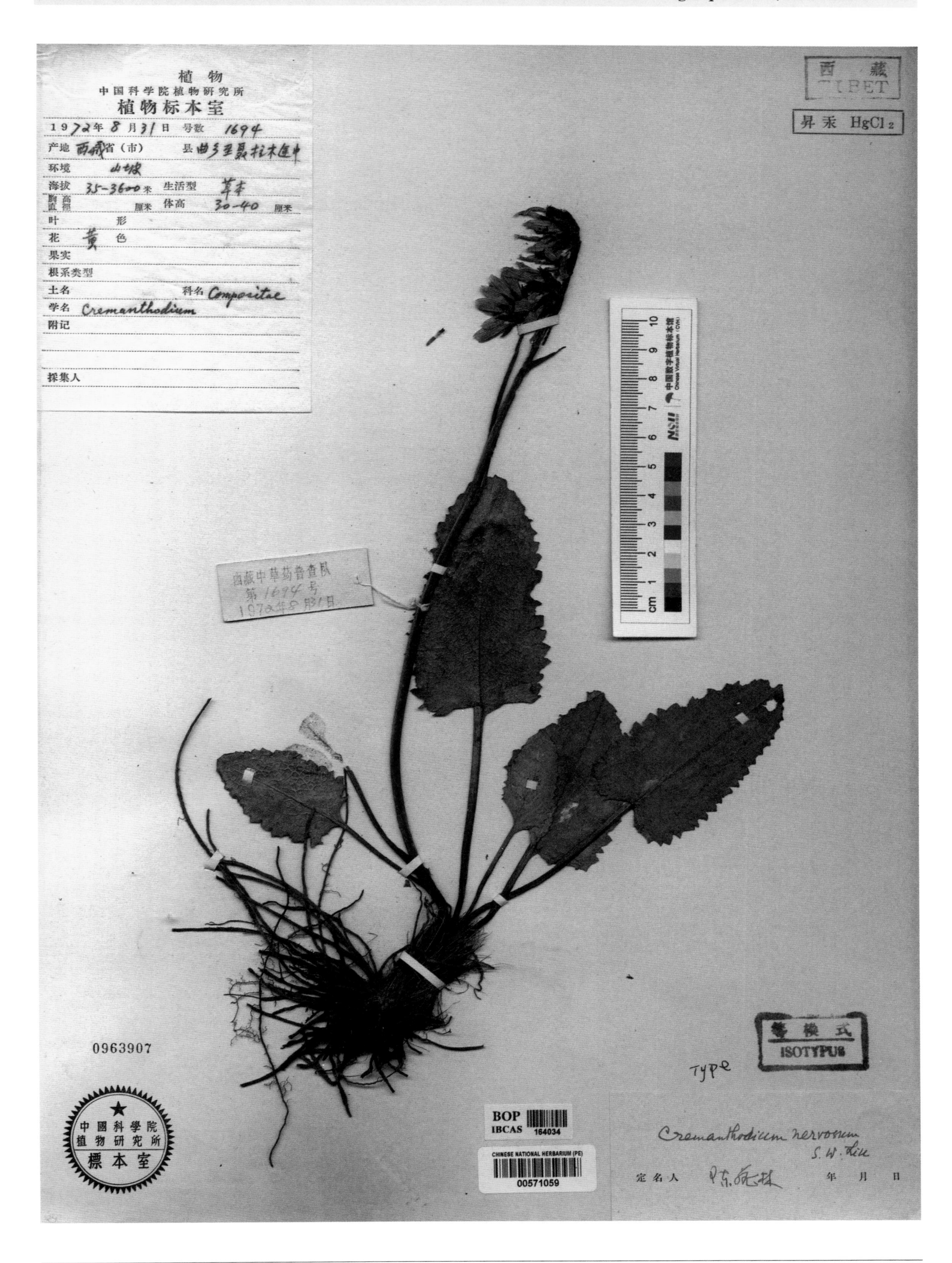

显脉垂头菊 ***Cremanthodium nervosum*** S. W. Liu in Acta Biol. Plateau Sin. 3: 58, pl. 2: 1. 1984. **Isotype:** China. Xizang: Quxam, alt. 3 500~3 600 m, 1972-08-31, Xizang Medic. Pl. Exped. 1694.

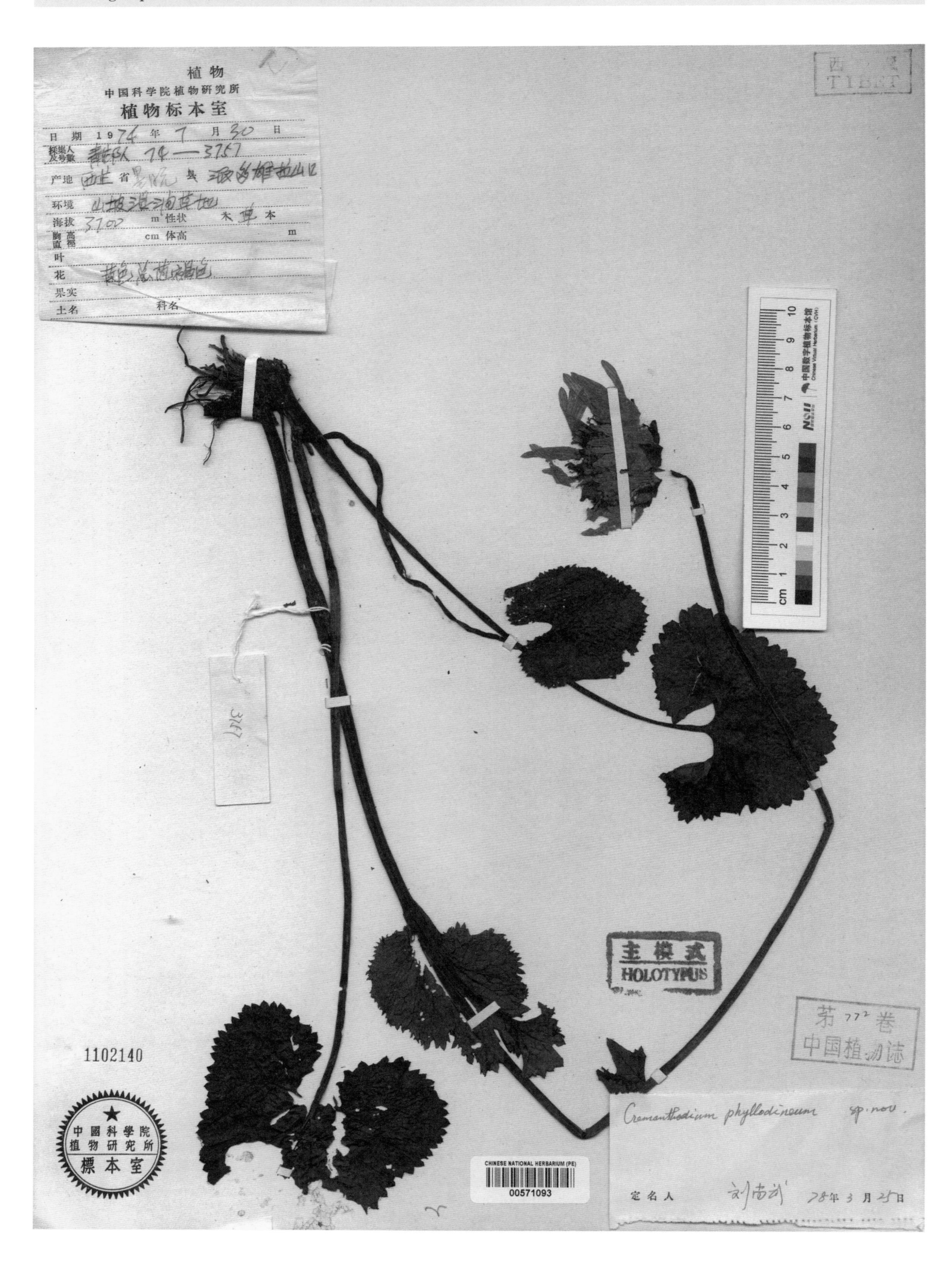

叶状柄垂头菊 ***Cremanthodium phyllodineum*** S. W. Liu in Acta Biol. Plateau Sin. 3: 60, pl. 2: 4. 1984. **Holotype:** China. Xizang: Mêdog, alt. 3 700 m, 1974-07-30, Qinghai-Xizang Exped. 74-3757.

匙叶垂头菊 ***Cremanthodium spathulifolium*** S. W. Liu in Acta Biol. Plateau Sin. 3: 56, pl. 1: 3. 1984. **Holotype:** China. Xizang: Yadong, alt. 2 920 m, 1974-09-10, Qinghai-Xizang Exped. 74-2204.

裂舌垂头菊 ***Cremanthodium trilobum*** S. W. Liu in Acta Biol. Plateau Sin. 3: 61, pl. 3: 2. 1984. **Holotype:** China. Xizang: Mêdog, alt. 3 700 m, 1974-08-01, Qinghai-Xizang Exped. 74-3873.

亚东垂头菊 ***Cremanthodium yadongense*** S. W. Liu in Acta Biol. Plateau Sin. 3: 62, pl. 3: 3. 1984. **Holotype:** China. Xizang: Yadong, alt. 4 500 m, 1953-07-22, P. Chiu Tsoong 5832.

异色菊 ***Dendranthema dichrum*** C. Shih in Bull. Bot. Lab. N. E. Forest. Inst., Harbin 6: 8. 1980. **Holotype:** China. Hebei: Neiqiu, 1950-08-??, X. Y. Liu 1291.

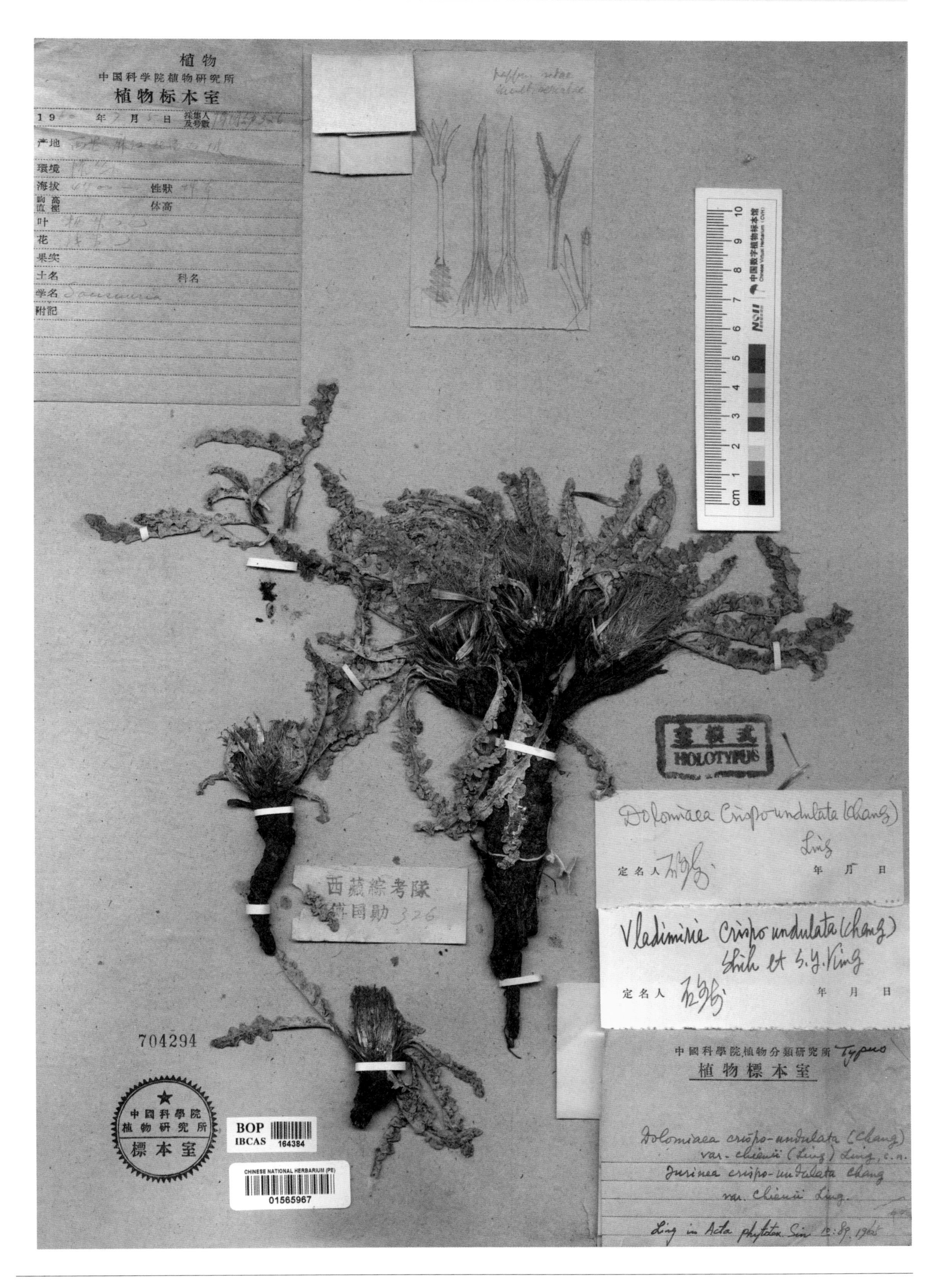

皱叶多罗菊 ***Dolomiaea crispo-undulata*** (C. C. Chang) Y. Ling var. ***chienii*** Y. Ling in Acta Phytotax. Sin. 10(1): 89. 1965. **Holotype:** China. Xizang: Maryang, alt. 4 440 m, 1960-07-05, G. X. Fu 326.

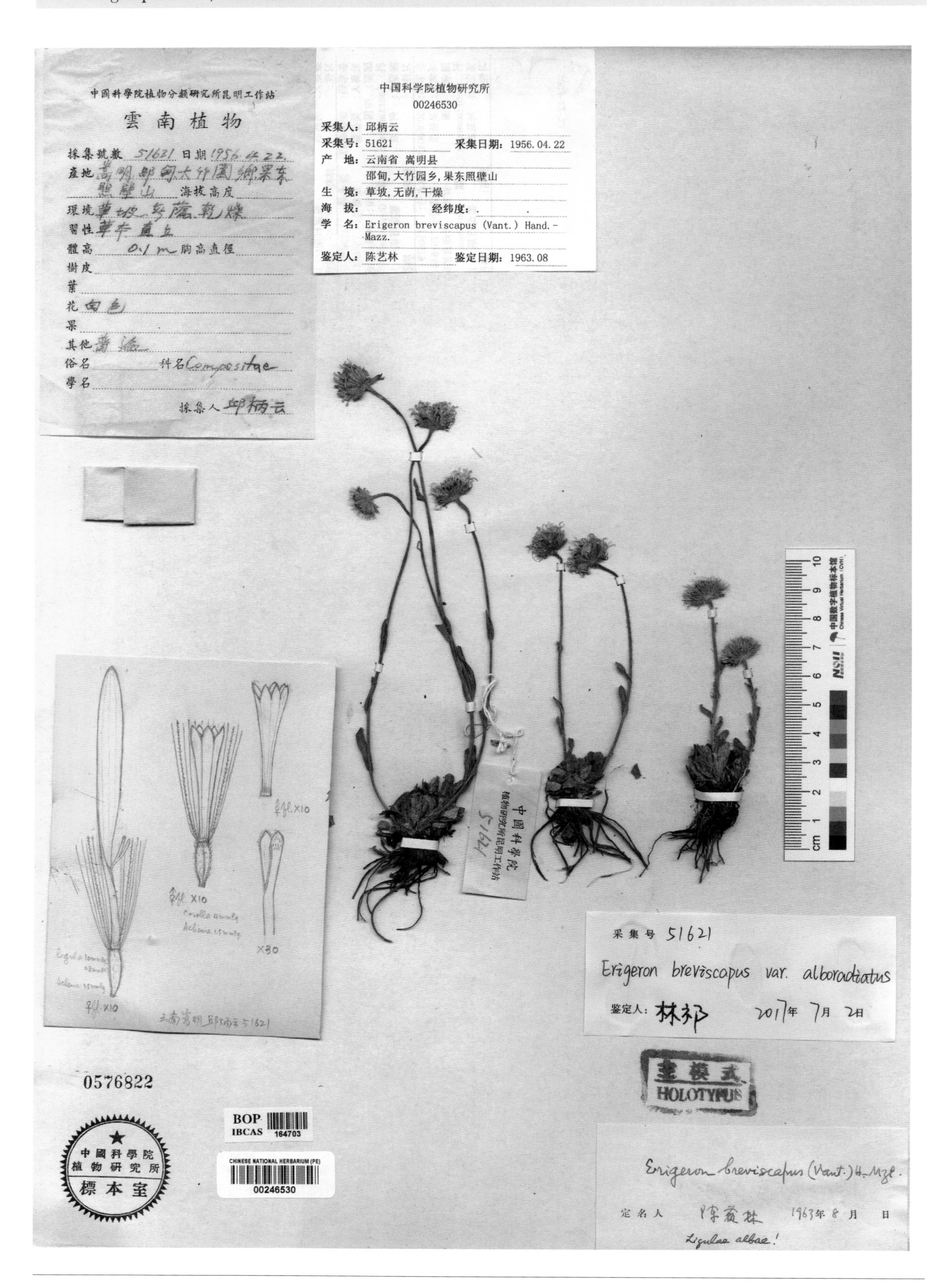

短葶飞蓬白舌变种 ***Erigeron breviscapus*** (Vant.) Hand.-Mazz. var. ***alboradiatus*** Y. Ling & Y. L. Chen in Acta Phytotax. Sin. 11(4): 409. 1973. **Holotype:** China. Yunnan: Songming, 1956-04-22, P. Y. Chiu 51621.

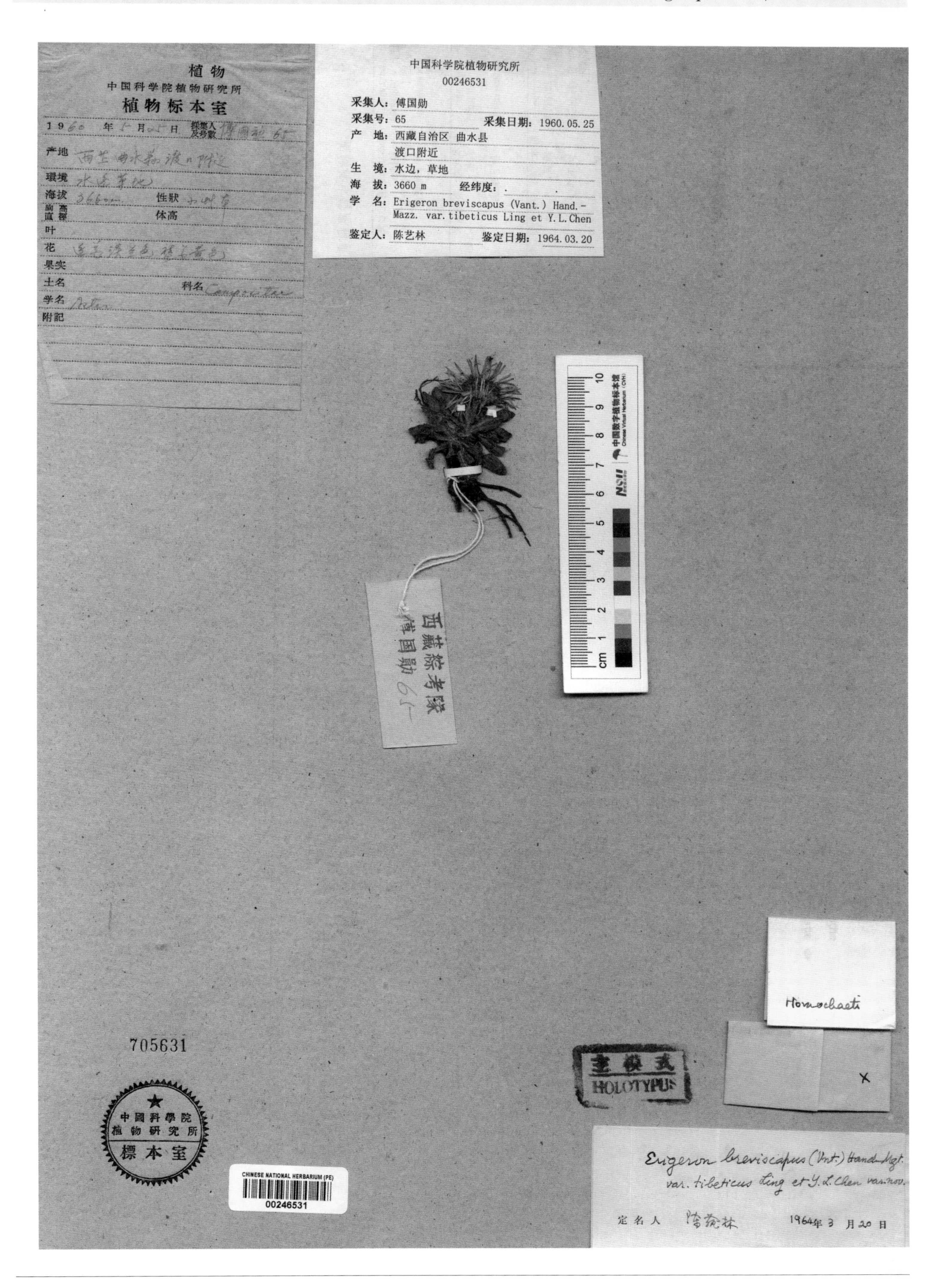

短葶飞蓬西藏变种 ***Erigeron breviscapus*** (Vant.) Hand.-Mazz. var. ***tibeticus*** Y. Ling & Y. L. Chen in Acta Phytotax. Sin. 11(4): 409, pl. 57: 8. 1973. **Holotype:** China. Xizang: Quxam, alt. 3 660 m, 1960-05-25, G. X. Fu 65.

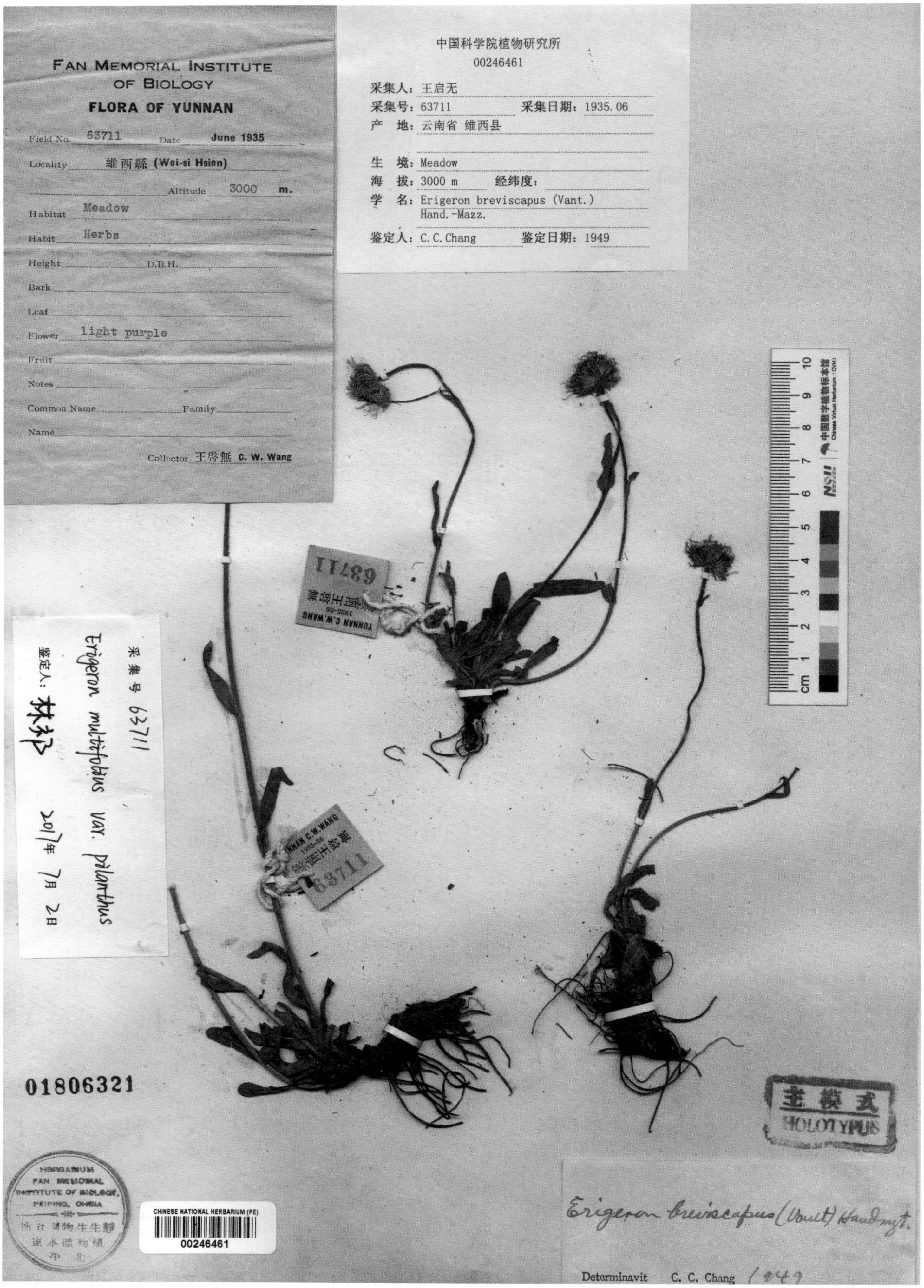

FAN MEMORIAL INSTITUTE OF BIOLOGY
FLORA OF YUNNAN

Field No. 63711 Date June 1935
Locality 維西縣 (Wei-si Hsien)
Altitude 3000 m.
Habitat Meadow
Habit Herbs
Height D.B.H.
Bark
Leaf
Flower light purple
Fruit
Notes
Common Name Family
Name
Collector 王啓無 C. W. Wang

中国科学院植物研究所
00246461
采集人：王启无
采集号：63711 采集日期：1935.06
产 地：云南省 维西县
生 境：Meadow
海 拔：3000 m 经纬度：
学 名：Erigeron breviscapus (Vant.) Hand.-Mazz.
鉴定人：C. C. Chang 鉴定日期：1949

采集号 63711
Erigeron multifolius var. pilanthus
鉴定人：林祁 2017年7月2日

01806321

主模式
HOLOTYPUS

CHINESE NATIONAL HERBARIUM (PE)
00246461

Erigeron breviscapus (Vant.) Hand.-Mazz.
Determinavit C. C. Chang 1949

密叶飞蓬毛花变种 ***Erigeron multifolius*** Hand.-Mazz. var. ***pilanthus*** Y. Ling & Y. L. Chen in Acta Phytotax. Sin. 11(4): 415. 1973. **Holotype:** China. Yunnan: Weixi, alt. 3 000 m, 1935-06-??, C. W. Wang 63711.

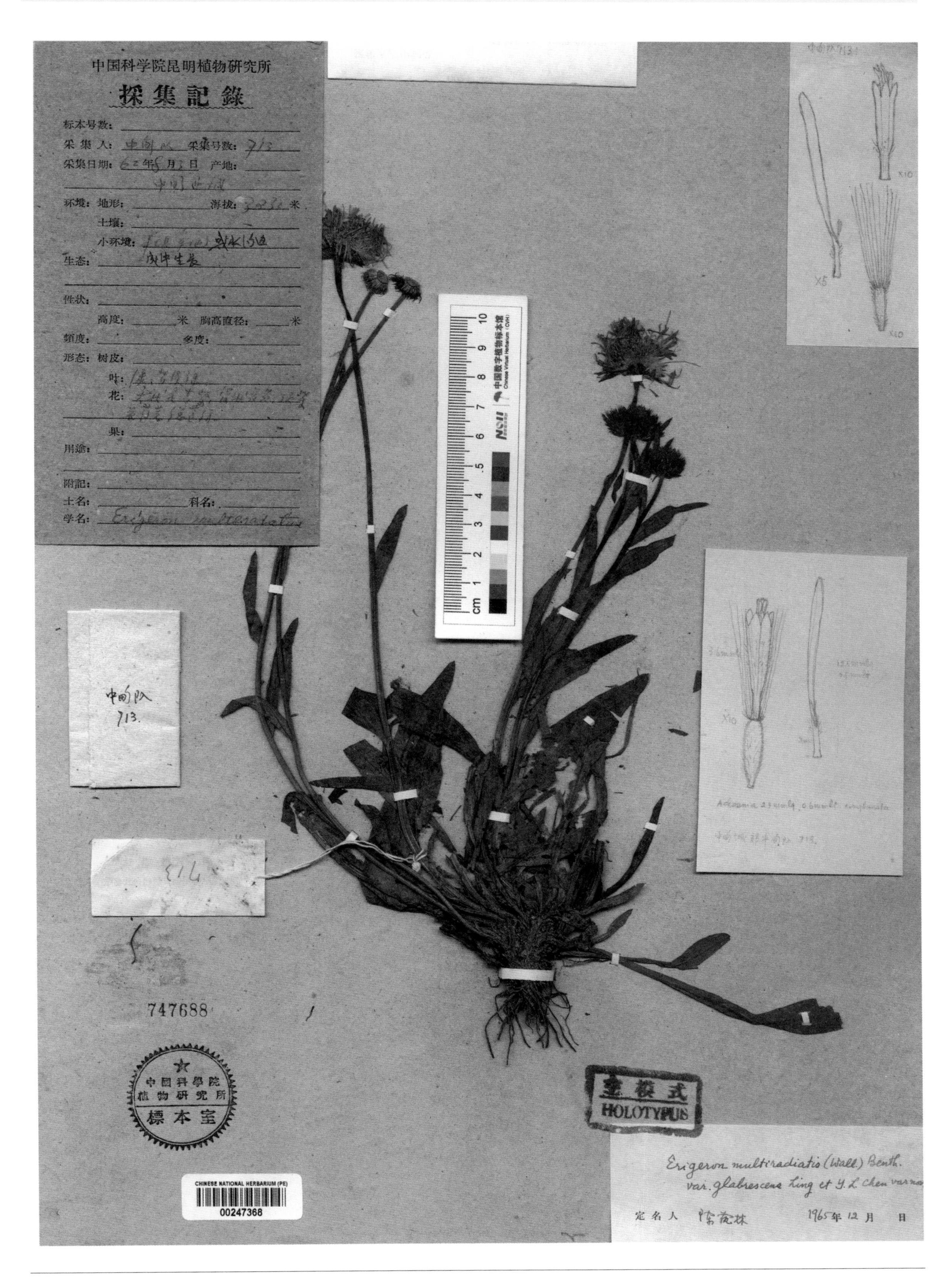

多舌飞蓬无毛变种 ***Erigeron multiradiatus*** (Wall.) Benth. var. ***glabrescens*** Y. Ling & Y. L. Chen in Acta Phytotax. Sin. 11(4): 411. 1973. **Holotype:** Yunnan: Zhongdian (=Shangri-La), alt. 3 230 m, 1962-08-03, Zhongdian Exped. 713.

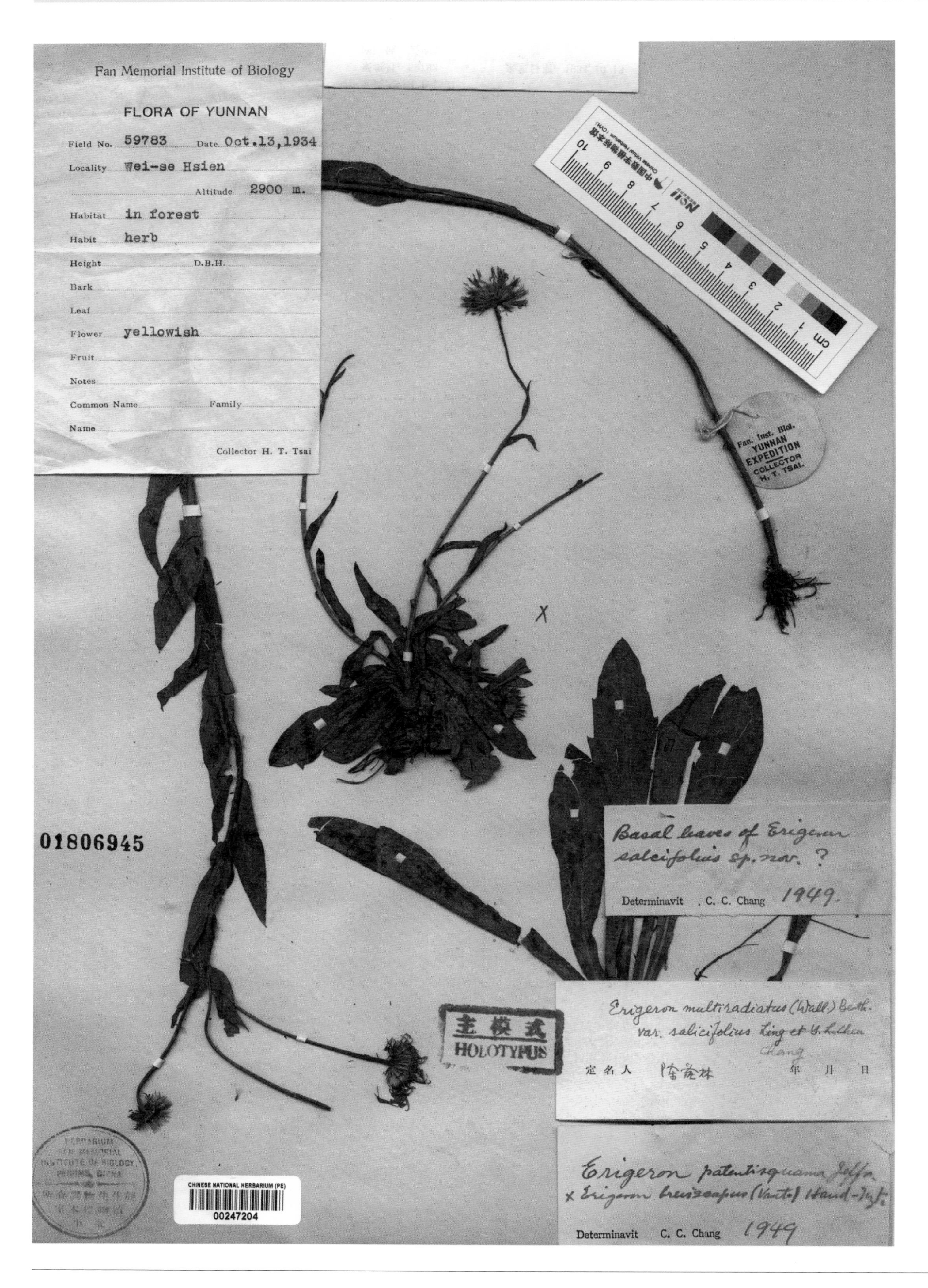

多舌飞蓬柳叶变种 ***Erigeron multiradiatus*** (Lindl. ex CD) Benth. ex C. D. Clarke var. ***salicifolius*** C. C. Chang ex Y. Ling & Y. L.Chen in Acta Phytotax. Sin. 11(4): 411. 1973. **Holotype:** China. Yunnan: Weixi, alt. 2 900 m, 1934-10-13, H. T. Tsai 59783.

白佩兰狭叶变种 ***Eupatorium fortunei*** Turcz. var. ***angustilobum*** Y. Ling, Fl. Reip. Pop. Sin. 74: 354. **Holotype:** China. Guizhou: Xingyi, alt. 1 000 m, 1959-08-09, Anshun Exped. 548.

南川泽兰 ***Eupatorium nanchuanense*** Y. Ling & C. Shih, Fl. Reip. Pop. Sin. 74: 354, pl. 24: 5-8. 1985. **Holotype:** China. Chongqing: Nanchuan, alt. 1 800 m, 1957-07-15, G. F. Li 62824.

峨眉泽兰 ***Eupatorium omeiense*** Y. Ling & C. Shih, Fl. Reip. Pop. Sin. 74: 354. 1985. **Holotype:** China. Sichuan: Emei, Emeishan, 1952-09-19, C. H. Hsiung, S. S. Chang & H. L. Tsiang 32763.

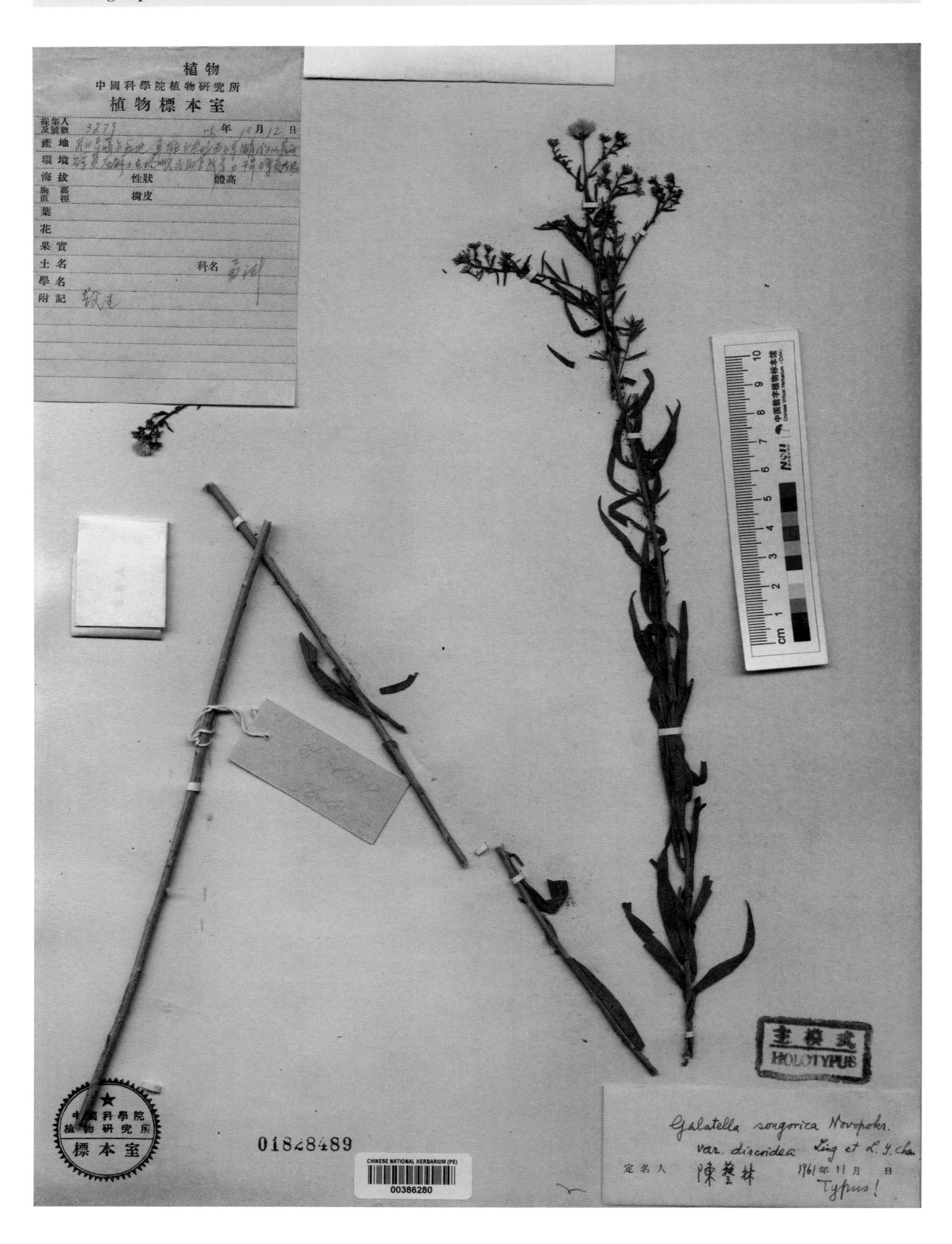

新疆乳菀盘花变种 ***Galatella songorica*** Novopokr. var. ***discoidea*** Y. Ling & Y. L. Chen, Fl. Reip. Pop. Sin. 74: 360. 1985.
Holotype: China. Xinjiang: Shawan, 1956-10-12, R. C. Ching 3879.

水朝阳花 ***Inula helianthus-aquatilis*** C. Y. Wu ssp. ***hupehensis*** Y. Ling in Acta Phytotax. Sin. 10(2): 178. 1965. **Holotype:** China. Hubei: Enshi, alt. 1 850 m, 1957-08-27, G. X. Fu & Z. S. Zhang 1273.

千花橐吾 ***Ligularia myriocephala*** Ling ex S. W. Liu in Acta Biol. Plateau Sin. 3: 67, pl. 4: 3. 1984. **Holotype:** China. Xizang: Cona, alt. 3 200 m, 1960-08-29, G. X. Fu 581.

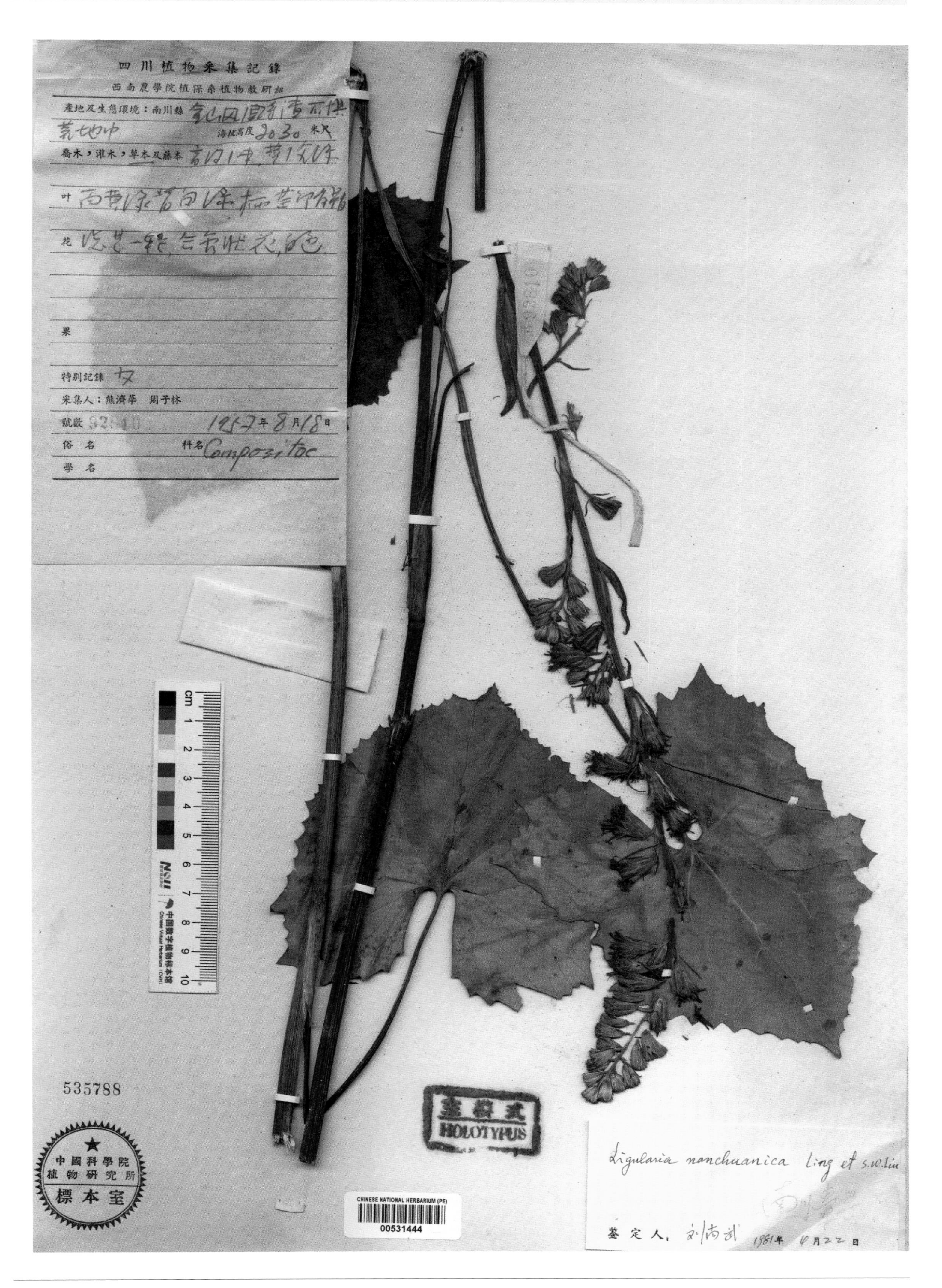

南川橐吾 ***Ligularia nanchuanica*** S. W. Liu in Bull. Bot. Res., Harbin 5(4): 70, f. 3. 1985. **Holotype:** China. Chongqing: Nanchuan, alt. 2 030 m, 1957-08-18, C. H. Hsiung & Z. L. Zhou 92810.

长裂太行菊 ***Opisthopappus longilobus*** C. Shih in Acta Phytotax. Sin. 17(3): 111, f. 1. 1979. **Holotype:** China. Hebei: Xingtai, alt. 1 000 m, 1935-08-09, H. F. Zhou 43366.

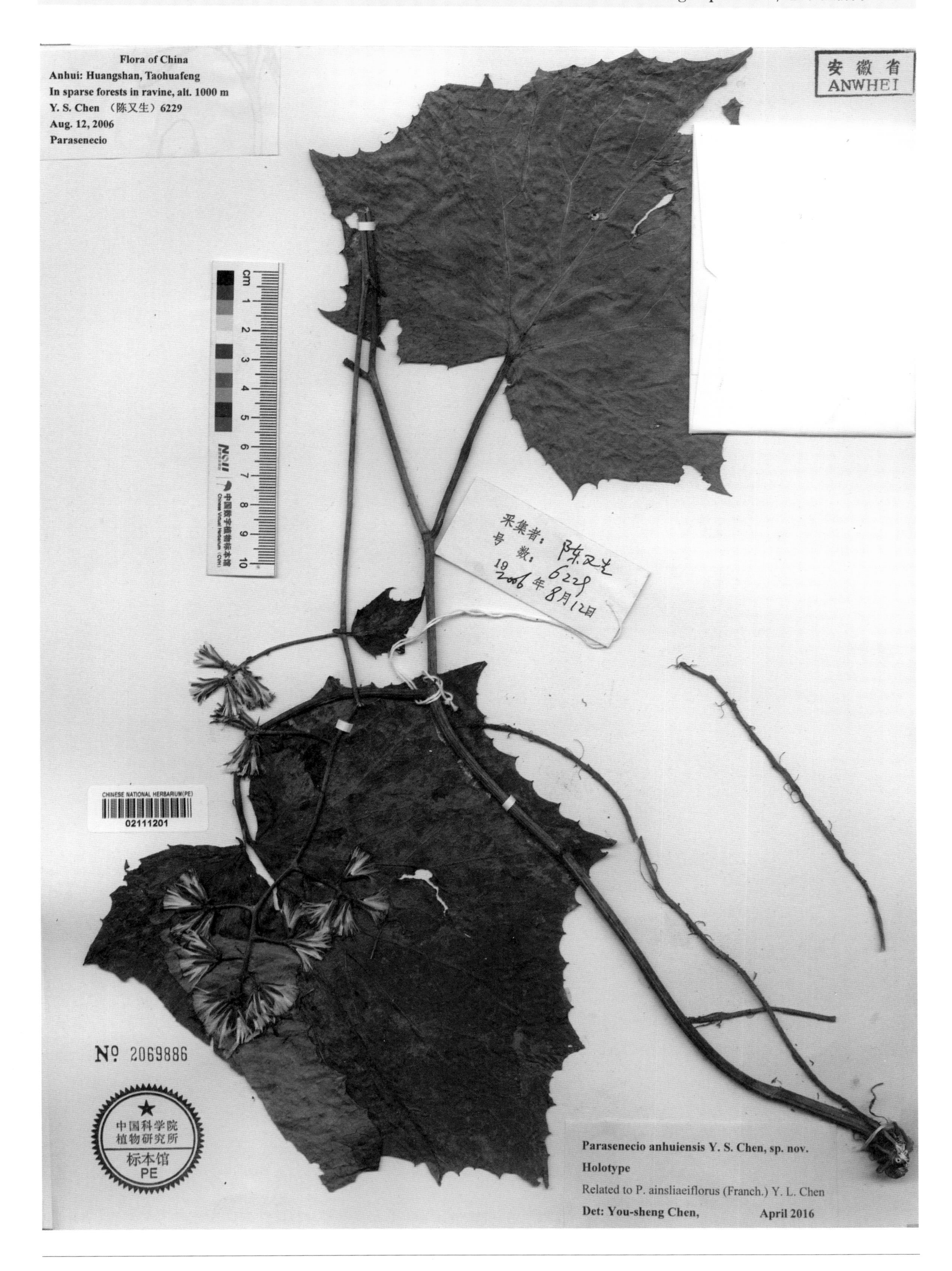

安徽蟹甲草 ***Parasenecio anhuiensis*** Y. S. Chen in Phytotaxa 283(2): 188, f. 1: a-c, f. 2: a, c, e, g, f. 3: a, c. 2016. **Holotype:** China. Anhui: Huangshan, Taohuafeng, alt. 1 000 m, 2006-08-12, Y. S. Chen 6229.

心叶帚菊 ***Pertya cordifolia*** Mattf. in Notizbl. Bot. Gart. Mus. Berlin-Dahlem 11: 103. 1931. **Isotype:** China. Hunan: Wugang, Yushan, alt. 900 m, 1929-10-09, S. S. Sin 956.

腺叶帚菊 ***Pertya cordifolia*** Mattf. var. ***pubescens*** Y. Ling in Contr. Bot. Surv. N.W. China 1(2): 41. 1939. **Holotype:** China. Zhejiang: Quzhou, Leigongling, 1920-10-13, K. K. Tsoong 3139.

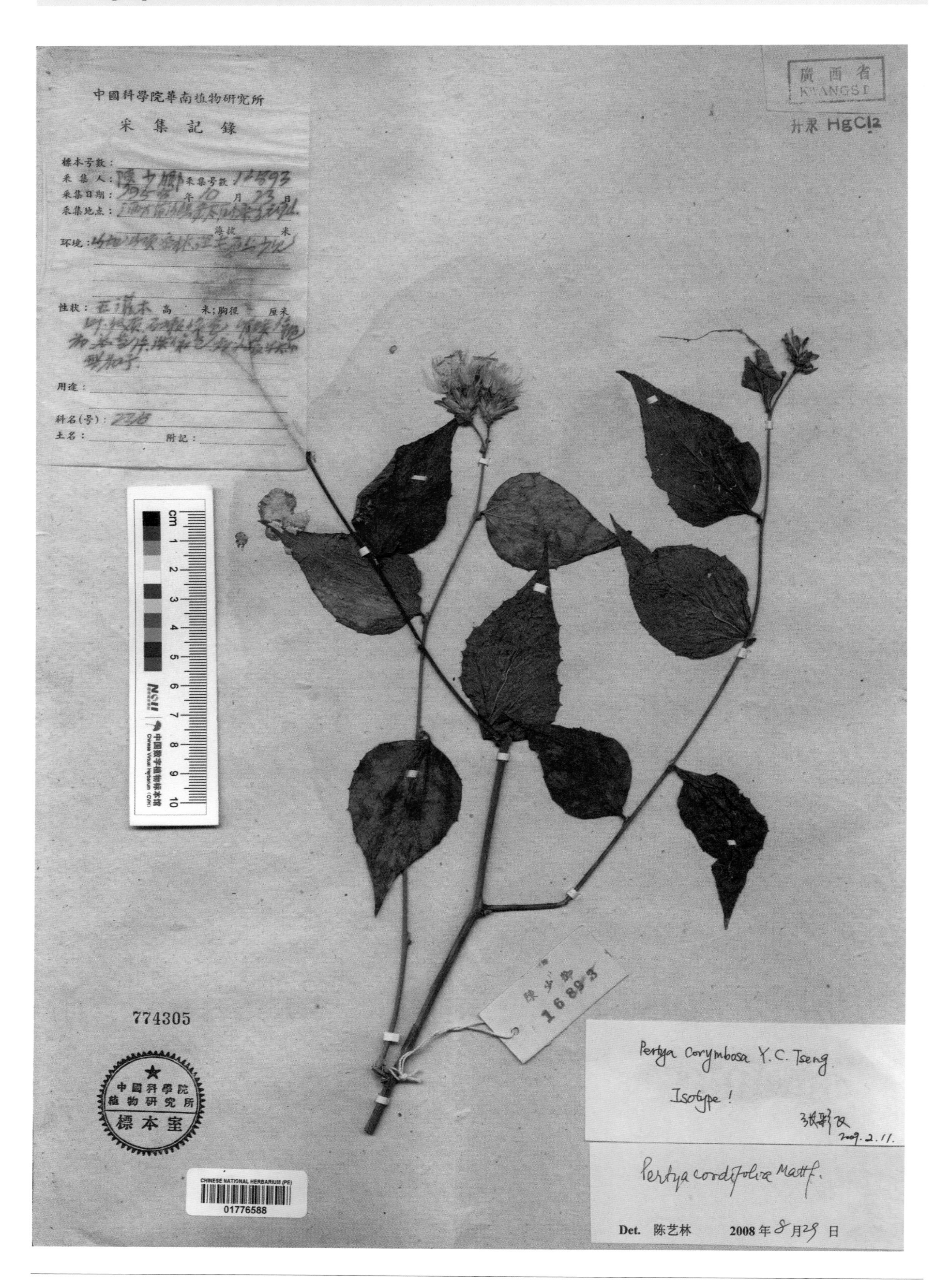

疏花帚菊 ***Pertya corymbosa*** Y. C. Tseng in Guihaia 5(4): 332, f. 1: 3. 1985. **Isotype:** China. Guangxi: Rongshui, 1958-10-23, S. H. Chun 16893.

同色帚菊 ***Pertya discolor*** Rehd. var. ***calvescens*** Y. Ling in Contr. Inst. Bot. Nat. Acad. Peiping 6(1): 28. 1949. **Holotype:** China. Gansu: Lapuleng, alt. 3 200 m, 1937-07-17, T. P. Wang 7232.

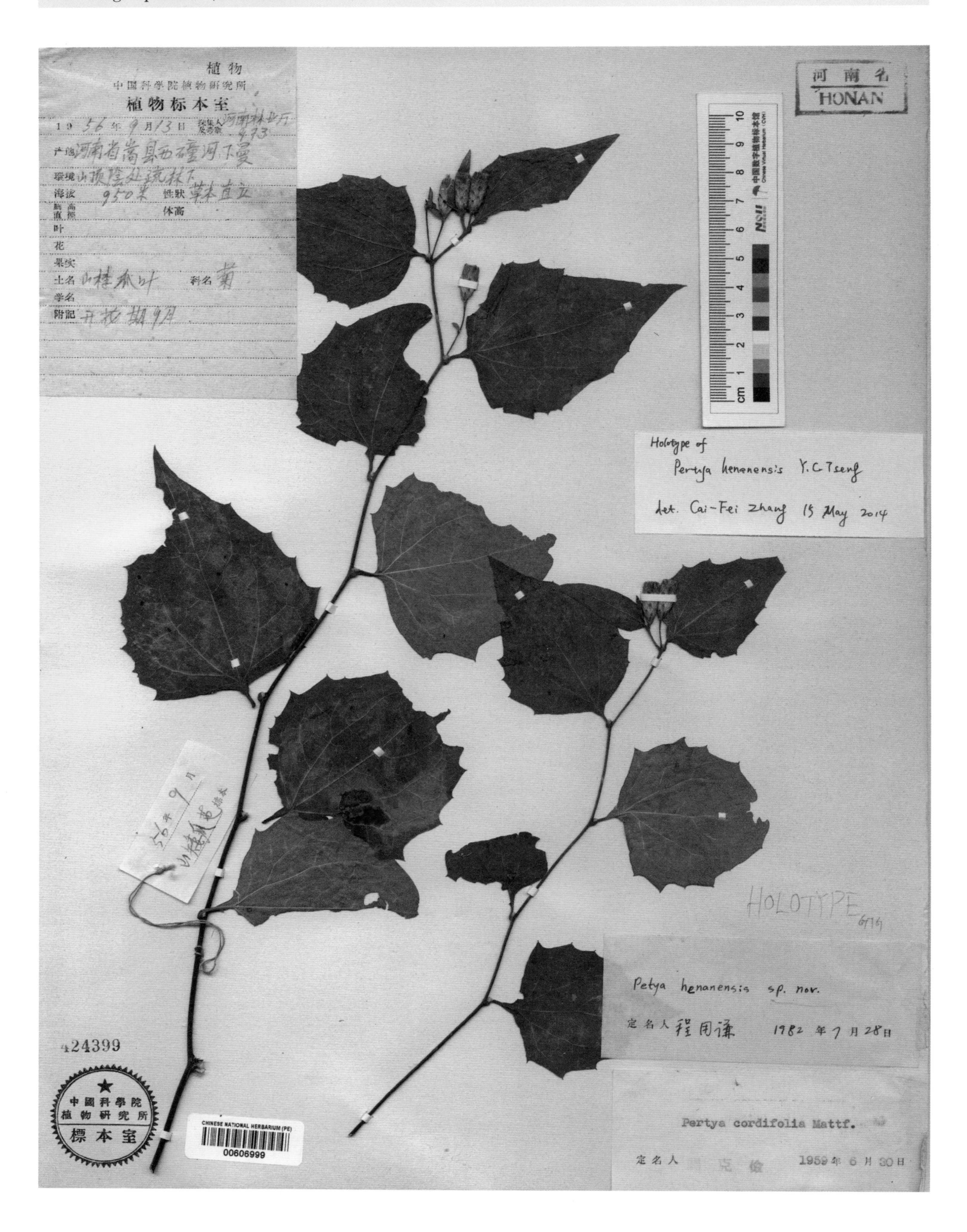

瓜叶帚菊 ***Pertya henanensis*** Y. C. Tseng in Guihaia 5(4): 330. 1985. **Holotype:** China. Henan: Song Xian, alt. 950 m, 1956-09-13, Henan Forest. Exped. 973.

多花帚菊 ***Pertya multiflora*** C. F. Zhang & T. G. Gao in Nordic J. Bot. 31: 626. 2013. **Holotype:** China. Zhejiang: Jiande, alt. 140~200 m, 2009-11-05, C. F. Zhang 2214.

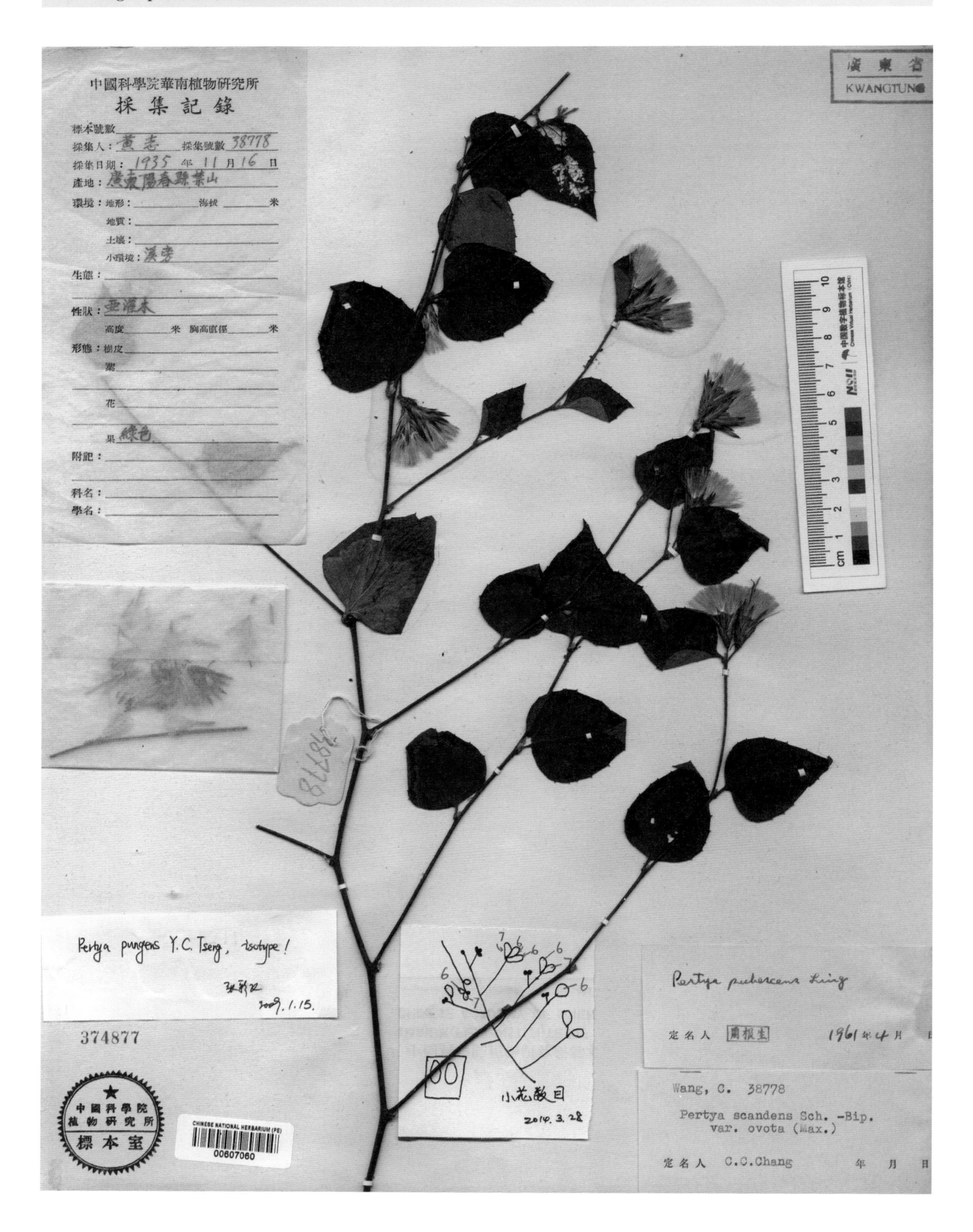

尖苞帚菊 ***Pertya pungens*** Y. C. Tseng in Guihaia 5(4): 334. 1985. **Isotype:** China. Guangdong: Yangchun, 1935-11-16, C. Wang 38778.

华帚菊 ***Pertya sinensis*** Oliver in Hooker's Icon. Pl. 23: t. 2214. 1892. **Isotype:** China. Hubei: Xingshan, alt. 2 745 m, 1889-03-??, A. Henry 6982.

巫山帚菊 ***Pertya tsoongiana*** Y. Ling in Contr. Bot. Surv. N.W. China 1(2): 40. 1939. **Holotype:** China. Chongqing: Wushan, 1921-06-08, K. K. Tsoong 3789.

薄苞风毛菊 ***Saussurea leptolepis*** Hand.-Mazz. in Acta Horti Gothob. 12: 337. 1938. **Paratype:** China. Sichuan: Kangding, alt. 4 200 m, 1934-10-05, H. Smith 12732.

凉山风毛菊 ***Saussurea liangshanensis*** Y. S. Chen in Phytotaxa 170(3): 143, f. 2, 7: a-b. 2014. **Holotype:** China. Sichuan: Muli, alt. 3 300 m, 2007-10-11, Y. S. Chen 7547.

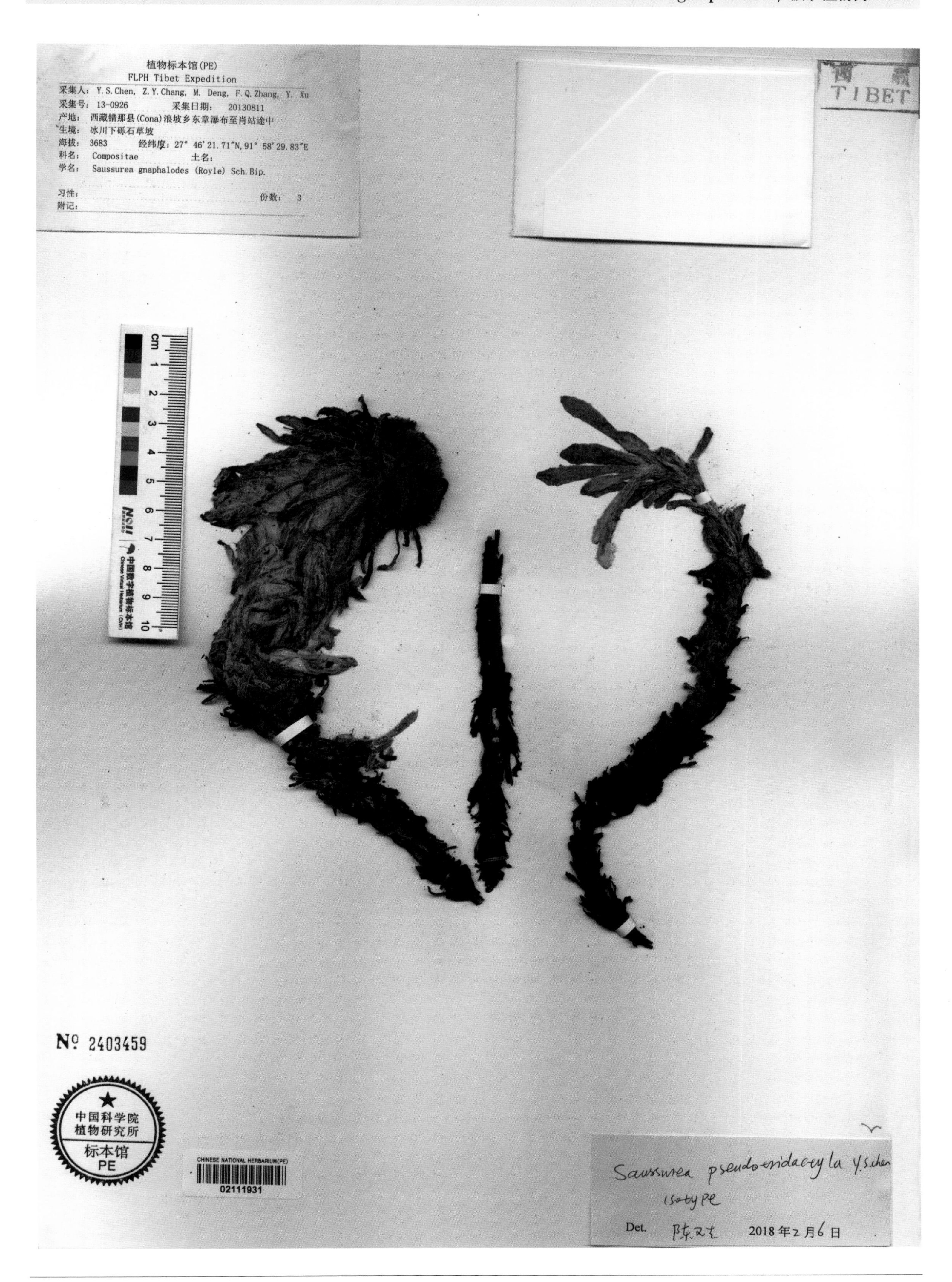

拟三指雪兔子 ***Saussurea pseudotridactyla*** Y. S. Chen in Phytotaxa 213(3): 162, f. 2. 2015. **Isotype:** China. Xizang: Cona, alt. 3 683 m, 2013-08-11, Y. S. Chen & al. 13-0296.

齿耳蒲儿根 ***Senecio cortusifolius*** Hand.-Mazz. in Acta Hort. Gothob. 12: 289. 1938. **Isotype:** China. Sichuan: Kangding, alt. 4 000 m, 1934-08-18, H. Smith 11167.

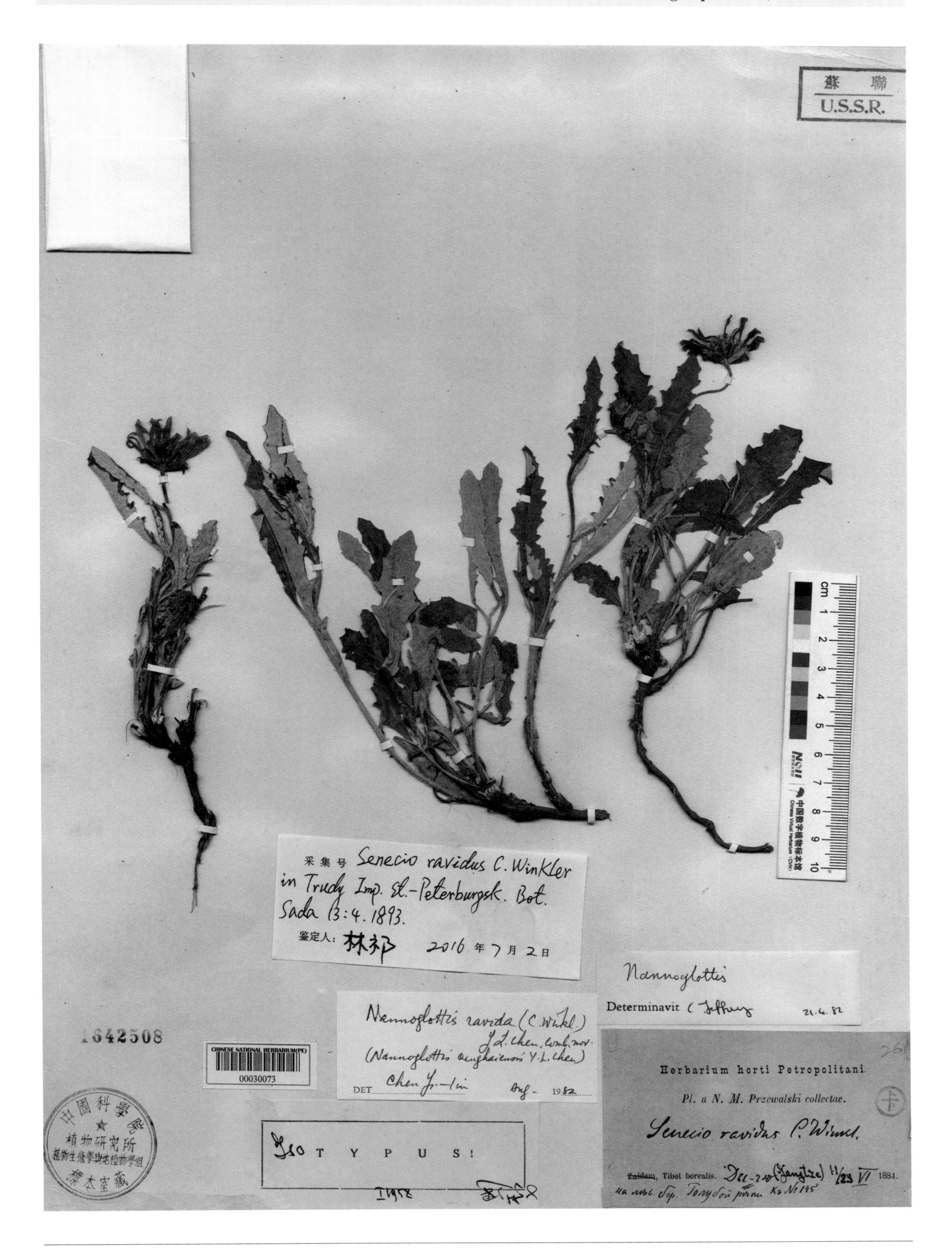

青海毛冠菊 ***Senecio ravidus*** C. Winkler in Acta Hort. Petrop. 13: 4. 1893. **Isotype:** China. Xizang: Precise locality not known, 1884-06-(11-23), N. M. Przewalski 145.

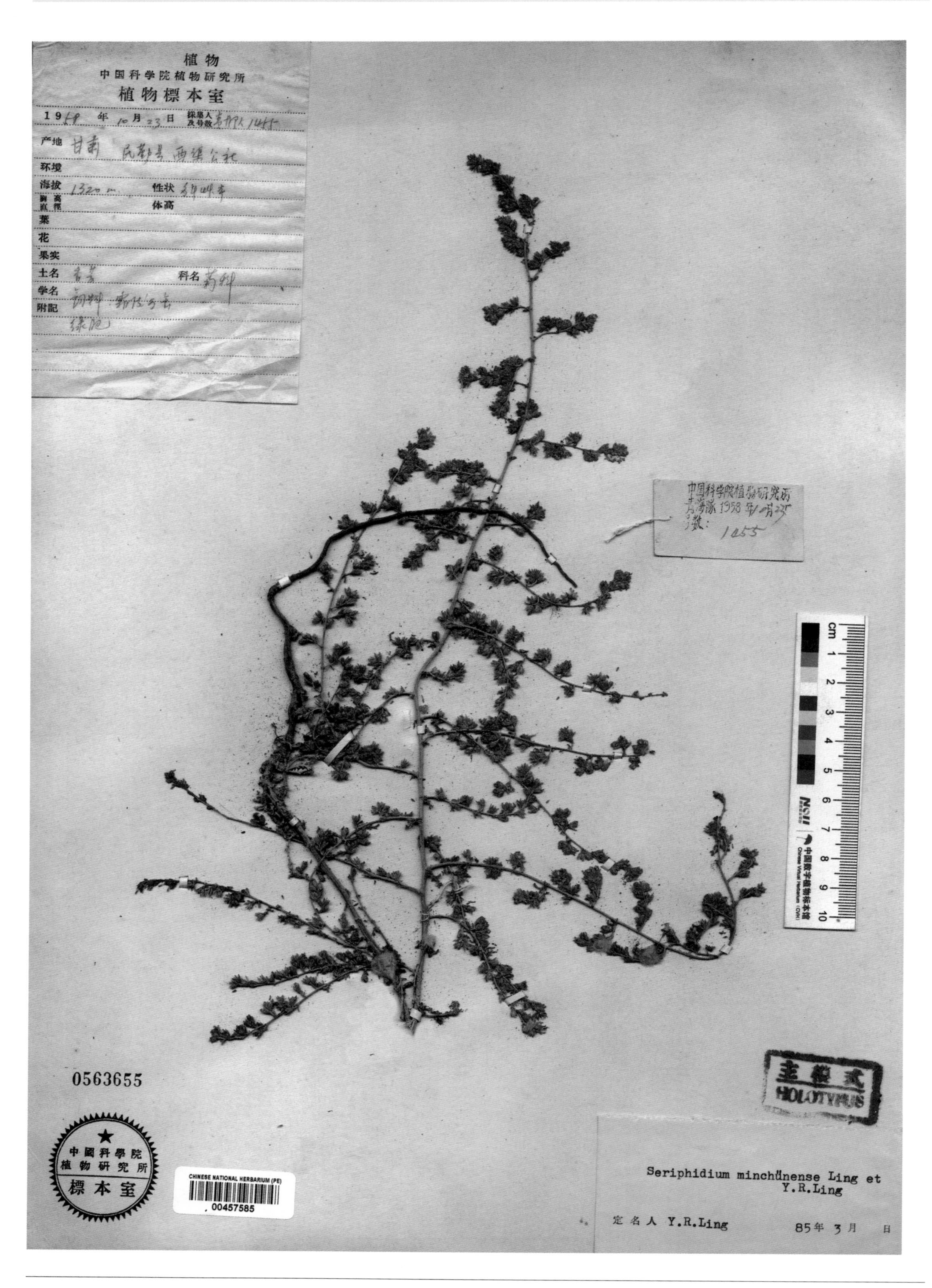

民勤绢蒿 ***Seriphidium minchunense*** Y. R. Ling in Bull. Bot. Res., Harbin 5(3): 159, f. 1985. **Holotype:** China. Gansu: Minqin, alt. 1 320 m, 1958-10-23, Qinghai-Gansu Exped. 1455.

远离蒲公英 ***Taraxacum abalienatum*** J. Kirschner & J. Stepanek in Preslia 83(3): 506, f. 1, 6. 2011. **Paratype:** Mongolia. Ulan-Bator, Bogdo Ula, 1990-08-??, J. Sojak JK721.

秀丽蒲公英 ***Taraxacum elegantissimum*** J. Stepanek & Kirschner in Preslia 83(4): 555, f. 2F & 7. 2011. **Paratype:** Romania. Retezat Mts. alt. 1 700~1 800 m, 1984-??-??, D. Fiserova JS 1118.

绢毛黄鹌菜 ***Youngia sericea*** C. Shih in Acta Phytotax. Sin. 33(2): 185. 1995; in Komarovia 5(1): 98. 2007. **Holotype:** China. Xizang: Zayü, alt. 3 400 m, 1935-09-??, C. W. Wang 66254.

Index to Scientific Names ／拉丁学名索引

A

D

Index to Chinese Names / 中名索引

5 画

6 画

7 画

8 画

9 画

10 画

17 画

18 画

20 画

21 画

Authors and Addresses /作者及工作单位地址

BAN Qin, JIANG Huiqiang, LIN Qi, YANG Zhirong
China National Herbarium (PE), Institute of Botany, Chinese Academy of Sciences, Xiangshan, Beijing 100093, Beijing

CHEN Yali, HE Shanshan, JING Xuan, LIN Yun, LIU Wenqun, WANG Mingqiong, WU Huibing, YUN Yingxia
Hunan Medication Vestibule School, Hunan Food and Drug Vocational College, Changsha 410208, Hunan.

DU Qing, GAO Dai, HE Dongdong, LI Qianyun, SONG Li, ZHANG Xiaobing, ZHAO Huijuan
Department of Biology, Taiyuan Normal University, Taiyuan 030031, Shanxi.

TIAN Yelin, WANG Xiaoyu, XUE Jiahui
Department of Forestry, Beijing University of Agriculture, Beijing 102206, Beijing

XU Dongxian
Guangdong Academy of Forestry, Guangzhou 510520, Guangdong

班　勤　姜会强　林　祁　杨志荣
邮政编码：100093，北京市，香山，中国科学院植物研究所国家植物标本馆（PE）

陈雅丽　何珊珊　敬　璇　林　云　刘文群　王明琼　吴慧冰　云映霞
邮政编码：410208，湖南省，长沙市，湖南食品药品职业学院，湖南省医药技工学校

杜　青　高　玳　何东东　李倩云　宋　莉　张小冰　赵慧娟
邮政编码：030031，山西省，太原市，太原师范学院生物系

田晔林　王晓瑜　薛佳会
邮政编码：102206，北京市，北京农学院林学系

许东先
邮政编码：510520，广东省，广州市，广东林业科学研究院